地理信息系统理论与应用丛书

地理空间数据库原理

崔铁军　编著

解放军信息工程大学测绘学院出版基金资助

科学出版社

北　京

内 容 简 介

本书全面、系统地论述了地理空间数据库的基本概念、原理与方法，涉及地理空间数据库各个方面的主要内容。全书共分11章，内容包括：地理空间数据管理的发展过程和趋势、地理空间实体的计算机表示方法、基本数据结构、地理空间数据的物理组织、空间索引方法、空间数据模型、数据库体系结构、关系数据库接口技术、空间数据库引擎（SDE）、地理空间数据库管理系统、空间查询语言、地理空间数据库设计方法、地理空间数据库工程建立方法、资料收集和处理、空间数据获取及质量评价、地理空间数据仓库、元数据和空间数据互操作等。本书内容丰富、组织严谨，原理和方法结合密切，丰富的图表和应用实例便于读者自学。

本书既可作为高等院校地理信息系统专业或相关专业本科生和研究生的教材，也可供从事信息化建设、信息系统开发等有关科研、企事业单位的科技工作者阅读参考。

图书在版编目（CIP）数据

地理空间数据库原理/崔铁军编著.—北京：科学出版社，2007
 （地理信息系统理论与应用丛书）
 ISBN 978-7-03-018800-7

Ⅰ.地… Ⅱ.崔… Ⅲ.地理信息系统：数据库系统 Ⅳ.P208
TP311.13

中国版本图书馆CIP数据核字（2007）第042930号

责任编辑：韩 鹏 李久进/责任校对：邹慧卿
责任印制：徐晓晨/封面设计：王 浩

科学出版社 出版
北京东黄城根北街16号
邮政编码：100717
http://www.sciencep.com

北京教图印刷有限公司 印刷
科学出版社发行 各地新华书店经销

*

2007年4月第 一 版　开本：787×1092 1/16
2016年7月第八次印刷　印张：23
字数：523 000

定价：**59.00元**
（如有印装质量问题，我社负责调换）

序

  自古以来，地图都是地理空间信息的主要载体和传播工具。随着社会发展和科学技术进步，人们认知的地理空间的范围越来越大，对地图品种和数量的需求与日俱增，作为地理空间信息载体的地图的存储、管理与分发成为突出的问题。

  对于纸质的模拟地图，通过地图库存储与管理，这种方式一直沿用至今。

  目前，以地理空间数据库、计算机地图制图和计算机网络技术为支撑的数字化地图制图已经取代了传统的手工地图制图，并正向以地理空间信息服务为核心的信息化数字化地图制图和地理信息系统转变，地图制图的思想观念、技术手段、产品形式和服务方式等都在发生深刻的变化，地理空间数据的存储与管理也一直是业界关注的问题。

  地理空间数据的管理技术经历了许多变化，地理空间数据从由文件管理发展到用数据库管理可以追溯到 20 世纪 60 年代中期，到目前为止，它已从第一代的层次、网状数据库系统，第二代的关系数据库系统发展到第三代的以面向对象为主要特征的新一代数据库系统。与此同时，空间数据仓库技术也备受重视，它作为一种支持决策过程的、面向主题的、集成的、稳定的、不同时间的地理空间数据的集合，是一个多种异构数据源在单个站点以统一的模式组织的存储，其根本目的是服务于决策支持。

  地理空间数据库具有地理空间信息科学技术、计算机科学技术等多学科交叉的特点，地理空间数据库的研究必须具备扎实、雄厚的信息科学技术知识和很强的地理空间抽象能力及丰富的工程实践经验。崔铁军教授于 1979~1983 年在解放军测绘学院专修计算机地图制图，毕业后留校任教，后在德国联邦国防军大学获工学博士学位，1998 年进解放军测绘学院博士后科研工作站，长期从事地理空间数据库和地理信息系统理论、方法和技术的科研、教学和工程实践，在地理空间数据库方面有较深的造诣和丰富的实践经验，为撰写《地理空间数据库原理》一书奠定了坚实的基础。

  该书内容丰富，既包含了数据库的基本理论，又扩展到了地理空间信息范畴；既把重点放在地理空间数据库，又扩展到了空间数据仓库；既突出了地理空间数据库的核心——空间数据模型，又把地理空间数据库的设计和建立放在了重要位置；既论述了地理空间数据库的体系结构，又介绍了关系数据库的接口技术和空间数据库引擎，是一部完整地论述地理空间数据库的好书，值得一读。有幸，我作为第一个读者，受益匪浅。

  目前，我国有关地理空间数据库方面的书还太少，真诚地期待着有更多的青年学者撰写这类著作，共同繁荣地理空间信息科学这块前程似锦的园地。

中国工程院院士　王家耀

2006 年夏

前 言

地理空间数据库技术是地理信息系统数据组织的核心技术，也是地理科学、测绘科学、计算机科学和信息科学相结合的产物。地理空间数据库技术已经代替传统的文件管理方式，逐步成为地理空间数据管理的主流技术。由于地理空间数据的特殊复杂性，地理空间数据管理在为计算机和信息科学作贡献的同时，也如饥似渴地汲取计算机主流技术的各项最新成果，成为计算机科技领域中应用研究技术内容最丰富的分支之一。

地理空间数据库的主要任务是研究地理空间物体的计算机数据表示方法、数据模型以及在计算机内的数据存储结构和建立空间索引方法，如何以最小的代价高效地存储和处理空间数据，正确维护空间数据的现实性、一致性和完整性，为用户提供现实性好、准确性高、完备、开放和易用的地理空间数据。地理空间数据库是理论性和实践性很强的学科，理解起来也非常抽象。帮助有兴趣的读者更好地了解地理空间数据库的基本概念和建设方法，是作者编写本书的用心所在。

多年来，撰写一部有关地理空间数据库原理的书是作者的愿望，但由于现代科技高速发展，使地理空间数据库内容也更新很快，章节很难固定下来，加上人到中年工作繁忙，能专注写书的时间有限，而且由于知识积累与资料准备等原因，一直未能如愿。

作者长期致力于地理空间数据库理论、技术和方法的研究，工程实践，教学和研究生培养等工作。从1987～1992年为地图数据库，特别是1∶25万地图数据库技术方案论证做了大量工作，主要负责地图数据库管理系统的结构设计、功能模块划分和部分软件的编写及总体系统调试工作。1998年在博士后工作期间，承担大型地理信息系统研制任务，负责系统的需求分析、总体设计和详细设计等工作。近几年，先后参加和主持了多项国家和军队科研课题，从底层自主设计与开发了基于Oracle关系数据库的空间数据库管理系统，实现了对海量多源空间数据的管理与综合应用，主要功能有空间数据库定义，空间数据的录入、编辑与处理，检索与查询，可视化，备份和恢复等。所取得的研究成果，为本书的撰写奠定了坚实的基础。因此，可以说，这本书也是上述工作的结晶。

本书是在作者所讲授地图数据库课程内容的基础上编著而成。第3章基本数据结构主要参考了韩丽斌教授编著的《地图数据库原理与技术》（1994年，内部教材）；第5章地理空间数据模型和第6章空间数据库体系结构的部分内容参考了毋河海教授编著的《地图数据库系统》。其他章节也参阅、吸收了国内外有关论著的理论和技术成果，书末仅列出了部分参考文献，按出版社的要求，未公开出版的文献没有列在书后参考文献中，而在正文当页下方作脚注，这里向所有参考文献作者致谢！

在本书撰写过程中，研究生邹方磊、和万礼和张威等协助完成了初稿校对等工作。陈应东副教授和郭健副教授等提出了宝贵的意见。在此，作者向他们表示衷心的感谢。

值此成书之际，作者要感谢导师王家耀院士、Kurt Brunner教授、刘家豪教授、刘光运教授、韩丽斌教授和已故杨启和教授的培养教育；感谢解放军信息工程大学测绘学院训练部和地图学与地理信息工程系的几任领导的一贯支持；感谢地图数据库教研组董延春、郭黎、姚慧敏、吴正升和张斌等教师和历届博士生、硕士生在地理空间数据库研究方面所作出的不懈努力。本书的撰写得到科学出版社朱海燕和韩鹏编辑的热情指导和帮助，在此表示衷心的感谢。

本书内容横跨多个学科，加之作者水平所限，书中定有不少疏漏谬误之处，恳请读者与专家们批评指正。

作 者

2006 年 7 月于郑州

目 录

序
前言
第1章 地理空间数据库导论 ·· 1
  1.1 地理空间数据 ·· 3
  1.2 空间数据管理演变过程 ·· 6
  1.3 空间数据库系统 ··· 12
  1.4 地理空间数据库系统与其他课程的关系 ·· 15
  1.5 地理空间数据库的研究内容与发展趋势 ·· 17
第2章 地理空间现象计算机表达 ·· 20
  2.1 空间实体及地图表示 ··· 20
    2.1.1 实体的维数和延展度 ·· 20
    2.1.2 空间变量和空间实体的属性 ··· 20
    2.1.3 空间实体的地图表示 ·· 21
  2.2 空间实体的数据描述 ··· 22
    2.2.1 空间实体的数据抽象 ·· 22
    2.2.2 基于实体对象的描述 ·· 23
    2.2.3 基于场的描述 ·· 26
  2.3 空间实体矢量数据表示 ·· 31
    2.3.1 空间实体的几何表示 ·· 32
    2.3.2 空间实体的属性描述 ·· 35
    2.3.3 地理空间关系的表示 ·· 38
  2.4 空间实体的栅格表示 ··· 39
    2.4.1 栅格格式及其结构 ··· 41
    2.4.2 栅格数据编码方法 ··· 43
    2.4.3 栅格数据的操作 ·· 49
  2.5 矢栅结构的比较及转换算法 ·· 51
    2.5.1 栅格结构与矢量结构的比较 ··· 51
    2.5.2 相互转换算法 ·· 52
  2.6 空间数据的基本特性 ··· 57
第3章 基本数据结构 ··· 59
  3.1 线性表结构 ··· 59
    3.1.1 线性表 ··· 59
    3.1.2 栈和队列 ·· 60
    3.1.3 数组 ·· 61

3.2 链表 ··· 61
3.2.1 线性链表 ··· 61
3.2.2 循环链表 ··· 63
3.2.3 双重链表 ··· 63
3.3 串 ··· 63
3.4 树 ··· 64
3.4.1 树 ··· 64
3.4.2 二叉树 ··· 65
3.4.3 线索树 ··· 67
3.4.4 树的二叉树表示 ··· 70
3.4.5 树的应用 ··· 70
3.5 图 ··· 71
3.5.1 基本概念 ··· 71
3.5.2 图的存储结构 ··· 73
3.5.3 图的运算 ··· 75

第4章 空间数据的物理组织 ··· 79
4.1 文件组织的基本概念 ··· 79
4.1.1 操作系统的文件管理 ··· 79
4.1.2 逻辑记录与物理记录 ··· 80
4.1.3 地址与指针 ··· 81
4.1.4 分页与系统缓冲区 ··· 82
4.1.5 文件组织 ··· 83
4.1.6 动态存储管理 ··· 84
4.2 流水文件 ··· 86
4.3 顺序文件 ··· 86
4.3.1 如何确定关键字值的顺序 ··· 87
4.3.2 顺序文件的存储组织 ··· 87
4.3.3 顺序文件的查找 ··· 87
4.3.4 顺序文件的维护 ··· 89
4.4 索引文件 ··· 89
4.4.1 索引顺序文件 ··· 90
4.4.2 索引无序文件 ··· 90
4.4.3 B−树 ··· 91
4.4.4 B+树 ··· 95
4.4.5 Hash 文件 ··· 96
4.5 空间数据索引 ··· 102
4.5.1 空间数据索引概述 ··· 102
4.5.2 空间索引与 B+树索引 ··· 110
4.5.3 空间填充曲线的索引 ··· 111

4.5.4　网格文件 ··· 113
　　　4.5.5　点和区域的 R 树索引方法 ··· 116

第 5 章　空间数据模型 ·· 120
5.1　实体模型 ··· 120
　　　5.1.1　模型 ··· 120
　　　5.1.2　实体模型 ··· 120
5.2　数据模型 ··· 123
　　　5.2.1　层次模型与树结构 ·· 124
　　　5.2.2　网络模型与图结构 ·· 129
　　　5.2.3　关系模型与二维表结构 ·· 136
5.3　面向对象数据模型 ··· 141
　　　5.3.1　面向对象的基本概念 ··· 142
　　　5.3.2　面向对象数据模型 ·· 144
5.4　面向对象空间数据模型 ··· 148
　　　5.4.1　地理要素数据模型 ·· 149
　　　5.4.2　地理要素分层模型 ·· 156
　　　5.4.3　地理空间分块模型 ·· 158
　　　5.4.4　地理要素空间关系模型 ·· 159
　　　5.4.5　空间数据多尺度模型 ··· 161
　　　5.4.6　面向对象空间数据模型 ·· 162
5.5　时空数据模型 ··· 165
5.6　三维数据模型 ··· 166
　　　5.6.1　三维空间数据库的功能 ·· 167
　　　5.6.2　三维数据结构 ··· 167
5.7　几种常见国内外软件空间数据模型 ·· 169
　　　5.7.1　Arc/Info 数据模型 ·· 169
　　　5.7.2　MapInfo 数据模型 ·· 173
　　　5.7.3　Geostar 数据模型 ··· 174
　　　5.7.4　Oracle Spatial 的空间数据模型 ··· 175

第 6 章　空间数据库体系结构 ··· 178
6.1　空间数据库系统 ·· 178
　　　6.1.1　空间数据库 ·· 178
　　　6.1.2　空间数据库硬件系统 ··· 180
　　　6.1.3　操作系统 ··· 182
　　　6.1.4　数据字典 ··· 186
　　　6.1.5　空间数据库管理系统 ··· 187
　　　6.1.6　空间数据库管理员 ·· 189
　　　6.1.7　空间数据库用户 ·· 190
6.2　数据库系统的体系结构 ··· 191

  6.2.1 数据库的抽象层次 ································· 191

  6.2.2 映射与数据独立 ··································· 194

  6.2.3 数据语言 ··· 194

  6.2.4 应用程序对数据库的访问 ····················· 197

 6.3 空间数据库系统的体系结构 ···························· 198

  6.3.1 基于文件系统的体系结构 ······················ 198

  6.3.2 基于文件系统与数据库的混合体系结构 ···· 201

  6.3.3 基于数据库管理系统的体系结构 ············ 202

  6.3.4 空间数据库系统的集中式体系结构 ········· 203

  6.3.5 数据库系统的客户/服务器体系结构 ······· 203

 6.4 分布式空间数据库系统 ··································· 207

  6.4.1 空间数据的分布 ··································· 208

  6.4.2 分布式空间数据库系统的模式结构 ········· 210

  6.4.3 分布式空间数据库系统的体系结构 ········· 211

第7章 关系数据库接口技术与地理空间数据库引擎 ··· 213

 7.1 关系数据库接口技术 ······································ 213

  7.1.1 开放数据库互连 ODBC ·························· 213

  7.1.2 数据访问对象 DAO ································ 214

  7.1.3 OLE DB ·· 217

  7.1.4 ActiveX 数据对象（ADO） ···················· 219

  7.1.5 基于 PRO＊C 的 Oracle 数据库访问 ········· 221

  7.1.6 基于 Oracle 的数据库 OCI 访问 ·············· 222

 7.2 地理空间数据库引擎 ······································ 226

  7.2.1 SDE 的基本概念 ···································· 227

  7.2.2 SDE 的发展现状 ···································· 228

  7.2.3 SDE 的特点 ··· 229

  7.2.4 SDE 的研究内容 ···································· 230

 7.3 国内外地理空间数据库引擎技术分析 ·············· 232

  7.3.1 ArcSDE ··· 233

  7.3.2 SuperMap SDX＋ ·································· 235

  7.3.3 MapGIS SDE ·· 237

  7.3.4 ORACLE SPATIAL ································ 237

第8章 地理空间数据库管理系统 ······························· 240

 8.1 地理空间数据库管理系统功能概述 ················· 240

 8.2 空间数据库定义 ··· 241

 8.3 空间数据库操作 ··· 242

 8.4 空间数据操作功能 ·· 247

  8.4.1 空间数据获取 ······································· 247

  8.4.2 空间关系建立 ······································· 248

  8.4.3 空间数据的检索和查询 ………………………………………………………… 250
  8.4.4 空间数据编辑功能 …………………………………………………………… 257
  8.4.5 空间数据可视化 ……………………………………………………………… 259

第9章 地理空间数据库系统设计 …………………………………………………… 261
9.1 空间数据库设计的内容与要求 ………………………………………………… 261
  9.1.1 空间数据库的设计内容 ……………………………………………………… 261
  9.1.2 空间数据库的设计要求 ……………………………………………………… 262
9.2 地理空间数据库系统设计方法 ………………………………………………… 263
  9.2.1 信息建模 ……………………………………………………………………… 264
  9.2.2 语义建模 ……………………………………………………………………… 268
  9.2.3 实体及联系建模 ……………………………………………………………… 271
9.3 空间数据库设计过程 …………………………………………………………… 273
  9.3.1 需求分析 ……………………………………………………………………… 275
  9.3.2 概念数据模型 ………………………………………………………………… 277
  9.3.3 逻辑数据模型 ………………………………………………………………… 280
  9.3.4 物理数据模型 ………………………………………………………………… 282
9.4 地理空间数据库设计技巧 ……………………………………………………… 284

第10章 基础地理空间数据库建立 ………………………………………………… 288
10.1 基础地理空间数据库建设流程 ……………………………………………… 288
  10.1.1 建设方法选取 ……………………………………………………………… 288
  10.1.2 地形图数字化方法 ………………………………………………………… 289
  10.1.3 遥感影像数字化方法 ……………………………………………………… 289
  10.1.4 数字高程模型库建立过程 ………………………………………………… 289
10.2 资料收集与处理 ……………………………………………………………… 291
  10.2.1 资料收集与分析 …………………………………………………………… 291
  10.2.2 资料处理 …………………………………………………………………… 292
10.3 基础地理空间数据获取 ……………………………………………………… 294
  10.3.1 空间数据获取的一般原则 ………………………………………………… 294
  10.3.2 空间数据获取方法 ………………………………………………………… 295
  10.3.3 元数据获取 ………………………………………………………………… 299
10.4 国家基础地理空间数据库介绍 ……………………………………………… 300
10.5 地理空间数据质量 …………………………………………………………… 307
  10.5.1 地理空间数据质量概念 …………………………………………………… 307
  10.5.2 空间数据质量评价 ………………………………………………………… 308
  10.5.3 空间数据质量问题的来源 ………………………………………………… 309
  10.5.4 常见空间数据源的误差分析 ……………………………………………… 312
  10.5.5 空间数据质量控制 ………………………………………………………… 313

第11章 地理空间数据仓库与互操作 ……………………………………………… 316
11.1 空间数据互操作 ……………………………………………………………… 316

11.1.1	多源空间数据 ……………………………………………………	316
11.1.2	空间数据互操作的概念 ……………………………………………	317
11.1.3	空间数据互操作相关标准 …………………………………………	320
11.1.4	空间数据互操作的实现方法 ………………………………………	323
11.1.5	组件技术实现 GIS 互操作 …………………………………………	328
11.1.6	基于 XML 的空间数据互操作实现技术 …………………………	329

11.2 空间数据仓库………………………………………………………………… 330
  11.2.1 空间数据仓库的起源 …………………………………………… 330
  11.2.2 空间数据仓库的基本特征 ……………………………………… 331
  11.2.3 空间数据仓库体系结构 ………………………………………… 333
  11.2.4 空间数据仓库功能组成 ………………………………………… 334
  11.2.5 空间数据仓库硬件及网络结构 ………………………………… 342

11.3 空间数据的元数据…………………………………………………………… 343
  11.3.1 元数据概念与分类 ……………………………………………… 343
  11.3.2 空间数据元数据的概念和标准 ………………………………… 345
  11.3.3 空间数据元数据的获取与管理 ………………………………… 349
  11.3.4 空间数据元数据的应用 ………………………………………… 350

主要参考文献 ………………………………………………………………………… 352

第1章 地理空间数据库导论

地理信息是描述地表形态及其所附的自然和人文地物特征和属性的总称。地理信息是人们认知世界、利用自然不可缺少的媒介,是经济社会发展的基础性、战略性资源。人类认识、利用乃至于依赖地理信息和知识有着几千年的历史,最直接的证明便是地图。地图的出现甚至要早于文字。地图是运用一定的数学法则与地图语言,经过制图综合,将客观世界表现在平面上,实质上是公式化、符号化、抽象化地再现客观世界。通过地图,人类对自身生存的环境有了完整的认识。借助于地图这一简单却又有效的工具,我们可以认识未知的客观世界。地图传递信息和载负信息的能力是无法用其他任何手段替代的。因此,无论过去、现在还是将来,人们仍将大量使用地图,甚至依赖于地图。

20世纪计算机的产生和发展,几乎冲击了社会的各个领域,给许多行业带来了巨大的变化和深远的影响。计算机技术在信息处理领域的巨大功能和绝对优势,标志着社会进入了信息时代。

古老的地图学在这个变革时期也正发生着巨大的变化,新技术的引用,不但改变着传统的地图制作技术,也促使地图学理论与方法的研究不断深入。20世纪60年代把计算机引入地图学产生了计算机地图制图技术,人们用计算机表示地图要素及其相互联系,将连续的以模拟方式存在于纸质地图的空间物体离散化,以便计算机能够识别、存储和处理。

早期的计算机制图(地图制图自动化)只是把计算机作为工具来完成地图制图的任务,把人们从繁重的手工地图制图劳动中解脱出来,并由此带来了巨大的经济和社会效益。国家、军事部门和企业根据各自对地图数据的需要,投入了大量的人力、物力进行各种比例尺的地图数字化,产生了大量的地图数据。这些数据成为国家和军队的重要资源财富。它与其他数据相比,地图数据特殊的数学基础、非结构化数据结构和动态变化的时间特征,给数据获取、处理和存储带来很大难度,如何妥善保存和科学管理这些地图数据是人们长期以来十分关注的课题(毋河海,1990)。伴随着计算机数据组织存储技术的发展,地图数据的维护、更新和管理经历了从低级向高级的发展过程。最初采用文件系统的形式,后来逐步发展为地图数据库系统(map data base system,MDBS)。该系统由地图数据、地图数据管理系统、计算机硬件设备和地图数据库管理人员等组成。

地图数据的主要来源是普通地图,反之,生产地图也是早期地图数据库建设的主要目的。因此地图数据有以下几个特点:

第一,地图比例尺影响。地图数据是某一特定比例尺的地图经数字化而产生的。地理物体表示的详细程度,不可避免地受地图综合的影响。经过了人为制图综合,地理物体的几何精度(形状)和质量特征已经不是现实世界中的真实反映。为了满足地图应用的需要,不同比例尺地图建立不同的地理数据库。

第二，强调数据可视化，忽略了实体的空间关系。地图数据主要是为地图生产服务的，强调数据的可视化特征。采取的方式主要用"图形表现属性"，地理物体的数量特征和质量特征用大量的辅助符号表示，包括线型、粗细、颜色、纹理、文字注记、大小等数十种。地图数据是以相应的图式、规范为标准的，依然保留着地图的各项特征。各种地理现象之间的空间位置关系，例如，道路两旁的植被或农田、与之相邻的居民地等，是通过读图者的形象思维从地图上获取的。地理物体（如道路、居民地和河流）在空间关系上是相互联系的有机整体，但在地图数据表示中是相互孤立的。因此，地图数据不强调实体的关系表示。

第三，按地图印刷色彩分层管理。为满足地图印刷的需求，依据地图制图覆盖理论，对地图数据按色彩分层管理，不是按照地理物体的自然属性进行分类分级。这种分层不仅割裂了地理物体之间的有机联系，也导致了同一个地物在不同层内重复存储，如河流两岸的加固陡坎隐含着河流的水涯线信息，道路与绿化带平行接壤使道路边沿线隐含着绿化带的边沿，河流、道路和铁路等线状地物可能隐含着区划界限。

第四，地图图幅限制了数据范围。受印刷机械、纸张和制图设备的限制，传统的地图用图幅限制地图的大小，地图数据用图幅来组织和管理。地图图幅割裂了地理物体的完整性和连续性，比如，一条境界线因为地图的分幅而断作几条记录存储在不同的图幅内。

随着科学技术的发展和地图数据应用的深入，特别是计算机技术、数据库理论、信息系统理论的发展和实践的成功，使人们对地理信息的应用已不再局限于地图这一单一产品上，人们研究和解决空间问题需要综合地利用各种数据，包括资源、环境、经济和社会等领域的一切带有地理坐标的数据。与地图数据相比，这种数据主要通过属性数据描述地理实体的定性特征，用数字表示空间实体的数量特征、质量特征和时间特征。

在数据获取手段上，不再局限于地图的数字化，获取空间物体信息的手段越来越多样化，特别是随着传感器技术、航空和航天平台技术、数据通信技术的发展，现代遥感技术已经进入一个能够动态、快速、准确、多手段提供多种对地观测数据的新阶段。新型传感器不断出现，已从过去的单一传感器发展到现在的多种类型的传感器，并能在不同的航天、航空遥感平台上获得不同空间分辨率、时间分辨率和光谱分辨率的遥感影像。遥感影像的空间分辨率已达到米级；光谱分辨率已达到纳米级，波段数已增加到数十甚至数百个；回归周期可达几天甚至十余小时；微波遥感已逐渐采用多极化技术、多波段技术及多种工作模式。全球定位系统（GPS）和惯性导航系统（INS）等高技术系统相结合的智能型实时地理信息获取系统步入了实用阶段，为地理数据的实时更新提供了一个实用、简便、低廉的工具。

在地理信息表示方面，广大科学工作者开始思索如何利用它来反映自然和社会现象的分布、组合、联系及其时空发展和变化，研究在计算机存储介质上如何科学、真实地描述、表达和模拟现实世界中地理实体或现象、相互关系以及分布特征。初期的地图数据仅仅把各种空间实体简单地抽象成点、线和面，这远远不能满足实际需要，要想进一步拓宽应用前景，必须进一步研究它们之间的关系（空间关系）。空间关系是通过一定的数据结构来描述与表达具有一定位置、属性和形态的空间实体之间的相互关系。当我们用数字形式描述空间物体，并使系统具有特殊的空间查询、空间分析等功能时，就必须把空间关系映射成适合计算机处理的数据结构，这时必须考虑数据的表示方法。

在数据组织上，为了满足地理分析需求，不受传统图幅划分的限制组织数据，在人们认识世界和改造世界的一定区域内（即现实世界地理空间）不管逻辑上还是物理上均为连续的整体。

从理论上讲，地物在地理空间只有唯一的地理数据表示，空间物体本身没有比例尺的含义，应尽可能详细、真实地描述物体形状、几何精度和属性。但人们对地理环境的认识往往需要一个从总体到局部，从局部到总体反复认识过程。为了满足人们对地理空间这种认识需求，必须考虑空间物体的多尺度性，以满足不同的社会部门或学科领域的人群对空间信息选择需求。

综上所述，从数据内容、获取手段、表示方法和数据组织上这些数据已经超出了地图数据表示范畴，为了与地图数据相区分，人们称之为地理信息数据（geo-information data）。

地理信息数据的获取、处理、管理和分析及其在地学领域的应用导致了地理信息系统（geographic information system，GIS）的产生和发展。它是利用计算机及其外部设备，采集、存储、分析和描述整个或部分地球表面的空间信息系统。它的研究对象是整个地理空间，为人们采用数字形式和分析现实空间世界提供了一系列空间操作和分析方法。该系统的核心是地理信息数据库（geographic information data base，GIDB）。它是在一定的地域内，将地理空间信息和一些与该地理信息相关的属性信息结合起来，实现对地理几何特征和属性信息的采集、更新和综合管理。

地图数据和地理信息数据都是带有地理坐标的数据，是地理空间信息两种不同的表示方法，统称为地理空间数据（geospatial data）。地理空间数据库（geospatial data base，GDB）的主要任务是研究地理空间物体的数据表示、数据模型以及在计算机内数据存储结构和建立空间索引方法，如何以最小的代价高效巧妙地存储和处理空间数据，正确维护空间数据的现实性，为用户提供现实性好、准确性高、完备、开放和易用的地理空间数据。

地理空间数据库系统（geospatial data base system，GDBS）的核心软件是空间数据库管理系统（geospatial data base management system，GDBMS）。它是为了满足日益发展的空间数据管理的需要，在文件的基础上发展起来的一种空间数据管理技术。它按一定的方式组织和存储、管理地理空间数据，具有较高的程序和数据独立性，能以较少的重复为多个用户或应用程序提供数据服务。

把计算机技术与数据库技术应用于地理空间数据的管理，需要解决地理空间数据的管理和更新一系列复杂的问题，研究解决这些问题的理论方法推动了地理空间数据库技术的产生和发展。

1.1 地理空间数据

1. 地理空间

"空间"（space）的概念不同的学科有不同的解释。从物理学的角度看，空间是指宇宙在3个互相垂直的方向上所具有的广延性。从天文学的角度看，空间是指时空连续体系的一部分。地理学是研究地球表层空间分布规律的科学，因此地理学的空间是一个定义在地球表层空间实体集上的关系。在空间实体之间有无数种关系，物理距离只是这些关系中的一种度量；定义一种关系就自然定义了一种空间，而这个空间又是和几何关系联系在一起的，并且，几何关系是所有这些关系中的基础关系。也许正因为如此，今天大多数的学者都强调空间位置和拓扑关系。也就是说，地理空间 Geospace 是一个相对空间，是一个空间实体组合排列集（这些空间实体具有精确的空间位置），强调宏观的空间分布和空间实体间的相关关系（关系以各单个地理空间实体为联结的结点或载体）。地理空间若想精确定位于地球上，还必须承认它有欧氏空间基础，有相对于地球坐标系的绝对位置。这样，通过地理空间和欧氏空间的统一，将地理现象的宏观特性和空间位置的精确特征紧密有机地联系在一起。其中，宏观特性主要体现在地理对象之间的拓扑关系与非拓扑关系上（通过数据模型体现），其载体则是具有精确位置、起着联结结点作用的那些单个地理空间对象（通过单对象的数据结构体现）。

依附地理空间存在着各种事物或现象，它们可能是物质的，也可能是非物质的，这些事物和现象的一个典型特征，是与一定的地理空间位置有关，都具有一定的几何形态，这些事物或现象称为地理空间物体（geospatial object）。在地理空间中，物体不仅反映事物和现象的地理本质内涵，而且反映它们在地理空间中的位置、分布状况以及它们之间的相互关系。地理空间实体（geospatial entity）是根据分析应用的需要对空间物体进行的抽象表示。在本书中，常用地理空间物体和地理空间实体区分客观存在的物体和数字表示的物体，前者如长江，后者如表示长江的曲线（坐标串数据）。

地理空间的数学描述可以表示为：设 E_1，E_2，E_3，…，E_n 为 n 个不同类的地理空间实体；R 表示地理空间实体值的相互联系，相互制约关系；$\Omega=\{E_1,E_2,E_3,…,E_n\}$ 表示地理空间中各个组成部分（实体）的集合，那么地理空间可以表示为 $S=\{\Omega,R\}$（王家耀，2000）。

2. 地理空间数据

空间数据（spatial data）是数据的一种特殊类型。它是指凡是带有空间坐标的数据，如建筑的设计图、机械设计图和各种地图等表示成计算机能够接受的数字形式。

地理空间数据（geospatial data）是空间数据的一种特殊类型。它是指带有地理坐标的数据，包括资源、环境、经济和社会等领域的一切带有地理坐标的数据。地理空间数据区别于计算机辅助设计制造中的空间数据。在本书中，在不至于混淆的情况下，我们不加区分，统称为空间数据。

地理空间数据是地理实体的空间特征和属性特征的数字描述。地理实体的空间特征表现为地理实体的几何（定位）特征（地理实体的位置、形状、大小及其分布特征）和实体间的空间关系。地理实体的属性（定性）特征表现为实体的数量特征、质量特征和时间特征。定位是指一个已知的坐标系里空间实体都具有唯一的空间位置。定性是指有关空间实体的自然属性，它伴随着空间实体地理位置。时间特征是指空间实体随时间的变化而变化。

从概念上分，地理空间数据可分为两大类。一类是空间对象数据，它是指具有几何特征和离散特点的地理要素，如点对象、线对象、面对象、体对象等。另一类是场对象数据，它是指在一定空间范围内连续变化的地理对象，如覆盖某一地理空间的格网数字高程模型、不规则三角网、栅格影像数据等。每个离散的空间对象有一个唯一的对象标识或相应的属性描述信息。一个场对象通常作为一个整体，场内的局部特征已经由构造该数据场的节点特征表达，如一个格网点的高程表现了该点的高度。由于离散的空间对象与场对象的特征不同，所以需要采用不同的方法进行处理和管理。根据地理实体数字描述方式的不同，空间数据可分为矢量数据和栅格数据。

空间数据适用于描述所有呈二维、三维甚至多维分布的关于域的现象，空间数据不仅能够表示实体本身的空间位置及形态信息，而且还有表示实体属性和空间关系（如拓扑关系）的信息。在空间数据中不可再分的最小单元现象称为空间实体，空间实体是对存在于这个自然世界中地理实体的抽象，主要包括点、线、面以及实体等基本类型。在空间对象建立后，还可以进一步定义其相互之间的关系，这种相互关系被称为"空间关系"，又称为"拓扑关系"。因此可以说空间数据是一种用点、线、面以及实体等基本空间数据结构来表示人们赖以生存的自然世界的数据。

空间数据比一般信息处理中的统计数据更复杂。其复杂性体现在，一是数据类型多，有几何数据，还有表示地图要素间相互联系的关系数据，以及便于图化处理的辅助数据等，而且数据还随时间的变化各自独立的发生变化。二是数据操纵复杂，空间数据的操纵不但需要一般数据的检索、增加、删除、修改等功能，而且还需要一些特有的检索方式，如定位检索、拓扑关系检索以及一些特有的操作方式，如图形编辑。三是数据输出多样，有数据、报表，还有图形。四是数据量大，加之空间数据来源多样，不但有测量、统计数据、文字资料，还有地图，遥感图像等图形图像数据。

3. 空间数据非结构化特征

从数据组织和管理角度看，空间数据与一般的事务数据相比具有非结构化特征。

在事务数据库中，数据记录一般是结构化的，即每一个记录有相同的结构和固定的长度，记录中每个字段表达的只能是原子数据（不可再分的数据），内部无结构，不允许嵌套记录。而这种结构化不能满足空间数据表示的要求。这是因为，地理实体都具有空间坐标，空间坐标不仅指示了地理实体的位置、大小和形状，还记录了拓扑信息来表达地理实体之间的关联、邻接、包含等空间关系，拓扑数据一方面方便了空间数据的空间查询和空间分析，另一方面也给空间数据的一致性和完整性维护增加了复杂性。

因此，空间数据的组织和管理不同于一般的事务性数据，要根据它的空间分布特征，建立相应的空间索引，从而实现空间数据高效快速的存储和提取。

如果用一个关系表表示一类空间对象，一条记录表示其中的一个空间对象，则它的数据项可能是变长的，例如，公路的长度是变化的，可能用两对坐标表示，也可能要用几十上百对坐标表示。另外，一个空间对象可能包含一个或多个其他空间对象，例如，若用一个记录表示一条弧段，另一个记录表示一个多边形，则当一个多边形由多条弧段组成时，一条多边形记录就要嵌套多条弧段的记录。这就是空间数据难以直接采用通用的数据库管理系统的主要原因。

相对于一般的事务数据而言，空间数据量大，一幅标准的地形图矢量数据可达几兆，一幅标准地图分幅的数字影像数据可达上百兆，一个区域地理信息系统的空间数据量可能达几十千兆，或数百千兆。

用以描述事物或现象随时间的变化。这种变化表现为三种可能的形式，一是属性变化,其空间坐标或位置不变;二是空间坐标或位置变化,而属性不变,这里空间坐标或位置变化既可以是单一实体的位置、方向、尺寸、形状等发生变化,也可以是两个或两个以上的空间实体之间的关系发生变化;三是空间实体或现象的坐标和属性都发生变化,例如,土地权属变更、海岸线变化、土地城市化、道路改线、环境变化等,需要保存并有效地管理历史变化数据,以便将来重建历史状态、跟踪变化、预测未来。如何有效地表达、记录和管理现实世界的实体及其相互关系随时间不断发生的变化,增加空间数据的时间维,使空间数据的表示非常复杂,大大增加了组织、管理、操作时间和空间数据的难度。

这些特征对地理空间数据的管理有着重要的影响:用商业数据库管理系统存储和管理这些非结构化的空间数据十分困难;另一方面地理对象之间存在着位置空间关系,地理空间数据查询时必须考虑地理对象之间的联系,即空间拓扑关系,提供空间查询语言是空间数据库的一个重要特征,使用关系数据中的"select-from-where"模式很难完成构建空间数据查询。通过扩充 SQL 语言,使其支持空间对象类型、空间关系和空间操作,为空间查询语言的设计和开发提供了一个框架。空间地理数据的时间特征使空间地理数据模型必须具有时间维,来保存地理要素随时间变化的历史性数据。

由于空间实体间的相互关系及其时空变化的描述与表达、数据组织、空间查询分析等方面均有较大的复杂性和特殊性,一般的商业数据库管理系统难以满足要求。因此,人们不得不跟随计算机软件和硬件技术发展,特别是数据库技术的前沿,研究空间数据管理的理论、技术和方法,研制空间数据库管理软件或在商业数据库管理系统的基础上开发空间数据库管理系统。

1.2 空间数据管理演变过程

空间数据的管理技术与计算机硬件和软件技术是密不可分的。特别是随着面向对象、组件技术、分布式计算技术以及网络技术和计算机存储技术的发展,空间数据管理能力也不断发展,空间数据的管理技术大体经历了 6 个阶段:人工管理阶段、文件系统阶段、文件与数据库系统混合管理系统阶段、全关系型空间数据库管理系统阶段、对象关系数据库管理系统阶段和面向对象的数据库系统阶段。

1. 人工管理阶段(20 世纪 50 年代中期)

从首次使用计算机管理与地球相关的数据(地理空间数据)以来,我们已经走过一段漫长的路程。这个阶段计算机主要应用于科技计算,硬件背景是外存只有磁带、卡片、纸带等,没有磁盘等直接存取存储设备;计算机没有操作系统,没有管理数据的软件,数据处理的方式是批处理。

人工管理阶段数据管理的特点是:

1)数据不保存

因为计算机主要应用于科技计算,一般不需要将数据长期保存,且数据量远远小于程序量,只在计算时数据输入,用完撤走。

2）没有数据管理软件

程序和数据共存一体，同时处理。程序员不仅要规定数据的逻辑结构，而且还要设计物理结构，包括存储结构、存取方法、输入输出方式等。存储的任何改变都会引起存取子程序的修改，即数据与程序不具有独立性。

3）数据冗余

一组数据对应于一个程序，即数据是面向应用的，数据不共享。

2. 文件系统阶段（20 世纪 60 年代中期）

20 世纪 60 年代早期的文件系统是数据管理方法的雏形，其文件在外存的物理结构与用户观点的逻辑结构完全一致，用户的数据文件主要存储在磁带上，它的组织方式是顺序式的，这时的数据管理软件属于操作系统的一部分，其主要功能是完成 I/O 设备的输入/输出操作。显然，这种数据组织形式只能应付批处理，不适应于实时访问，由于让用户各自建立文件，用户要花费很大精力为文件设计数据的物理安排细节与编制应用程序，因而文件不宜共享，数据冗余度很高，当文件的物理结构发生变化或更换外存设备时，就得修改或重编应用程序，用户感到负担很重，这促使人们探索新的数据管理方法。

大约到 20 世纪 60 年代中后期，直接访问设备——磁鼓、磁盘的性能改善使数据组织发生了如下变化：除磁带外，磁鼓尤其是磁盘成为联机的主要外存设备，文件的物理结构与逻辑结构之间已有所区别，在文件的物理结构中增加了链接和索引等形式，因而对文件中的记录可顺序地和随机地访问；数据管理软件（仍属操作系统的一部分）提供从逻辑文件到物理文件的"访问方法"是这一时期数据管理的主要特征；系统软件还增加了安全、保密检查机构；部分系统允许用户之间以文件为单位共享数据，但未能实现以记录和数据项为单位的数据共享；用户仍以文件标识（文件名）与系统交往，也允许以文件中的记录标识访问数据。显然，它不但适应于批处理，也可用于实时联机任务；系统更换外设也无需用户修改应用程序；可以实现以文件为单位的数据共享等。

文件管理方式，亦称为文件管理系统（file management system，FMS），它包含在计算机的操作系统中。文件方式是把数据的存取抽象为一种模型：使用时只要给出文件名称、格式和存取方式等，其余的一切组织与存取过程由专用软件——文件管理系统来完成（图 1.1）。

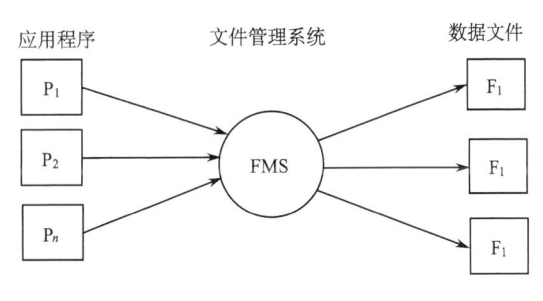

图 1.1 文件管理系统

文件管理系统的特点是：

（1）数据文件是大量数据的集合形式。每个文件包含有大量的记录，每个记录包含若干个甚至多达几十个以上的数据项。文件和文件名面向用户并存储在计算机的储存设备上，可以反复利用。

（2）面向用户的数据文件，用户可通过它进行查询、修改、插入、删除等操作。

（3）数据文件与对应的程序具有一定的独立性，即程序员可以不关心数据的物理存储状态，只需考虑数据的逻辑存储结构，从而可以大量地节省修改和维护程序的工作量。文件管理系统提供文件"存取"方法作为应用程序和数据间的接口，不同的程序，可以使用同一数据文件。

（4）由初期的顺序文件发展为索引文件、链接文件、直接文件等，数据可以记录为单位进行顺序或随机存取。

1976年，美国人口普查局引进了地理基础文件/双独立地图编码（GBF/DIME），并将之用于1970年人口普查中的地理编码。

但这种文件系统仍不够理想，未能体现用户观点下的数据逻辑结构较大地独立于数据在外存的物理结构。数据文件只能对应于一个或几个应用程序，不能摆脱程序的依赖性。数据文件之间不能建立关系，呈现出无结构的信息集合状态，往往冗余度大，不易扩充，维护和修改。因此，数据物理存储的改变，仍然需要修改用户的应用程序。再者以文件而不以记录或数据项为单位共享数据，必然导致数据的大量冗余，用户也不能以记录或数据项为单位访问数据。同时，文件系统亦难于增删新旧数据库以适应新的应用要求。这些亟待解决的问题，促使人们研究一种新的数据管理技术。20世纪60年代末终于出现了数据库系统。

3. 文件与数据库系统混合管理系统（20世纪70年代初期）

随着以计算机为基础的地理空间信息的潜力不断扩大，从事地理空间技术业务的公司数量也在增加。但直到1981年ESRI推出具有突破性的第一个商用地理信息产品Arc/Info，人们才真正有效地将地理空间技术和数据库（DataBase）集成于一个系统，该系统通常具有以下特点：

（1）对用户观点的数据进行严格细致的描述，使得文件、记录、数据项等数据单位之间的联系清晰，结构简单。

（2）允许用户以记录或数据项作单位进行访问，也允许多关键字检索和文件之间的交叉访问。

（3）数据的物理存储可以很复杂，同样的物理数据可以导出多个不同的逻辑文件，用户以简单的逻辑结构操作数据而无需考虑数据的存储情况，改动数据的物理位置和存储结构不必修改或重写应用程序，用户的逻辑数据与物理存储之间转换由数据管理软件完成。从而解决了数据的应用独立于数据的存储问题。

初期数据库系统数据的整体逻辑结构是用户逻辑文件的简单并集，在用户越来越多，系统为每个用户提供的逻辑文件日渐庞杂的情况下，数据库的组织越来越乱。为了提高效率，减少冗余，增加新的数据，常常需要改变数据的整体逻辑结构，这就必然导致用户逻辑结构的修改，进而导致用户应用程序的修改。特别是对某些系统来说，改变整体逻辑结构已成为系统活动的方式，这样就提出了用户的数据逻辑结构尽量不受整体逻辑结构变化的影响问题，促使人们把用户观点的逻辑结构从整体逻辑结构中独立出来，形成数据库系统的三级结构和两级数据独立性，即在用户数据逻辑结构与数据的物理存储结构之间加入数据的整体逻辑结构，使数据物理存储结构的变化尽量不影响数据的整体逻辑结构或用户应用程序，数据整体逻辑结构的改变也尽量不影响用户应用程序（图1.2）。

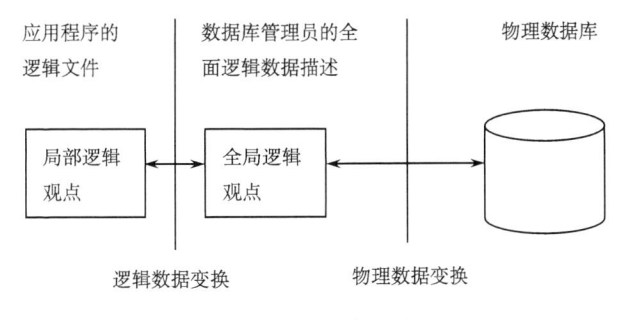

图1.2 数据库系统

数据库管理系统（data base management system，DBMS）是在文件管理系统的基础上进一步发展的系统。DBMS在用户应用程序和数据文件之间起到了桥梁作用。DBMS的最大优点是提供了两者之间的数据独立性。即应用程序访问数据文件时，不必知道数据文件的物理存储结构。当数据文件的存储结构改变时，不必改变应用程序。数据库管理系统的特点可概括如下：

（1）数据管理方式建立在复杂的数据结构设计的基础上，将相互关联的数据集赋予某种固有的内在联系。各个相关文件可以通过公共数据项联系起来。

（2）数据库中的数据完全独立，不仅是物理状态的独立，而且是逻辑结构的独立，即程序访问的数据只需提供数据项名称。

（3）数据共享成为现实，数据库系统的并发功能保证了多个用户可以同时使用同一个数据文件，而且数据处于安全保护状态。

（4）数据的完整性、有效性和相容性保证其冗余度最小，有利于数据的快速查询和维护。

由于空间数据具有空间特征，以定长记录和无结构字段为特征的通用关系数据库管理系统难以满足要求。因此，早期的大部分地理信息系统软件或空间数据库系统都采用混合管理的模式（或称二元管理模式），即几何图形数据采用文件系统管理，属性数据采用商用关系数据库管理系统管理，两者之间的联系通过空间实体标识或者内部连接码进行匹配（图1.3）。

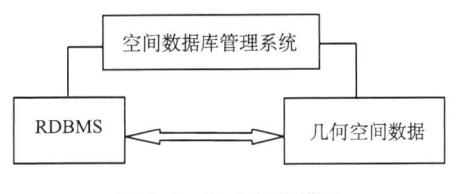

图1.3 混合结构模型

在这种管理模式中，几何图形数据与属性数据除用空间实体标识码或内部码作为关键字段联接外，两者几乎是独立地组织、管理与检索。由于早期的关系型数据库管理系统不提供编程的高级语言接口，属性用户界面只能采用数据库操纵语言，因此图形用户界面和属性用户界面是分开的。

采用文件与关系数据库管理系统的混合管理模式，还不能说建立了真正意义上的空间数据库管理系统。因为在该系统中，空间数据存储于专用文件结构中并链接到数据库管理系统中的非空间数据，这一解决方案尽管功能强大，但仍然存在着许多缺点，例如，缺乏对多用户以及共存和交易问题的支持等，文件管理系统的功能较弱，特别是在数据的安全性、一致性、完整性、并发控制以及数据损坏后的恢复方面缺少基本的功能，多用户操作的并发控制比起商用数据库管理系统来要逊色得多，因而人们一直在寻找采用商用数据库管理系统来同时管理图形和属性数据。

4. 全关系型空间数据库管理系统（20 世纪 70 年代后期）

全关系型空间数据库管理系统是指图形和属性数据都用现有的关系数据库管理系统（relational data base management system，RDBMS）管理（图 1.4），数据库厂商不作任何扩展，由人们在此基础上进行开发，使之不仅能管理结构化的属性数据，而且能管理非结构化的图形数据。

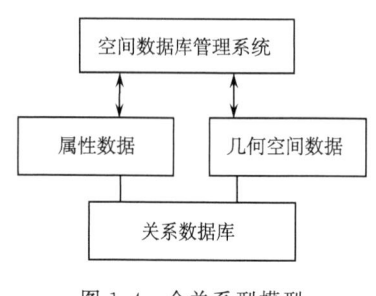

图 1.4 全关系型模型

最近几年，随着数据库技术的发展，越来越多的数据库管理系统提供高级编程语言接口，使得空间数据库管理系统可以在 C 语言的环境下，直接操纵属性数据，并通过 C 语言的对话框和列表框显示属性数据，或通过对话框输入 SQL 语句，并将该语句通过 C 语言与数据库的接口查询属性数据库，并在图形用户界面下显示查询结果。这种工作模式，并不需要启动一个完整的数据库管理系统，用户甚至不知道何时调用了关系数据库管理系统，图形数据和属性数据的查询与维护完全在一个界面之下。

在 ODBC（开放性数据库连接协议）推出之前，每个数据库厂商提供一套自己的与高级语言的接口程序，这样，人们就要针对每个数据库开发一套空间数据操作接口程序，所以往往在数据库的使用上受到限制。在推出了 ODBC 之后，人们只要开发空间数据操作与 ODBC 的接口软件，就可以用来管理属性数据。

用关系数据库管理系统管理图形数据的常用做法是将图形数据变长部分处理成二进制（binary）块（block）字段。目前大部分关系数据库管理系统都提供了二进制块的字段域，以适应管理多媒体数据或可变长文本字符。GIS 利用这种功能，通常把图形的坐标数据，当作一个二进制块，交由关系数据库管理系统进行存储和管理。这种存储方式，由于二进制块的读写效率要比定长的属性字段慢得多，特别是涉及对象的嵌套时，速度更慢，效率低下。

5. 对象关系数据库管理系统

由于非结构化的空间数据直接采用通用的关系数据库管理系统来管理，效率不高，所以许多数据库管理系统的软件商纷纷在关系数据库管理系统中进行扩展，使之能直接存储和管理非结构化的空间数据，如 Ingres、Informix 和 Oracle 等都推出了空间数据管理的专用模块，定义了操纵点、线、面、圆、长方形等空间对象的 API 函数。这些函数，将各种空间对象的数据结构进行了预先定义，用户使用时必须满足它的数据结构要求，即使是 GIS 软件商也不能根据自己的要求再定义。例如，若这种函数涉及的空间对象不带拓扑关系，多边形的数据是直接跟随边界的空间坐标，那么 GIS 用户就不能将设计的拓扑数据结构采用这种对象-关系模型进行存储。

早期容纳地理空间数据的扩展 RDBMS 包括 ADTINGRES 和 POSTGRES。随着数据库增加了对新数据类型及其他功能的支持，所谓第三代或对象关系数据库管理系统（ORDBMS）诞生了（图 1.5）。例如，lllstra ORDBMS 首次提供了地理空间数据库扩展功能：2D 和 3D Spatial DataBlade 模块，后来又增加了 Geodetic DataBlade 模块。这些扩展功能由一种叫 R 树状图（区域树状图）的内置二级访问方法提供索引，从而为原有完善的 B 树状图方法提供了一种补充索引策略。

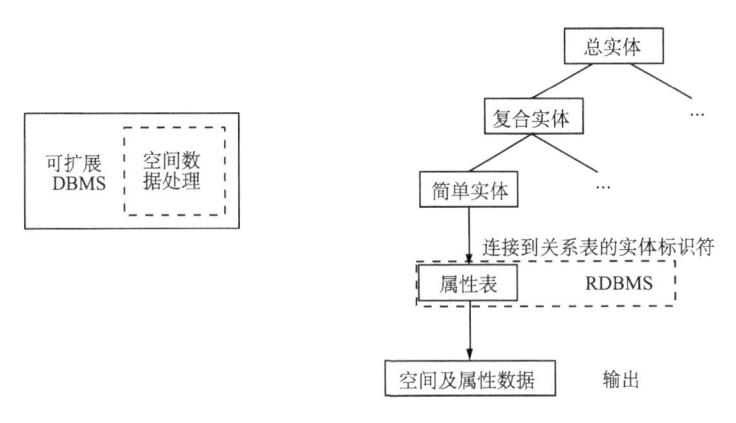

图 1.5 对象关系性模型

充分集成于 ORDBMS 的地理空间技术的优势正在从根本上改变地理空间应用的面貌。随着该行业从基于文件的应用演变到目前的地理空间扩展关系数据库阶段，结果将带来一个充分集成的空间实体系统，从而使地理空间技术可以无缝地处理文件、时间序列数据、图像、视频和音频及其他标准的和抽象的数据类型。

这种扩展的空间对象管理模块主要解决了空间数据变长记录的管理，由于由数据库软件商进行扩展，效率要比前面所述的二进制块的管理高得多。但是它仍然没有解决对象的嵌套问题，空间数据结构也不能由用户任意定义，使用上仍然受到一定限制。

6. 面向对象的数据库系统

为了较好地模拟和操纵现实世界中的复杂现象，克服传统数据模型的局限性，人们从更高的层次（如语义层次）提出了一些数据模型。它们包括以数据库设计为背景而产生的实体-联系（E-R）模型，从操作角度模拟客观世界且具有严密代数基础的函数数据模型，对事物及其联系进行自然表达的语义网络模型，基于图论多层次数据抽象的超图数据模型，基于一阶谓语逻辑的演绎数据模型，以及以面向对象概念和面向对象程序设计为基础的面向对象数据模型（图 1.6）。其中面向对象数据模型是高层次数据模型的最重要发展，因为它包含了其他模型在数据模拟方面的很多概念，并能很好地模拟和操纵复杂对象。

面向对象方法的基本思想是：对问题领域进行自然的分割，以更接近人类通常思维的方式建立问题领域的模型，以便对客观的信息实体进行结构模拟和行为模拟，从而使设计出的系统尽可能直接地表现问题求解的过程。面向对象数据库系统就是采用面向对

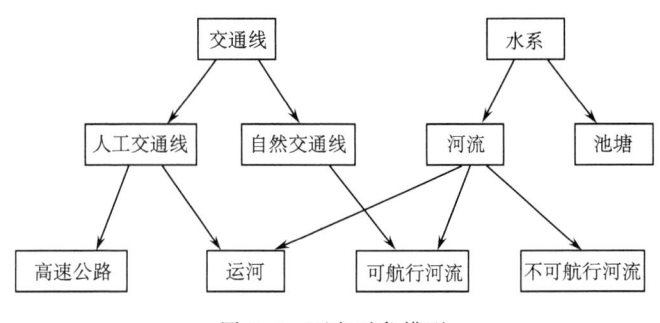

图 1.6 面向对象模型

象方法建立的数据库系统。

面向对象模型最适应于空间数据的表达和管理，它不仅支持变长记录，而且支持对象的嵌套、信息的继承与聚集，面向对象的空间数据库管理系统允许用户定义对象和对象的数据结构以及它的操作。这样，我们可以将空间对象根据需要，定义合适的数据结构和一组操作。这种空间数据结构可以是不带拓扑关系的面条数据结构，也可以是拓扑数据结构，当采用拓扑数据结构时，往往涉及对象的嵌套、对象的连接和对象与信息聚集。

由于面向对象数据库管理系统还不够成熟，价格昂贵，目前空间数据管理领域还不太通用。相反基于对象关系的空间数据库管理系统将可能成为空间数据管理的主流。

1.3 空间数据库系统

空间数据的管理就是利用计算机实现空间数据定义、操纵、储存，并且基于空间位置的高效查询。空间数据库系统（geospatial database system）通常是指带有数据库的计算机系统，采用现代数据库技术来管理空间数据。因此，广义地讲空间数据库系统不仅包括空间数据库（spatial data base）本身（指实际存储于计算机中的空间数据），还要包括相应的计算机硬件系统、空间数据管理系统、地理空间数据库和空间数据库管理人员 DBA（database administrator）等组成的一个运行系统。通过地理空间数据库管理系统将分幅、分层、分要素、分类型的地理空间数据进行统一管理，以便于空间数据的维护、更新与分发及应用。

建立空间数据库的目的就是要将相关的数据有效地组织起来，并根据其地理分布建立统一的空间索引，进而可以快速调度数据库中任意范围的数据，达到对整个地形的无缝漫游，根据显示范围的大小可以灵活方便地自动调入不同层次的数据。比如，可以一览全貌，也可以看到局部地方的微小细节。

空间数据库整体上是一个集成化的逻辑数据库，所有数据能够在统一的界面下进行调度、浏览，各种比例尺、各种类型的空间数据能够互相套合、互相叠加形成一体化的空间数据库。

1. 空间数据库对软硬件要求

空间数据库系统的硬件资源包括 CPU、内存、磁盘、光盘、磁带及其图形输入和输出等外部设备。由于空间数据种类繁多，数据量庞大，空间数据模型复杂，因此空间数据库系统对硬件提出较高的要求：

（1）足够大的内存存放操作系统、空间数据管理系统的核心模块、数据缓冲区等；

（2）足够大的直接存取外存设备（如硬盘等）存放庞大的空间数据和数据备份；

（3）要求系统有较高的通道能力，以提高数据传输能力。

空间数据库系统的软件资源包括操作系统（OS）、数据库管理系统（DBMS）、主语言和应用程序。

数据库系统除了有一个集中管理数据的系统软件外，还有一个（或一组）负责整个系统的建立、维护、协调工作的专门人员，这就是数据库管理员。

2．空间数据库

空间数据是空间数据库存储对象，空间数据库中的数据不仅包含用各种手段获取的"空间数据"本身，而且还包括这些空间数据之间的各种联系，就是说，联系也是数据。因此，空间数据库可以理解为：空间数据库是存储在计算机内的有结构的空间数据集合。

空间数据库中的空间数据必须具有以下特征：

（1）共享。空间数据库中的数据可在几个用户和应用程序间共享。

（2）持续。数据库中的数据持久存在；数据项可在创建它的进程作用范围外存在。

（3）安全。避免数据库中数据被不授权的泄露、更改或破坏。数据库系统管理员根据数据对于各个用户或用户组成员的用途和敏感性，决定数据库合法访问的判断准则。

（4）有效。指数据完整性或正确性，数据库中的数据应正确表示它们所代表的现实世界实体。

（5）一致。当用多个数据库中的数据项表示相关现实世界的某些值时，数据项的取值应与它们所对应的联系相一致。

（6）不冗余。数据库中不存在两个数据项表示同一个现实世界实体。

（7）独立。访问数据的程序与数据存在何处以及如何存放都无关，即数据库物理存储的变动不会影响访问数据的应用程序。

空间数据库的内容如图1.7所示。

（1）矢量地形图数据库。它是以矢量数据结构描述的水系、等高线、境界、交通、居民地等地形要素构成的数据库，其中包括地形要素间的空间关系及相关属性信息。

（2）数字高程模型库。它是定义在平面 X、Y 域（或理想椭球体面 φ、λ）上规则格网点上高程数据集构成的数据库，库中还含有离散高程点和地貌结构线，库中按区域块索引组织管理。

（3）影像数据库。它是由各种航空航天遥感数据或经过扫描处理的影像数据构成的数字正射影像数据库。影像可以是全色的，也可以是多光谱的。

（4）数字栅格地形图。纸质地形图扫描后经几何纠正（彩色地图还需经彩色校正），并进行内容更新和数据压缩处理得到数字栅格地图。数字栅格地图保持了模拟地形图全部内容和几何精度，生产快捷、成本较低。

（5）专题数据。专题数据可能是土地利用数据、地籍数据、规划管理数据、道路数

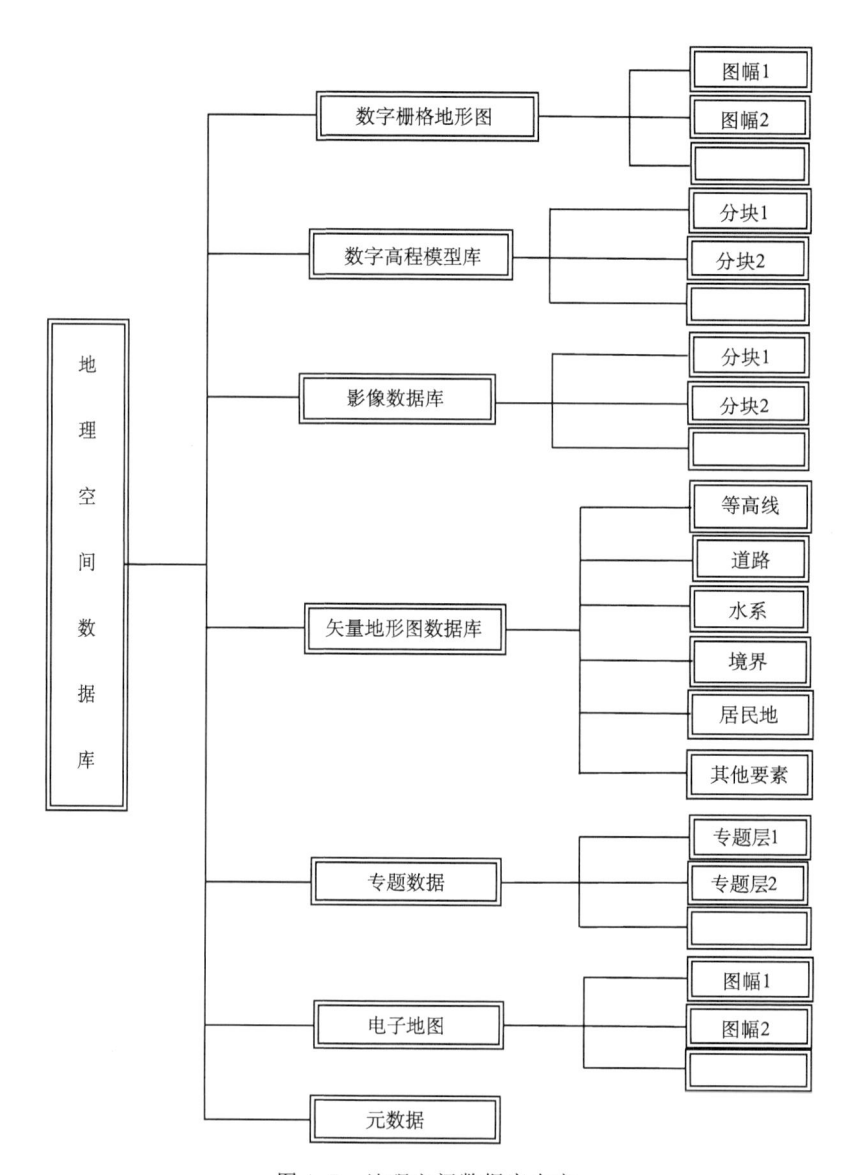

图 1.7 地理空间数据库内容

据、文物保护数据、农业数据、水利数据等。它们的形式不外乎是矢量形式或栅格形式，所以可采用矢量数据结构或栅格数据结构进行存储和管理。

（6）数字地图（电子地图）。地图数据具有地图的符号化数据特征，并能实现快速显示，可供人们阅读的有序数据集合。数字地图可是栅格或矢量方式，栅格方式如同数字栅格地图，矢量方式是以矢量数据格式，用点、线、面符号和注记来表示地图内容的电子地图产品。

（7）元数据。元数据库是描述数据库/子库和库中各数字产品的元数据构成的数据库。元数据库包括系统各数据库及数字产品有关的基本信息、日志信息、空间数据表示信息、参照系统信息、数据质量信息、要素分层信息、发行信息和元数据参考信息等。

3. 空间数据库管理系统

空间数据库管理系统（SDBMS）是空间数据库系统的核心。空间数据库管理系统是用户与操作系统之间的一层数据管理软件。SDBMS 是一个对与空间数据有关的数据进行输入、编辑处理、存储、分析和输出的系统。系统所有功能都是围绕空间数据流程来实现的，因此，地理空间数据模型是系统模型的核心。

空间数据库是作为一种应用技术诞生和发展起来的，其目的是为了使用户能够方便灵活地查询出所需的地理空间数据，同时能够进行有关地理空间数据插入、删除、更新等操作，为此建立了如实体、关系、数据独立性、完整性、数据操纵、资源共享等一系列基本概念。空间数据不仅包括地理要素，而且还包括社会、政治、经济和文化要素。这种内容的复杂性导致了空间数据模型的复杂性。以地理空间数据存储和操作为对象的地理空间数据库，把被管理的数据从一维推向了二维、三维甚至更高维。由于传统数据库系统（如关系数据库系统）的数据模拟主要针对简单对象，因而无法有效地支持以复杂对象（如图形、影像等）为主体的工程应用。地理空间数据库系统必须具备对地理对象（大多为具有复杂结构和内涵的复杂对象）进行模拟和推理的功能。一方面可将地理空间数据库技术视为传统数据库技术的扩充；另一方面，地理空间数据库突破了传统数据库理论（如将规范关系推向非规范关系），其实质性发展必然导致理论上的创新。

地理空间数据库是一种应用于地理空间数据处理与信息分析领域的具有工程性质的数据库，它所管理的对象主要是地理空间数据（包括几何数据和非几何数据）。图形数据库的管理比通常的非图形数据库要困难得多，利用传统数据库管理系统管理空间数据有以下几个方面的局限性：

（1）传统数据库系统管理的是不连续的、相关性较小的数字和字符；而地理信息数据是连续的，并且具有很强的空间相关性。

（2）传统数据库系统管理的实体类型较少，并且实体类型之间通常只有简单、固定的关系；而地理空间数据的实体类型繁多，实体类型之间存在着复杂的空间关系，并且还能产生新的关系（如拓扑关系）。

（3）传统数据库系统存储的数据通常为等长记录的原子数据；而地理空间数据通常是结构化的，其数据项可能很大，很复杂，并且变长记录。

（4）传统数据库系统只操纵和查询文字和数字信息；而地理空间数据库中需要有大量的空间数据操作和查询，如特征提取、影像分割、影像代数运算、拓扑和相似性查询等。

至此，我们不难理解：空间数据库系统是实现有组织地、动态地存储大量关联数据，方便多用户访问的计算机软件、硬件源组成的系统；它与文件系统的重要区别是数据的充分共享、交叉访问、与应用的高度独立性。

1.4 地理空间数据库系统与其他课程的关系

地理空间数据库系统是在计算机数据库技术上发展形成的。数据库系统作为软件的一个分支，与其他基础软件和系统软件有密切的关系。它几乎涉及软件的所有知识，是很多重要软件技术的综合应用，如图 1.8 所示。

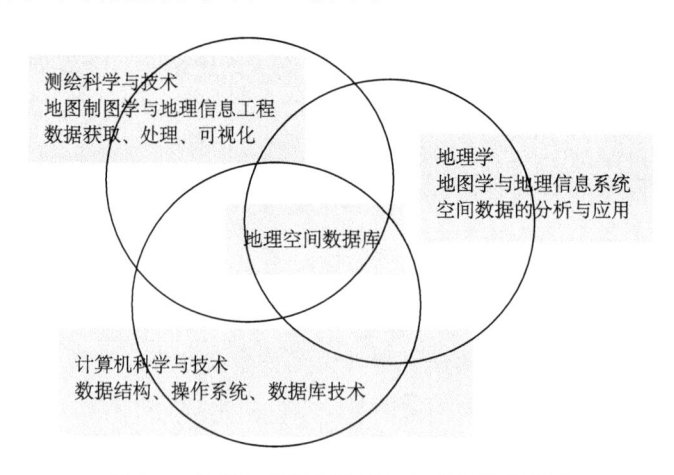

图 1.8 地理空间数据库系统与其他学科关系

首先数据库系统是在操作系统（operating system，OS）支持下工作的。它和 OS 关系十分密切，如同两个齿轮，边界并不清楚，有些工作可以由 OS 做，也可以由 DBMS 做，还可以由双方各做一部分，但合起来应是一个完整的整体。所以设计 DBMS 时应充分熟悉支持它的 OS。另一方面 OS 中用到的许多技术同样可以用到 DBMS 中。例如，缓冲区的管理、并发控制等技术，两个系统中的处理思想是完全一样的。所以不熟悉 OS，要想搞清数据库系统是很困难的。

数据库系统用来存储数据的外存主要是磁盘，直接关系到数据的物理组织，因此，为了能做好空间数据的管理，必须了解如何组织各种空间数据在计算机中的存储、传递和转换。这样数据结构这门课程显得格外重要。

再次是编译技术，它在数据库系统中也用得很多。数据库系统中有许多语言，例如，数据定义语言、数据操纵语言、查询语言等，这些语言的编译都是数据库系统的任务。

程序设计，它是具体实现数据库系统的最基本的技术，因为数据库系统中有大量的应用程序都是用高级语言加上数据操纵语言来编制的。没有熟练的编程技巧，这些任务很难完成。

另外离散数学、数理逻辑是关系数据库的理论基础。它们的很多概念、思想甚至名词术语都直接用到关系数据库中。还有算法分析在数据库中也是经常用到的。

最后，软件工程在设计 DBMS 时，是不可缺少的知识和技术。

空间数据库系统的管理对象是空间信息，从这个意义上，要了解空间实体是定位和数字表达的本质特征，必须依靠地理学和测绘科学与技术的支持。大地测量为空间数据库提供了精确定位的控制信息，尤其是全球定位系统（GPS）可快速、廉价地获取地表特征的数字位置信息。遥感与摄影测量作为空间数据采集手段，已成为空间数据库的主要信息源与数据更新途径。对于不同的数据源获取与处理方法，空间数据更新与管理，以及为满足各种空间查询和分析需要建立各种索引机制，这些都是空间数据库与其他数据库系统的主要差别。

从地理信息系统的发展过程可以看出，地理信息系统的产生、发展与计算机制图系统存在着密切的联系，两者的相通之处是基于空间信息的表达、显示和处理。地理信息系统与计算机制图的主要区别在注重空间数据的分析应用，提供空间决策支持信息，因此，地理信息系统更加强调分析工具和空间数据库间的连接。一个通用的地理信息系统可看成是许多特殊的空间分析方法与空间数据库管理系统的结合。地理空间分析和决策支持离不开地理学的知识。

近年来，随着计算机技术和激光照排技术在地图制图中广泛应用，地图的生产和制作正由计算机辅助制图方法向全数字制图方法转变，地图生产的整个过程全部实现数字化。地图数据的收集、分析整理、存储与管理、相互转换、调度、供应、更新等一系列问题都需要数据库技术的支持。

空间数据库是各种空间信息系统的核心，所以空间数据库系统是一门综合性的软件技术，是一门很有意义、很有趣味的学问。要研究和掌握它，必须了解和掌握计算机各个方面知识，以便更加理解和认识这些知识的内在联系，并在一种观念上将它们统一起来。

1.5 地理空间数据库的研究内容与发展趋势

地理空间数据库的研究，是以地理空间信息科学、计算机科学、信息科学的理论和计算机数据库技术为中心，涉及多个基础学科和应用技术领域，其研究内容是综合性的、多方面的。

从地理空间数据库的职能来看，数据获取和建库技术、数据操作管理技术、数据定性定量分析处理技术、数据输出和图形技术是数据库的主要技术。这些技术的实现，涉及许多理论和方法，如地图模型论、地图信息的数字表示和传递方法、数字地图信息的传输途径和方式、数据结构、空间数据变换、计算机图形学等。

概括起来，空间数据库的主要研究内容有以下几个方面：

1. 地理空间数据的获取与处理

包括地图模式识别技术、GPS数据采集与数据处理方法、遥感影像处理与识别方法、空间数据质量与不确定性研究。

1) 空间数据库的准确性研究

地理信息数据中误差处理和不确定性错误处理的方法和技术包括：不确定性误差模型，误差跟踪并对误差进行编码的方法，计算和表达在空间数据应用中的误差，数据精度的评估，数据质量、元数据、数据标准等问题的研究。

2) 空间数据质量研究

数据质量的管理和标准研究，误差模型和数据质量指标，数据库中数据的质量管理，对数据质量信息的用户需求评估。

2. 地理空间数据组织

包括地理空间数据模型、数据结构、物理存储结构和空间数据索引的理论和方法。

1) 空间数据的多种表达方式研究

为了高效提取数据，组织不同结构的空间数据及相应的拓扑关系，研究空间数据的多种表达方式，满足数据一致性和精度要求和数据模型、链接、多机构、多尺度等对数据的需求。

2) 时空关系的研究

地理空间中空间、时间以及和变化相关联的对象研究，不同时间概念的划分，如离散的、连续的、单调的等。具体应用中，笛卡儿坐标和欧几里得坐标的选择，将人类对时间和空间的认知过程具体化、形式化。

3) 海量空间数据库的结构体系研究

海量数据库中数据模型、结构、算法、用户接口等问题的实现方法，空间代数学，基于逻辑的计算机查询语言，元数据的具体内容和组织，数据压缩和加密方法。

3. 地理空间数据库系统

包括空间数据库引擎（SDE）、查询语言和数据库体系结构的研究，地理空间数据管理系统，地理空间数据库设计与建立的系统工程方法研究。

1) 空间关系语言研究

以地理空间概念的规范化形式为基础，利用自然语言和数学方法，形成空间关系表达的理论，关于定位表达的计算模型，空间概念的获取和表达，拓扑关系的定义，空间信息的可视化，空间数据库的用户接口。

2) 分布式处理和 Client/Server 模式

分布式处理和 Client/Server 模式的应用，使地理空间数据库具有 Internet/Intranet 连接能力，实现分布式事务处理、透明存取、跨平台应用、异构网互联、多协议自动转换等功能。

4. 地理空间数据共享的研究

由地理信息和技术共享到空间数据共享，空间数据共享的理论研究，空间数据共享的场所，空间数据共享的处理方法，包括地理空间数据规范、标准与元数据研究，多源空间数据融合、集成与互操作的理论与方法。

空间数据融合、互操作和空间数据仓库实现对分散的、各自独立的现有多种地理空间数据库系统进行统一的集成和管理，根据用户需求通过各种专业模型关联多种专题信息，从多维角度进行分析，满足用户空间辅助决策分析信息的需求。

计算机及相关领域技术的发展和融合，为空间数据库系统的发展创造了前所未有的条件。以新技术新方法构造的先进数据库系统正在或将要为地理空间数据库系统带来革命性的变化，具体表现为：

（1）面向对象模型的应用，使空间数据库系统具有更丰富的语义表达能力，并具有模拟和操纵复杂地理对象的能力。

（2）多媒体技术的发展拓宽了地理空间数据库系统的应用领域。现在广义的地理信息不仅包括图形、图像和属性信息，而且还包括音频、视频、动画等多媒体信息。

（3）虚拟现实技术促进了地理空间数据库的可视化。这里地理空间数据被转换成一种虚拟环境，人们可以进入该数据环境中，寻找不同数据集之间的关系，感受数据所描述的环境。

总之，未来理想的地理空间数据库系统应该是一个可表示复杂的可变对象的、面向对象的、主动的、多媒体的和可视化的集成数据库系统。

第 2 章　地理空间现象计算机表达

　　地理空间数据是描述地球表层（有一定厚度）一定范围内的地理事物及其关系的数据，是指用来表示空间实体的位置、形状、大小及其分布特征等方面信息的数据。本章首先介绍空间实体的概念，空间实体在地图上表示。2.2 节主要介绍空间实体的数据描述。2.3 至 2.5 节讨论空间实体矢量、栅格的表示及其转换方法。最后在 2.6 节对空间数据的基本特征作简单介绍。

2.1　空间实体及地图表示

　　空间实体指具有确定的位置和形态特征并具有地理意义的地理空间的物体。确定的位置和形态特征是指至少在给定的时刻，空间实体具有确定的形态，但是"确定的形状"并不意味着空间实体必须是可见的、可触及的实体，亦可以是不可见的东西。地理意义是指在特定的地学应用环境中，被确认为有分析的必要。河流、道路、城市是看得见摸得着的空间实体，而境界、航线等则是不可见的空间实体。

2.1.1　实体的维数和延展度

　　空间实体的维数随应用环境而定，取决于分析空间的维数。在应用环境可变的情况下，分析空间可能是二维的，也可能是三维的，则空间实体以 R^3 中的点集描述为宜，从三维空间向二维空间投影是容易的，而其逆在很多情况下是不可能的，也是没有意义的。

　　空间物体的延展度反映了空间实体的空间延展特性。在二维分析空间中，我们区分点、线、面这三类空间实体，在三维分析空间中，则区分点、线、面、曲面（体）这四类空间实体，相应地我们将点、线、面、曲面（体）的延展度分别记为 0，1，2，3。一般地说，空间实体显然可看作是分析空间的点集，可以 R^2（或 R^3）的点集描述，但在空间实体的数值表示中，这种描述实施起来相当困难，如维数为 2、延展度为 2 的空间实体是一个平面域，我们无法用 R^2 中的一个子集给予确定的描述，而代之以一个多边形即闭合曲线来表示，而同样维数但延展度为 1 的空间实体用曲线表示（闭合或不闭合）。

　　空间实体的维数和延展度构成了对空间实体的几何特征的概括与描述，是对空间实体以数值表示的坐标串的补充，可以用来进行空间分析运算、语法正确性的检验以及数据正确性的检验。如延展度为 2 的空间实体的坐标串，其首末点必须闭合，三维物体的坐标必须是三元组。

2.1.2　空间变量和空间实体的属性

　　以空间实体为定义域，随空间实体的延展而变化的地理现象（变量）是空间变量，相反，不随空间实体的延展而变化的地理现象是空间实体的属性。空间变量的例子如河流的深度、水流的速度、水面宽度、土壤类型等；空间实体属性的例子如河流的名称、长度，区域的面积，城市人口等。空间变量是对作为其定义域的空间实体的局部描述，而空间实体的属性则是对其全局的描述。

空间实体（包括定义其上的空间变量和空间实体属性）的全体构成了现实的地理空间，但在空间分析中，我们只是对其部分内容进行分析。所谓空间数据亦可以被认为是关于空间实体及其上的空间变量和属性的数据。从空间分析的角度出发，空间变量也是空间数据的要素之一，空间分析中的很多内容是针对空间变量的，空间实体的属性主要应用于空间物体的检索、查询、分类等，因此空间数据由以下 3 个部分组成：

（1）关于空间实体形态和位域的几何数据；
（2）关于空间实体主题的属性数据；
（3）关于空间实体位域上的空间变量的统计数据或模型参数。

空间实体是空间变量的定义域，如地形，一般地来说可以认为是定义于分析区域（多边形）上的二维空间变量，同时地形也可以认为是一种三维空间物体，其上可能定义"属性"，一个三维空间变量。

区分空间实体和空间变量的意义是什么？一个现象究竟是当作空间实体还是当作空间变量，有无规则可循？

对于第一个问题，回答是明确的，只有将空间实体作这样的区分，在逻辑上才合理，在描述上才完整。虽然在某些场合下一个现象是作为实体还是作为变量难以一言蔽之，但在绝大多数情况下，它们的差别和意义是明显的。

对于第二个问题，笔者认为，作为实体，感兴趣的是它的形状、位置；作为变量，感兴趣的是它的变化、分布以及趋势。将实体与变量区分开来，并不排除在个别情况下，我们对某一事物既作为变量处理又作为实体处理的可能。

一个空间变量是定义于一个空间实体上的，我们完全可以根据变量的变化情况将实体进行分解。分解的原则是在每一部分，变量是不变的实体或者可看作是不变的，这时空间实体就被分解成了若干空间变量，而空间变量则转化成为空间实体的属性。空间实体的分解、变量与属性的转化，是空间分析的内容之一。

2.1.3 空间实体的地图表示

人类很早学会了用地图图形科学地、抽象概括地反映自然界和人类社会各种现象空间分布、组合、相互联系及其随时间动态变化和发展。地图是空间信息的载体，是客观地理世界的一种最有效的表示形式，是人们认识所生存的空间世界环境的最有力工具。地图对空间信息的反映，是通过对现实世界的科学抽象和概括，依据一定数学法则，运用地图语言——地图符号实现的。现实世界中的各种现象（空间实体）之间的空间位置关系，例如，道路两旁的植被或农田、与之相邻的居民地等，是通过读图者的形象思维从地图上获取的。

1. 地图对空间实体的定位表示

空间信息在图形上表示为一组地图元素。位置信息通过点、线和面来表示。点状要素，如井和电线杆位置等；线表示线状要素，如水系、管道和等高线等；面表示面状要素，如湖、县界和人口调查区界等。

点状要素：一个点状要素由一个单一位置表示，它规定这样一个空间实体，其整个界线或形状很小以致不能表现为线状和面状要素。通常用一个特征符号或标识号来描绘一个点位。

线状要素：空间实体和现象太窄而不能显示为一个面，或者可能是一个没有宽度的要素，用一个线状连接起来用线形空间实体表示。

面状要素：一个面状要素是一个封闭的图形，其界线包围一个同类型区域，如州、县和水体。

2. 地图对空间实体的属性表示

地图用符号和标记来表示属性信息。下面列举了一些地图表示描述性信息的常用方法：

（1）道路采用不同线宽，线性颜色和标识号进行描述，用以表示不同类型的道路；
（2）河流和湖泊绘成蓝色；
（3）机场以专门的符号表示；
（4）山峰标注高程；
（5）市区图标出街道名字。

3. 地图对空间实体的空间关系表示

地图要素之间的空间关系以图形表示于地图上，依靠读者去解释它们。例如，观察地图可以确定一个城市的邻近湖泊，确定沿某条道路两个城市间的相对距离及两者间最短路径，识别最近的医院，以及开车去的街道。等高线组可以确定一个地形的高程起伏等。这些信息并不是明显的表示在地图上，但是，读者可由地图来派生或解释出这些空间关系。

2.2 空间实体的数据描述

2.2.1 空间实体的数据抽象

数据是对事物的描述，可以以文字、数字、图形、影像、声音等多种方式存在，但是数据不是事物本身。数据是以诸如人工统计、仪器测量、社会调查等多种方式获取的，这就必然导致甚至可能是必然存在各种误差，如人为差错、仪器的系统误差等。因此，数据只能从有限的方面描述事物，而不可能也没有必要全面、详尽、保真地复制事物本身。数据是被描述事物的另一种存在方式。这种转换经历了3个领域：现实世界、观念世界和数据世界，如图2.1所示。

（1）现实世界是存在于人们头脑之外的客观世界，事物及其相互联系就处在这个世界之中。事物可分成"对象"与"性质"两大类，又分为"特殊事物"与"共同事物"两个重要级别。

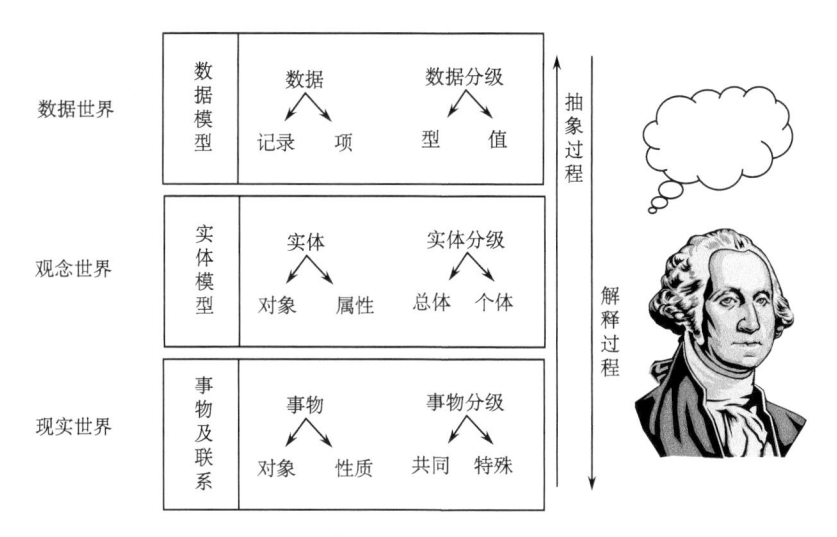

图 2.1 空间实体的数据描述（郑若忠等，1983）

（2）观念世界是现实世界在人们头脑中的反映。客观事物在观念世界中称为实体，反映事物联系的是实体模型。

（3）数据世界是观念世界中信息的数据化，现实世界中的事物及联系在这里用数据模型描述。

为了使计算机能够识别、存储和处理空间实体，人们不得不将以连续的模拟方式存在于地理空间的空间物体离散化。空间数据表示的基本任务就是将以图形模拟的空间物体表示成计算机能够接受的数字形式。空间数据的表示必然涉及到空间数据模型和数据结构的问题，对于空间数据模型将在后续内容介绍。在此，仅简要阐述空间数据的两种基本表示方法：基于空间实体对象和基于场的表示。

2.2.2　基于实体对象的描述

1. 实体对象的基本概念

基于对象的模型将研究的整个地理空间看成一个空域，地理实体和现象作为独立的对象分布在该空域中。基于实体的空间模型强调个体现象，该现象以独立的方式或者以与其他现象之间的关系的方式来研究，主要描述不连续的地理现象。任何现象，无论大小，都可以被确定为一个对象，假设它可以从概念上与其邻域现象相分离。实体可以由不同的对象所组成，而且它们可以与其他的相分离的对象有特殊的关系。在一个与土地和财产的拥有者记录有关的应用中，采用的是基于实体的观点，因为每一个土地块和每一个建筑物必须是不同的，而且必须有唯一标识并且可以单独测量。一个基于实体的观点适合于已经组织好的边界现象，例如，建筑物、道路、设施和管理区域。一些自然现象，如湖、河、岛及森林，经常被表示在基于实体的模型中，但应该记住的是，这些现象的边界随着时间的变化很少固定不变，因此，在任何时刻，它们的实际的位置定义很少是精确的。

基于实体的空间信息模型把信息空间分解为对象（object）或实体（entity）。一个实体必须符合3个条件：
（1）被识别；
（2）重要（与问题相关）；
（3）可被描述（有特征）。

有关实体的特征，可以通过静态属性（如城市名）、动态的行为特征和结构特征来描述实体。与基于场的模型不同，基于实体的模型把信息空间看作许多对象（城市、集镇、村庄、区）的集合，而这些对象又具有自己的属性（如人口密度、质心和边界等）。基于实体的模型中的实体可采用多种维度来定义属性，包括：空间维、时间维、图形维和文本/数字维。

空间对象之所以称为"空间的"，是因为它们存在于"空间"之中，即所谓"嵌入式空间"。空间对象的定义取决于嵌入式空间的结构。常用的嵌入式空间类型有：
（1）欧氏空间，它允许在对象之间采用距离和方位的量度，欧氏空间中的对象可以用坐标组的集合来表示；
（2）量度空间，它允许在对象之间采用距离量度（但不一定有方向）；
（3）拓扑空间，它允许在对象之间进行拓扑关系的描述（不一定有距离和方向）；
（4）面向集合的空间，它只采用一般的基于集合的关系，如包含、合并及相交等。

2. 欧氏（Euclidean）空间

许多地理现象模型建立的基础就是嵌入（embed）在一个坐标空间中，在这种坐标空间中，根据常用的公式就可以测量点之间的距离及方向，这个带坐标的空间模型叫做欧氏空间，它把空间特性转换成实数的元组（tuples）特性，二维的模型叫做欧氏平面。欧氏空间中，最经常使用的参照系是笛卡儿坐标系（cartesian coordinates），它是由一个固定的、特殊的点为原点，一对相互垂直且经过原点的线为坐标轴。此外，在某些情况下，也经常采用其他坐标系统，如极坐标系（polar coordinates）。

3. 三类实体对象

将地理要素嵌入到欧氏空间中，按照其空间特征分为点、线和面三种基本对象，每个对象对应这一组相关的属性以区分出各个不同的对象。其特点是基于对象的模型强调个体现象，对象之间的空间位置关系通过所谓拓扑关系进行连接，主要描述不连续的地理现象，适合表示有固定形状的空间实体，如湖泊、道路和居住区。这种对象模型是概念化的，可以采用矢量数据结构将其映射到计算机中。矢量数据结构将区域映射成多边形、线状物体映射为折线，点映射为点。即点对象、线对象和多边形对象。

1）点对象

点是有特定的位置、维数为零的实体，包括以下5类。
（1）点实体（point entity）：用来代表一个实体。
（2）注记点：用于定位注记。
（3）内点（label point）：用于记录多边形的属性，存在于多边形内。

(4) 结点（node）：表示线的终点和起点。
(5) 特征点（vertex）：表示线段和弧段的内部点。

2) 线对象

线对象是维度为1的空间实体，由一系列坐标表示，并有如下特征。
(1) 实体长度：从起点到终点的总长。
(2) 弯曲度：用于表示弯曲的程度，如道路拐弯时。
(3) 方向性：水流方向是从上游到下游，公路则有单向与双向之分。
线状实体包括线段、边界、链、弧段、网络等，多边线如图2.2所示。

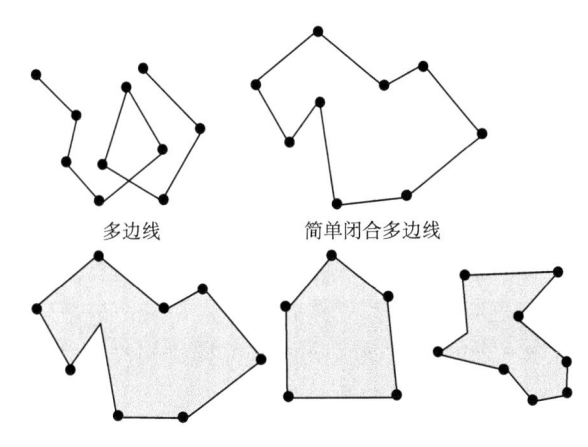

图 2.2 多边线和多边形

3) 多边形对象

面状实体也称为多边形，是对湖泊、岛屿、地块等一类现象的描述。通常在数据库中由一封闭曲线加内点来表示。面状实体有如下空间特性：
(1) 面积范围；
(2) 周长；
(3) 独立性或与其他的地物相邻，如中国及其周边国家；
(4) 内岛，如岛屿的海岸线封闭所围成的区域等。

重叠性与非重叠性，如报纸的销售领域、学校的分区、菜市场的服务范围等都有可能出现交叉重叠现象，一个城市的各个城区一般说来相邻但不会出现重叠。在计算几何中，定义了许多不同类型的多边形，如图2.2所示。

图2.3表示了在连续的二维欧氏平面上的一种可能的对象继承等级图。在图2.3中，具有最高抽象层次的对象是"空间对象"类，它派生为零维的点对象和

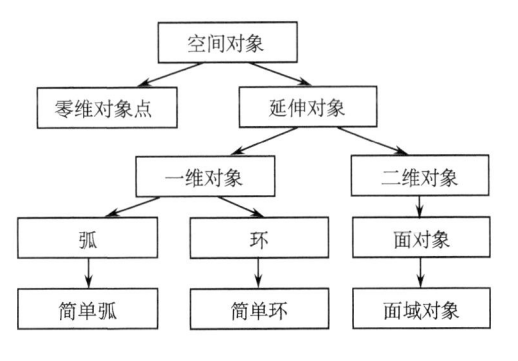

图 2.3 连续空间对象类型的继承等级

延伸对象,延伸对象又可以派生为一维和二维的对象类。一维对象的两个子类:弧(arc)和环(loop),如果没有相交,则称为简单弧(simple arc)和简单环(simple loop)。在二维空间对象类中,连通的面对象称为面域对象,没有"洞"的简单面域对象称为域单位对象。

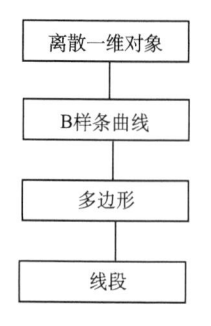

欧氏空间的平面因连续而不可计算,必须离散化后才适合于计算。图2.3中所有的连续类型的离散形式都存在。图2.4表示了部分离散一维对象继承等级关系。

对象行为是由一些操作定义的。这些操作用于一个或多个对象(运算对象),并产生一个新的对象(结果)。可将作用于空间对象的空间操作分为两类:静态的和动态的。静态操作不会导致运算对象发生本质的改变,而动态操作会改变(甚至生成或删除)一个或多个运算对象。

图 2.4 离散一维对象的继承等级

在现实世界许多地理事物和现象可以构成网络,如铁路、公路、通信线路、管线、自然界中的物质流、能量流和信息流等,都可以表示为相应的点之间的连线,由此构成现实世界中多种多样的地理网络。按照基于对象的观点,网络是由点对象和线对象之间的拓扑空间关系所构成的。

对于每一个具体的空间实体对象都直接赋有位置和属性信息以及空间实体之间的关系说明。例如,湖表示为一个二维区域,一条河可按比例将其表示为一条一维的曲线,一口井可以表示成零维的点。对象模型适合表示有固定形状的空间实体,如湖泊、道路和居住区。这种对象模型是概念化的,可以采用矢量数据结构将其映射到计算机中。矢量数据结构将区域映射成多边形、线状物体映射为折线,点映射为点。

2.2.3 基于场的描述

基于场模型是把地理空间的事物和现象作为连续的变量来看待。对于模拟具有一定空间内连续分布特点的现象来说,基于场的观点是合适的。例如,空气中污染物的集中程度、地表的温度、土壤的湿度以及空气与水的流动速度和方向。根据应用的不同,场可以表现为二维或三维。一个二维场就是在二维空间中任何已知的点上,都有一个表现这一现象的值;而一个三维场就是在三维空间中对于任何位置来说都有一个值。一些现象,诸如空气污染物在空间中本质上讲是三维的。

在地理空间上任意给定的空间位置都对应一个唯一的属性值。根据这种属性分布的表示方法,基于场模型可分为图斑模型、等值线模型和选样模型。

1. 图斑模型

图斑模型将一个地理空间划分成一些简单的连通域,每个区域用一个简单的数学函数表示一种主要属性的变化。根据表示地理现象的不同,可以对应不同类型的属性函数。

从函数的角度来看,地球表面可建模成一个函数。该函数的定义域是地理空间,而值域是空间实体元素的集合。设这个函数为 f,它将地理空间的每个点映射到值域的一个具体元素上。函数 f 是个分段函数,它在元素相同的地方取值恒定,而在元素发生变化处才改变取值。我们将这个函数模型称为场模型。场模型由3个部分组成：空间框架、场函数和一组相关的场操作。

空间框架 F 是一个有限网格，这个网格加在基本地理空间上。所有度量都基于这个框架来完成。空间框架最常用的坐标系是地理坐标。空间框架是一种有限的结构，这种无限的连续地球表面空间离散成有限的格网结构从而导致误差是不可避免的。一个可计算的函数 $\{f(i,j),1\leqslant i\leqslant n,1\leqslant j\leqslant m\}$ 的有限集 $f(i,j)$：空间框架→属性域 $A(i,j)$

将空间框架 F 映射到不同的属性域 $A(i,j)$ 中。对这种场函数和属性域的选择取决于空间应用。不同场之间的联系和交互由场操作来指定。场操作把场的一个子集映射到其他的场。例如，场的并（+）操作：$f+g$：$x \to f(x)+g(x)$

在图斑模型中，根据表示地理现象的不同，可以对应不同类型的属性函数。

1）常量

这是比较简单的情况，每个区域中的属性函数值保持一个常数。图斑模型常常被用于描述土壤类型、土地利用现状、植被以及生物的空间分布。除了单一属性值，还有多属性值的情况。

2）线性函数

对平面上划分的每个区域，对应的属性函数值的变化不是常量，而是一个线性函数。

3）高阶函数

有些情况下，在一个区域内，要求属性函数为一个高阶函数，用以提高表示的精确性。

2. 等值线模型

场经常被视为由一系列等值线组成，一条等值线就是地面上所有具有相同属性值的点的有序集合。用一组等值线将地理空间划分成一些区域，每个区域中的属性值的变化是相邻的两条等值线的连续插值。表示高程场常用等高线。等高线是通过对地球表面的水平切割而产生的连续的曲线。在相同曲线上的高程值相同，相同高程的等高线至少有一条或多条。用等高线表示连续的地球表面的主要不足之处是在经过不同的高程面进行水平切割的过程中丢失了大量详细的地表信息，这些地表信息是不可能从等高线中恢复的。

3. 选样模型

地理空间上的属性值是通过采集有限个点的属性值来确定的。例如，表示高程是用离散点、规则格网、不规则三角网采样。

1）离散点

数字高程模型是将连续地球表面形态离散成在某一个区域 D 上的以 X_i、Y_i、Z_i 三维坐标形式存储的高程点 Z_i（$(X_i, Y_i) \in D$）的集合。其中（$(X_i, Y_i) \in D$）是平面坐标，Z_i 是（X_i，Y_i）对应的高程。离散点数字高程模型往往是通过测量直接获取地球表面的原始或没有被整理过的数据，采样点往往是非规则离散分布的地形特征点。特征点之间相互独立，彼此没有任何联系。因此，（X_i，Y_i）坐标值往往存储其绝对坐标。它是数字高程模型中最简单的数据组织形式。地球表面上任意一点（X_i，Y_i）的高程 Z 是通过其周围点的高程进行插值计算求得的。在这种情况下，离散点 DEM 在计算机中仅仅存放浮点格式的 $\{(X_1, Y_1, Z_1), (X_2, Y_2, Z_2), \cdots, (X_i, Y_i, Z_i), \cdots, (X_n, Y_n, Z_n)\}$ n 个三维坐标。

2）断面线

断面线采样是对地球表面进行断面扫描，断面间通常按等距离方式采样，断面线上按不等距离方式或等时间方式记录断面线上点的坐标。断面线数字高程模型往往是利用解析测图仪、附有自动记录装置的立体测图仪和激光测距仪等航测仪器或从地形图上所获取的地球表面的原始数据来建立。

断面线数字高程模型的基本信息应包括 DEM 起始点（一般为左下角）坐标 X_0、Y_0，断面线 DEM 在 X 方向或 Y 方向的断面间隔 DX 或 DY，以及断面线上记录的坐标个数 NX 或 NY，断面线上记录的坐标串 Z_1、X_1、Z_2、X_2、$\cdots$、Z_{NX}、X_{NX} 或 Z_1、Y_1、Z_2、Y_2、$\cdots$、Z_{NY}、Y_{NY} 等。断面线在 X 方向的平面坐标 Y_i 为

$$Y_i = Y_0 + i \cdot DY \quad (i = 0, 1, \cdots, NY - 1)$$

在 Y 方向的平面坐标 X_i 为

$$X_i = X_0 + i \cdot DX \quad (i = 0, 1, \cdots, NX - 1)$$

3）不规则三角网

对于非规则离散分布的特征点数据，可以建立各种非规则的采样，如三角网、四边形网或其他多边形网，但其中最简单的还是三角网。不规则三角网（triangulated irregular network，TIN），如图 2.5 所示，是按一定的规则将离散点连接成覆盖整个区域且互不重叠、结构最佳的三角形，实际上是建立离散点之间的空间关系。其目的是克服利用离散点计算地球表面上任意一点高程的困难，因而近年来得到了较快的发展。

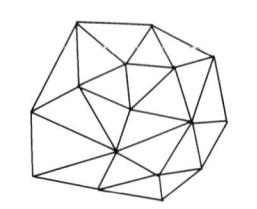

图 2.5　不规则三角网 TIN

4）规则网格

通常是正方形，也可以是矩形、三角形等规则网格。规则网格将区域空间切分为规则的格网单元，每个格网单元对应一个数值。数学上可以表示为一个矩阵，在计算机实现中则是一个二维数组。每个格网单元或数组的一个元素，对应一个高程值。对于每个格网的数值有两种不同的解释。第一种是格网栅格观点，认为该格网单元的数值是其中所有点的高程值，即格网单元对应的地面面积内高程是均一的高度，这种模型是一个不连续的函数。第二种是点栅格观点，认为该网格单元的数值是网格中心点的高程或该网

格单元的平均高程值，这样就需要用一种插值方法来计算每个点的高程。

规则格网模型与断面线模型不同的是，断面线模型在 X 方向上和在 Y 方向上按等距离方式记录断面上点的坐标，规则格网模型是利用一系列在 X、Y 方向上都是等间隔排列的地形点的高程 Z 表示地形，形成一个矩阵格网 DEM。矩阵格网 DEM 可以由直接获取的原始数据派生，也可以由其他数字高程模型数据产生。其任意一点 P_{ij} 的平面坐标可根据该点在 DEM 中的行列号 i，j 及存放在该 DEM 文件头部的基本信息推算出来。这些基本信息应包括 DEM 起始点（一般为左下角）坐标 X_0、Y_0，DEM 格网在 X 方向与 Y 方向的间隔 DX、DY 及 DEM 的行列数 NX、NY 等。点 P_{ij} 的平面坐标 (X_i, Y_i) 为

$$\begin{cases} X_i = X_0 + i \cdot DX & (i = 0, 1, \cdots, NX-1) \\ Y_i = Y_0 + i \cdot DY & (i = 0, 1, \cdots, NY-1) \end{cases} \quad (2.1)$$

在这种情况下，除了基本信息外，模型成一组规则存放的高程值。由于矩阵格网模型量最小（还可以进行压缩存储），非常便于使用且容易管理，因而是目前运用最广泛的一种数据结构形式。但其缺点是不能准确地表示地形的结构，在格网大小一定的情况下，无法表示地形的细部。

4. 场的特征

1）空间结构特征和属性域

在实际应用中，"空间"常指可以进行长度和角度测量的欧几里得空间。空间结构可以是规则的或不规则的，但空间结构的分辨率和位置误差十分重要，它们应当与空间结构设计所支持的数据类型和分析相适应。属性域的数值可以包含以下几种类型：名称、序数、间隔和比率。属性域的另一个特征是支持空值，如果值未知或不确定则赋予空值。

2）连续的、可微的、离散的

如果空间域函数连续的话，空间域也就是连续的，即随着空间位置的微小变化，其属性值也将发生微小变化，不会出现像数字高程模型中的悬崖那样的突变值。只有在空间结构和属性域中恰当地定义了"微小变化"，"连续"的意义才确切；当空间结构是二维（或更多维）时，坡度（或者称为变化率）不仅取决于特殊的位置，而且取决于位置所在区域的方向分布（图 2.6）。连续与可微分两个概念之间有逻辑关系，每个可微函数一定是连续的，但连续函数不一定可微。

图 2.6 某点的坡度取决于位置所在区域的各方向上的可微性（邬伦等，2001）

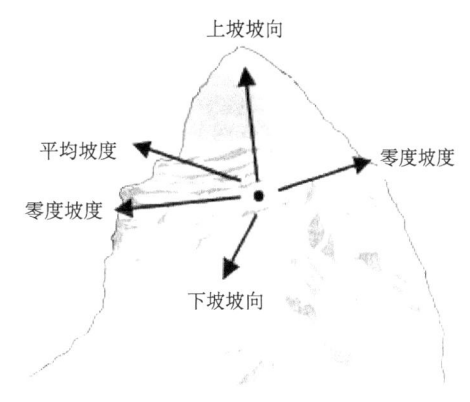

如果空间域函数是可微分的，空间域就是可微分的；行政区划的边界变化是离散的一个例子，如果目前测得的边界位于 A，而去年这时边界位于 B，但这并不表明 6 个月前边界将位于 BA 之间的中心，边界具有不连续跃变。

3) 与方向无关的和与方向有关的（各向同性和各向异性）

空间场内部的各种性质是否随方向的变化而发生变化，是空间场的一个重要特征。如果一个场中的所有性质都与方向无关，则称之为各向同性场（isotropic field）。例如旅行时间，假如从某一个点旅行到另一个点所耗时间只与这两点之间的欧氏几何距离成正比，则从一个固定点出发，旅行一定时间所能到达的点必然是一个等时圆，如图 2.7（a）所示。如果某一点处有一条高速通道，则利用与不利用高速通道所产生的旅行时间是不同的，如图 2.7（b）所示。等时线已标明在图中，图中的双曲线是利用与不利用高速通道的分界线。本例中的旅行时间与空间实体点与起点的方位有关，这个场称为各向异性场（anisotropic field）。

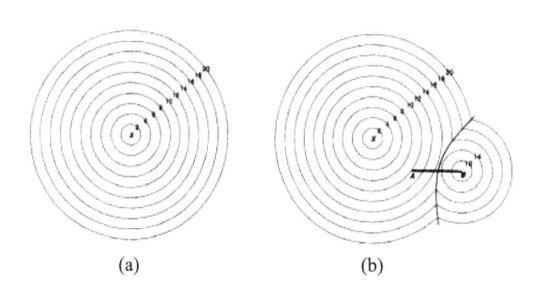

图 2.7 在各向同性与各向异性场中的旅行时间
（邬伦等，2001）

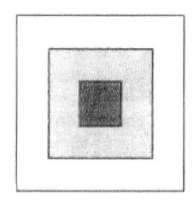

图 2.8 强空间正负自相关模式
（邬伦等，2001）

4) 空间自相关

空间自相关是空间场中的数值聚集程度的一种量度。距离近的事物之间的联系性强于距离远的事物之间的联系性。如果一个空间场中的类似的数值有聚集的倾向，则该空间场就表现出很强的正空间自相关；如果类似的属性值在空间上有相互排斥的倾向，则表现为负空间自相关（图 2.8）。因此空间自相关描述了某一位置上的属性值与相邻位置上的属性值之间的关系。

图 2.9 实体模型和场模型的比较

场模型和实体对象模型并不互相排斥。有些应用可以共存。例如，对于地面起伏的描述，既可采用场模型描述，如离散点、断面线、不规则三角形和规则三角形，也可以采用等高线对象表示。基于场的模型和基于实体的模型各有长处，应该恰当地综合运用这两种方法来建模。在地理信息系统应用模型的高层建模中、数据结构设计中及地理信息系统应用中，都会遇到这两种模型的集成问题。图 2.9 给出了实体模型和场模型的不同的思维方式。

场模型在计算机中常用栅格（raster）数据结构表示。栅格数据结构把地理空间划分成均匀的网格。由于场值在空间上是自相关的（它们是连续的），所以每个栅格的值一般采用位于这个格子内所有场点的平均值表示。这样，就可以利用代表值的矩阵来表示场函数。地理空间上的任何一点都直接联系到某一或某一类地物。但对于某一个具体的空间实体又没有直接聚集所有信息，只能通过遍历栅格矩阵逐一寻找，它也不能完整地建立地物之间的拓扑关系。

实体对象模型采用矢量数据结构表述。点对象用坐标 $\{x, y\}$ 表示，线对象和面对象用坐标串表示。图 2.10 给出空间实体的矢量和栅格数据表示方法。

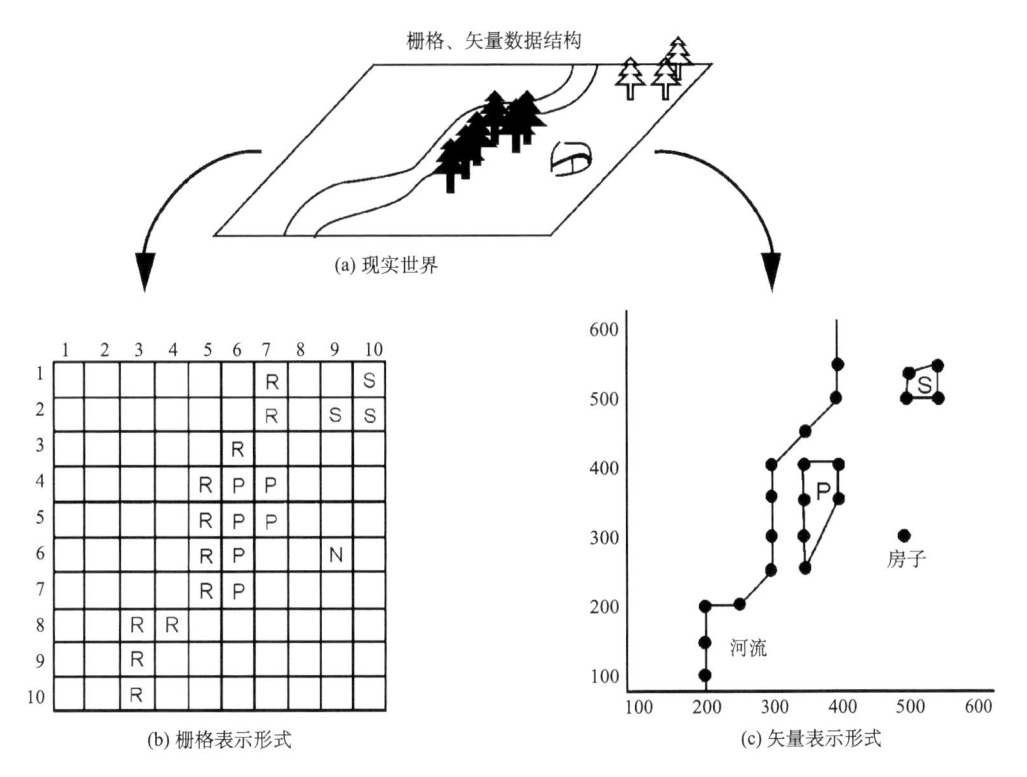

图 2.10 矢量结构和栅格结构（邬伦等，2001）

2.3 空间实体矢量数据表示

矢量方法如图 2.10（c）所示，强调了离散现象的存在，由边界线（点、线、面）来确定边界，因此可以看成是基于实体的。

矢量数据模型将现象看作原形实体的集合，且组成空间实体。在二维模型内，原型实体是点、线和面；而在三维中，原型也包括表面和体。

矢量模型的表达源于原型空间实体本身，通常以坐标来定义。一个点的位置可以二维或者三维中的坐标的单一集合来描述。一条线通常由有序的两个或者多个坐标对集合来表示。特定坐标之间线的路径可以是一个线性函数或者一个较高次的数学函数，而线本身可以由中间点的集合来确定。一个面通常由一个边界来定义，而边界是由形成一个封闭的环状的一条或多条线所组成。如果区域有个洞在其中，那么可以采用多个环以描述它。

地图内容丰富，信息载负量极大，要使矢量数据能完整地反映地图内容，是一件非常困难的任务。地图内容矢量化的第一步就是要确定空间数据的分类、组成及相应的数据表示方法。矢量数据是空间数据库的主要内容,由描述地图要素的各种数据组成。对地理实体进行数字描述的方法,是采用三种基本的地理信息:即位置信息、属性信息和空间关系信息。

描述位置和地理实体形状的空间信息,用几何数据表示。几何数据是表示地图要素的定位特征,反映地图要素的空间位置。地理要素一般以定点、定线、定面的形式和地表建立联系,现实世界可视的地理实体都是一定的几何形状分布,地图上表示地图要素的符号也分点、线、面。因此,地图要素可以根据几何特征,分为点状要素、线状要素、面状要素三种基本类型。线可以看作点的集合,面可以看作线的集合。

属性信息是关于地理要素的描述性信息,表明其"是什么",还可以全面描述地图要素的分类分级和质量、数量、名称等特征,是区分不同地理要素的本质特征,是地理要素多元信息的抽象。按照从类型到具体地物逐一编码,为了达到统一,通常要制定"属性编码标准"。不同用途的空间数据库,可以有自己不同的编码系统。

空间关系表示要素之间的邻接关系和包含关系。地图要素之间的空间关系也是以图形表示在一幅地图上,这些关系由读者借助图形来识别和解释。而在计算机中则按照拓扑结构加以定义。拓扑结构是明确定义空间结构关系的一种数学方法,在空间数据库中,它不但用于空间数据的组织,而且在空间数据检索和应用中都具有非常重要的意义,这主要表现在:①根据拓扑关系,不需要利用坐标或距离,可以确定一种要素实体相对于另一个要素的空间位置关系。因为拓扑数据已经清楚地反映出要素之间的逻辑结构关系,而且这种拓扑数据较之几何位置有更大的稳定性,即它不随地图投影的变化而变化。②利用拓扑数据有利于空间要素的查询。例如,某区域与哪些区域邻接,某河流通过哪些政区等,都需要利用拓扑结构数据。③利用拓扑数据方便信息的分析。例如,建立封闭的多边形,实现道路的选取、计算最佳路径的计算等。

除了上述空间数据的 3 个基本特征外,地理数据的时间也是一个很重要的特征。时间特征在基础数据中用资料说明和作业时间来反映,描述地理数据的几何数据随时间各自独立变化,时间因素赋予地图要素动态性质,时间因素也是评价空间数据质量的重要因素。

2.3.1 空间实体的几何表示

地球表面的特征都可以绘制到一个由点、线、面组成的平面的二维地图上。利用笛卡儿坐标系,地面上的位置可以 X、Y 坐标表示在地图上。为了使空间信息能够用计算机来表示,必须把连续的空间物体离散成数字信号。用离散的数据表示地图要素及其相互联系。

1. 点

单个位置或现象的地理特征表示为点特征。点可以具有实际意义,如水准点、井、道路交叉点、小比例尺地图上的居民地等,也可无实际意义。点由一对坐标对 (x, y) 来定义,记作 $P\{x, y\}$,没有长度和面积。没有线状要素相连结的点称之为孤立点。

有一条线状要素相连结点称之为悬挂点。两条或两条以上的线状要素相连结点称之为结点。

2. 链（弧段、边）

线状物体的几何特征用直线段来逼近，链是以结点为起止点，中间点以一串有序坐标对 (x, y) 来定义，用直线段连接这些坐标对，近似地逼近一条线状地物及其形状。链可以看作点的集合，记为 $L\{x, y\}n$，n 表示点的个数。特殊情况下，线状地物用以 $L\{x, y\}n$ 作为已知点所建立的函数来逼近。链可以是道路、河流、各种边界线等线状要素。

3. 面（Spaghetti 方式）

一个面状要素是一个封闭的图形，其界线包围一个同类型区域。因此，面状物体界线的几何特征用直线段来逼近，即用首尾连接的闭合链来表示，记作为 $F\{L\}$。面状地理要素以单个封闭的 $F\{L\}$ 作为一个实体。由面边界的 x、y 坐标对集合及说明信息组成，是一种最简单的多边形矢量编码。

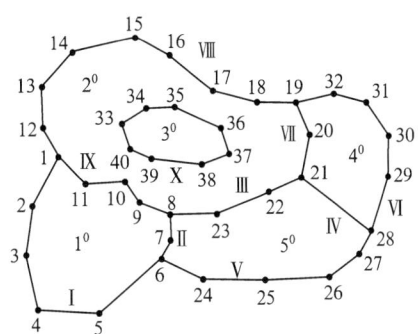

图 2.11 坐标序列法表示的多边（邬伦等，2001）

图 2.11 记为以下坐标文件：

1^0: x_1, y_1; x_2, y_2; x_3, y_3; x_4, y_4; x_5, y_5; x_6, y_6; x_7, y_7; x_8, y_8; x_9, y_9; x_{10}, y_{10}; x_{11}, y_{11}。

2^0: x_1, y_1; x_{12}, y_{12}; x_{13}, y_{13}; x_{14}, y_{14}; x_{15}, y_{15}; x_{16}, y_{16}; x_{17}, y_{17}; x_{18}, y_{18}; x_{19}, y_{19}; x_{20}, y_{20}; x_{21}, y_{21}; x_{22}, y_{22}; x_{23}, y_{23}; x_8, y_8; x_9, y_9; x_{10}, y_{10}; x_{11}, y_{11}。

3^0: x_{33}, y_{33}; x_{34}, y_{34}; x_{35}, y_{35}; x_{36}, y_{36}; x_{37}, y_{37}; x_{38}, y_{38}; x_{39}, y_{39}; x_{40}, y_{40}。

4^0: x_{19}, y_{19}; x_{20}, y_{20}; x_{21}, y_{21}; x_{28}, y_{28}; x_{29}, y_{29}; x_{30}, y_{30}; x_{31}, y_{31}; x_{32}, y_{32}。

5^0: x_{21}, y_{21}; x_{22}, y_{22}; x_{23}, y_{23}; x_8, y_8; x_7, y_7; x_6, y_6; x_{24}, y_{24}; x_{25}, y_{25}; x_{26}, y_{26}; x_{27}, y_{27}; x_{28}, y_{28}。

面结构最大的优点是保留了地理要素的完整性，数据结构简单，便于软件系统设计和实现。这种方法的缺点是：

（1）多边形之间的公共边界被数字化和存储两次，不仅产生冗余和碎屑多边形，而且造成共享公共链的几何位置不一致；

（2）每个多边形自成体系而缺少邻域信息，难以进行邻域处理，如消除某两个多边形之间的共同边界，无法管理共享公共链的面状要素之间的空间关系；

（3）岛只作为一个单个的图形建造，没有与外包多边形的联系；

（4）不易检查拓扑错误。这种方法可用于简单的粗精度制图系统中。

为了克服上述缺点，按照拓扑学的原理，人们提出了多边形的结构。

4. 多边形

多边形是由一组或多组链首尾连接而成。"多边形"这一术语即来源于此，它的意思是"具有多条边的图形"，记作为 $P\{L\}n$，n 表示链个数。它可以是简单的单连通域，亦可以是有若干个简单多边形嵌套的复杂多边形。如地图的行政区域、植被覆盖区、土地类型等面状要素。多边形数据是描述地理信息的最重要的一类数据。在区域实体中，具有名称属性和分类属性的，多用多边形表示，如行政区、土地类型、植被分布等；具有标量属性的，有时也用等值线描述（如地形、降雨量等）。

多边形结构采用树状索引以减少数据冗余并间接增加邻域信息，方法是对所有边界点进行数字化，将坐标对以顺序方式存储，由点索引与边界线号相联系，以线索引与各多边形相联系，形成树状索引结构。图 2.12 和图 2.13 分别为图 2.11 的多边形文件和线文件树状索引示意图。

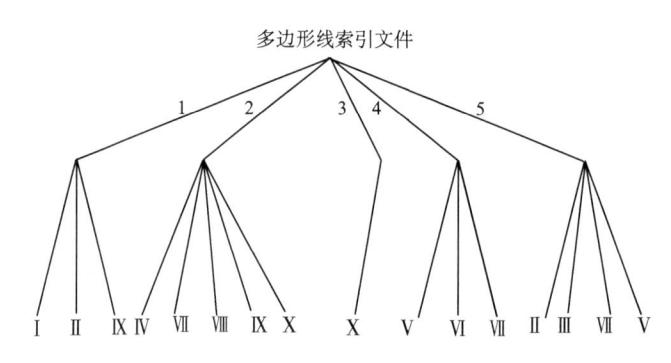

图 2.12　线与多边形之间的树状索引

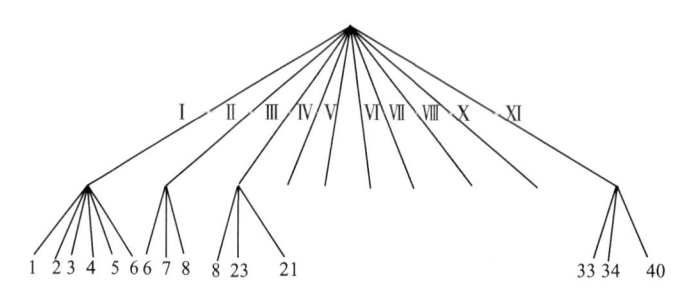

图 2.13　点与边界线之间的树状索引

采用上述的树状结构，图 2.11 的多边形数据记录如下

点文件

点号	坐标
1	x_1，y_1
2	x_2，y_2
⋮	⋮
40	x_{40}，y_{40}

线文件

线号	起点	终点	点号
Ⅰ	1	6	1，2，3，4，5，6
Ⅱ	6	8	6，7，8
⋮	⋮	⋮	⋮
Ⅹ	33	33	33，34，35，36，37，38，39，40，33

多边形文件

多边形编号	多边形边界
1⁰	Ⅰ，Ⅱ，Ⅸ
2⁰	Ⅲ，Ⅶ，Ⅷ，Ⅸ，Ⅹ
3⁰	Ⅹ
4⁰	Ⅳ，Ⅵ，Ⅶ
5⁰	Ⅱ，Ⅲ，Ⅳ，Ⅴ

树状索引编码消除了相邻多边形边界的数据冗余和不一致的问题，在简化过于复杂的边界线或合并相邻多边形时可不必改造索引表，邻域信息和岛状信息可以通过对多边形文件的线索引处理得到，但是比较繁琐，因而给相邻函数运算，消除无用边，处理岛状信息以及检查拓扑关系带来一定的困难。

多边形矢量编码不但要表示位置和属性，更为重要的是要能表达区域的拓扑性质，如形状、邻域和层次等，以便使这些基本的空间单元可以作为专题图资料进行显示和操作，由于要表达的信息十分丰富，基于多边形的运算多而复杂，因此多边形矢量编码比点和线实体的矢量编码要复杂得多，也更为重要。

多边形矢量编码除有存储效率的要求外，一般还要求所表示的各多边形有各自独立的形状，可以计算各自的周长和面积等几何指标；各多边形拓扑关系的记录方式要一致，以便进行空间分析；要明确表示区域的层次，如岛-湖-岛的关系等。

2.3.2 空间实体的属性描述

地图属性数据是对地理要素进行定义，表明其"是什么"，属性数据实质是对地理信息进行分类分级的数据表示。与地图特性有关的描述性属性，在计算机中的存储方式是与坐标的存储方式相似的，属性是以一组数字或字符的形式存储的。例如，表示道路的一组线的属性包括以下5类。

（1）道路类型：1表示高速公路，2表示主要公路，3表示次要公路，4表示街区道路。

（2）路面材料：混凝土，柏油，石。

（3）路面宽度：12m。

（4）行车道数：4道。

（5）道路名称：中原路。

每个空间实体对应一个坐标对序列和一组属性值。为了使坐标和属性建立关系，坐标记录块和属性记录共享一个公共的信息——用户识别号。该识别号将属性与几何特征联系起来。

这一组数字或字符称之为编码，地理信息的编码过程，是将信息转换成数据的过程，前提是要首先对表示的信息进行分类分级。

1. 信息分类分级

信息分类，就是将具有某种共同属性或特征的信息归并在一起，和不具有上述共性的信息区分开来的过程。分类是人类思维所固有的一种，是人们在日常生活中用以认识事物、区分事物和判断事物的一种逻辑方法。人们认识事物就是由分类开始的，必须把相同的与不同的事物区别开来，才能认识是这一种，还是那一种事物。

信息分类必须遵循以下基本原则：

（1）科学性。即要选择事物或概念（分类对象）的最稳定的属性或特征作为分类的基础和依据，同时尽量避免重复分类。

（2）系统性。将选择的事物或概念的属性或特征按一定排列加以系统化，并形成一个合理的科学分类体系。低一级的必须能归并和综合到高一级的系统体系中去。

（3）可扩延性。通常要设置收容类目，以便保证在增加新的事物或概念时，不至于打乱已建立的分类系统。

（4）兼容性。与有关分类分级标准协调一致，已有统一标准的应遵循。

（5）综合实用性。既要考虑反映信息的完整、详尽，又要顾及信息获取的方式途径，以及信息处理的能力。

2. 信息分类分级的基本方法

信息分级是指在同一类信息中对数据的再划分。从统计学角度看，分级是简化统计数据的一种综合方法。分级数越多，对数据的综合程度就越小。信息分级主要应解决如何确定分级数和分级界线。

确定分级一般根据用途和数据本身特点而定，没有严格标准。例如，空间数据的分级既要考虑比例尺、用途，还要考虑尽量反映数据的客观分布规律。根据地图特征，分级和符号表示有关，应顾及视觉变量的变化范围，制图常用分级在4～7级之间。

分级界线的确定，随着计算机技术的普及，出现了许多数学方法和分级数学模型，人们用各种统计学方法寻求数据分布的自然裂点作为分解界限。无论采用何种方法，都应满足确定分级界限的基本原则，即任何一个等级内部都必须有数据，任何一个数据都必须属于相应的等级。此外，在分级数一定的条件下，应使各级内部差异尽可能小，保持数据分布特征，同时，尽可能使分级界线变化有规则。

3. 信息的编码

编码，是确定信息代码的方法和过程，但实际工作中，有时也视编码为代码。代码是一个或一组有序的易于计算机或人识别与处理的符号，简称"码"。

编码必须遵循以下基本原则：

（1）唯一性。一个代码只唯一表示一个分类对象。

(2) 合理性。代码结构要与分类体系相适应。

(3) 可扩充性。必须留有足够的备用代码，适应扩充的需要。

(4) 简单性。结构应尽量简单，长度尽量短，减少计算机存储空间和录入差错率，提高处理效率。

(5) 适用性。代码尽可能反映对象的特点，以助记忆，便于填写。

(6) 规范性。一个信息分类编码标准中，代码的结构、类型以及编写格式必须统一。

4. 代码的功能

代码的基本功能有以下几项：

(1) 鉴别。代码代表分类对象的名称，是鉴别分类对象的唯一标识。

(2) 分类。当按分类对象的属性分类，并分别赋予不同的类别代码时，代码又可以作为区分分类对象类别的标识。

(3) 排序。当按分类对象产生的时间，所占的空间或其他方面的顺序关系分类，并分别赋予不同的代码时，代码又可以作为区别分类对象排序的标识。

代码的类型指代码符号的表示形式，一般有数字型、字母型、数字和字母混合型三类。

数字型代码是用一个或若干个阿拉伯数字表示分类对象的代码。特点是结构简单，使用方便，排序容易，但对于分类对象特征描述不直观。

字母型代码是用一个或多个字母表示对象的代码，其特点是比用同样位数的数字型代码容量大，还可以提供便于识别的信息，便于记忆。

数字、字母混合型代码是由上述两种代码或数字、字母、专用符号组成的代码，其特点是兼有数字型、字母型代码的优点，结构严密，直观性好，但组成形式较复杂。

制定数据分类分级编码，需要对分类对象有深刻的研究和认识。

5. 常用编码方法

对空间信息的编码也常采用字符或数字代码。通常，编码可以视用途决定其规模，比如以制图为目的的地图数据，可以是采用简单编码方案，而空间数据库要用于信息查询，应尽量详细表示信息，编码就比较复杂。一种简单的编码方案是采用三级、六位整数代码描述地图要素。

第一级表示地图要素类别。可以按相应地图图式，将地图要素分成水系、居民地、交通网、境界、地貌、植被和其他要素七类，分别用六位编码的前两位依次由01～07定义。这保留了传统的地图符号分类结构，便于用户检索、查询地图信息。

第二级表示要素几何类型，便于计算机进行处理。将每类要素按点、线、面划分，分别用六位编码的中间两位数，划分为3个区间表示。其中00～39作为点符的区间，40～69作为线符区间，70～99用来定义面符。划分区间是避免分类层次较多时，造成编码位数较长。

第三级区分一种要素的某些质量特征，这些质量特征多用于不同符号表示。如道路的等级：是普通道路还是简易公路；干出滩的质地：是沙滩还是珊瑚滩；沙地的形态：

平沙的还是多垄沙地等。在六位编码中用最后两位表示。

这种编码方案对地图要素符号具有定义的唯一性，并且简单、合理、可以扩充，不足之处是不便于记忆，且与图式符号编号不一一对应。这会影响检索速度，在该编码方案中，未包括地理名称注记，是因为地名有其相对独立性、特殊性，宜单独建立地名库。

因第一级只分了七类，实际该编码方案只用五位整数即可表示。

2.3.3 地理空间关系的表示

空间关系研究的是通过一定的数据结构或一种运算规则来描述与表达具有一定位置、属性和形态的空间实体之间的相互关系。当我们用数字形式描述地图信息，并使系统具有特殊的空间查询、空间分析等功能时，就必须把空间关系映射成适合计算机处理的数据结构，借助拓扑数据结构来表示地图要素间的关联关系、邻接关系和重叠关系（包含关系）。由此可以看出，空间数据的空间关系是空间数据库的设计和建立，进行有效的空间查询和空间决策分析的基础。要提高空间数据分析能力，就必须解决空间关系的描述与表达等问题。

1. 地理要素的基本元素

不考虑空间关系的空间数据往往以空间实体作为管理、存储和处理的对象，例如，道路往往不考虑道路交叉的情况，面状地理要素以单个封闭的多边形作为一个实体。其最大的优点是保留了地理要素的完整性，数据结构简单，便于软件系统设计和实现。缺点是道路无法进行网络分析。多边形空间实体的公共弧段存储两次，这不仅造成共享公共弧段的几何位置不一致，而且无法管理共享公共弧段的多边形之间的空间关系，这种重复数据存储方式很难进行地理分析。为了克服上述缺点，针对所研究的地理现象，按照拓扑学的原理，人们提出了拓扑关系（topological relations），将完整的地理实体进一步进行离散，以点（point，node）、链（line，edge）、多边形（face）这三种基本空间特征类型来记录地理位置和表示地理现象。

2. 最基本的拓扑关系

为了便于计算机的管理、分析和查询，对要素进行分层存储，但这样却又破坏了不同层间要素的相互关系；因为拓扑关系只适合在同一层中建立。建立拓扑数据结构的关键是对元素间拓扑关系的描述，最基本的拓扑关系包括以下5种。

（1）关联：指不同拓扑元素之间的关系。
（2）邻接：指借助于不同类型的元素描述的相同拓扑元素之间的关系。
（3）包含：指面与其他元素之间的关系。
（4）几何关系：指拓扑元素之间的距离关系。
（5）层次关系：指相同拓扑元素之间的等级关系。

3. 基本元素的空间关系

具体表示拓扑元素之间的各种基本拓扑关系则构成了对实体的拓扑数据结构表达。

如图 2.14 所示。

图 2.14 中含有 A、B 两个面，P_0，P_1 两个结点，L_1，L_2，L_3 三条链。

（1）点与链邻接的关系表示为：

P_0	L_1，L_2，L_3
P_1	L_2，L_1，L_3

（2）链与面的邻接关系表示为：

A	L_1，L_2
B	$-L_2$，L_3

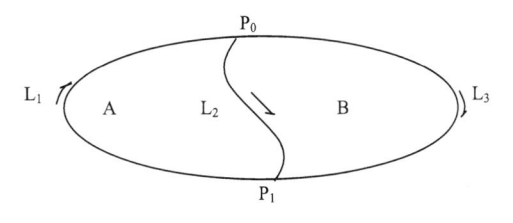

图 2.14 拓扑数据结构建立

其中，"-"表示 L_2 的方向与构成 B 面的方向相反。

（3）点与面的邻接关系。当点（结点）、线（链、弧段）、面（区域、多边形）中的任一元素发生变更时，都会通过拓扑关系影响到其他几何要素。

在基于矢量的数据结构中，空间实体之间的拓扑关系是许多年来人们研究的重点。虽然还没有完全统一的拓扑数据结构，但通过建立边与结点的关系以及面与边的关系，面包含岛的关系，隐含或显式地表示几何目标的拓扑结构已有了近似一致的方法。

几何数据的离散存储使整体的线目标和面目标离散成了弧段，破坏了要素本身的整体性。创建要素，就是把离散后的数据再集合成要素，恢复要素的整体性，建立要素拓扑，找出要素间的关系。

4. 地理要素的分层管理与空间关系

为了便于计算机的管理、分析和查询，对要素进行分层存储，但这样却又破坏了不同层间要素的相互关系；因为拓扑关系只适合在同一层中建立。为了弥补这种不足，我们采用"关系表"来描述不同层之间要素的相互关系。

5. 空间数据的分幅与空间关系连接

在传统的地图制图学中，为了解决不能用有限的地图纸张来描述无限的地球表面之间的矛盾，采用了地图分幅的方法。同样，在空间数据库中，为了解决无限的地球空间信息与有限的计算机资源之间的矛盾，也采用了分幅存储、管理和处理。这样，同一要素在不同的图幅中可能被存为不同的信息，为了用户在进行信息分析时能快速、准确地得到各要素之间的关系，保证拥有一个完整的地理区域。这就要求数据库同模拟地图一样拼接在一起。模拟地图拼接主要解决因地图精度而带来的边界上同名点错位现象，而数据库拼接不仅要解决几何误差，而且要解决两幅地图之间的空间关系。

2.4 空间实体的栅格表示

栅格数据是空间实体场模型表示方法之一。栅格数据是基于连续铺盖的，它是将连续空间离散化，即用二维铺盖或划分覆盖整个连续空间；铺盖可以分为规则的和不规则的，后者可当做拓扑多边形处理，如社会经济分区、城市街区；铺盖的特征参数有尺

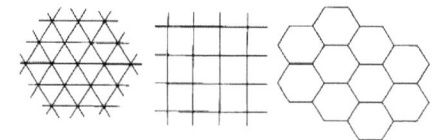

图 2.15 三角形、方格和六角形划分

寸、形状、方位和间距。对同一现象，也可能有若干不同尺度、不同聚分性（aggregation or subdivisions）的铺盖。在边数从3到 N 的规则铺盖（regular tesselations）中，方格、三角形和六角形是空间数据处理中最常用的。三角形是最基本的不可再分的单元，根据角度和边长的不同，可以取不同的形状，方格、三角形和六角形可完整地铺满一个平面（图 2.15）。

基于栅格的空间模型把空间看作像元（pixel）的划分，每个像元都与分类或者标识所包含的现象的一个记录有关。像元与"栅格"两者都是来自图像处理的内容，其中单个的图像可以通过扫描每个栅格产生。栅格数据经常是来自人工和卫星遥感扫描设备中，以及用于数字化文件的设备中。采用栅格模型的信息系统，通常应用了前面所述的分层的方法。在每个图层中栅格像元记录了特殊的现象的存在。每个像元的值表明了在已知类中现象的分类情况如图 2.10（b）所示。

由于像元具有固定的尺寸和位置，所以栅格趋向于表现在一个"栅格块"中的自然及人工现象。因此分类之间的界限被迫采用沿着栅格像元的边界线。一个栅格图层中每个像元通常被分为一个单一的类型。这可能造成对现象分布的误解，其程度取决于所研究的相关像元的大小。如果像元针对特征而言是非常小的，栅格可以是一个用来表现自然现象的边界随机分布的特别有效的方式，该现象趋于逐渐地彼此结合，而不是简单地划分。如果每个像元限定为一个类，栅格模型就不能充分地表现一些自然现象的转换属性。除非抽样被降低到一个微观的水平，否则许多数据类事实上都是混合类。模糊的特征通过混合像元，在一个栅格内可以被有效地表达，其中组成分类通过像元所有组成度量的或者预测的百分比来表示。尽管如此，也应该强调一个栅格的像元仅仅被赋予一个单一的值。

为了空间数据处理，栅格模型的一个重要特征就是每个栅格中的像元位置被预先确定，这样很容易进行重叠运算以比较不同图层中所存储的特征。由于像元位置是预先确定的，且是相同的，在一个具体应用的不同图层中，每个属性可以从逻辑或者算法上与其他图层中的像元的属性相结合以便产生相应的重叠中一个的属性值。其不同于基于图层的矢量模型之处，在于图层中的面单元彼此是独立的，直接比较图层必须作进一步处理以识别重叠的属性。

栅格数据是一种按照矩阵形式排列的数据，它的基本逻辑单位是沿着行和列的扫描线，或者是一个数据矩阵。地图图形分为有限个称为像素的离散点。这种栅格数据称为像素地图。有时，为了数据处理方便，把矢量数据转换成栅格数据，地图的点状要素的几何位置可以用其定位点所在单一的像素坐标表示，线状要素可借助于其中心轴线上的像素来表示，这种中心轴线是恰为一个像素组，即恰有一条途径可以从轴线上的一个像素到达相邻的另一个像素。由于表示像素相邻的方法有两种，即"4向邻域"和"8向邻域"，因而由一像素到另一像素的途径可以不同，所以对于同一线状要素，其中心线在栅格数据中，可得出不同的中心轴线。面状要素可借助于其所覆盖的像素的集合来表示，如图 2.16 所示。

在栅格数据中，图形和图像的纹理由像素来确定，像素用灰度级值或颜色值标识。

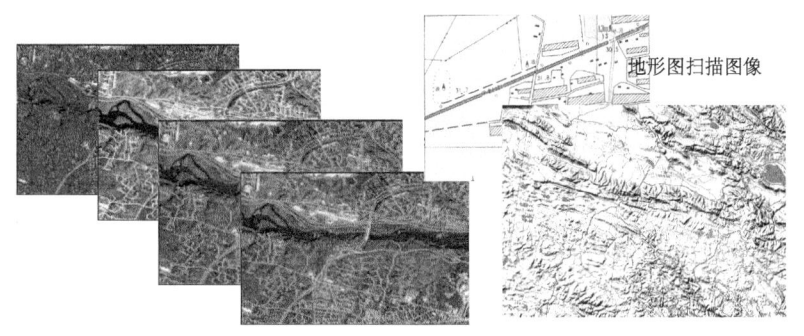

单波段、多波段遥感影像　　　　　规则格网数字高程模型

图 2.16　空间数据栅格表示

当颜色和灰度只有黑白二值时，图像和图形没有区别。因此，为了对图像作进一步的处理或栅格矢量数据转换，常常对图像进行二值化处理。

栅格数据具有数据获取自动化程度高、数据结构简单、便于存储和计算、并易于进行地图各要素的自动叠置分析、有利于与遥感数据的匹配分析和应用等优点，但栅格数据数据量大，图形分辨率比较低。因此，分辨率大小的确定是图形或图像数据采样时的问题。分辨率越高，像素量增多，数据量加大，给计算机资源增加负担。分辨率太小，满足不了用户要求。

随着遥感技术的不断完善，遥感数据将为空间数据库提供丰富可靠的信息源，因此栅格数据将是计算机储存和处理的一种最有潜力的数据格式。

2.4.1　栅格格式及其结构

栅格数据结构实际就是像元阵列，每个像元行列确定它的位置。由于栅格结构是按一定的规则排列的，所表示的实体位置很容易隐含在文件的存储结构中，且行列坐标可以很容易地转换为其他坐标系下的坐标。在文件中每个代码本身明确地代表了实体的属性或属性的编码。

1. 空间实体的表示方法

栅格格式即将空间分割成有规则的网格，在各个网格上给出相应的属性信息来表示地理信息的一种形式。用栅格格式描述的地理信息通常用下述的数据结构表示。

（1）点：由一个单元网格表示；其数值与近邻网格值明显不同。

（2）线段：由一串有序的相互连接的单元网格表示；其上数值近似相等，且与邻域网格值差异较大。

（3）区域：由聚集在一起的、相互连接的单元网格组成。区域内部的网格值相同或差异较小，而与邻域网格值差异较大，如图 2.17 所示。

栅格数据结构表示的是二维表面上的地理数据的离散化数值。在栅格数据中，地理表面被分割为相互邻接、规则排列的结构体，如正方形方块、矩形方块、等边三角形、正多边形等。常规为正方形网格（regular square grids）。把像元换成网格，则像元值对

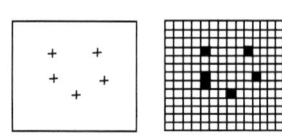

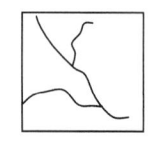

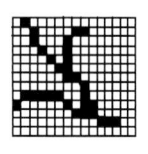

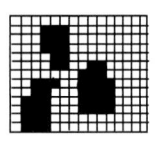

图 2.17 点、线和面的栅格表达

应地物或空间现象的属性信息。如果给定参照原点及 x、y 轴的方向以及网格的生成规则，则可以方便地使网格位置与平面坐标对应起来，即每个网格都具有明确的平面坐标，用行列式方式直接表示各个网格属性值。

2. 栅格单元代码的确定

在决定栅格代码时尽量保持地表的真实性，保证最大的信息容量。图 2.18 所示的一块矩形地表区域，内部含有 A、B、C 三种地物类型，O 点为中心点，将这个矩形区域近似地表示为栅格结构中的一个栅格单元时，可根据需要，采取如下的方式之一来决定栅格单元的代码。

1）中心点法

用处于栅格中心处的地物类型或现象特性决定栅格代码，在图 2.18 所示的矩形区域中，中心点 O 落在代码为 C 的地物范围内，按中心点法的规则，该矩形区域相应的栅格单元代码为 C，中心点法常用于具有连续分布特性的地理要素，如降雨量分布、人口密度图等。

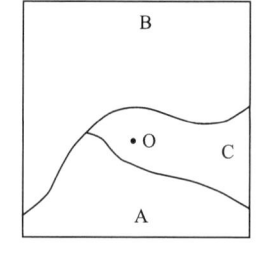

图 2.18 栅格单元代码的确定

2）面积占优法

以占矩形区域面积最大的地物类型或现象特性决定栅格单元的代码，在图 2.18 所示的例子中，显然 B 类地物所占面积最大，故相应栅格代码定为 B。面积占优法常用于分类较细、地物类别斑块较小的情况。

3）重要性法

根据栅格内不同地物的重要性，选取最重要的地物类型决定相应的栅格单元代码，假设图 2.18 中 A 类最重要的地物类型，即 A 比 B 和 C 类更为重要，则栅格单元的代码应为 A。重要性法常用于具有特殊意义而面积较小的地理要素，特别是点、线状地理要素，如城镇、交通枢纽、交通线、河流水系等，在栅格代码中应尽量表示这些重要地物。

4）百分比法

根据矩形区域内各地理要素所占面积的百分比数确定栅格单元的代码，如可记面积最大的两类 BA，也可以根据 B 类和 A 类所占面积百分比数在代码中加入数字。

由于栅格数据可以表示不同的数据类型，如遥感图像、图形和各种数字模型等，栅格数据的获取途径也各不相同。目前主要有目读法、矢量数字化法、扫描数字化法、分类影像输入和数值计算法等。由此可知，栅格格式和遥感图像及扫描输入数据的数据格式基本相同。

在空间数据库中用这种数据结构来存储图像数据。由于栅格数据结构表达的数据是由一系列的网格按顺序有规律排列组成，所以很容易用计算机处理和操作。

明显地，栅格数据结构具有以下优点：通过网格位置直接表征空间地理实体的位置、分布信息；而结合网格位置及属性值则可以直观表示空间实体之间的空间关系；多元数据叠合操作简单；不同数据源在几何位置上配准，将代表空间实体的属性值的网格值按一定规则进行简单的加、减等处理，便可得到异源数据叠合的结果。其上容易实现各类空间分析（除网络分析）功能及数学建模表达。可以快速获取大量相关数据。

但同时亦有一些不便之处，如精度取决于原始网格（像元）的尺寸大小。处理结果的表达受分辨率限制；数据相关造成冗余。当表示不规则多边形时数据冗余度更大；在遥感影像中存在大量的背景信息；不同数据有各自固定的格式，处理时需要加以适当转换；建立网络连接关系比较困难；几乎不可能对单个空间实体进行处理；数学变化针对所有网格（像元）时，耗时较多。

针对上述栅格数据结构具有的优势及不便之处，许多学者在设计具体系统功能时采取扬长避短策略，采用多种不同的编码方法来表达原有空间数据。

3. 特点

栅格结构的显著特点是：属性明显，定位隐含，即数据直接记录属性的指针或属性本身，而所在位置则根据行列号转换为相应的坐标，也就是说，定位是根据数据在数据集中的位置得到的。在栅格结构中，地表被分成相互邻接、规则排列的矩形方块（特殊的情况下也可以是三角形或菱形、六边形等），每个地块与一个栅格单元相对应。栅格数据的比例尺就是栅格大小与地表相应单元大小之比。在许多栅格数据处理时，常假设栅格所表示的量化表面是连续的，以便使用某些连续函数。由于栅格结构对地表的量化，在计算面积、长度、距离、形状等空间指标时，若栅格尺寸较大，则造成较大的误差，由于在一个栅格的地表范围内，可能存在多于一种的地物，而表示在相应的栅格结构中常常是一个代码。也类似于遥感影像的混合像元问题，如 Landsat 的 MSS 卫星影像单个像元对应地表 $79m \times 79m$ 的矩形区域，影像上记录的光谱数据是每个像元所对应的地表区域内所有地物类型的光谱辐射的总和效果。因而，这种误差不仅有形态上的畸形，还可能包括属性方面的偏差。由于栅格行列阵列容易为计算机存储、操作和显示，因此这种结构容易实现，算法简单，且易于扩充、修改，也很直观，特别是易于同遥感影像结合处理，给地理空间数据处理带来了极大的方便。

2.4.2 栅格数据编码方法

栅格数据压缩编码是指在满足一定的数据质量的前提下，用尽可能少的数据量来表示原栅格信息。其主要目的是消除数据间冗余，用不相关的数据来表示栅格图像。自从

1948年Oliver提出PCM编码理论开始，迄今编码方法已有上百种，如Huffman码、Fano码、Shannon码、行程（游程）编码、Freeman码、B码等。总体而言可分为两大类：信息保持编码；失真及限失真编码。

1. 直接栅格编码

这是最简单最直观而又非常重要的一种栅格结构编码方法。直接编码就是将栅格数据看作一个数据矩阵，逐行或逐列逐个记录代码。其优点是编码简单、信息无压缩、无丢失，缺点是数据量大。通常称这种编码的图像文件为网格文件或栅格文件，栅格结构不论采用何种压缩编码方法，其逻辑原型都是直接编码网格文件。直接编码就是将栅格数据看作一个数据矩阵，逐行（或逐列）逐个记录代码，可以每行都从左到右逐个像元记录，也可以奇数行从左到右而偶数行从右向左记录，为了特定目的还可采用其他特殊的顺序（图2.19）。

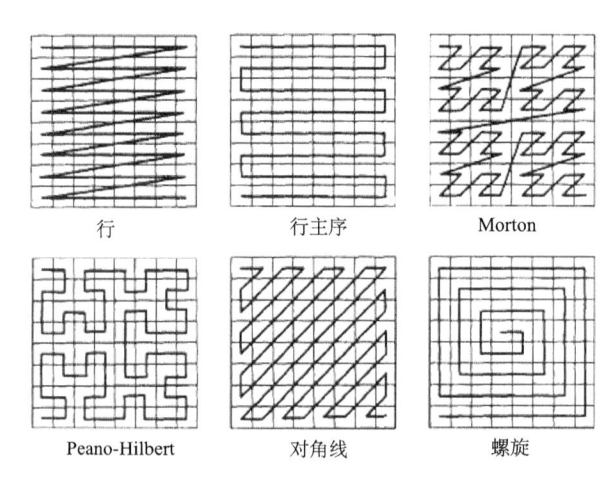

图2.19 一些常用的栅格排列顺序（邬伦等，2001）

2. 压缩编码方法

目前有一系列栅格数据压缩编码方法，如链码、游程长度编码、块码和四叉树编码等。其目的，就是用尽可能少的数据量记录尽可能多的信息，其类型又有信息无损编码和信息有损编码之分。信息无损编码是指编码过程中没有任何信息损失，通过解码操作可以完全恢复原来的信息，信息有损编码是指为了提高编码效率，最大限度地压缩数据，在压缩过程中损失一部分相对不太重要的信息，解码时这部分难以恢复。在地理信息系统中多采用信息无损编码，而对原始遥感影像进行压缩编码时，有时也采取有损压缩编码方法。

1) 链码

链码（chain codes）又称Freeman编码或边界编码。主要记录线状地物或面状地物的边界。它把线状地物或面状地物的边界表示为：由某一起始点开始并按某些基本方向确定的单位矢量链。前两个数字表示起点的行列号，从第三个数字开始的每个数字表示单位矢量的方向，如图2.20所示。

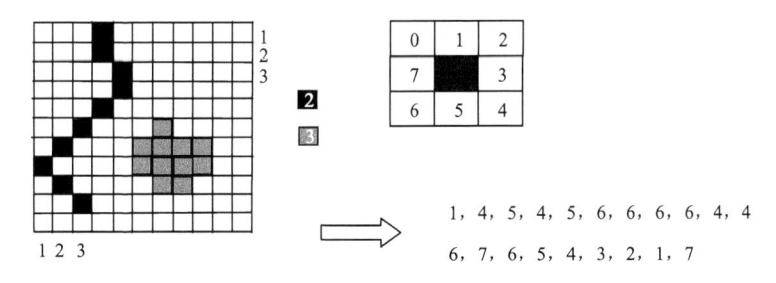

1, 4, 5, 4, 5, 6, 6, 6, 6, 4, 4
6, 7, 6, 5, 4, 3, 2, 1, 7

图 2.20　栅格数据链码编码方法

优点：很强的数据压缩能力，并具有一定的运算功能，如面积、周长等的计算，类似于矢量数据结构，比较适合于存储图形数据。

缺点：叠置运算，如组合、相交等很难实施，对局部的改动涉及整体结构，而且相邻区域的边界重复存储。

2）游程长度编码

游程长度编码（run-length codes）是栅格数据压缩的重要编码方法，游程意指连续的具有相等属性值（灰度级）网格的数量。游程编码的基本思想是：合并具有相同属性值的邻接网格，记录网格属性值的同时记录等值相邻网格的重复个数。其方法有两种方案：一种编码方案是，只在各行（或列）数据的代码发生变化时依次记录该代码以及相同的代码重复的个数，从而实现数据的压缩。另一种游程长度编码方案就是逐个记录各行（或列）代码发生变化的位置和相应代码。对于一个栅格图形，常常有行（列）方向上相邻的若干栅格单元具有相同的属性代码，因而可采取某种方法压缩那些重复的内容。

若顾及邻域单元格网，把栅格数据整体当成一行向量（或列向量），将这一行向量映射成各个属性值与相应游程的二元组序列（属性值，游程），并将映射结果加以记录，则得到与此栅格数据的游程编码。图 2.21 表示二值图像的游程编码。

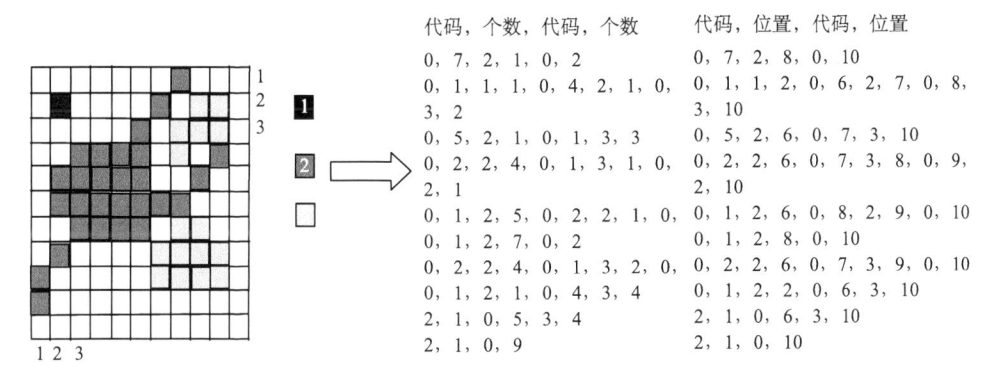

代码，个数，代码，个数　　　代码，位置，代码，位置
0, 7, 2, 1, 0, 2　　　　　　　0, 7, 2, 8, 0, 10
0, 1, 1, 1, 0, 4, 2, 1, 0,　　 0, 1, 1, 2, 0, 6, 2, 7, 0, 8,
3, 2　　　　　　　　　　　　　3, 10
0, 5, 2, 1, 0, 1, 3, 3　　　　 0, 5, 2, 6, 0, 7, 3, 10
0, 2, 2, 4, 0, 1, 3, 1, 0,　　 0, 2, 2, 6, 0, 7, 3, 8, 0, 9,
2, 1　　　　　　　　　　　　　2, 10
0, 1, 2, 5, 0, 2, 2, 1, 0,　　 0, 1, 2, 6, 0, 8, 2, 9, 0, 10
0, 1, 2, 7, 0, 2　　　　　　　0, 1, 2, 8, 0, 10
0, 1, 2, 5, 3, 2, 0, 2　　　　 0, 1, 2, 6, 3, 8, 0, 10
0, 1, 2, 1, 0, 4, 3, 4　　　　 0, 1, 2, 2, 0, 6, 3, 10
2, 1, 0, 5, 3, 4　　　　　　　2, 1, 0, 6, 3, 10
2, 1, 0, 9　　　　　　　　　　2, 1, 0, 10

图 2.21　栅格数据游程长度编码

游程编码压缩数据量的程度主要决定于栅格数据的性质。属性的变化越少，行程越长，压缩比越大，即压缩比的大小与图的复杂程度成反比。对图像而言，若图像灰度级

层次少,相等灰度级的连续像元数多(例如,洪水图、广大的水域等),则图像数据的压缩效果明显。故这种方法特别适用于二值图像的编码处理。

游程编码压缩效率高(保证原始信息不丢失),易于检索、叠加、合并操作。缺点是只顾及单行单列,没有考虑周围的其他方向的代码值是否相同。压缩受到一定限制。

游程编码针对所有网格处理,它是一种信息熵保持编码方法。通过解码,可以完全恢复原始栅格模式。实际应用中,除着重考虑数据的压缩效果外,还应顾及实际可行性及方便性,常需与其他编码方法结合使用。

3)块状编码

块码是游程长度编码扩展到二维的情况,采用方形区域作为记录单元,每个记录单元包括相邻的若干栅格,数据结构由初始位置(行、列号)和半径,再加上记录单位的代码组成。对图2.22(a)所示图像的块码编码如下:

(1, 1, 1, 0), (1, 2, 2, 4), (1, 4, 1, 7), (1, 5, 1, 7),
(1, 6, 2, 7), (1, 8, 1, 7), (2, 1, 1, 4), (2, 4, 1, 4),
(2, 5, 1, 4), (2, 8, 1, 7), (3, 1, 1, 4), (3, 2, 1, 4),
(3, 3, 1, 4), (3, 4, 1, 4), (3, 5, 2, 8), (3, 7, 2, 7),
(4, 1, 2, 0), (4, 3, 1, 4), (4, 4, 1, 8), (5, 3, 1, 8),
(5, 4, 2, 8), (5, 6, 1, 8), (5, 7, 1, 7), (5, 8, 1, 8),
(6, 1, 3, 0), (6, 6, 3, 8), (7, 4, 1, 0), (7, 5, 1, 8),
(8, 4, 1, 0), (8, 5, 1, 0)。

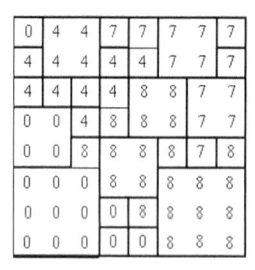

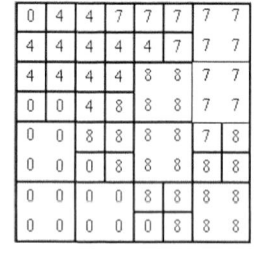

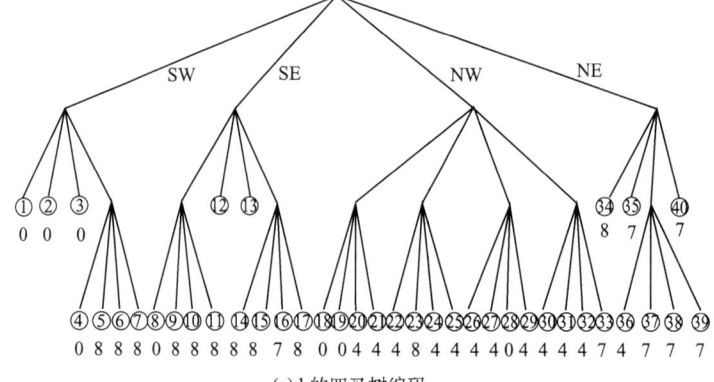

(a) 块码分割　　　　(b) 四叉树分割

(c) b的四叉树编码

图2.22　四叉树编码(邬伦等,2001)

该例中块码用了 120 个整数，比直接编码还多，这是因为例中为描述方便，栅格划分很粗糙，在实际应用中，栅格划分细，数据冗余多，才能显出压缩编码的效果，而且还可以作一些技术处理，如行号可以通过行间标记而省去记录，行号和半径等也不必用双字节整数来记录，可进一步减少数据冗余。

块码具有可变的分辨率，即当代码变化小时图块大，就是说在区域图斑内部分辨率低；反之，分辨率高以小块记录区域边界地段，以此达到压缩的目的。因此块码与游程长度编码相似，随着图形复杂程度的提高而降低效率，就是说图斑越大，压缩比越高；图斑越碎，压缩比越低。块码在合并、插入、检查延伸性、计算面积等操作时有明显的优越性。然而在某些操作时，则必须把游程长度编码和块码解码，转换为基本栅格结构进行。

3. 四叉树编码

四叉树又称四元树或四分树，是最有效的栅格数据压缩编码方法之一，绝大部分图形操作和运算都可以直接在四叉树结构上实现，因此四叉树编码既压缩了数据量，又可大大提高图形操作的效率。四叉树将整个图像区域逐步分解为一系列被单一类型区域的方形区域，最小的方形区域为一个栅格像元，分割的原则是，将图像区域划分为 4 个大小相同的象限，而每个象限又可根据一定规则判断是否继续等分为次一层的 4 个象限，其终止依据是，不管是哪一层上的象限，只要划分到仅代表一种地物或符合既定要求的少数几种地物时，则不再继续划分，否则一直划分到单个栅格像元为止。四叉树通过树状结构记录这种划分，并通过这种四叉树状结构实现查询、修改、量算等操作。图 2.22（b）为图 2.22（a）图形的四叉树分解，各子象限尺度大小不完全一样，但都是同代码栅格单元，其四叉树如图 2.22（c）所示。

四叉树编码的基本思路为：将 $N \times N$（其中 $N=2^n$）像元组成的栅格图像所构成的二维平面按 4 个象限进行递归分割，直到子象限的数值单调为止，最后得到一棵四分叉的倒向树，该树最高为 n 级。

常规四叉树除记录叶结点外，还要记录中间结点，结点之间靠指针联系。

结点所代表的图像大小可由结点所在的层次决定，层次数由父结点移到根结点的次数确定。结点所代表的图像块的位置由根结点开始逐层推算。为解决四叉树的推算问题，有关学者提出了一些不同的四叉树编码方法，其中线性四叉树编码方法最为常用。线性四叉树编码的基本思想：不需记录中间结点和使用指针，仅记录叶结点，并用地址码表示叶结点的位置。通常使用 Morton 码来表示十进制四叉树编码的地址码。

其中最上面的那个结点叫做根结点，它对应整个图形。总共有 4 层结点，每个结点对应一个象限，如 2 层 4 个结点分别对应于整个图形的四个象限，排列次序依次为南西（SW）、南东（SE）、北西（NW）和北东（NE），不能再分的结点称为终止结点（又称叶子结点），可能落在不同的层上，该结点代表的子象限具有单一的代码，所有终止结点所代表的方形区域覆盖了整个图形。从上到下，从左到右为叶子结点编号，如图 2.22（c）所示，共有 40 个叶子结点，也就是原图被划分为 40 个大小不等的方形子区，图 2.22（c）的最下面的一排数字表示各子区的代码。

由上面图形的四叉树分解可见，四叉树中象限的尺寸是大小不一的，位于较高层次的象限较大，深度小即分解次数少，而低层次上的象限较小，深度大即分解次数多，这反映了图上某些位置单一地物分布较广而另一些位置上的地物比较复杂，变化较大。正是由于四叉树编码能够自动地依照图形变化而调整象限尺寸，因此它具有极高的压缩效率。

采用四叉树编码时，为了保证四叉树分解能不断地进行下去，要求图像必须为 $2^n \times 2^n$ 的栅格阵列，n 为极限分割数，$n+1$ 为四叉树的最大高度或最大层数，图 2.22（c）为 $2^3 \times 2^3$ 的栅格，因此最多划分 3 次，最大层数为 4，对于非标准尺寸的图像需首先通过增加背景的方法将图像扩充为 $2^n \times 2^n$ 的图像。

为了使计算机既能以最小的冗余存储图像对应的四叉树，又能方便地完成各种图形图像操作，专家们已提出了多种编码方式，下面介绍美国马里兰大学地理信息系统中采用的编码方式，该方法记录了终止结点（或叶子结点）的地址和值，值就是子区的代码，其中地址包括两个部分，共 32 位（二进制），最右边 4 位记录该叶子结点的深度，即处于四叉树的第几层上，有了深度可以推知子区的大小；地址由从根结点到该叶子结点的路径表示，0，1，2，3 分别表示 SW、SE、NW、NE，从右边第 5 位开始 $2n$ 字节记录这些方向。如图 2.22（c）表示的第六个结点深度为 3，第一层处于 SW 象限，记为 0；第二层处于 NE 象限，记为 3，第三层处于 NW 象限，记为 2，表示为二进制为：

0000… 000（22 位）；001110（6 位）；0011（4 位）

每层象限位置由两位二进制数表示，共 6 位，十进制整数为 227。这样，记录了各个叶子的地址，再记上相应代码值，就记录了这个图像，并可在此编码基础上进行多种图像操作。

事实上，叶结点的地址可以直接由子区左下角的行列坐标，按二进制按位交错得到。如对于 6 号叶子结点，在以图像左下角为原点的行列坐标系中，其左下角行、列坐标为（3，2），表示为二进制分别为 011 和 010，按位交错就是 001110，正是 6 号地块。

对于只有点状地物或只有线状地物的图形，为了提高效率，设计了略有不同的划分终止条件和记录方法，称为点四叉树和线四叉树。点四叉树对子象限的划分直到每个子象限不含有点或只含有一个点为止，叶子的值则记录是否有点和点在子象限的位置；线四叉树划分子象限直到子象限不含线段或只含有单个线段，对线的结点则划分到单个像素，其叶子值记录更为复杂。

四叉树编码具有可变的分辨率，并且有区域性质，压缩数据灵活，许多运算可以在编码数据上直接实现，大大地提高了运算效率，是优秀的栅格压缩编码之一。

一般说来，对数据的压缩是以增加运算时间为代价的。在这里时间与空间是一对矛盾，为了更有效地利用空间资源，减少数据冗余，不得不花费更多的运算时间进行编码，好的压缩编码方法要在尽可能减少运算时间的基础上达到最大的数据压缩效率，并且算法适应性强，易于实现。链码的压缩效率较高，已接近矢量结构，对边界的运算比较方便，但不具有区域的性质，区域运算困难；游程长度编码既可以在很大程度上压缩数据，又最大限度地保留了原始栅格结构，编码解码十分容易；块码和四叉树码具有区域性质，又具有可变的分辨率，有较高的压缩效率，四叉树编码可以直接进行大量图形图像运算，效率较高，是很有前途的方法。在此基础上已经开始发展了用于三维数据的八叉树编码等。

2.4.3 栅格数据的操作

地图代数（map algebra）是对栅格分析所做的大量操作进行组织的一种数学方法。最先由 Tomlin 于 1990 年提出。地图代数是一个用于栅格分析而不是栅格查询的数学语言。代数包括两个不同的元素集合：(A, B)，其中 A 是操作数（operand）的集合，B 是操作（operation）的集合。代数需要满足许多公理，但其中最重要的是闭合性，即对操作数进行操作的结果必定在 A 内。在地图代数中，操作数是栅格矩阵，而操作可以分为 4 类：局部的（local）、聚焦的（focal）、区域的（zonal）和全局的（global）。

1. 局部操作

局部操作将一个栅格映射到另一个栅格上，新栅格中每个单元格取值仅依赖于它在原栅格中单元格的值。图 2.23 是一个局部操作的例子。

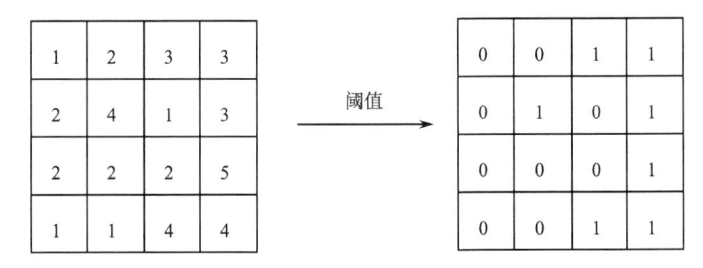

图 2.23 局部操作的示例：阈值化

根据原栅格中单元格的值低于（或高于）用户定义的某个值，给栅格的每个单元格阈值为 0 或 1。在图 2.23 中，值小于 3 的所有单元格设为零，而值大于或等于 3 的单元格的值为 1。这种操作就是熟知的阈值化（thresholding）。

2. 聚焦操作

聚焦操作中，新栅格单元格的值依赖于原栅格中相应单元格以及邻近单元格的值。邻域通常有三种定义，即上、下、左、右 4 个方向，左上、左下、右上、右下 4 个方向和上、下、左、右、左上、左下、右上、右下 8 个方向，如图 2.24 所示。

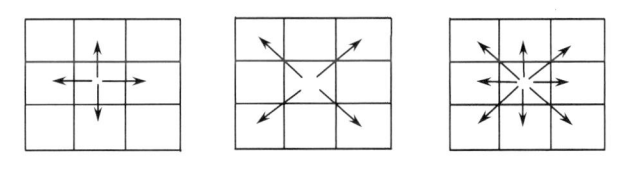

图 2.24 聚焦操作方向的三种定义

设 $E(x, y)$ 是地形数字高程模型，即 E 给出空间框架 F 中位置 (x, y) 的高程值。计算高程的梯度 $\nabla E(x, y)$ 就是一个聚焦操作，因为 (x, y) 的梯度值依赖于高程在 (x, y) 的一个"小"邻域上取值。

3. 区域操作

在区域操作中，新栅格中单元格的值是原栅格中相应单元格的值以及其他单元格的值的一个函数。如图 2.25 所示，新栅格中左上角单元的值（12）是原栅格中由区域指定的 A 区域中所有单元格的值的总和。

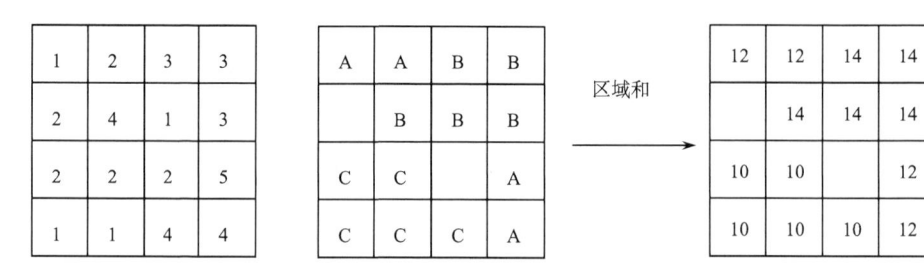

图 2.25 区域操作示例：区域求和

4. 全局操作

在全局操作中，新栅格中单元的值是位置的函数，或者是原栅格或其他栅格上所有单元格的值的函数。图 2.26 是一个全局操作的例子。原栅格给出了 S1 和 S2 的位置，新栅格中的每个单元格记录它到 S1 和 S2 的位置最近距离。水平和垂直方向上的相邻单元格间隔一个距离单位。对角线上的两个相邻单元格的距离为 2 倍单位距离。

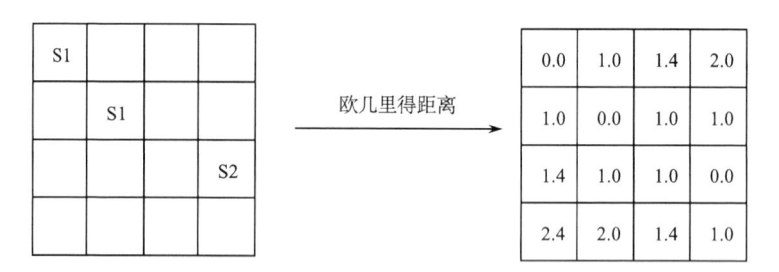

图 2.26 全局操作的示例

5. 图像操作

除了上面介绍的四类操作外，还有专用于图像处理的操作，例如裁剪。裁剪操作沿坐标轴提取原栅格的一个子集，如图 2.27 所示。

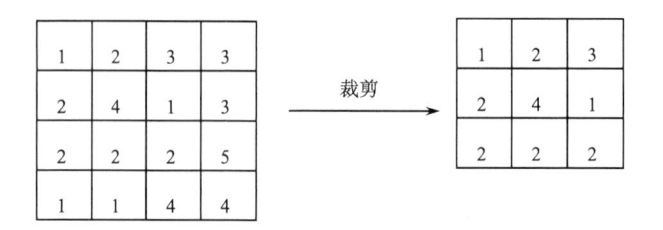

图 2.27 图像操作的示例：裁剪

2.5 矢栅结构的比较及转换算法

栅格结构和矢量结构是空间实体表示的两种不同的方法。矢量数据和栅格数据的差异及其优缺点，随着计算机技术的发展会发生变化，选用矢量数据还是栅格数据应从分析应用环境出发。当前有一些基于矢量数据的地理信息系统软件工具如 Arc/Info，也有基于栅格数据的地理信息系统软件，矢栅兼容的地理信息系统则是当前及未来一段时间内的重要研究内容之一。

2.5.1 栅格结构与矢量结构的比较

栅格结构与矢量结构似乎是两种截然不同的空间数据结构，栅格数据结构具有"属性明显、位置隐含"的特点，它易于实现，操作简单，有利于栅格的空间信息模型的分析，但栅格数据表达精度不高，数据存储量大，工作效率低。因此基于栅格结构的应用来说，需要根据应用项目的自身特点及其精度要求来恰当地平衡栅格数据结构的表达精度和工作效率两者之间的关系。矢量数据结构具有"位置明显、属性隐含"的特点，它操作起来比较复杂，许多分析操作（如叠置分析）用矢量数据结构难于实现；但它的数据表达精度高，数据存储量小，工作效率高。

在数据结构方面，矢量方法是面向实体的表示方法，以具体的空间物体为独立描述对象，因此物体愈复杂，描述愈困难，数据量亦随之增大，如线状要素愈弯曲，抽样点必须愈密；栅格方法是面向空间的表示方法，将地理空间作为整体进行描述，具体空间物体的复杂程度不影响数据量的大小，也不增加描述上的困难。一般地说，栅格方法导致更大的数据量。

在空间关系表达，矢量方法显式地描述空间物体之间的关系，关系一旦被描述，运用起来就相当方便，如网络分析在矢量方法表示的数据上，只要记录了线段之间的连接关系，就比较容易处理了。但是，空间物体之间的关系极为复杂，要完备地描述几乎是不可能的，为了描述空间物体之间的关系，使得矢量方法下的数据结构极为复杂；栅格方法是对投影空间的直接量化，隐式描述空间物体之间的关系，这种隐式描述既可以认为是"零"描述，即没有记录物体间的关系，又可以认为是"全"描述，即空间物体的一切关系都照实复写了。在绝大多数情况下，栅格数据结构要比矢量数据结构简单得多。

在数据分析方面，由于矢量方法是以具体空间物体为基本描述对象的，因此一切基于物体的分析比较容易，例如，根据物体的属性分类排序，检索查询。栅格方法是对空间的整体描述，所以基于空间位置的分析则相对容易些，例如，给定空间位置（范围），用栅格方法可以非常容易地计算（检索）出相应的空间物体及其属性值，但在矢量方式下，这一定位检索是相当耗时的，算法当然也相当复杂。鉴于矢量方法是面向物体的描述，一般地说物体间关系尤其是几何关系的分析比较困难，如计算两个多边形的交，在矢量方式下远比在栅格方式下困难。相反，对物体自身属性的分析，如曲线长度、多边形面积、曲率，矢量方法更为方便。就大多数情况而言，栅格数据分析的结果以图形

（像）方式表示既直接又方便。

栅格结构在某些操作上比矢量结构更有效更易于实现，如按空间坐标位置的搜索，对于栅格结构是极为方便的，尤其是作为斑块图件的表示更易于为人们接受；而矢量数据操作则比较复杂，许多分析操作（如两张地图的覆盖操作，点或线状地物的邻域搜索等）用矢量结构实现十分困难，矢量结构表达线状地物是比较直观的，而面状地物则是通过对边界的描述而表达。

而对矢量结构则搜索时间要长得多；在给定区域内的统计指标运算，包括计算多边形形状、面积、线密度、点密度，栅格结构可以很快算得结果，而采用矢量结构则由于所在区域边界限制条件难以提取而降低效率，对于给定范围的开窗、缩放栅格结构也比矢量结构优越；另一方面，矢量结构用于拓扑关系的搜索则更为高效，即诸如计算多边形形状搜索邻域、层次信息等；对于网络信息只有矢量结构才能完全描述；矢量结构在计算精度与数据量方面的优势也是矢量结构比栅格结构受到欢迎的原因之一。

无论哪种结构，数据精度和数据量都是一对矛盾，要提高精度，栅格结构需要更多的栅格单元，而矢量结构则需记录更多的线段结点。一般来说，栅格结构只是矢量结构在某种程度上的一种近似，如果要使栅格结构描述的图件取得与矢量结构同样的精度，甚至仅仅在量值上接近，则数据也要比后者大得多。

栅格结构除了可使大量的空间分析模型得以容易实现之外，还具有以下两个特点：

（1）易于与遥感相结合。遥感影像是以像元为单位的栅格结构，可以直接将原始数据或经过处理的影像数据纳入栅格结构的地理信息系统。

（2）易于信息共享。目前还没有一种公认的矢量结构空间数据记录格式，而不经压缩编码的栅格格式即整数型数据库阵列则易于为大多数程序设计人员和用户理解和使用，因此以栅格数据为基础进行信息共享的数据交流较为实用。

矢量数据结构表示的地理空间数据明显具有如下优势：

（1）较高的空间分辨率。当地理实体的几何数据由外业测量获得时，则对应于实际测量结果的精度；当由跟踪数字化地图获得时，则具有与原图相近的精度。

（2）结构严谨，数据量小。特别对线状或面域目标进行描述时，只记录组成目标的特征点，从而省略了大量的中间过渡连接点。

（3）网络分析。可以显式或隐式地获得空间实体之间的拓扑关系，便于进行网络分析。其不足主要表现在：多边形叠置和空间均值处理等操作实现起来比较困难。

许多实践证明，栅格结构和矢量结构在表示空间数据上可以是同样有效的，对于一个 GIS 软件，较为理想的方案是采用两种数据结构，即栅格结构与矢量结构并存，对于提高地理信息系统的空间分辨率、数据压缩率和增强系统分析、输入输出的灵活性十分重要。

2.5.2 相互转换算法

矢量结构与栅格结构的相互转换，是地理信息系统的基本功能之一，目前已经发展了许多高效的转换算法；但是，从栅格数据到矢量数据的转换，特别是扫描图像的自动识别，仍然是目前研究的重点。

对于点状实体，每个实体仅由一个坐标对表示，其矢量结构和栅格结构的相互转换基本上只是坐标精度变换问题，不存在太大的技术问题。线实体的矢量结构由一系列坐标对表示，在变为栅格结构时，除把序列中坐标对变为栅格行列坐标外，还需根据栅格精度要求，在坐标点之间插满一系列栅格点，这也容易由两点式直线方程得到。线实体由栅格结构变为矢量结构与将多边形边界表示为矢量结构相似，因此以下重点讨论多边形（面实体）的矢量结构与栅格结构相互转换。

1. 矢量格式向栅格格式的转换

矢量格式向栅格格式转换又称为多边形填充，就是在矢量表示的多边形边界内部的所有栅格点上赋以相应的多边形编码，从而形成类似图 2.17 的栅格数据阵列。几种主要的算法描述如下：

1）内部点扩散算法

该算法由每个多边形一个内部点（种子点）开始，向其 8 个方向的邻点扩散，判断各个新加入点是否在多边形边界上，如果是边界上，则该新加入点不作为种子点，否则把非边界点的邻点作为新的种子点与原有种子点一起进行新的扩散运算，并将该种子点赋以该多边形的编号。重复上述过程直到所有种子点填满该多边形并遇到边界停止为止。扩散算法程序设计比较复杂，并且在一定的栅格精度上，如果复杂图形的同一多边形的两条边界落在同一个或相邻的两个栅格内，会造成多边形不连通，这样一个种子点不能完成整个多边形的填充。

2）复数积分算法

对全部栅格阵列逐个栅格单元地判断该栅格归属的多边形编码，判别方法是由待判点对每个多边形的封闭边界计算复数积分，对某个多边形，如果积分值为 $2\pi r$，则该待判点属于此多边形，赋以多边形编号，否则在此多边形外部，不属于该多边形。

3）射线算法和扫描算法

射线算法可逐点判断数据栅格点在某多边形之外或在多边形内，由待判点向图外某点引射线，判断该射线与某多边形所有边界相交的总次数，如相交偶数次，则待判点在该多边形外部，如为奇数次，则待判点在该多边形内部（图 2.28）。采用射线算法，要注意的是：射线与多边形边界相交时，有一些特殊情况会影响交点的个数，必须予以排除（图 2.29）。

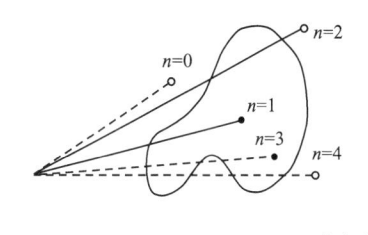

扫描算法是射线算法的改进，将射线改为沿栅格阵列列或行方向扫描线，判断与射线算法相似。扫描算法省去了计算射线与多边形边界交点的大量运算，大大提高了效率。

(a) 相切　　　　(b) 相切　　　　(c) 相切

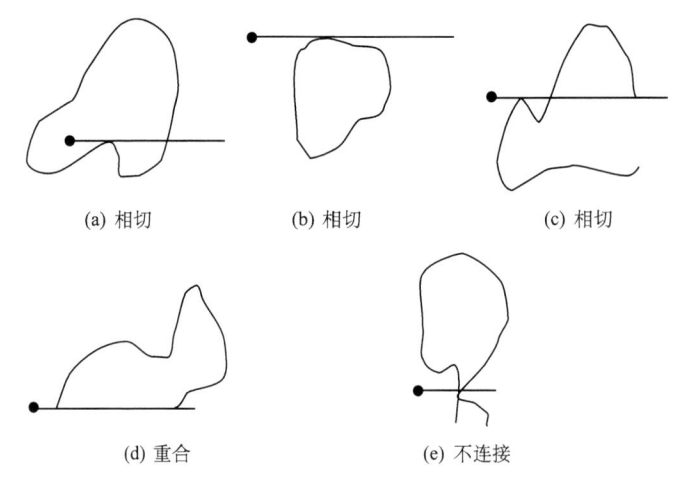

(d) 重合　　　　(e) 不连接

图 2.29　射线算法的特殊情况（邬伦，2001）

4）边界代数算法

边界代数多边形填充算法是一种基于积分思想的矢量格式向栅格格式转换算法，它适合于记录拓扑关系的多边形矢量数据转换为栅格结构。图 2.30 表示转换单个多边形的情况，多边形编号为 a，模仿积分求多边形区域面积的过程，初始化的栅格阵列各栅格值为零，以栅格行列为参考坐标轴，由多边形边界上某点开始顺时针搜索边界线，当边界上行时［图 2.30（a）］，位于该边界左侧的具有相同行坐标的所有栅格被减去 a；当边界下行时［图 2.30（b）］，该边界左边（前进方向看为右侧）所有栅格点加一个值 a，边界搜索完毕则完成了多边形的转换。

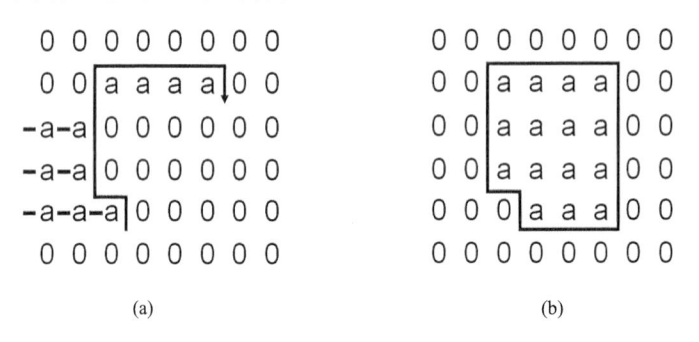

图 2.30　单个多边形的转换（邬伦等，2001）

事实上，每幅数字地图都是由多个多边形区域组成的。如果把不属于任何多边形的区域（包含无穷远点的区域）看成编号为零的特殊的多边形区域，则图上每一条边界弧段都与两个不同编号的多边形相邻，按弧段的前进方向分别称为左、右多边形。可以证明，对于这种多个多边形的矢量向栅格转换问题，只需对所有多边形边界弧段作如下运算而不考虑排列次序：当边界弧段上行时，该弧段与左图框之间栅格增加一个值（左多边形编号减去右多边形编号）；当边界弧段下行时，该弧段与左图框之间栅格增加一个值（右多边形编号减去左多边形编号）。两个多边形转换过程如图 2.31 所示。

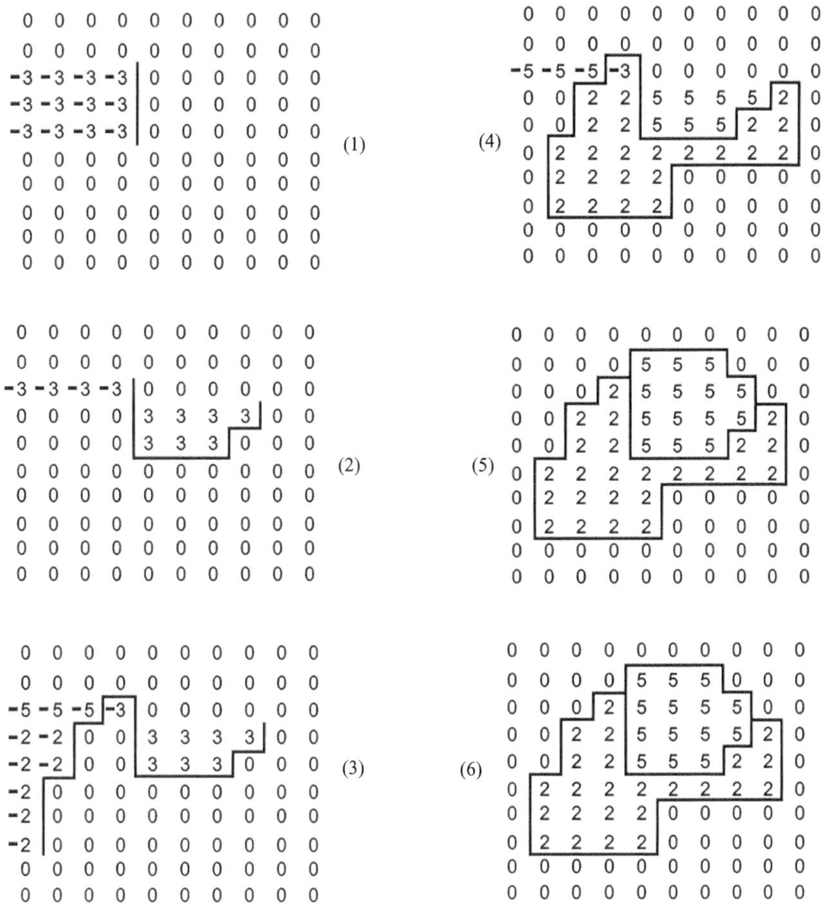

图 2.31 多个多边形的转换（邬伦等，2001）

边界代数法与前述其他算法的不同之处，在于它不是逐点判断与边界的关系完成转换，而是根据边界的拓扑信息，通过简单的加减代数运算将边界位置信息动态地赋给各栅格点，实现了矢量格式到栅格格式的高速转换，而不需要考虑边界与搜索轨迹之间的关系。因此算法简单、可靠性好，各边界弧段只被搜索一次，避免了重复计算。

但是这并不意味着边界代数法可以完全替代其他算法，在某些场合下，还是要采用种子填充算法和射线算法，前者应用于在栅格图像上提取特定的区域；后者则可以进行点和多边形关系的判断。

2. 栅格格式向矢量格式的转换

多边形栅格格式向矢量格式转换就是提取以相同的编号的栅格集合表示的多边形区域的边界和边界的拓扑关系，并表示由多个小直线段组成的矢量格式边界线的过程。

1）步骤

栅格格式向矢量格式转换通常包括以下 4 个基本步骤。

（1）多边形边界提取：采用高通滤波将栅格图像二值化或以特殊值标识边界点。

（2）边界线追踪：对每个边界弧段由一个结点向另一个结点搜索，通常对每个已知边界点需沿除了进入方向的其他7个方向搜索下一个边界点，直到连成边界弧段。

（3）拓扑关系生成：对于矢量表示的边界弧段数据，判断其与原图上各多边形的空间关系，以形成完整的拓扑结构并建立与属性数据的联系。

（4）去除多余点及曲线圆滑：由于搜索是逐个栅格进行的，必须去除由此造成的多余点记录，以减少数据冗余；搜索结果，曲线由于栅格精度的限制可能不够圆滑，需采用一定的插补算法进行光滑处理，常用的算法有：线形迭代法、分段三次多项式插值法、正轴抛物线平均加权法、斜轴抛物线平均加权法和样条函数插值法。

2）多边形栅格转矢量的双边界搜索算法

算法的基本思想是通过边界提取，将左右多边形信息保存在边界点上，每条边界弧段由两个并行的边界链组成，分别记录该边界弧段的左右多边形编号。边界线搜索采用2×2栅格窗口，在每个窗口内的4个栅格数据的模式，可以唯一地确定下一个窗口的搜索方向和该弧段的拓扑关系，极大地加快了搜索速度，拓扑关系也很容易建立。具体步骤如下：

（1）边界点和结点提取。采用2×2栅格阵列作为窗口顺序沿行、列方向对栅格图像全图扫描，如果窗口内4个栅格有且仅有两个不同的编号，则该4个栅格表示为边界点；如果窗口内4个栅格有3个以上不同编号，则标识为结点（即不同边界弧段的交汇点），保持各栅格原多边形编号信息。对于对角线上栅格两两相同的情况，由于造成了多边形的不连通，也当作结点处理。图2.32和图2.33给出了结点和边界点的各种情形。

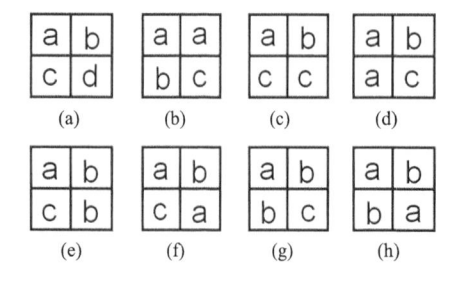

图 2.32 结点的8种情形

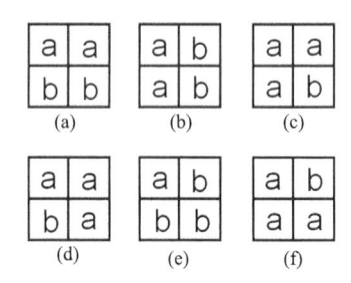

图 2.33 边界点的6种情形

（2）边界线搜索与左右多边形信息记录。边界线搜索是逐个弧段进行的，对每个弧段由一组已标识的4个结点开始，选定与之相邻的任意一组4个边界点和结点都必定属于某一窗口的4个标识点之一。首先记录开始边界点的两个多边形编号，作为该弧段的左右多边形，下一点组的搜索方向则由进入当前点的搜索方向和该点组的可能走向决定，每个边界点组只能有两个走向，一个是前点组进入的方向，另一个则可确定为将要搜索后续点组的方向。例如，图2.33（c）所示边界点组只可能有两个方向，即下方和右方，如果该边界点组由其下方的一点组被搜索到，则其后续点组一定在其右方；反之，如果该点在其右方的点组之后被搜索到（即该弧段的左右多边形编号分别为 b 和 a），对其后续点组的搜索应确定为下方，其他情况依此类推。可见双边界结构可以唯一地确定搜索方向，从而大大地减少搜索时间，同时形成的矢量结构带有左右多边形编号信息，容易建立拓扑结构和与属性数据的联系，提高转换的效率。

2.6 空间数据的基本特性

空间数据作为数据的一类而具有数据的一般特性，但它又具备自身的一些特性。空间数据的自身特性构成了空间分析的条件和任务。

1. 抽样性

空间物体以连续的模拟方式存在于地理空间，为了能以数字的方式对其进行描述，必须将其离散化，即以有限的抽样数据表述无限的连续物体。空间物体的抽样不是对空间物体的随机选取，而是对物体形态特征点的有目的的选取，其抽样方法根据物体的形态特征的不同而不同，其抽样的基本准则就是能够力求准确地描述物体的全局和局部的形态特征。空间分析中的各种运算处理都是基于抽样数据进行的，因此抽样方法直接影响空间分析结果的有效性。此外，空间分析中的一些处理源自于空间数据的抽样性，如曲线、曲面的拟合和插值，其基本任务是根据抽样数据重建连续的空间物体。

2. 概括性

概括是空间数据处理的一种手段，是对地理物体的化简和综合。空间物体的概括性区别于前面所述的数据的详细性。空间数据的空间详细性反映人为规定的系统的数据分辨力，而空间物体的概括性指对物体形态的化简综合以及对物体的取舍。在一个空间数据库中，由于主题不同，我们可能舍去较为次要的地物，尽管这些地物如果用空间详细性来衡量是应该描述和记录的，或者我们对一些地物的形态在抽样的基础上进行进一步化简，这种化简并不是因为比例尺的限制使然，而是数据库应用环境和任务的要求。

3. 多态性

空间数据的多态性具有两层含义，一是同样地物在不同情况下的形态差异，二是不同地物占据同样的空间位置。关于前者，其例子不胜枚举。就是形态而言，任何城市在地理空间都占据一定范围的地域，因此可以认为它是面状地物，但在比例尺较小的空间数据库中，或者在相对宏观的分析中，城市是作为点状地物处理的。再者，河流在现实世界中是具有一定宽度的条带状的面地物，但在空间数据库中，可能表示为单线河流或双线河流，而就大多数空间分析而言，河流是作为线状物体处理的。关于后者，大多表现为社会经济人文数据与自然环境数据在空间位置上的重叠。如长江是水系要素，但同时在不同的地段上，长江又与省界、县界相重叠。

在空间数据库中，空间数据的第一种多态性构成了空间数据分析的重要内容，如面状地物的中心点和中心轴线的计算。而要保证数据的一致性，必须提供合适的数据管理技术来保证既要反映这种多态性，而同时又不重复存储数据，不造成数据维护上的困难。

4. 空间性

空间性是空间数据的最主要特性，它是指空间物体的位置、形态以及由此产生的系列特性。如果不考虑空间物体的空间性，空间分析就失去意义。作为非空间数据，两个城市之间的关系可以用一般的数值和逻辑关系来描述，如人口的多少、经济的发展发达程度等。但是作为空间数据，两个城市之间的关系一下就增加了许多，如距离、方位、空间相互作用。空间性不但导致空间物体的位置和形态的分析处理，同时导致空间相互关系的分析处理，而这是更为复杂的一类处理。在常规的数据管理中，我们可以用分类树对物体进行编码，并根据此进行存储管理，但分类树无法反映空间物体之间的各种空间联系，这使得空间数据库的组织比非空间数据库复杂得多、困难得多。

第 3 章　基本数据结构

在第 2 章，我们讨论了空间数据的表示方法。在计算机中，人们总是把数据按其性质归类到一些数据对象（data object）的集合中。数据对象中所有数据成员（即数据元素）都具有相同的性质。数据元素（data element）是数据的基本单位，即数据这个集合中的一个个体。由于一个数据元素可由若干个数据项（data item）组成，数据项是数据的最小单位。一个数据对象中所有的数据成员之间一定存在某种关系。若综合考虑数据对象及其所有数据成员之间的关系，就构成数据结构（data structure）。简单说来，数据结构是带有结构的数据元素的集合。被计算机加工的数据元素都不是孤立的，在它们之间存在着某种联系，这种互相之间的关系，通常称作为结构。依据所有数据成员之间的关系不同，数据结构分为两大类：线性结构和非线性结构。线性结构中各个数据成员依次排列在一个线性序列中；非线性结构中每个数据成员可能与零个或多个其他数据成员发生联系。数据结构是组织和访问数据的系统方法。数据结构不只是存储数据，还包括处理数据的操作，可用来访问、插入和删除集合中的数据项。本章主要讨论基本的数据结构及实现方法。

3.1　线性表结构

3.1.1　线　性　表

1. 线性表定义

一个线性表是 $n \geqslant 0$ 个数据元素 $a_1, a_2, \cdots, a_n$ 的有限序列，若 $n > 0$，则 a_1 是第一个元素，a_n 是最后一个元素；当 $1 < i < n$ 时，a_i 的前一个数据元素是 a_{i-1}，后一个是 a_{i+1}；$n = 0$ 时为空表。线性表在逻辑上可表示为

$$(a_1, a_2, a_3, a_4, \cdots, a_n)$$

2. 线性表的存储结构

在计算机内，可用不同方式表示线性表，最简单最普通的一种方法是用一组连续的存储单元依次存储线性表的元素。

3. 线性表的运算

（1）存取：存取第 i 个数据元素，检验或更新某个数据项值；

（2）插入：在第 $i-1$ 个和第 i 个数据元素之间，插入一个新的数据元素；

（3）删除：删除第 $i-1$ 个数据元素；

（4）归并：将多个线性表合并成一个新表；

（5）分拆：把一个线性表拆分成多个表；

（6）复制：把一个线性表拷贝成一个新表；
（7）计数：确定表中元素个数，即表的长度；
（8）排序：对表中的数据元素按其数据项值递增（或递减）的顺序进行重新排列；
（9）查找：按某个特定的值查找线性表。

对于线性表的运算，在不同的存储结构中实现的方法也不同，以插入、删除为例。如在线性表为顺序分配的情况下，若插入和删除运算只在表的末尾进行，则只要在表的末尾增加或删除一个元素即可，否则，必须移动表的元素。一般性情况下，在第 i（$1 \leqslant i \leqslant n$）个元素前插入一个元素时需要从第 i 到第 n 共 $n-i+1$ 个元素向后移动一个位置；删除第 i（$1 \leqslant i \leqslant n-1$）个元素时需要将第 $i+1$ 到第 n 共 $n-i$ 个元素向前移动一个位置。

3.1.2 栈和队列

栈和队列是经常用到的数据结构，是特殊的线性表。

1. 栈定义

栈是限定只在表的一端进行插入和删除的线性表。允许插入和删除的一端叫栈顶，另一端叫栈底。如给定栈 S=(a_1，a_2，a_3，a_4，…，a_n），则称 a_1 是栈底的元素，a_n 是栈顶的元素，表中元素以 a_1，a_2，a_3，a_4，…，a_n 的顺序进栈，退栈的第一个元素 a_n，也就是说，栈的修改是按"后进先出"的原则进行的，因此，栈又称"后进先出"表。

栈在计算机编译系统、操作系统和程序设计中应用很广。他在计算机内通常采用顺序分配，以向量作为存储结构。由于栈顶元素经常变动，故需要设计一指针 top 来指示栈的位置。假设用向量的上界 M 表示栈的最大容量，在元素尚未进栈（即空栈）时设 top 为零，则 S[1] 表示第一个进栈元素，S[i] 表示第 i 个进栈元素，S[top] 表示栈顶元素，当 top=M 时，表示栈满。这是再有元素进栈时，则栈"溢出"，称为"上溢"；反之，当 top=0 时，做退栈运算，称为"下溢"。

对栈的运算有以下 3 种。
（1）压入：在栈顶插入一个新的元素；
（2）弹出：在栈中删去栈顶元素；
（3）存取：读栈中栈顶元素。

2. 队列

队列是一种限定插入在表的一端进行，而删除在表的另一端进行的线性表。和栈相反，队列是一种"先进先出"表，要求第一个进入队列的元素第一个撤走，队列中允许插入的一端叫排尾，允许删除的一端叫排头。

队列的运算通常有两种。
（1）插入（进队）：在队列的排尾加入一个新元素；
（2）删除（离队）：在队列的排头删除一个元素。

和栈类似，可用向量（数组）作为队列的存储结构，但需设两个指针变量分别指示排头和排末的位置。为了方便，规定头指针 front 总是比队列中实际排头小一个位置，而尾指针 rear 总是指向队列最后一个元素。

设队列的最大容量为 m，则队列"上溢"的条件是 rear＝m，队列"下溢"的条件是 front＝rear。

为了避免溢出，采用循环队列方法，设想队列为一个环，假定循环队列以顺时针方向增长，则和前面约定相同。但只凭等式 front＝rear 就不足以判别循环队列的状态是空或是满。一种较简单的解决办法是，把尾指针从后面追上头指针看作队列满的特征，既把尾指针加 1 后等于头指针视为队列满。而 front＝rear 表示队列为空。

3.1.3 数　　组

数组是线性表的推广，每一个元素由一个值和一组下标组成，对于每组有定义的下标，都存在一个与此相对应的元素。对于一个 N 维数组，每一行、每一列都可视为一个线性表。

数组的运算通常有两种。

（1）查找：给定一组下标，找到与其对应的数据元素；

（2）存取：给定一组下标，存取或修改与其对应的数据元素。

数组在计算机中采用顺序分配表示。通常用内存储器中一片连续的存储单元来存放数组。如果数组是二维数组，可以按两种方式存放，一种是行优先顺序存储，称为行为主的顺序分配；另一种按列顺序存储，称为列为主的顺序分配。

数组最大特点是顺序存储，只要知道开始结点的存放地址（即基地址）、维数、每维的上下界以及每个数组元素所占用的单元数，就可以将数组元素的存放地址表示为其下标的线性函数。因此，数组中的任意元素可以在相同的时间内存取。数组最大的优点是使用方便、快捷，一般不会出内存溢漏错误，同时具有较高的访问速度。

在应用中数组必须事先定义固定的长度（元素个数），如果事先不知道数组的长度，就得定义足够大的空间，这样就造成内存浪费。另外，数组只有存取元素和修改元素值的操作，不能进行插入和删除元素的操作。结构中的元素个数和元素间的关系就不再发生变化。

3.2　链　　表

3.2.1　线　性　链　表

线性链表是线性表的另一种存储结构，它用一组任意的存储单元存放线性表的数据元素，这组存储单元可以是连续的，也可以是不连续的，甚至是零散分布在内存中的任意位置上的。因此，链表中元素的逻辑次序和物理次序不一定相同。为了能正确表示元素间的逻辑关系，每个数据元素由值和一个指示后续元素的指针（也称地址或链）表示，称为线性链表中的一个结点，线性链表由若干个结点组成，每个结点有两个域：数据域和指针域，分别存放数据元素的值和下一个结点地址。

链表存储结构的最大特点是，动态进行存储分配的一种结构，根据需要分配内存单元。所以，这种结构亦叫做线性表的链式分配。

例如，线性链表（TEMP，PRES，EPS，NUM，X，Y，I，DATUM），其逻辑状态如图3.1所示。

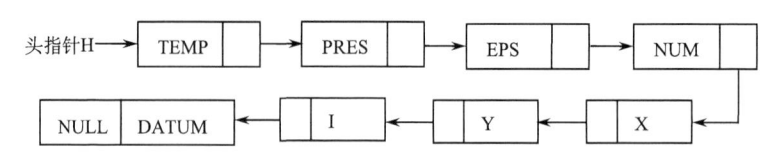

图 3.1 线性链表的逻辑状态

表 3.1 线性链表的地址与指针

地址	数据	指针
1	DATUM	NULL
7	EPS	19
13	I	1
19	NUM	37
25	PRES	7
31	TEMP	25
37	X	43
43	Y	13

如表3.1所示，线性链表的头指针指向"31"，结点元素值为"TEMP"，下一个结点指针为"25"指向"PRES"。

线性链表的运算与线性表相同，但是线性链表的结点插入、删除运算要比线性表的运算效率要高。线性链表的插入如图3.2所示，要在结点"Y"与"I"之间插入元素"Z"时，首先要分配一个内存（地址）为"Z"的结点，然后，令"Z"结点的数据域为Z；把此结点的指针域为结点"Y"的地址；再把结点"I"指针域为"Z"结点的地址。这样只改变了两个指针而未作任意移动，却完成了线性表的插入运算。

反之，假如我们想删除图3.1中线性链表的结点"I"，只要将"Y"结点指针域为结点"DATUM"的地址，释放结点"I"所占用内存，结点"I"就删除了。如图3.3所示。

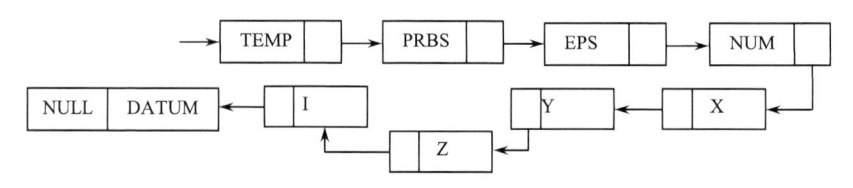

图 3.2 线性链表结点插入

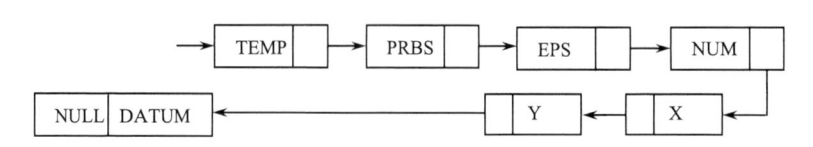

图 3.3 线性链表结点删除

线性链表的结点插入和删除效率高、操作方便，各结点可以灵活地散布在内存各处，同时便于表的合并与分拆。采用链表技术时，为了存放删除的结点和获取新的结点，需要一个可以利用的内存空间。

链表技术使我们摆脱了计算机内存的顺序本性所带来的束缚，而获得更加灵活的结构，但它需要额外的空间供其指针域使用，不便于随机存取。

3.2.2 循环链表

前面讨论的线性链表最后一个结点的指针为空，若稍加修改，使其最后一个结点的指针又指向第一个结点，整个链表形成一个环，这样线性链表称为循环链表。

循环链表是对称的，较之线性链表，它具有如下优点：

（1）只要指出表中任何一个结点的位置，就可以访问到表中其他结点。

（2）若在循环表的第一个结点之前设立一个特殊的结点，称表头或哨兵结点，如果需要将整个链表中所有结点送回存储，对于线性链表，必须从第一个结点起顺链找到最后一个结点；对于循环链表，只需要改变哨兵结点的指针域。

3.2.3 双重链表

只有一个指针域的链表称为单链表。单链表只能顺链的方向向后移动，若要查询它的前一个结点，则必须从表头开始检测。如果在单链表结点中增加一个指针域，每个结点有3个域：数据域、左链域、右链域。其中左链域用于连接前趋结点，右链域用于连接后继结点，双重链表也可以是循环的。

双重链表就比较灵活，既可以用来表示线性结构，也可以用来表示非线性结构。在操作系统中，通常采用双重链表实现几个程序并行时的动态存储分配。双重链表的逻辑结构如图3.4所示。

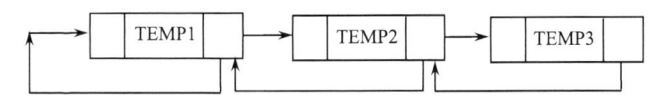

图3.4 双重链表逻辑结构

3.3 串

串是最简单的数据结构之一，它是有限的字符序列，记作 $a = a_1, a_2, \cdots, a_n$，其中 a 是串的名称，一对单引号之间的字符序列是串的值。

1. 串的运算

（1）联结：联结是串的一种最基本、最重要的运算。两个串的联结就是将一个串紧接着放在另一个串的末尾。

（2）求串长：求一个串中包含的字符的个数。

（3）求子串：从一个串中取出由该串第 i 个字符开始到第 j 个字符截止的连续子序列。

（4）修改：串的修改通过对它的子域值的改变来实现。

2. 串的存储结构

如果不考虑字符的机内代码，一个字符序列的存储结构有两种类型，以顺序分配方式存储和以链表结构存储。

顺序分配：将串的字符相继存入连续的存储单元中，有以下三种格式。

（1）紧缩格式。紧缩格式是以字符为单位依次存放在存储单元内，其串的长度是显式的，也需占一定的存储空间。紧缩格式可以充分利用存储空间。

（2）非紧缩格式。非紧缩格式是以存储单元为单位存放字符的。一个单元存放一个字符，其长度是隐式的，不占存储空间，串所占用存储单元的个数即为串长。这种格式的优点是处理字符的速度较快，但内存利用率不高。

（3）单字节格式。若计算机以字节为单位存取，而一个字符又正好占用一个字节，就自然形成了以单字节为单位的存储方式。不必给出串长，以特定的字符为结束符。

如果需要随机地获取字符串的第 k 个字节，顺序分配格外方便。在以字节为存储单位的计算机上，顺序分配字符串是比较理想的。而在以大于字节（byte）的单位为存储单位的机器上，则无论以紧缩格式还是非紧缩格式进行分配存储都有不足，如果需要对串进行插入和删除运算，则顺序分配结构就显得很笨拙。

链表结构存储：链表结构存储是把可利用的存储空间分成一系列大小相同的结点（若干连续的存储单元），每个结点分成两段：字段 Info 和 Link。字段 Info 存储字符，字段 Link 存储指向下一个结点（首地址）的指针。通常以字段 Info 能存放的字符个数作为结点的大小，当结点大于 1 时，存放一个串需要的结点数不一定是整数，然而分配结点（静态分配）时总是以完整的结点为单位进行分配。因此为使一个串能存放在整数个结点中，应在串的末尾填上空白字符。结点大小为 1 的结点虽然存储密度较低（存储一个字符就需要一个 Link 字段），但十分便于插入和删除运算。如果设置了表头结点，则可以将串的长度存放在表头结点的 Info 字段中。

链表结构存储的优点是便于串的插入和删除运算，不足是需要增加空间开销以存放 Link 字段。

3.4 树

线性表、线性链表、串等数据结构均为线性数据结构。但是，在现实世界中的许多问题本身就是非线性结构的，难以用线性数据结构来描述，这些问题需要用非线性结构来描述。常见的非线性结构包括树结构、网络结构等。

3.4.1 树

树是由一个结点或多个结点组成的有限集 T，其中：有一个特定的结点称为根结点

（简称根）；其余结点分为 M（$M>0$）个互不相交的有限集 T_1，T_2，…，T_m，其中每一个集合本身又是一棵数，称为根的子树。

如图 3.5 所示，T＝{ T_1，T_2，T_3}，其中 T_1＝{B，E，F，K，L}，T_2＝{C，G}，T_3＝{D，H，I，J，M}。也可以用图表示树结构，图 3.6 是图 3.5 的树结构的图表示：

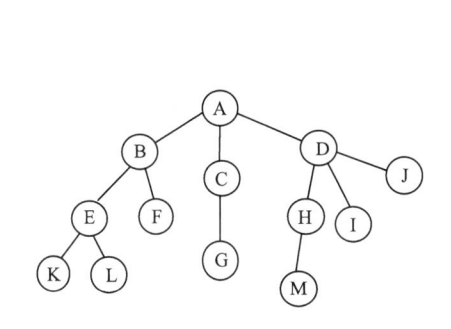

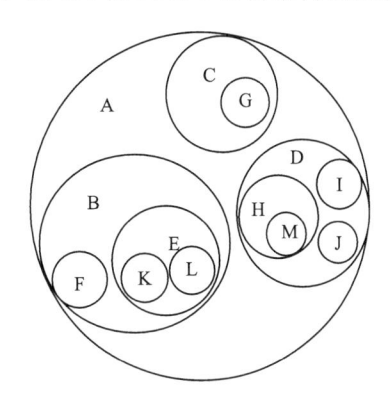

图 3.5　结点集合的树表示　　　　　图 3.6　表示树结构的其他方法

A {B (E (K，L)，F)，C (G)，D (H (M)，I，J)}

树结构是一种层次结构，可以表示任何分类分级方案。

树的结点具有数据项及若干指向其他结点的分支，结点的子树数称为度。度数为零的结点称为叶子或终端结点。树的度是此树内各结点的度的最大值。如图 3.5 中的树，A 的度为 3，F 的度为零，K、L、F、G、M、I 等都是树的叶子，树的度为 3。

结点的子树的根称为该结点的孩子，反之，该结点为孩子的双亲，同一个双亲的孩子间互称兄弟。在图 3.5 中，D 为子树 T_3（结点 D、H、I、J、M 构成的树）的根，D 是 A 的孩子，A 是 D 的双亲，H、I、J 互为兄弟。将这些关系进一步推广，认为从根到某结点的分支上的所有结点是该结点的祖先，从某结点到终端结点的分支上的所有结点为该结点的子孙。

结点的层次是从根开始算起的。若某个结点在第 i 层，则此结点的孩子在第 $i+1$ 层。双亲在同一层的结点互为堂兄弟。树中结点的最大层次为树的深度（或称高度），图 3.5 树的深度为 4。森林是 n（$n\geqslant 0$）棵树的集合。森林的概念与树非常接近，把树的根结点去掉就可成为森林。

3.4.2　二　叉　树

1. 定义

二叉树是 n（$n\geqslant 0$）个结点的有限集合，此集合或是空的，或是由一个根结点加上该根的两个不相交的左子树和右子树构成。

二叉树是一类重要的树结构。二叉树和树不同，树至少要有一个结点，每个结点可以有 n（$n\geqslant 0$）个孩子，而二叉树可以是空的，每个结点的孩子数不大于 2，即不存在度大于 2 的结点，且子树有左右之分，不能颠倒。图 3.7 是五种基本二叉树：(a) 为空二叉树；(b) 是只有一个根结点的二叉树；(c) 是只有左子树的二叉树；(d) 是只有右子树的二叉树；(e) 是左、右子树都存在的二叉树。

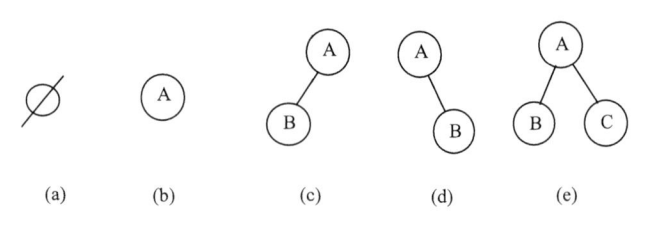

图 3.7 基本二叉树

深度为 K 并有 2^k-1 个结点的二叉树称为满二叉树。满二叉树可以从第一层结点开始，由上而下、从左至右对各结点连续编号，并顺序存储，如图 3.8 所示。

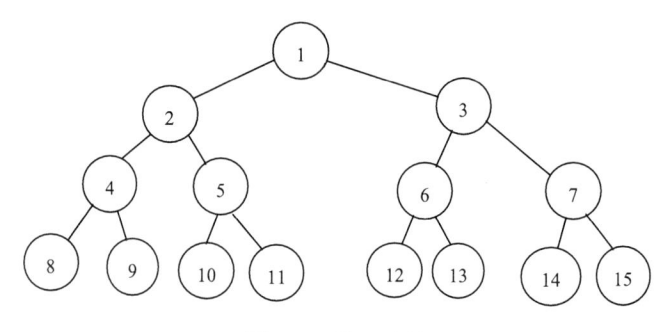

图 3.8 满二叉树

一棵二叉树中，若所有结点的度或者为零，或者为 2，则称完全二叉树。显然，满二叉树一定是完全二叉树，但完全二叉树不一定是满二叉树。

2. 二叉树的存储结构

二叉树可用一维数组的形式存储。但如果不是完全二叉树，顺序存储浪费很大，且不易修改。通常，用链表存储二叉树，如图 3.9 所示，每个结点设定 3 个域：LCHILD、DATA 和 RCHILD。这种结点结构较难分出其双亲，如要知道任一结点的双亲，还得增加一个 PARENT 域。如图 3.10 所示，右边为一般二叉树，左边为它的链表（一个结点）存储结构。

图 3.9 结点在链表中的表示

通常，DATA 需要的字节比 LCHILD 和 RCHILD 需要的字节数多得多，所以一般 DATA 用多个字节的一维向量表示，LCHILD 和 RCHILD 用少量字节的二维数组表示以提高存储密度，如图 3.11 所示。

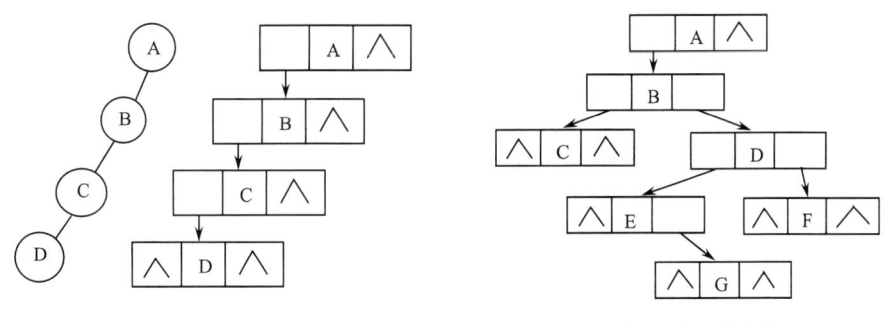

(a) 单支二叉树的链表表示　　　　　　(b) 一般二叉树的链表表示

图 3.10　二叉树的链表表示

INDEX	1	2	3	4	5	6	7
DATA	A	B	C	D	E	F	G
LCHILD	2	3	0	5	0	0	0
RCHILD	0	4	0	6	7	0	0
ROOT	1						

图 3.11　二叉树的数组表示

3. 遍历二叉树

许多处理树结构的算法都需要遍历树的操作。遍历二叉树是指按一定的规律访问树中的各个结点，且只访问一次，在访问此结点时，可打印结点的有关信息或做其他工作。

二叉树是一种非线性结构，要寻找一个完整而规则的遍历方法，并不容易。若令 L、D、R 分别表示遍历左子树、访问根结点、遍历右子树，则对一棵二叉树可以有 LDR、LRD、DLR、DRL、RDL 和 RLD 六种遍历规则。如限定先左后右，则只有 LDR、LRD、DLR 三种情况，分别称为中序遍历、后序遍历和先序遍历。

图 3.12 是表达式 (a+b*(c-d))-e/f 的二叉树，可以生成 LDR、LRD、DLR、DRL、RDL 和 RLD 六种二叉树。

先序遍历得：$-+a*b-cd/ef$

中序遍历得：$a+b*c-d-e/f$

后序遍历得：$abcd-*+ef/-$

这种表示又称表达式的前缀表示（波兰记号）、中缀表示、后缀（逆波兰记号）表示，对表达式的编译十分方便。

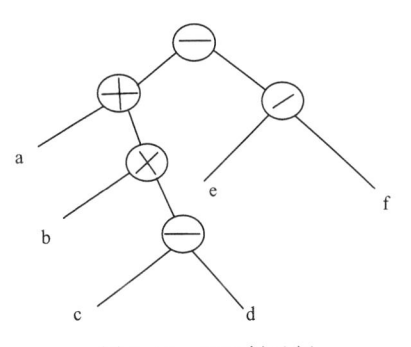

图 3.12　二叉树示例

3.4.3　线　索　树

二叉树经过遍历操作后，可把结点排列在线性有序（前序、中序、后序）的序列中。若把一次遍历时的信息记录下来，并给每一个结点增加两个域：FWD 指向后继，

BKWD 指向前趋，则很容易找到每一个结点的前趋和后继点。表 3.2 是图 3.12 的树经中序遍历后建立的链表。这样做既增加了两个域，又没有利用原有的 0 域，较浪费存储空间，实际的做法是设法利用这些空链来存储前趋和后继信息。例如，在空的 LCHILD 中存储该结点的前趋信息，在空的 RCHILD 中存储该结点的后继信息，并将这些前趋后继指针用负值表示，以区别于表示指向孩子的非空域。这样，前面的双重链表就变为表 3.3。

表 3.2 树的链表表示

Index	Data	LCHILD	RCHILD	BKWD	FWD
1	a	0	0	0	2
2	+	1	4	1	3
3	b	0	0	2	4
4	*	3	6	3	5
5	c	0	0	4	6
6	−	5	7	5	7
7	d	0	0	6	8
8	−	2	10	7	9
9	e	0	0	8	10
10	/	9	11	9	11
11	f	0	0	10	12

表 3.3 树链表压缩表示

Data	LCHILD	RCHILD
a	−0	−2
+	1	4
b	−2	−4
*	3	6
c	−4	−6
−	5	7
d	−6	−8
−	2	10
e	−8	−10
/	9	11
f	−10	−0

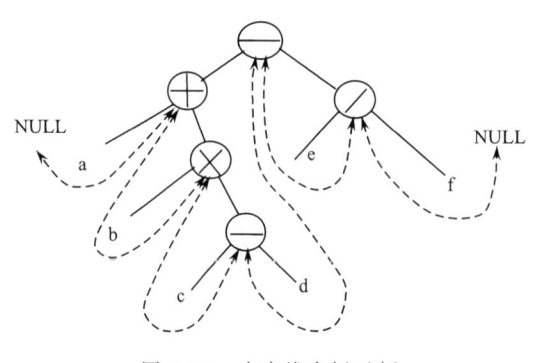

图 3.13 中序线索树示例

指向结点的前趋或后继的指针，用虚线加箭头表示，这种附加指针就叫做线索。表 3.3 所对应的树如图 3.13 所示，这种加进了线索的树称为线索树，图 3.14 是三种线索树。对树以某种次序遍历加上线索使其变为线索树的过程叫做线索化。

有了线索树，就容易找到结点的前趋和后继。以中序线索树为例，对于树中任一结点 X，若 RCHILD（X）为负值，则 X 的后继是此线索 RCHILD（X）所指的结点；若 RCHILD（X）为正值，则后继为从右孩子结点的左链向前走到 LCHILD（X）为负值的结点。例如，图 3.13 中"b"的后继是"−4"所指的结点"*"；"+"的后继是"b"。这是因为沿着 RCHILD（+）=4 所指结点"*"的左链，往前走到 LCHILD 值为负的是 b，所以"b"是"+"的后继。类似地，可找出任一结点的前趋。

在应用中，一般只对结点的后继感兴趣。因而只要对右子树线索化即可，空链仍保留着。

在线索树中，插入结点比较容易实现。以中序线索树为例，设插入的结点 T 只作为结点 S 的右孩子。若 S 的右子树为空，则插入很简单，只要把 S 的指向其后继的线索送给 T 的右链域，而令 S 的右孩子为 T 即可，如图 3.15 所示。若 S 的右子树不空，则

(a) 先序

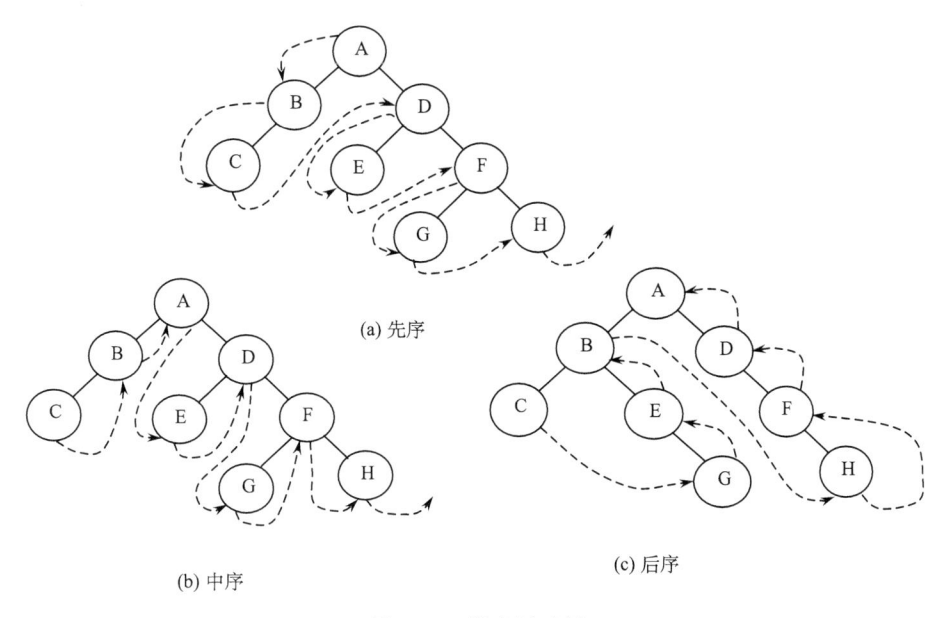

(b) 中序

(c) 后序

图 3.14　线索树示例

在插入时，不仅要修改 S 的指针，而且要修改 S 的后继指针。如图 3.16 所示，S 的右子树为 {E、F、G}，F 是 S 的后继，其链是指向 S 的线索。插入后，F 的左链是指向 T 的线索。

(a) 插入前　　　　　　　　　　　(b) 插入后

图 3.15　右子树为空时插入右结点

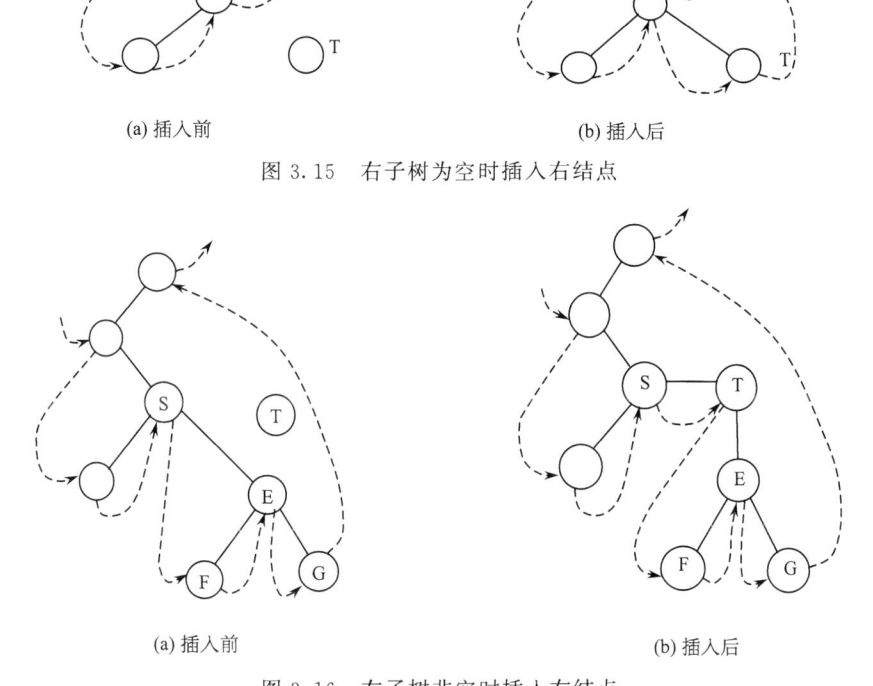

(a) 插入前　　　　　　　　　　　(b) 插入后

图 3.16　右子树非空时插入右结点

3.4.4 树的二叉树表示

将树用二叉树来示，可以大大节省存储空间。树变为二叉树的步骤是：
(1) 在兄弟间加一连线；
(2) 对每个结点，除了最左的孩子之外，抹掉该结点与其余孩子之间的连线；
(3) 以树的根结点为轴心，将整棵树沿逆时针方向旋转 45°，转化结果如图 3.17 所示。

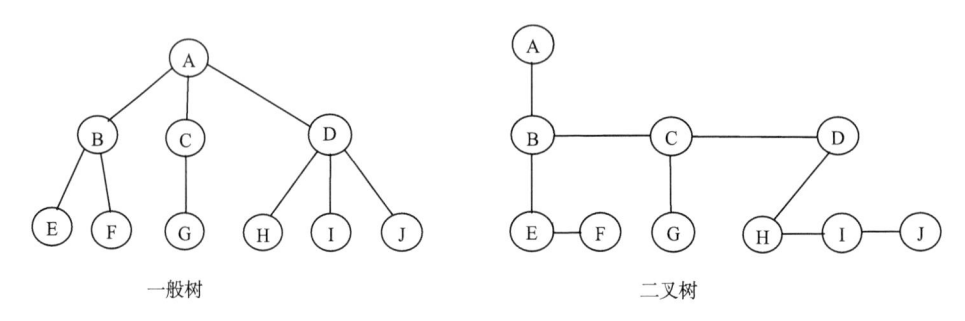

图 3.17 树的二叉树表示

3.4.5 树 的 应 用

二叉排序树是树的最简单的应用，它按下列原则构造：设 $R = R_1, R_2, \cdots, R_n$ 为一数列，则
(1) 令 R_1 为二叉树的根；
(2) 若 $R_2 < R_1$，则令 R_2 为 R_1 的左子树的根结点，否则，令 R_2 为 R_1 的右子树的根结点；
(3) 对 $R_3, R_4, \cdots, R_n$ 用递归重构造二叉排序树的方法重复步骤（2），直到 R_i 全部插入树中。

例如，R＝{10，18，3，8，12，2，7，3}，按上述原则构造二叉排序树的过程如图 3.18 所示。

二叉排序树的特点是用非线性结构表示一个线性有序表，对二叉排序树用中序遍历打印出结点，可看出结点由小到大依次排列为 {2，3，3，7，8，10，12，18}。

二叉排序树可用双重链表表示，这样虽然占用较多的存储空间，但便于结点的插入和删除，而且增删结点后仍然能保持其特性。

二叉排序树结点的删除方法：被删除结点为叶结点时可直接删除，非叶结点如何删除呢？假设被删除结点为 d，其右子树为 RCHILD，左子树为 LCHILD，可分三种情况：

其一，被删除结点无右子树，即 RCHILD（d）＝Φ，则直接以左子树的根结点取代该结点。

其二，被删除结点有右子树，但该右子树的左子树为空，即 RCHILD（d）非空，

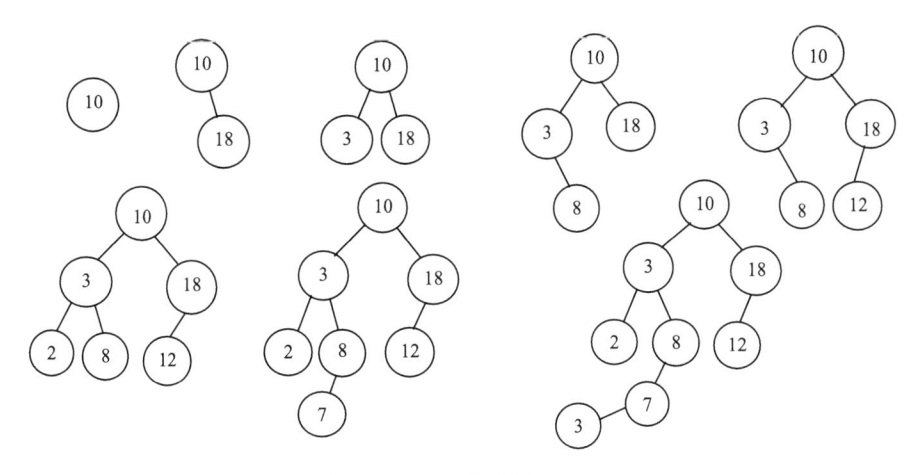

图 3.18 二叉排序树的构造

且 LCHILD（RCHILD（d））为空，则直接以右子树的根结点取代该结点。

其三，被删除结点有右子树，且该右子树的左子树不为空，应不断地在其右子树中取 LCHILD（LCHILD（…LCHILD（RCHILD（d））…））直到该值为空。然后以 RCHILD（d）的左后代中的空结点（e）取代结点 d，并以 e 的右子树的根取代 e。

3.5 图

图（graph）是表示数据间各种关系的一种复杂的数据结构，树是一种特殊形式的图。

3.5.1 基本概念

图 G 由两个集合 V（G）和 E（G）组成，记作 G=（V，E）。其中，V（G）是顶点的非空有限集合；E（G）是边的有限集合，如图 3.19 所示。

图 3.19 中，G_1 称为无向图，边是顶点的无序对：
V（G_1）= {V_1，V_2，V_3，V_4}
E（G_1）= {（V_1，V_2），（V_1，V_3），（V_1，V_4），（V_2，V_3），（V_2，V_4），（V_3，V_4）}

G_2 称为有向图，边是顶点的有序对，又称弧：
V（G_2）= {V_1，V_2，V_3}
E（G_2）= {（V_1，V_2），（V_2，V_1），（V_2，V_3）}

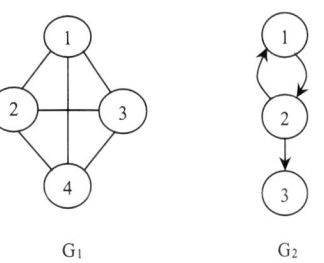

图 3.19 图的示例

其中（V_1，V_2）和（V_2，V_1）是两条不同的弧。

若（V_1，V_2）是有向图中的一条弧，则称 V_1 是弧的尾或初始结点，V_2 是弧的头或终端结点。

在有 n 个顶点的无向图中，若每一个顶点和其他 $n-1$ 个顶点之间都有边，这样的图称为无向完全图，如 G_1。类似地，在有 n 个顶点的有向图中，最多可能有 $n\times(n-1)$ 条弧，这样的图称为有向完全图。

若给图的边赋予权，此类图又称作网。

设有两个图 G 和 G′ 且满足下列条件：

V（G′）⩽V（G）和 E（G′）⩽E（G）

则称 G′ 为 G 的子图。图 3.20（a）、(b) 分别是图 3.19 中 G_1 和 G_2 的部分子图。

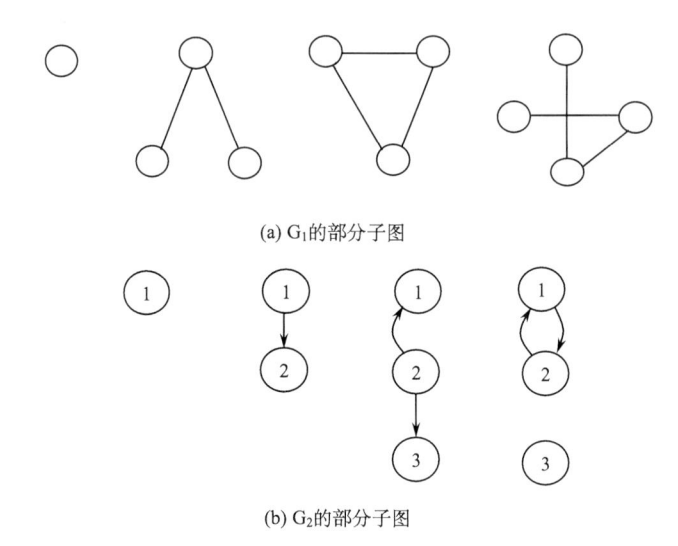

(a) G_1 的部分子图

(b) G_2 的部分子图

图 3.20 子图示意图

若（V_1，V_2）是 E（G）中的一条边，则称顶点 V_1 和 V_2 是邻接的，并称边（V_1，V_2）关联于顶点 V_1 和 V_2。若（V_1，V_2）是有向边，则称顶点 V_1 邻接到 V_2，V_2 是从 V_1 邻接过来的，边（V_1，V_2）关联于 V_1 和 V_2。

在无向图中，顶点所具有的关联边的数目称为该顶点的度。在有向图中，以某顶点为头（终点）的边的数目，称为该顶点的入度；以某顶点为尾（始点）的边的数目，称为该顶点的出度。一个顶点的入度与出度的和为该顶点的度。

假设无向图 G 中有 n 个顶点、e 条边，每个顶点的度为 d_i（$1\leqslant i\leqslant n$），则

$$e = \frac{1}{2}\sum_{i=1}^{n}d_i \tag{4.1}$$

在图 G 中从顶点 V_p 到 V_q 的顶点序列（V_p，V_{i1}，V_{i2}，…，V_{in}，V_q）称为路径，且（V_p，V_{i1}），（V_{i1}，V_{i2}），…，（V_{in}，V_q）是 E（G）中的边，若 G 是有向图，则路径也是有向的，由弧（V_p，V_{i1}），（V_{i1}，V_{i2}），…，（V_{in}，V_q）组成。路径长度是路径上边的数目。除了第一个和最后一个顶点外，序列中其余顶点各不相同的路径称为简单路径。第一个顶点和最后一个顶点相同的简单路径称为简单回路。

在无向图 G 中，若从 V_1 到 V_2 有路径，则称 V_1 和 V_2 是连通的。若 V（G）中每一对不同的顶点 V_i 和 V_j 都连通，则称 G 是连通图。无向图中的极大连通子图称为图的连通分量。图 3.21 中子图（V_1，V_2，V_3，V_4）和（V_5，V_6，V_7，V_8）分别构成连通分量。

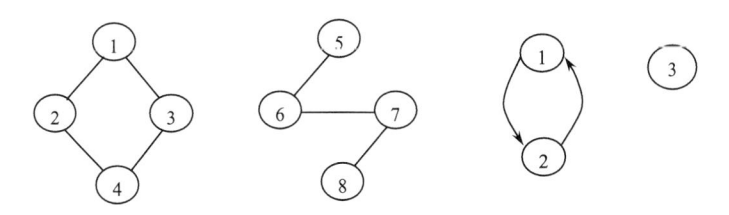

图 3.21 连通分量与强连通分量

在有向图 G 中，若对于 V（G）中每一对不同的顶点都存在一条从 V_i 到 V_j 和从 V_j 到 V_i 的路径，则称 G 是强连通图。有向图中的极大强连通子图是它的强连通分量，图 3.21 中子图（V_1，V_2）就是一个强连通分量。

3.5.2 图的存储结构

1. 邻接矩阵

用二维数组表示图的邻接矩阵是图的常用表示方式。设 G＝(V，E) 是有 n≥1 个顶点的图，则 G 的邻接矩阵是具有下列性质的 n 阶方阵

$$A(i,j) = \begin{cases} 1 & (V_i, V_j) or (V_j, V_i) \in E(G) \\ 0 & (V_i, V_j) or (V_j, V_i) \notin E(G) \end{cases} \quad (4.2)$$

例如：G_1 和 G_2 的邻接矩阵 A_1 和 A_2 如下。

$$A_1 = \begin{vmatrix} 0 & 1 & 1 & 1 \\ 1 & 0 & 1 & 0 \\ 1 & 1 & 0 & 1 \\ 1 & 1 & 1 & 0 \end{vmatrix} \quad A_2 = \begin{vmatrix} 0 & 1 & 0 \\ 1 & 0 & 0 \\ 0 & 0 & 0 \end{vmatrix} \quad (4.3)$$

借助于邻接矩阵容易判定任意两个顶点之间是否有边相连，并容易求得各个顶点的度。对无向图而言，顶点 V_i 的度是矩阵中第 i 行元素之和

$$D(V_i) = \sum_{i=1}^{n} A(i,j) \quad (4.4)$$

对有向图而言，第 i 行元素之和为顶点 V_i 的出度 OD（V_i），第 j 列元素之和是顶点 V_j 的入度 ID（V_j）。

2. 邻接表

用邻接表这种存储结构应对图中每一个顶点建立一个链表。第 i 个链表中的结点依附于顶点 V_i 的边（对有向图是以顶点 V_i 为尾的弧）。每个结点由两个域组成，顶点域指示与顶点 V_1 邻接的点的序号，链域指示下一条边（对于网，还需在结点中增加一个存放权值的域）。每一个链表设一表头结点，这些表头结点本身以向量形式存储，以便随机访问任一顶点的链表，图 3.20 中的 G_1 和 G_2 的邻接表如图 3.22 所示。

在无向图的邻接表中，第 i 个链表中的结点数即为顶点 V_i 的度，而对于有向图，则只是顶点 V_i 的出度；为计算顶点 V_i 的入度，必须对整个邻接表扫描一遍；找到顶点域的值 V_i 的结点的个数。这样做很麻烦。为了便于确定顶点的入度，可以另建立一个逆

(a) G₁ 的邻接表

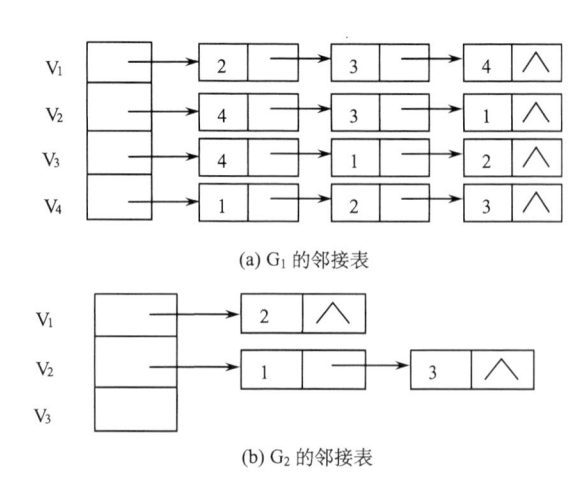

(b) G₂ 的邻接表

图 3.22 邻接表示例

邻接表，即对每个顶点 V_i 建立一个以 V_i 为头的弧的表。图 3.23 所示的是图 3.20 中的 G₂ 的逆邻接表。

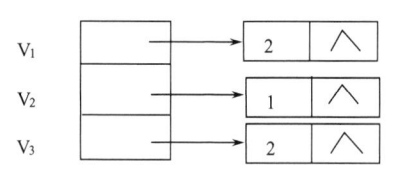

图 3.23 G₂ 的逆邻接表

3. 邻接多重表

邻接多重表如图 3.24（a）所示，每条边用一个结点表示，由五个域组成：其中 Mark 为标志域，用以标记该条边是否被搜索过；V_i 和 V_j 为该边依附的两个顶点；V_i-Link 指向下一条依附于 V_i 的边；V_j-Link 指向下一条依附于 V_j 的边，图 3.24（b）是 G₁ 的邻接多重表。

| Mark | V_i | V_j | V_i-Link | V_j-Link |

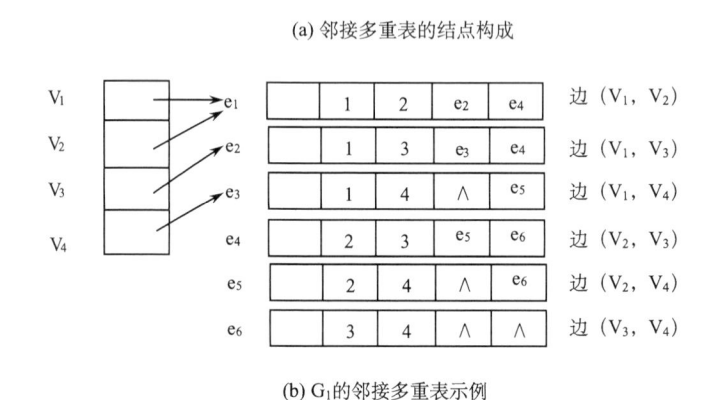

(a) 邻接多重表的结点构成

(b) G₁ 的邻接多重表示例

图 3.24 G₁ 的邻接多重表

3.5.3 图的运算

1. 遍历图

从图中某一点出发访问其余顶点，或当给定的图是连通图，则从图中任意一点出发顺着某些边可以访问到该图中的所有的顶点，且使每一个顶点仅被访问一次，这一过程叫做遍历图。

通常有两种遍历图方法：深度优先搜索法和广度优先搜索法。

1）深度优先搜索

设从图 G＝(V，E) 中某一顶点 V_0 出发，在访问了任意一个和 V_0 邻接的顶点 V_1 后，先出发访问和 V_1 邻接且未被访问过的任意顶点 V_2；然后，从 V_2 出发进行如上的访问，直到一个顶点的所有邻接点都被访问过；接着退回到尚有邻接点未被访问过的顶点，再从该顶点出发，重复上述搜索，直到所有的被访问过的顶点的邻接点都已被访问到为止。这种遍历图的方法称为深度优先搜索法。例如，对图 3.25 中的 G_5，从 V_1 出发，一种可能的顶点遍历顺序为

$$V_1 \rightarrow V_2 \rightarrow V_4 \rightarrow V_8 \rightarrow V_5 \rightarrow V_6 \rightarrow V_3 \rightarrow V_7$$

2）广度优先搜索

从图 G 中某一顶点 V_0 出发，依次访问 V_0 的邻接的顶点 V_1，V_2，…，V_t；然后，顺序访问 V_1，V_2，…，V_t 的所有的邻接点（已被访问过的顶点除外）；再从这些被访问的点出发，逐次进行访问，直到所有顶点都被访问到。这种遍历图的方式叫广度优先搜索法。例如，图 3.25 中的 G_5，从 V_1 出发，一种可能的顶点遍历顺序为

$$V_1 \rightarrow V_2 \rightarrow V_3 \rightarrow V_4 \rightarrow V_5 \rightarrow V_6 \rightarrow V_7 \rightarrow V_8$$

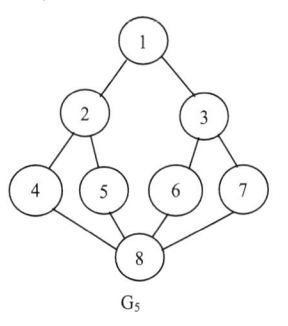

图 3.25 深度优先搜索

2. 求图的连通分量

当无向图为非连通图时，从图中一顶点 V_0 出发，遍历图不能访问到图的所有顶点，而只能访问到 V_0 所在的最大连通子图（连通分量）中的所有顶点，若重复遍历（即从无向图的每个连通分量中的一个顶点出发遍历图），则可求得无向图的所有连通分量。实际运算中，只要检测图的每个顶点，若已被访问，则该顶点落在图中已求得的连通分量上；若未被访问，则从该顶点出发遍历图，便可求得图的另一连通分量。例如，对图 3.26（a）中的 G_6，用上述算法可求得它的 3 个连通分量，如图 3.26（b）所示。

3. 生成树

设 G＝(V，E) 是一个连通图，则从图中任一点出发遍历图时，必定将 E(G) 分成两个集合 T(G) 和 B(G)，其中 T(G) 是遍历图过程中走过的边的集合；B(G)

(a) G₆

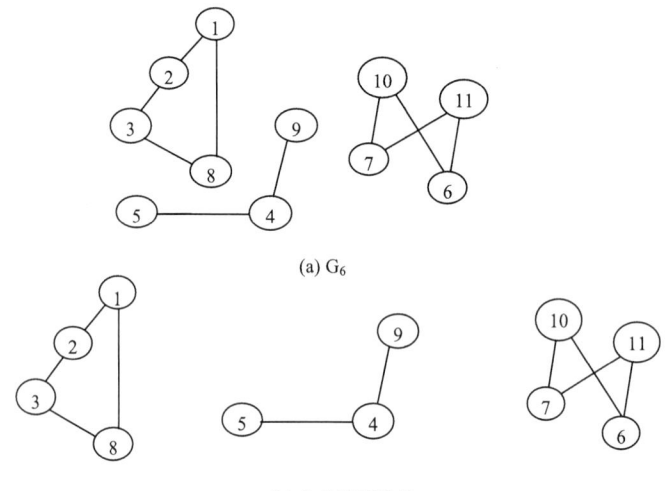

(b) G₆的连通分量

图 3.26 无向图及其连通分量

是剩余边的集合。显然 G=(V，T) 是 G 的子图，称它为连通图 G 的生成树。根据遍历图方法不同得到的生成树分为深度优先生成树和广度优先生成树。图 3.27 为图 3.25 中的 G₅ 的两种生成树。

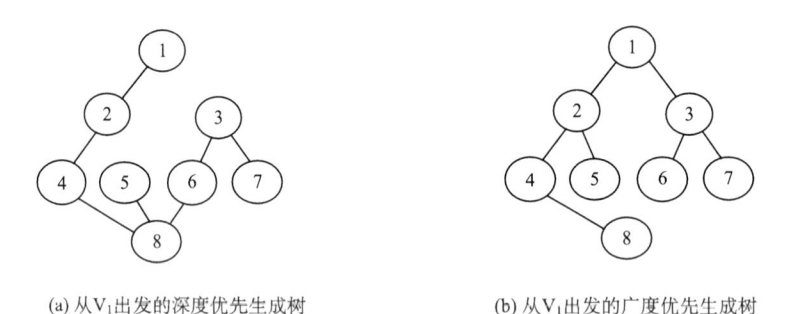

(a) 从V₁出发的深度优先生成树　　　　(b) 从V₁出发的广度优先生成树

图 3.27 G₅ 的两种生成树示例

生成树是图的极小连通子图，在实际应用中，常有类似在 n 个城市间建立通信线路这样的问题，可用网来表示，网的顶点表示城市，边表示两城市间的线路，边上所赋的权值表示代价。对 n 个顶点的网可以建立许多生成树，每一棵可以是一个通信网。若要使通信网的造价最低，可以构造网的最小生成树。

按照生成树的定义，n 个顶点的网的生成树有 n 个结点和 $n-1$ 条边。假设网中有 m 条边，且这样的生成树可能有 T_{min} 棵，且这 T_{min} 棵树组成的集合为 ST，每棵树 T 中 $n-1$ 条边上权之和用 WG（T）表示，则满足下式的生成树 T_{min} 便是网的最小生成树。

$$WG(T_{min}) = \min\{WG(T) \mid T \in ST\} \tag{4.5}$$

一般构造网的最小生成树的依据有两条：一是在网中选择 $n-1$ 条边连接网的 n 个

· 76 ·

顶点。二是尽可能选取权值为最小的边。

假设有网 $N_1=(V,E)$，如图 3.28（a）所示，图上标有每条边上的权，为了得到权的总和为最小，显然应从权最小的边选起。在此，先选边（2，3），即从 E 中删除边（2，3）且将它加到 T 集合中（T 的初态为空）；再从 E 中选权最小的边，此时可选（2，4），也可选（3，4），假定先选（2，4），则将边（2，4）加入到 T 中；此时，下一条权最小的边为（3，4），但是，由于（3，4）加入 T 后会使 T 中出现回路，故边（3，4）不可取；于是，从 E 中删除（3，4）后，得到下一条权最小的边为（2，6），由于它加入 T 不使 T 产生循环，故可取；重复上述做法，便可得到图 3.28（b）最小生成树。最小生成树的构造过程并不唯一，如图 3.28（c）所示，但权的总和相同。这是克鲁斯卡尔提出来的算法，可归纳为两步。

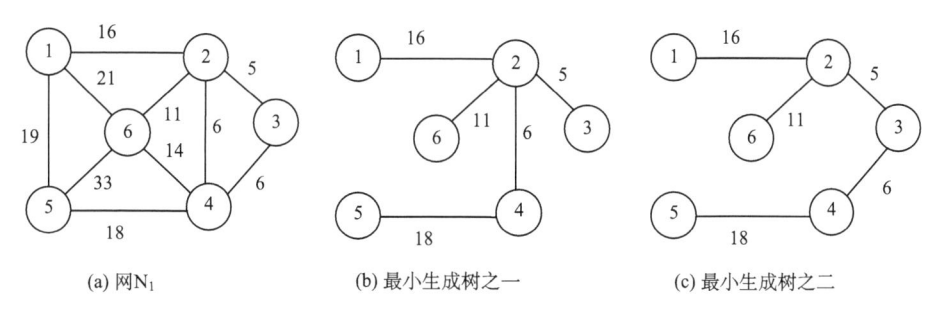

(a) 网N_1　　　(b) 最小生成树之一　　　(c) 最小生成树之二

图 3.28　网和网的生成树

（1）设 T 的初态为空集。
（2）当 T 中边数小于 $n-1$ 时做下列工作：从 E(G) 中选权值为最小的边 (V，W) 并删除；若 (V，W) 不和 T 中的边一起构成回路，则将边 (V，W) 加入到 T(G) 中去。

4. 拓扑排序

图可以用来描述一个工程或系统的进行过程。如可用有向图表示某工程的施工图，或产品的生产流程图，或程序的流程图。其中，有向边表示各子工程或程序段之间的优先关系，几乎所有的工程都可分为若干子工程，又称活动。若有向图的顶点表示活动，有向边表示活动间的优先关系，则此有向图称为顶点表示活动的网或 AOV 网。

在 AOV 网中，若从顶点 i 到 j 有一条有向路径，则 i 是 j 的前趋，j 是 i 的后继。若 (i,j) 是网中的有向边，则 i 是 j 的直接前趋，j 是 i 的直接后继。

在 AOV 网中，不应该出现有向回路，因为有向回路的存在说明某项活动应以自己为先决条件，这显然是荒谬的。若设计出这样的流程图，工程便无法进行，而对程序来说是一个死循环。因此，当给定一个 AOV 网时，应该判定网中是否存在有向回路，检测的办法是，构造一个顶点的线性序列（…，i，…，K，…，j…），使得在此序列中不仅保持有向图中原有的顶点之间的先后关系（例如，i 领先于 j），而且对有向图中所有没有关系的两个顶点之间（例如，i 和 K）也建立一个先后关系（或 i 领先于 K，或 K 领先于 i）。具有上述特性的线性序列称拓扑有序序列，对 AOV 网构造它的拓扑有序序列，称作拓扑排序，若某个 AOV 网的所有顶点都在它的拓扑有序序列中，则该 AOV 网中不存在有向回路。

若某个学生每学期只学一门课程，则他必须按拓扑有序的顺序来安排学习计划。进行拓扑排序的方法很简单：①在有向图中选一个没有前趋的顶点且输出之；②从有向图中删除该顶点和以它为尾的所有弧，重复①、②，直至全部顶点被输出，或者有向图中没有无前趋的顶点（不存在有向回路）为止。

以图 3.29（a）的有向图为例。图中 V_1 和 V_6 没有前趋，任选一个输出，设先输出 V_6，删除 V_6 及（V_4，V_6）、（V_5，V_6）后，顶点 V_1、V_5 没有前趋，继续输出 V_1，删除（V_2，V_1）、（V_3，V_1）之后，顶点 V_5 没有前趋，输出 V_5 并删除 V_5 及（V_3，V_5）、（V_4，V_5）后，留有 V_3 和 V_4 没有前趋，于是，再取 V_3 或 V_4 输出，依此类推，最后得到拓扑有序序列为：$V_6 \rightarrow V_1 \rightarrow V_5 \rightarrow V_3 \rightarrow V_4 \rightarrow V_2$。

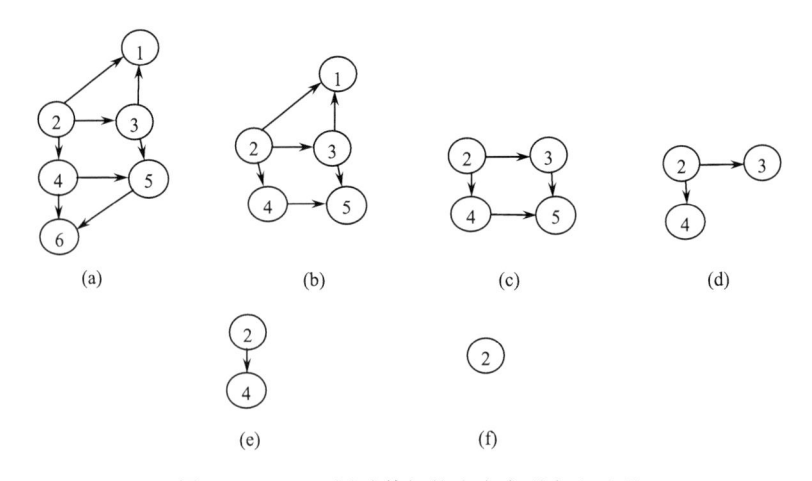

图 3.29　AOV 网及其拓扑有序序列产生过程

第4章 空间数据的物理组织

地理空间数据是地理空间数据库的管理对象。第 3 章我们讨论了空间数据基本的数据结构。本章主要讨论空间数据的文件组织结构，因为空间数据库系统的目的是对空间数据进行高效的存取。文件组织是数据库组织的基础，选择合适的空间数据结构和存储结构以及相应的算法，并分析各种算法存取时间和空间的关系，是本章研究的内容。

4.1 文件组织的基本概念

数据的物理组织就是要解决在存储设备（主要指外存）中安排和组织数据以及对数据实施具体访问的方式。一个数据库系统采用的物理组织方法，取决于现有设备、应用目的和用户要求。物理组织的主要内容是把有关联的数据组织成一个个的物理文件，故又称之为文件组织，是操作系统、文件系统的扩充，也是数据库的基础。后续各节将介绍并评价文件组织的各种方法，为存储数据库的设计提供多种可用的选择。现讨论文件组织所涉及的一些基本概念。

4.1.1 操作系统的文件管理

以前，在一个没有操作系统或管理程序的计算机上，由用户程序用机器指令来完成数据在内、外存之间的交换。例如，科学计算中要用的许多标准子程序往往存储在磁鼓中，在程序使用之前先要执行调鼓操作，将其调入内存。同理，暂时不用的用户程序和数据，也要记鼓，以腾出内存供其他用户使用。这是一种最原始的数据管理方式，用户必须牢记数据在内、外存中的地址，稍有疏忽就会出错，甚至破坏自己和别人的数据，使以前的运算结果全部报废。

文件系统克服了上述缺点，把有关数据组织成为文件并予以命名（例如，一个用户的程序和数据组成一个文件，若干学生的记录组成一个文件等）。文件是文件管理的基本单位，当文件存储到外存设备上时，要登记文件名、外存地址、存储方式、用户名、口令等信息，这些信息组成文件控制块。每个文件的文件控制块又组成文件目录。

文件目录存放在已知的某个固定位置，供系统访问文件时查阅。故用户访问数据只须给出文件名、用户名、口令，并发出读文件命令就行了。文件系统则根据文件名查找文件目录，即可知所需文件的外存地址等参数，而后调用某些子程序就可把文件数据读入内存供用户使用。从而用户无须知道所需数据的存储地址等物理细节。

操作系统早期的文件组织方法基本上是顺序的，操作也基本上在文件一级进行，即只能读定整个文件，或按需要长度从开始位置读出文件的一段。后来文件组织方法虽经改进，增加了索引文件、链接式文件，并能按主关键字读取文件中某一记录，但不能读取某一数据项，或按非主关键字查找，且基本功能是静态的，不适应数据多变的情况。

故数据库要想以文件作为数据物理存储的基础，就必须改进文件系统的文件组织方法，研究各种访问方式更灵活、查找能力更强的文件组织技术。

4.1.2 逻辑记录与物理记录

就数据组织而言，在逻辑或文件的一级，基本单位是逻辑记录，简称记录，其体积是一个记录的长度。在实际存储数据时，必须考虑主存与外存的数据交换问题，执行一条输入或输出命令导致主存与外存交换数据的最小单位是一个物理记录。在大多数系统里，物理记录的长度是由系统程序员决定的。而在有些设备上，它的长度固定，不能改变。当外存是磁盘时，控制部件可寻址的最小单位是块（即物理记录），块的长度有256、512、1024、2048、4096 个字节等数种。在进行文件组织时，常常把磁带、磁盘的一块、几块或一个磁道作为一个数据块（也简称块），它是计算机外存与主存工作区或缓冲区之间实际交换信息的基本单位。

数据块是数据物理组织的重要概念，为了简化软、硬件的复杂性，同一系统中的数据块一般均包含相等个数的字节。数据块体积的大小与系统缓冲区大小有密切关系。在一个设备中，每块的体积越小，则块数越多，块与块之间浪费的存储空间就越多，读块的次数也要增加；每块的体积越大，则每块包含的数据就越多，因而一次访问时传递的无关数据也就越多，要求缓冲区的容量也相应地要大，所以确定块的大小要权衡多方面的因素。

数据块的体积是固定的，而逻辑记录的长度却因记录类型不同而有不同。那么如何把若干个逻辑记录存储到一个数据块中去，或者说怎样组织一个数据块（简称组块）呢？一般有四种组块方式。

1. 定长记录固定组块

这是最主要的组块方式，实现简单，只须说明块的体积和记录的长度，即可知每块能存放的记录个数。例如，设块体积$=B$，记录长度$=R$，则一块中存储的记录数 $n=\lfloor B/R \rfloor$（记号$\lfloor X \rfloor$表示取 x 的下整数，如$\lfloor 21.8 \rfloor=21$）。块末剩下不足一个记录长度的空间 U 无法使用，即浪费部分。于是每个记录平均浪费的空间是

$$W = \frac{G+U}{\text{每块记录数}} = \frac{G+U}{\lfloor B/R \rfloor} \approx (G+U)\frac{R}{B}$$

其中，G 是块与块之间硬件设计的空隙，数量级为 100 个字节。如 IBM3330 型磁盘，$G=135$ 字节，$B=1024$ 字节；若 $R=100$ 字节，则

$$W \approx (135+24)\frac{100}{1024} \approx 16 \text{ 字节 （若能调整块的大小时，总希望 } U \text{ 能减至最小。)}$$

2. 变长记录不跨界组块

把不同长度的记录存放到一个块中，要识别它们就必须给每个记录附加一个长度指示器 P_R。不跨界组块时，不允许一个记录跨越块的边界延伸到另一个块中去，这时每个记录平均浪费的空间约为

$$W \approx \left(G + \frac{\bar{R}}{2}\right)\frac{\bar{R}}{B} + P_R$$

其中，$\bar{R}$ 是平均记录长度。在各种长度记录等概率出现的情况下，不能利用的空间平均是半个平均记录的长度。

3. 变长记录跨界组块

这时允许记录跨越块的边界，即一个记录在一个块中放不下时，可以跨过边界存到另一个块中去。为了能指出记录延伸到哪一块去了，必须在块中设置后继块指针 P，这时每个记录平均浪费的空间约为

$$W \approx (G + P)\frac{\bar{R}}{B} + P_R$$

一般地说，跨界组块方式实现困难，检索跨界记录要耗费更多的时间，它所产生的物理文件难于修改，所以总是避免使用。

4. 块列

把若干个数据块组成一个块列，文件系统的软件一次读/写整个块列。记录可以跨越块的边界，但不允许跨越块列的边界。如 IBM 的 ISAM 方法就是基于块列的，一个块列占据一个磁道。在块列的情况下，平均每个记录浪费的空间约为

$$W \approx \left(G + \frac{\bar{R}}{2N}\right)\frac{\bar{R}}{B} + P_R \quad \text{（其中 } N \text{ 是块列中所含块数）}$$

在变长记录组块时，需要标识记录位置，使系统得知记录的始末。我们介绍三种标识记录位置的方法。

（1）记录结束标记。如 ";"用作结束标记符，指出该记录已经结束，不能再作为记录中的字符，否则引起判断结束出错（使用记录结束标记的情况下，读取块中某一记录时必须从块头开始依次往下来）。

（2）记录长度指示器。长度指示器占用的位数要能表示出记录的最大长度，每个长度指示器都占用相同的位数，通常放在每个记录的前头。此时读某一记录时，只要把块中所有前置记录的长度与指示器长度相加，就能找到该记录的位置。

（3）记录位置表。用一个表指出每个记录的开始位置，当要知道某记录的长度时，只需用下一记录开始位置减去该记录开始位置。记录位置表可以放在一块的前端或后端，表中每个位置指针占用的位数都是相同的。

4.1.3 地址与指针

地址是数据存储位置的标志，在文件组织中可以使用三种地址。

1. 绝对地址

也叫机器地址，计算机存储控制部件能够识别它。在主存中，绝对地址是机器字或字节编号；在磁盘组中，是设备号、柱面号、磁道号和块号。

2. 相对地址

文件中记录的某种顺序编号,或磁盘组（包括磁带、磁鼓）中块的顺序编号,其范围从 0 或 1 起编到记录或块的最大数目为止。硬件不能识别相对地址,但可用一个程序把相对地址转换为绝对地址,让机器查找。

3. 符号地址

对每个块或记录分配能唯一标识的符号名,该符号名就称为符号地址。用查表或转换程序可以把符号地址变成绝对地址。

为了表示记录与记录、块与块或值与地址之间的链接,要使用指针（pointer）,而指针就是链接对象的地址。

4.1.4 分页与系统缓冲区

为了使文件组织独立于具体的物理设备,通常采用分页技术,即把内、外存空间按同样大小分成若干页面（page）,例如,每页 1024 字节。一个页面可以包含一个或多个数据块。把外存中的页面顺序编号,称为相对页面号。每个页面的外存起始地址（可以是相对地址）称为页面指针。每个页面的页面号与指针形成外部页面映射表,该表存放在主设备中。在打开文件时,把映射表送入内存某一约定位置,供访问子程序查找页面地址时使用。

分页技术使文件组织不依赖于具体的存储设备,在更换存储设备时,不必改变整个访问程序,只需改变外部页面映射表和相对地址转换到绝对地址的计算程序即可。

系统缓冲区是主存中特别指定的一块存储空间,以存放从外存读入内存的数据或从内存写进外存的数据。由于数据块或页面是内、外存交换信息的实际传送单位,所以缓冲区的容量不能小于一个数据块或一个页面。

当系统有多个文件或多个用户时,需给每个文件或每个用户分配缓冲区。如果每个文件或用户独占各自的缓冲区而不让别的文件或用户使用,那么当文件或用户很多时,总的缓冲区容量就会很大而占去机器主存的大部分空间,致使主存程序运行空间不够,系统无法工作。这在实际上没有必要,因为特定的文件或用户总是在某一小段时间内活动,大部分时间并不使用缓冲区。所以在不用时完全可以将占用的缓冲区让出给别的文件或用户使用,因而就产生了缓冲区管理问题。

所谓缓冲区管理,就是将缓冲区分成若干块（每块的容量不能小于一个数据块或一个页面）,系统用一个程序分配这些缓冲块,并采用分配算法使缓冲区的利用为最佳。具体的做法是当用户需要缓冲区时,只要有空闲缓冲块就予以分配,否则比较用户（包括占用缓冲块和需要缓冲块的所有用户）的优先权,回收优先权最低的用户占用的缓冲块分给优先权高的用户使用。若需要缓冲块的用户优先权最低,则要等待其他用户释放缓冲块后才能得到所需缓冲块（也可用别的算法）。故做好缓冲区管理是提高系统效率的重要工作之一。

4.1.5 文件组织

所谓文件组织，就是按一定的逻辑结构（如顺序、树等）把有关联的数据记录组织成为文件（称为逻辑文件），并用体现这种逻辑结构的物理存储形式把文件中的数据存放到某种存储设备上，使之构成物理文件的机构。物理文件是数据库物理存在的基本单位，是数据库访问程序的操作对象。对数据库的任何检索、插入、删除、修改访问，最终都将转换为在物理文件上的相应操作。这些操作由访问程序付诸实现。所以文件组织是数据库的物理基础，也是数据库的实际所在，它直接影响数据库的性能，是数据库设计中最恼人的问题之一。

文件组织的目标是，根据用户和系统设计要求，组织时空综合性能最佳、易于维护的文件，为数据库提供方便、灵活的文件访问。在介绍文件组织的各种方法之前，首先讨论一下文件的性能量度。它包括文件的存储空间利用率、在文件上执行操作的时间耗费、维护文件和重新组织文件的耗费等几个方面。

1. 文件存储空间利用率

文件占用的存储空间由两部分组成：一部分为文件数据实际存放的空间；另一部分为组织文件时在该文件范围内没有存储数据而别的文件也不能使用的空间。文件对存储空间的利用率定义为：文件包含的数据信息量（折合成字节数）与文件占用的整个存储空间（字节数）的比值。利用率最高的是稠密文件，其存储空间中全部存放着数据。利用率很低的是稀疏文件，其存储空间中有许多空着未用的部分，别的文件又不能使用这些部分。冗余文件的空间利用率也不高，虽然它的存储空间中全都存放了数据，但重复的数据很多。为了提高空间利用率，节约存储空间，使它能存放更多的数据和文件，我们总希望在组织文件时，减少文件的未用空间，减少数据的冗余度，采用数据紧缩技术等。

2. 操作的时间耗费

这是文件组织中性能量度的一个重要方面。通常考虑如下几点：①从文件中找到任一记录的平均时间；②在文件内某一当前位置找到下一记录的时间；③把一个记录插入到文件中的平均时间；④修改、删除文件中一个记录的平均时间；⑤读取整个文件的时间。我们总希望文件的操作时间要短。但时间和空间既相互矛盾，又可相互转化，增加存储空间可以在一定程度上缩短操作时间，反之亦然。故在组织文件时往往对时空性能采取"折中"策略，并视具体情况而有所侧重。

3. 文件的重新组织

系统经过一段时间的运行后，由于不断地对文件进行插入和删除操作，可能使文件的时空性能变坏到用户或系统不能容忍的程度，或原文件组织方法不适应新的应用要求，需要重新组织文件。也就是说，系统应周期性地把文件中现存的记录按原来的或新的组织方法和内部结构重新组织起来。至于周期的长短和组织所耗的时间与使用的文件组织方法有很大的关系。以下即介绍文件的各种组织方法。

4.1.6 动态存储管理

数据结构与所处的计算机存储环境关系密切,各种数据结构的存储管理,是一个十分重要的问题,存储管理不是研究某种数据结构,而是研究数据结构的空间分配、回收的方法,以满足某种结构对存储的不同要求。

在存储管理的技术中,有些方法是简单的,有些方法却十分复杂。例如,对于每种数据,都恰好分配给定长的空间,管理起来就很简单,但空间利用率低;如果由一个专门的分配存储系统来负责处理空间的各种请求,可以随机改变容量,则存储管理就会变得异常复杂。解决存储管理的途径一般有三条:由用户解决,由系统解决,由系统和用户共同解决。

在计算机系统中,存储管理可以分为三个不同的级别:

(1) 操作系统为进程分配所需要的存储空间,以便能在机器上运行。一旦运行结束从系统撤离时,操作系统就回收进程所使用的空间。这种存储管理由操作系统解决。

(2) 进程对数据结构分配及回收存储空间,编译进程为变量、数组以及各种表格分配、回收空间。这类存储管理问题在编译原理中讨论。

(3) 数据结构管理,对结构中的元素或子结构分配、回收存储空间,这类存储管理问题是"数据结构"研究的范畴。

存储管理需要考虑的问题主要有:

(1) 由谁负责存储空间的分配与回收?

(2) 分配和释放存储空间的单位是相同呢? 还是有大有小的?

(3) 分配和释放存储空间的形式是一个地址或一个元素分配一个存储块呢? 还是一个子结构乃至整个结构分配一个存储块?

(4) 空间是否共享?

(5) 系统何时回收空闲的空间? 是随机地回收呢? 还是定期回收或者当存储空间用完时才夫回收呢?

(6) 回收系统能否进入剩余空间? 还是回收系统占据专用的空间?

(7) 是否考虑存储碎片的紧凑问题?

(8) 当请求存储空间时,满足该请求的最好策略是什么?

(9) 空闲存储块的次序怎么排列? 是随机还是按地址排列? 或按容量大小依次排列?

对存储管理的方法很多,这里仅简要介绍一种,以便对存储管理有个初步认识。

在系统运行的初始阶段,空间存储区是一整块,但随着一系列的分配和释放之后,原来的一整块存储区形成了空闲块和被占用块相间的局面。在某一时刻存储区的布局形式如图 4.1 所示,图中阴影部分表示存放有数据信息,空白部分为空闲块,是可以利用的空间。

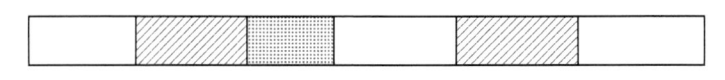

图 4.1 存储区状态

可以用一个向前链表来记载空闲存储块的情况，把空闲存储块链接在一起，这个表称为空闲存储链表，记作 FREE，其中每一空闲块称为链表的一个元素或结点，包含链域和值域两种信息，链域是一个指向下一块的指针，值域由块的容量和块起始地址组成。链表 FREE 存放在存储区的某个位置，比如存放在最后一小块空间，如图 4.2 所示。

图 4.2 有空闲存储链表存储区状态

链表 FREE 需占用的存储空间不易确定，一种改进的方法是在每个空闲块的开头的一些空间存放空闲链表元素的信息，即本空闲块的一些信息，包括该空闲块的起始地址、指针，这样，空闲块链表在固定存储区就只有一个哨兵元素的确定信息了。

例如，最初空闲存储区由 8 个单位的存储块组成，如图 4.3（a）所示，若第一次要求分配 2 个单位的空间，则从原空闲块最后分给请求者 2 个单位，如图 4.3（b）所示；接着，又请求分配 7 个单位的空间，则不够分配，请求不满足。假定又请求分配 4 个单位空间，则空闲块变为图 4.3（c）的形式。然后，释放 2 个单位的存储空间，则存储区形式如图 4.3（d）所示。这时如果又请求分配 4 个单位的空间，虽然有 4 个单位的空闲空间，但由于每一空闲块的容量均不能满足请求，这就要求存储管理系统搜索是否有相邻的空闲块，若有，则把它们融合成一块。当然，也可以分给不连续的 4 个单位。

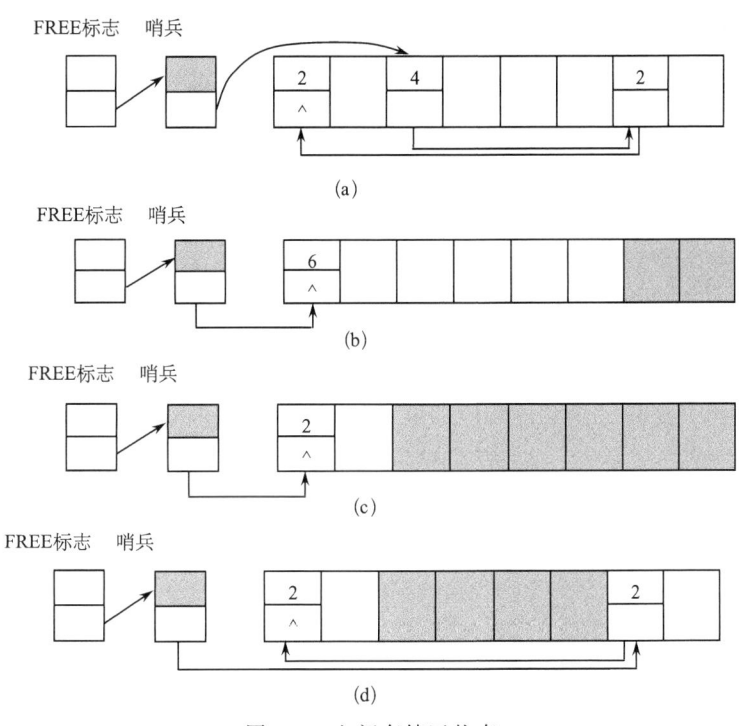

图 4.3 空闲存储区状态

4.2 流水文件

流水文件又称堆文件（pile，heap）或流年文件（chronological），是一种最简单的文件组织方法。这种文件像一本流水账，它的组织方法是按照数据到达文件的时间顺序依次连续地存储数据，对数据不分析、不规范，记录的类型既可相同（记录长度一定），也可不同（记录长度可变）。

在记录类型不相同时，流水文件的记录必须由相关的数据项组成。而数据项应由标识其含义的名称和内容的值组成，这二者称为数据项名值对。单个数据项名值对一般不作为有意义的记录，若干相关的数据项名值对合起来才构成一个有意义的记录。识别不定长记录可用记录结束标记。在一个记录内，还可用分隔符","、"="区分数据项和它的名与值。但这些符号不能在任何数据项的名或值中出现，否则，会使识别程序产生错觉。

有时为了减少数据项的数目，一个数据项的值可由多个数据项名值对组成，例如：
place = (province = Hunan, city = Changsha, street = Wuyilu)
说明地点的值是"湖南省、长沙市、五一路"。

在流水文件中查找一个记录时，系统应给查找程序提供待查记录所在文件的开始地址，以及要求记录匹配的数据项名值对。这里需要匹配的数据项只有一个，如果要求匹配的数据项有多个，则查找程序较为复杂。

由查找过程中，不管记录位于文件何处，查找它时都要从头查起，因此很费时间。假定文件中每一个记录被查找的概率是相等的，那么查找一个记录平均要读取整个文件。

在流水文件中插入记录是方便的，不需要移动原有记录，把新记录添在文件末尾即可。如果在文件说明中登记了文件末端地址，实现这一操作非常简单。

对流水文件进行修改和删除操作的过程是，查找要修改或删除的记录，再把修改后的记录或删除标记写入原记录的位置。比查找多耗费一次写入时间。

重新组织流水文件的步骤：抄写旧文件并除去有删除标记的记录，剩下的记录重新组块写入文件的外存空间。

流水文件主要用作数据库的日志文件。它也可能在如下情况使用：收集的数据不规则；文件很稀疏；数据不好组织；作为研究用的文件结构，为比较文件的各种性能提供一个基础。例如，医药数据、经验数据手册等。

若流水文件的记录为同一记录类型，则记录的长度固定。这时组织很简单，可采用固定数据项的排列次序和每项取值长度的办法，将数据项的名称、长度、排列次序等都放到文件说明中，记录中的内容为各数据项的值。当数据项名与长度相等时，可节约一半以上的存储空间。流水文件因其结构简单，常作为各种文件组织的临时文件。

4.3 顺序文件

由于流水文件查找很费时，故要求快速响应的任何文件，均不宜用流水文件的组织方法。前曾述及，主关键字是能够唯一标识记录的某个（些）数据项，不按记录到达的先后次序，而按主关键字值的顺序组织的文件谓之顺序文件。当找不到合适的数据项作为主关键字时（因为数据项的值有重复，不能唯一标识记录），可选取两个以致多个数据项、或者给某一数据项附加一个人工域（在人工域中包含顺序号）组成主关键字。

4.3.1 如何确定关键字值的顺序

关键字的取值无非是整数、实数、字母、字符或者它们的组合。整数和实数有数值的顺序；字母有词汇编辑（字典式）的顺序。一般来说，关键字值的顺序可用下面的方式确定：设有字符串 X_1，X_2，…，X_k；Y_1，Y_2，…，Y_m，当条件

（1）$k<m$，并且 $X_i=Y_i$，$i=1$，…，k

（2）存在某一 $j \leqslant \min(k, m)$，使得：$X_1=Y_1$，…，$X_{j-1}=Y_{j-1}$，并且 $X_j<Y_j$ 之一成立时，确定 X_1，…，$X_k<Y_1$，…，Y_m。例如：

aaaa＜aaaaa，CBEDA＜CBEDA，nbedxyz＜nd，HELPED＜I

当然，机器总是按字符编码的二进位串的大小比较顺序的，所以，对数字、字母编码时，要使编码的二进位串顺序与它们原有意义的顺序一致。

如果关键字是由多个数据项组成，则先按第一个数据项的值排序；若第一个数据项的值相同，再按第二个数据项的值排序，直到完全确定顺序为止。如果对关键字中所有数据项的值能够同时进行比较，则可按整个关键字的值一次排序为止。这里的顺序表示法是字典式顺序的一般化，即用任意数据项值的顺序表代替字母顺序表。

在中文数据库中，许多数据项的值是汉字，汉字的顺序将按汉字编码后码的顺序处理。

4.3.2 顺序文件的存储组织

顺序文件的记录逻辑上是按主关键字值的顺序排列的，但在物理存储器中，可用三种不同的办法实现。

（1）向量结构。计算机的存储空间是按绝对地址顺序连续排列的，故存储顺序文件时可按绝对地址顺序连续存放记录。这时文件的物理顺序实现文件的逻辑顺序，其逻辑结构与物理结构一致，这就是向量结构的特征。

（2）链结构。文件的逻辑顺序不用存储空间的绝对地址顺序，而用链（chain）实现。一个文件以记录为单位分散在存储空间的不同位置，每一个记录都带有一个指向下一个记录的指针，最后一个记录带有链结束标记。

（3）块链结构。这种结构是上述两种结构的合成。其基本特征是，在一个物理数据块中的记录按地址顺序连续存放，而块与块之间用指针链接，以维持逻辑顺序。

4.3.3 顺序文件的查找

由于文件的物理结构不同，查找办法也不同。现对记录均属同一记录类型的向量结

构的顺序文件给出四种按主关键字查找记录的方法：

1. 顺序扫描

从文件的第一个记录开始，按记录的顺序依次往下查，直至找到匹配主关键字给定值的记录为止。故查找一个记录平均要读半个文件，速度太慢。链结构与块链结构也可以顺序扫描查找，不同的是要加进读取指针的操作，以便决定下一记录或下一块的地址。

2. 分块查找

也称跳跃查找，即每查一个记录后，跳过若干个记录再查。或者说，把文件分成若干块，每次查一块中的最后一个记录，并判断所要查找的记录是否在本块中，若存在则顺序查找该块的记录；不存在则跳到下一块再重复上述步骤，直至找到所需记录或走到文件末端为止。

在分块查找时，如果文件的记录总数为 N，那么，每 $\lfloor \sqrt{N} \rfloor$ 个记录分为一块，可使平均查看的记录个数达到极小值 $\sqrt{N}$。当文件存储在外存时，按系统规定的数据块体积将文件分块，会给分块查找带来方便。

分块查找对于链结构没有意义，而对块链结构是方便的，只要让查找的分块与块链中的块一致就很容易实现。

3. 折半查找

当顺序文件全部在内存时，且文件的开始地址为 BA，末尾地址为 EA，记录长度为 L 个字节，则文件中点记录的地址为

$$MA = \left\lfloor \frac{BA + EA}{2L} \right\rfloor \times L$$

所谓折半查找就是：每次查找文件给定部分的中点记录，根据该记录的主关键字值等于、小于还是大于给定值，来分别决定记录已找到、还是在给定部分的前一半或后一半，而后继续折半查找。上述过程一直进行到找出所需记录，或能确定这样的记录不存在为止。在文件的记录个数为 N 时，折半查找一个记录的平均查找次数近似于 $\log_2 N - 1$。当 N 较大时，$\log_2 N - 1$ 小于 $\sqrt{N}$，这说明折半查找比分块查找的速度快。链结构和块链结构的顺序文件不能使用折半查找的方法，就是在外存的向量结构的顺序文件，由于涉及读块操作和中点记录的地址计算，实现折半查找仍然很耗费时间。

4. 探查

探查（probing）是先行一次概略查找后再顺序扫描。有如查词典，先预测被查单词（记录）的大概位置，而后从这个位置向前或向后顺序扫描，直至找到待查的单词（记录）或确定其不存在为止。探查的好坏完全取决于概略查找的准确程度（即预测对真值的偏离程度）。也可以一次概略查找后再接一次概略查找，而后顺序扫描。

探查只能在向量结构的文件中使用，无论文件在内存还是在外存，均须知道主关键

字的某种分布情况。如果利用得好，探查比顺序扫描节约查找时间。

由此可知，向量结构的顺序文件查找比较灵活，但对存储空间的分配要求很苛刻，实际上不易实现。此外，向量结构亦不适应于频繁插入的文件。链结构虽然在空间分配上比较灵活，但长链难于维持，且查找过程太费时间。块链结构则能兼取前两者之长，是一种较为理想的结构。

4.3.4 顺序文件的维护

对于向量结构的顺序文件，修改和删除操作比较简单，将改好的记录（或删除标志）写入要修改（或删除）的记录位置即可。但插入一个新记录却比较困难，因为既要保持文件的记录按主关键字值顺序排列，又要保持向量结构，而向量结构并没有为插入记录保留空间，所以要把插入点以后的所有记录顺序后移，以便为新记录腾出空间。因此，插入一个新记录，在找到插入点后平均还要读、写文件中半数的记录，这是很耗费时间的，在实际上难于实行。通常并不实时地执行插入操作，而把新记录暂时收集在一个临时文件中（相当于图书馆的当日暂存书架，专门存放新购或还回的书籍），待以后在某个适当的时间，再成批地把这些记录插入原来的文件。故对查找操作来说，当在顺序文件中找不到所需记录时，还要查看临时文件，才能最后确定有无所需记录。临时文件本身是一个流水文件，它广泛地用在各种文件的维护中。重新组织一个向量结构的顺序文件，需要读取原文件（抛弃有删除标志的记录）和临时文件，按主关键字值将它们归并分类。为了这一过程能顺利进行，首先应对临时文件按主关键字值分类，然后再对两个顺序文件归并分类。

对于链结构的顺序文件，插入一个新记录原则上没有存储位置上的要求，但为了节省查找时间，也要求新记录的存放位置与原文件在物理上尽量靠近。新记录放好以后，再适当修改指针，为了减少信息丢失机会。

对于块链结构的顺序文件，为了在插入记录时不需移动更多的块中的记录，可允许一个块不全部填满记录。为了标记块中的记录情况，可在块中设置记录标志位，如用 1 表示有记录，用 0 表示无记录或记录已删除。

因此，在块链顺序文件中插入一个新记录时，可按下述步骤进行：

(1) 在该文件中找到记录应该插入的块，并将它读入内存。

(2) 根据块头中记录标志位判断该块有无未用空间，有则把新记录插入块中适当位置（可能要移动某些原有记录），并修改记录标志位；否则请求一个新的未用块，把原块中的记录与新记录一起按主关键字值的顺序排列，将其中前一半（$\lceil (N_B+1)/2 \rceil$ 个或 $\lfloor N_{B+1}/2 \rfloor$ 个）留在原块中，而剩下的记录则放在新块中，并适当修改两块中的记录标志位和块指针。

4.4 索 引 文 件

由于计算机的体系结构将存储器分为内存、外存两种，访问这两种存储器一次所花费的时间一般为 30～40ns、8～10ms，可以看出两者相差 10 万倍以上，尽管现在有

"内存数据库"的说法，但绝大多数数据是存储在外存磁盘上的，如果对磁盘上数据的位置不加以记录和组织，每查询一个数据项就要扫描整个数据文件，这种访问磁盘的代价就会严重影响系统的效率，因此系统的设计者必须将数据在磁盘上的位置加以记录和组织，通过在内存中的一些计算来取代对磁盘漫无目的地访问，才能提高系统的效率。

在英汉词典中，每页的左、右上角分别标出了该页的首、末两个英文单词，因而查找某一单词时，不必从首页开始逐个查找，只要逐页比较各页右上角的单词，就可以确定它的所在。词典本身是一个顺序文件，其结构是向量的，主关键字是英文单词，记录是英文单词及其解释。若将每页的最后一个单词与页号列表，那么查单词可先查表（称为索引表），等确定页面号后，再细查该页面。这就是索引文件的基本思想。由此可见，组织索引表（简称索引）是索引文件的关键。

4.4.1　索引顺序文件

对于是向量结构的顺序文件，我们曾使用过分块查找的方法，现加以改进，把每块最后一个记录的主关键字和该块的开始地址组成一个索引项：主关键字，块开始地址。再把所有这样的索引项按主关键字值的顺序排列组成索引，并将原文件称为主文件，以示区别。而索引本身构成顺序文件，可用顺序文件的查找方法查找索引项。当索引项很多，导致索引的体积很大时，也可为索引分块，建立高一级的索引，以提高查找效率。如果需要还可建立更高级索引，直至最高级索引的体积不超过一个数据块为止。各级索引和主文件一起构成索引顺序文件，主文件也称为索引文件的顺序集。

应该指出，内存一般只存放最高级索引，而把其他各级索引和主文件放在外存中。为了便于系统内、外存的数据交换，主文件和索引分块时的块体积应与系统规定的数据块体积一致，或者是它的整数倍。

4.4.2　索引无序文件

有些主文件采用顺序文件的组织形式很不方便，因为在形成文件时其记录并不一定按主关键字的顺序到来，如采取流水文件的收集办法，就形成一个无序文件，为了加快查找，也可以把它组织成索引文件。为此，应首先对无序文件中的每个记录建立索引项：主关键字，记录开始地址。把所有这样的索引项（其个数与记录个数相等）按主关键字值顺序排列，就形成稠密索引。再把稠密索引视为顺序文件，按索引顺序文件的方法对它建立各级索引，便称为索引无序文件。

应予指出：索引无序文件的顺序集不是主文件，而是稠密索引，与索引顺序文件比较要多占用存放稠密索引所用的存储空间，要多一次查找操作，这是因为在索引顺序文件找到记录时，索引无序文件才找到稠密索引，要找到所需记录，还要增加一次按指针读记录的操作。但索引无序文件并不要求主文件有任何次序。因此在插入记录时，可以将新记录加在主文件的末尾，而把它的索引项插入稠密索引的正确位置（这可能要引起索引的重新组织）。

索引文件的主要问题是如何组织索引，对各级索引可采用定长记录固定组块的方式。一般来说，限制最高级索引的体积不超过系统规定的一个数据块，这样整个索引文件就形成了以索引块和记录块为结点的树。

查找有两种：一种是随机的，即给定主关键字的值，要找匹配它的记录，这时从最高级索引块查起，只要几次读块操作就可以找到；另一种是顺序的，即顺序读取文件中的记录，顺序读取可从文件开头或从文件中某个记录开始。

4.4.3 B-树

B-树是一种平衡的多路查找树，它在数据库文件组织中得到广泛应用。B-树与普通数的区别在于对树中每个结点的孩子数目和每条路经的长度有一定的限制。在此先介绍 B-树的结构及其查找算法。

1. B-树的结构

一棵 m 阶的 B-树，或为空树，或为满足下列特性的 m 叉树：
(1) 树中每个结点最多有 m 棵子树。
(2) 若根结点不是叶结点，则至少有两棵子树。
(3) 除根之外的所有非终端结点至少有 $[m/2]$ 棵子树。
(4) 所有的非终端结点中包含下列信息数据
$$(n, A_0, K_1, A_1, K_2, A_2, \cdots, K_n, A_n)$$
其中，K_i（$i=1, 2, \cdots, n$）为关键字，且 $K_i < K_{i+1}$（$i=1, 2, \cdots, n-1$）。A_i（$i=0,1, 2, \cdots, n$）为指向子树根结点的指针，且指针 A_{i-1} 所指子树中所有结点的关键字均小于 K_i（$i=1, 2, \cdots, n$），A_n 所指子树中所有结点的关键字均大于 K_n，$n([m/2-1] \leqslant n \leqslant m-1)$ 为关键字的个数（或 $n+1$ 为子树个数）。
(5) 所有的叶结点都出现在同一层次上，并且不带信息（可以看作是外部结点或查找失败的结点，实际上这些结点不存在，指向这些结点的指针为空）。

图 4.4 为一棵 4 阶的 B-树，其深度为 4。

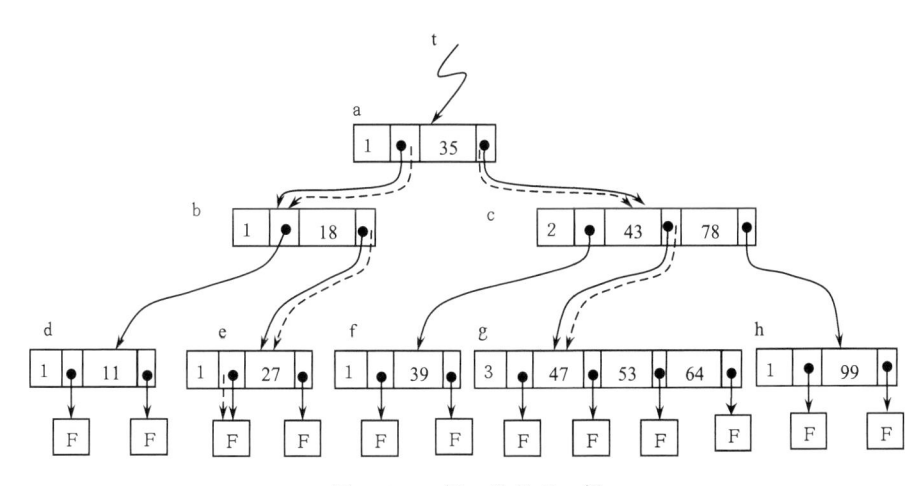

图 4.4 一棵 4 阶的 B-树

由 B—树的定义可知，在 B—树上进行查找的过程和二叉排序树的查找类似。例如，在图 4.4 的 B—树上查找关键字 47 的过程如下：首先从根开始，根据根结点指针 t 找到 a 结点，因 a 结点中只有一个关键字 35，若存在必在第二个指针 A_1 所指结点为根的子树内，顺指针找到 c 结点，该结点有两个关键字（43 和 78），而 43＜47＜78，若存在必在指针 A_1 所指结点为根的子树中；同样，顺指针找到 g 结点，在该结点中顺序查找找到关键字 47，由此，查找成功。查找不成功的过程也类似，如在同一棵树中查找 23。从根开始，因为 23＜35，则顺着该结点中第一个指针 A_0 找到 b 结点，又因为 b 结点中只有一个关键字 18，且 23＞18，所以顺着结点 b 中第二个指针 A_1 找到 e 结点；同理因为 23＜27，则顺着结点 e 的第一个指针往下找，此时因指针所指为叶结点，说明此棵 B—树中不存在关键字 23，查找因失败而告终。

2. B—树查找分析

在 B—树上进行查找包含两种基本操作：①在 B—树中找结点；②在结点中找关键字。由于 B—树通常存储在磁盘上，因此前一查找操作是在磁盘上进行的，而后一查找操作是在内存中进行的，即在磁盘上找到指针 P 所指结点后，先将结点中的信息读入内存，然后再利用顺序查找或折半查找等于 K 的关键字。显然，在磁盘上进行一次查找比在内存中进行一次查找耗费的时间多得多，因此，在磁盘上进行查找的次数，即待查关键字所在结点在 B—树上的层次数，是决定 B—树查找效率的首要因素。

3. B—树的插入和删除

B—树的生成也是从空树起，逐个插入关键字获得。但由于 B—树结点中的关键字个数必须 $n \geq \lceil m/2 \rceil - 1$，因此，每次插入一个关键字不是在树中添加一个叶结点，而是首先在最底层的某个非终端结点中添加一个关键字，若该结点的关键字个数不超过 $m-1$，则插入完成，否则要产生结点的"分裂"。

例如，图 4.5（a）为 3 阶的 B—树（图中略去 F 结点），假设需依次插入关键字 30、26、85 和 7。首先通过查找确定应插入的位置，由根 a 开始查找，确定 30 应插入在 d 结点中，由于 d 在第三层中关键字数目不超过 2（即 $m-3$），第一个关键字插入完成。插入 30 后的 B—树如图 4.5（b）所示。同样，通过查找确定关键字 26 亦应插入在 d 结点中，由于 d 中关键字的数目超过 2，此时需要将 d 分裂成两个结点，关键字 26 及其前、后两个指针仍然保留在 d 结点中，而关键字 37 及其前、后两个指针存储到新产生的结点 d′中，同时，将关键字 30 和指示结点 d′的指针插入到其双亲结点中，由于 b 结点中关键字数目不超过 2，则插入完成。插入后的 B—树如图 4.5（d）所示。类似地，在 g 中插入 85 之后需分裂为结点 e 和 e′，如图 4.5（g）所示。最后在插入关键字 7 时，c、b 和 a 相继分裂，并生成一个新的根结点 m，如图 4.5（j）所示。

反之，若在 B—树上删除一个关键字，则首先应找到该关键字所在结点，并从中删除之，若该结点为最下层的非终端结点，且其中的关键字数目不少于 $\lceil m/2 \rceil$，则删除完成；否则要进行"合并"结点的操作。假如所删除关键字为非终端结点中的 K_i，则可以用指针 A_i 所指向的子树中的最小关键字 Y 替代 K_i，然后在相应的结点中删去 Y。例如，在图 4.5（a）的 B—树上删去 45，先以 f 结点中的 50 替代 45，然后在 f 结点中删去50。因此，下面我们可以只需讨论删除最下层非终端结点中的关键字的情形，有三种可能：

（1）被删除关键字所在结点中的关键字数目不小于 $\lceil m/2 \rceil$，则只需从该结点中删去该关键字 K_i 和相应指针 A_i，树的其他部分不变，如图 4.5（a）所示，从 B－树中删去关键字 12，直接删除 12 即可。

（2）被删除关键字所在结点中的关键字数目等于 $\lceil m/2 \rceil - 1$，而与该结点相邻的右兄弟（或左兄弟）结点中的关键字数目大于 $\lceil m/2 \rceil - 1$，则需将兄弟结点中的最小（或最大）的关键字上移至双亲结点中，而将双亲结点中小于（或大于）且紧靠该上移关键字的关键字下移至被删除关键字所在结点中。如图 4.6（a）中删去 50，需将其右兄弟结点中的 61 上移至 e 结点中，而将 e 结点中的 53 下移至 f，从而使 f 和 g 中关键字数目均不小于 $\lceil m/2 \rceil - 1$，而双亲结点中的关键字数目不变，如图 4.6（b）所示。

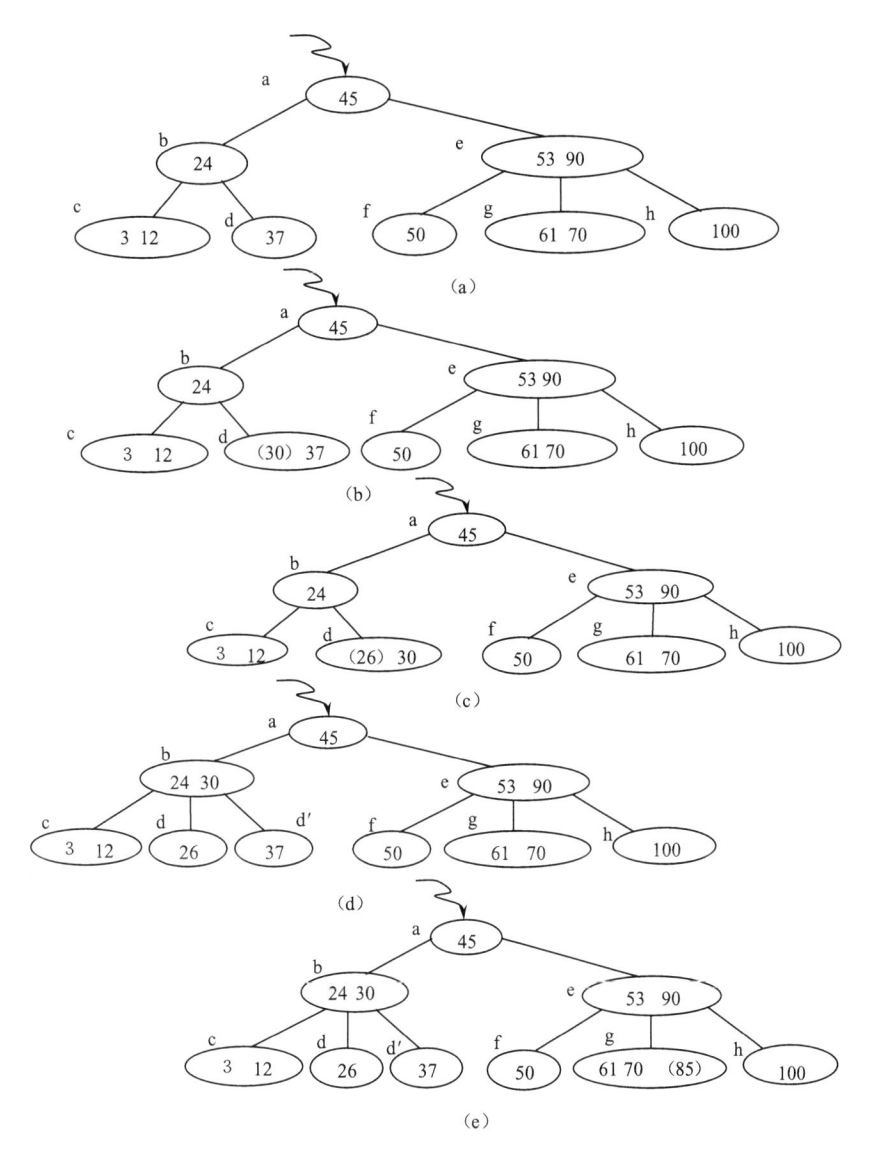

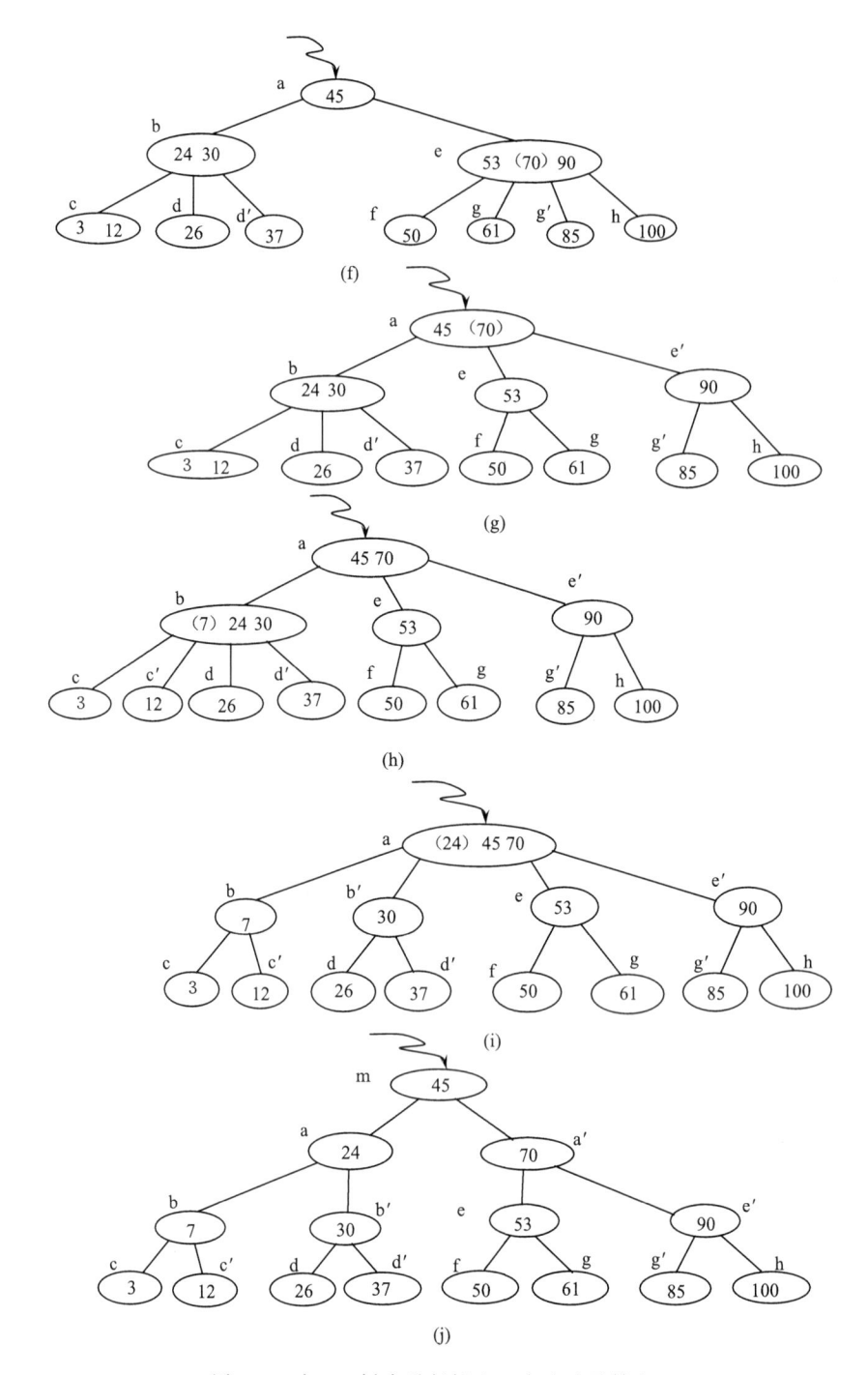

图 4.5 在 B-树中进行插入（省略叶子结点）

（3）被删除关键字所在结点和其相邻的兄弟结点中的关键字数目均等于 $\lceil m/2 \rceil - 1$。假设该结点有右兄弟，且其右兄弟结点地址由双亲结点中的指针 A_i 所指，则在删去关键字之后，它所在结点中剩余的关键字和指针，加上双亲结点中的关键字 K_i 一起，合并到 A_i 所指兄弟结点中（若没有右兄弟，则合并至左兄弟结点中）。例如，从图 4.6

(b) 的 B—树中删去 53，则应删去 f 结点，并将 f 中的剩余信息（指针"空"）和双亲 e 结点中的 61 一起合并到右兄弟结点 g 中，删除后的树如图 4.6（c）所示。如果因此使双亲结点中的关键字数目小于 $\lceil m/2 \rceil -1$，则以次类推作相应处理。例如，在图 4.6（c）的 B—树中删去关键字 37 之后，双亲 b 结点中剩余信息（"指针 c"）应和其双亲 a 结点中关键字 45 一起合并至右兄弟结点 e 中，删除后的 B—树如图 4.6（d）所示。

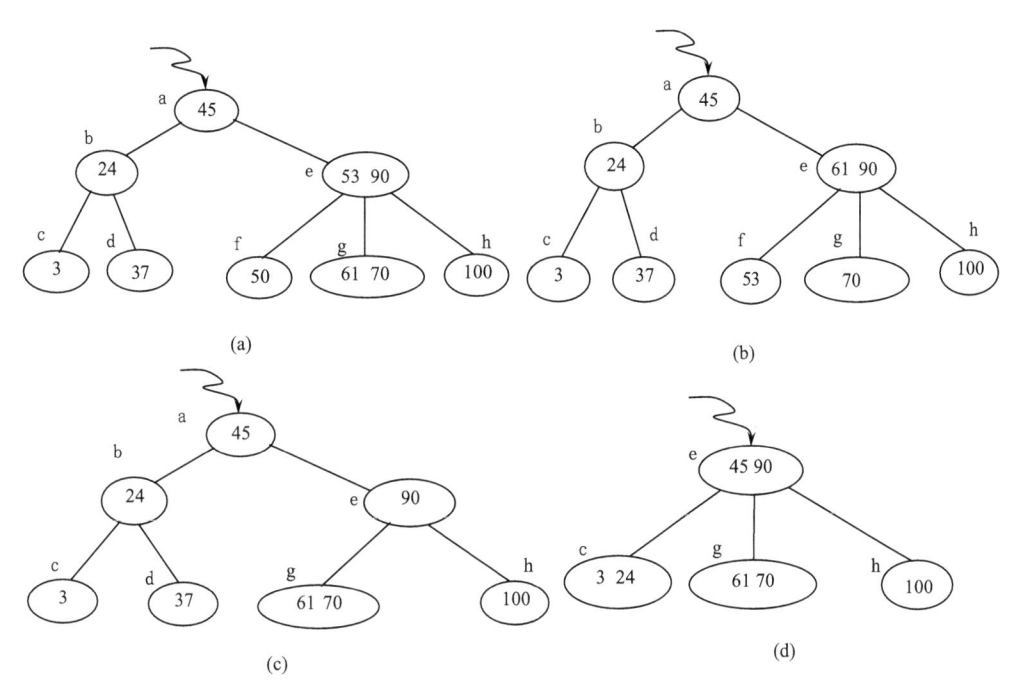

图 4.6 在 B—树中进行删除

4.4.4 B+树

B—树主要用于组织大型索引文件，所以我们着重讨论以索引块为结点的 B—树，这就是 B+树。B+不同于一般索引树的地方在于：对它进行任何插入、删除都必须满足 B—树的定义。B+树是应文件系统的需要而提出的 B—树的变型树。一棵 m 阶的 B+树和 m 阶的 B—树的差异在于：

（1）有 n 棵子树的结点中含有 n 个关键字；

（2）所有的叶结点中包含了全部关键字的信息，及指向含有这些关键字记录的指针，且叶结点本身依关键字的大小自小而大顺序链接；

（3）所有的非终端结点可以看成是索引部分，结点中仅含有其子树（根结点）中的最大（或）最小关键字。

例如，图 4.7 为一棵 3 阶的 B+树，通常在 B+树上有两个头指针，一个指向根结点，一个指向关键字最小的叶结点。因此，可以对 B+树进行两种查找运算：一是从最小关键字起顺序查找，一是从根结点开始随机查找。

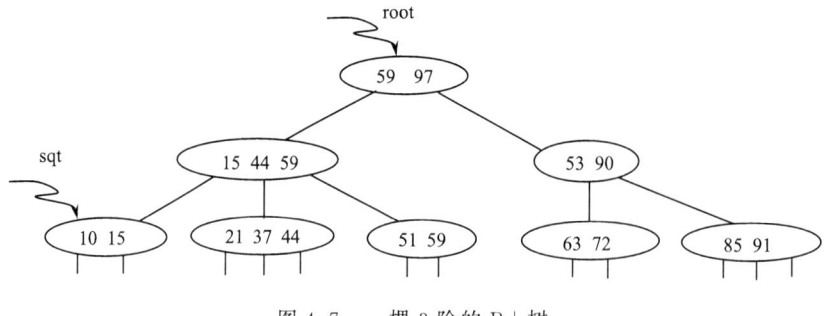

图 4.7 一棵 3 阶的 B+树

4.4.5 Hash 文件

Hash 的涵义是把东西切碎弄乱，在软件术语中，通常把它翻译成"杂凑"、"混编"、"散列"。实质上是一种符号名变地址的方法，在文件组织中称为关键字变地址——KAT（Key-to-Address Transformation）方法。我们假定为 Hash 文件准备的存储空间分成主数据区与溢出区。设主数据区由 M 个桶（bucket）组成，编号为 0，1，…，$M-1$。每个桶包含一个或多个数据块，各个桶的体积一般作成相等（图 4.8）。

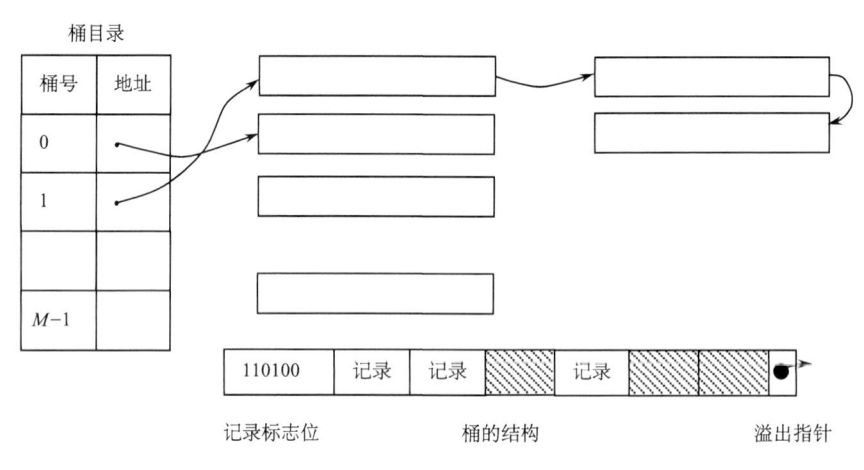

图 4.8 Hash 索引

那么，当文件有 N 个记录时，如何存放到 M 个桶中去呢？Hash 方法利用记录的主关键字来直接计算它的存储地址。换句话说，以记录的主关键字 k 为自变量，构造一个 Hash 函数 $H(k)$ 或 Hash 算法，该函数之值，即为记录存储的桶号。下面有一个例子说明 Hash 方法的基本步骤。设文件记录的主关键字为字母串，串长为 5，文件的主数据区为 2000 个桶。现在来确定主关键字 $k=$paris 的记录应放到哪个桶中？Hash 方法解决此问题的步骤如下：

（1）把关键字按一一对应关系转换成易于运算的数字形式。当然，这种转换不能丢失关键字中的信息，通常用字符的二进位串编码代替关键字。在我们的例子中，用字母表中的序号代替字母，即 a——01，b——02，…，z——26。于是 paris——1601180919。

（2）调整数量级。按照上面的替换办法，关键字的数字形式的数量级为 10 位十进制数，而存储空间的 2000 个桶，其编号数量级在 4 位十进制数的范围内。因此要选择一种方法，把关键字变到适当的范围之内。这里采用除取余的方法，用一个四位的素数或无小因数的数去除关键字，其余数在 4 位十进制数范围内。如取 9983 作除数，对关键字 paris 得到：1601180919 除 9983 商为 160390 余数为 7549。

（3）紧缩范围。为了适应 2000 个桶的要求，还必须把得到的余数准确地变到 0～1999 的范围之内。我们自然希望这种变换是均匀的，所以可用相似变换。不难明白余数中最大者为 9982，最小都为 0，它们应当分别对应于桶号 1999 和 0，于是可用公式：

$\lfloor 余数 \times 2000/9983 \rfloor$ 得到记录 paris 的存储桶号为：$\lfloor 7549 \times 2000/9983 \rfloor = 1512$

通常把步骤（1）至（3）的变换过程记作 Hash 函数 $H(k)$，故 $H(paris)=1512$。

（4）一般来说，Hash 函数得到的桶号并不是桶的绝对地址或相对地址，要得到它的存储地址还需查找桶目录表。当桶目录较小时可放主存中，以便加快查找。

1. 处理溢出的方法

从上述算法中可以看出，Hash 函数不是一一对应关系，不同的关键字可能对应于相同的 Hash 函数值，即存在：$k_1 \neq k_2$，但 $H(k_1)=H(k_2)$ 的情况，如以上的 Hash 算法就会使得：$H(paris)=H(qabib)=1512$。若每只桶中只能放一个记录，那么桶 1512 存放记录 paris 后再没有空位存放记录 qabib，就会产生溢出。即使一个桶中能放多个记录，但其个数总是恒定的，随着记录不断地进入使文件逐渐增长，原来的桶总会有溢出产生，故处理溢出是 Hash 文件面临的一个重要问题。下面介绍三种处理溢出的办法。

1）开寻址列（open addressing）

这种方法不设立溢出区，只有主数据区。当记录 k 应放入的桶 $H(k)$ 已满时，将记录 k 放到桶 $H(k)$ 以后的第 J 个桶中，若桶 $H(k)+J$ 也满，则再放到桶 $H(k)+2^J$ 中，这样下去，直到把记录 k 放下为止。在这一过程中，如果出现 $H(k)+nJ > M-1$，则改为按桶号 $[H(k)+nJ]$ mod M 存放。$H(k)$、$H(k)+J$、$H(k)+2^J$、…组成开寻址列，这里 J 可以是与 M 互素的任何小于 M 的整数，如 $J=1$。当 J 与 M 不互素时，开寻址列不能遍历文件的全部存储区。

2）分离溢出区

这种方法是把溢出桶集中到一个与主数据区相分离的溢出区中，当主数据区某个桶 i 已满，而新记录 $k[H(k)=I]$ 又要放入其中时，选取溢出区中一个桶（称为溢出桶）存放记录 k，并在桶 i 中填上指向该溢出桶的指针。如果溢出桶也满了则再找一个溢出桶，把溢出链伸向新的溢出桶。

当记录 paris 进入时，由于桶 $H(paris)=1512$ 已满，则按溢出指针进入溢出桶 3008，而溢出桶 3008 也满，又按指针进入桶 3009，而 3009 又满，最近一个未用桶为 3010，就把记录 paris 放进 3010 中，并在桶 3009 中填上指向桶 3010 的指针。当记录 qabib 紧接着进入时,从桶 H(qabib)=1512 顺着溢出链走到桶 3010,该桶中还有未用空间,记录 qabib 就放在该桶记录 paris 的后面。

在主数据桶和溢出桶中,均可按流水文件的办法存放记录,而未用空间或删除记录可用记录标志位置 0 表示。这样一来,查找记录必须从链头开始,顺链查找,在一个桶中,则应对记录逐个扫描。一般来说,只要 Hash 函数取值比较均匀,主数据区体积适当,Hash 文件的溢出链是不会长的。

3) 分布式溢出空间

这种办法是把溢出桶分布到主数据区中。在主数据桶有溢出时,把记录放进紧接于其后的溢出桶中,若溢出桶也溢出,再放到下一个溢出桶中,依此类推。本方法的好处是,溢出桶在物理上接近主数据桶,因而从主数据桶到溢出桶的访问不需要寻找时间。故设计时要尽量避免溢出桶再行溢出而产生长链的情况。

为了找到溢出记录存放的桶,在分离溢出区中,如果溢出区是连续的,则只要提供未用空间起始地址就行了;而在溢出区不连续或分布式溢出空间的情况下,可能要提供一张溢出桶地址表。

2. 溢出分析

从数学上看,Hash 方法实质上是在两个空间之间建立一种映射,其中一个是关键字空间,其元素是文件中所有可能的关键字;另一个是存储空间,其元素是分配给文件的所有主数据桶的地址或桶号。一个关键字只对应一个桶号;但多个关键字可能对应于同一桶号。两个或多个关键字映射到同一桶地址的情况称为冲突(collision)。当一个桶只能放一个记录时,冲突必产生溢出;可存放多个记录时冲突不一定产生溢出。下面讨论影响溢出的因素,并假定使用的 Hash 算法是一种均匀的随机变换,即变换把文件的关键字空间均匀地映射到它的存储空间。

1) 桶的体积

一般是根据存储设备的硬件特征确定的,比如,由一个磁道、一个块或几个块构成一个桶。这里在不失一般性的前提下,以一个桶中所能容纳的记录数对桶体积进行分析。

设有 100 个记录和存储 100 个记录的空间。如果把存储 100 个记录的空间作为一个桶,则无论何时都不会发生溢出。若把存储 10 个记录的空间作为一个桶,当某个桶已放满 10 个记录后,再往里面放记录才会产生溢出。如果把存储一个记录的空间作为一个桶,则往桶中放入第二个记录时,就会产生溢出。显然,桶的容量越大,溢出比例越小;桶的容量越小,溢出比例越大。对于外存中的文件,多次访问溢出桶相当费时,因此应当扩大桶容量,降低溢出比例。

2) 存储密度

在给文件分配存储空间时,我们总是使主数据区的空间体积等于或大于文件占用的空间体积,如给 100 个记录的文件分配以 200 个记录的空间。这就使我们引进存储密度

的概念，即

$$存储密度 = 文件记录应占空间体积 / 主数据桶总体积 \quad (4.1)$$

例如，文件的记录总数为 N，主数据桶个数为 M，每个主数据桶可放记录个数等于 N_b，则文件的存储密度为

$$S_d = N/M \cdot N_b \quad (4.2)$$

现在将 N 个记录等概率地投入 M 个桶中，由二项式分布可知，在一个给定桶中落入 j 个记录的概率为

$$P(j) = \left\{ \frac{N!}{j!(N-j)!} \cdot \left(\frac{1}{M}\right)^j \cdot \left(1 - \frac{1}{M}\right)^{N-j}, \quad j = 0, 1, \cdots, N \right. \quad (4.3)$$
$$0, j > N$$

设投入操作由均匀随机变换实现，一个桶中可放 N_b 个记录，超过 N_b 个记录为溢出。于是根据式（4.3）在一个给定桶中产生 i 次溢出的概率为 $P(N_b+i)$。因而在一个给定桶中产生的平均溢出次数（期望值）为

$$E_0 = \sum_{i=1}^{N} i \cdot P(N_b + i) \quad (4.4)$$

这样在 M 个桶中总平均溢出次数为 $M \cdot E_0$，也就是说，N 个记录等概率投入到 M 个桶中，有 $M \cdot E_0$ 个记录会溢出，其溢出百分比为

$$\frac{M \cdot E_0}{N} = \frac{100}{S_d \cdot N_b} \cdot \sum_{i=1}^{N} i \cdot p(N_b + i) (\%) \quad (4.5)$$

在公式（4.5）中，改变桶体积 N_b 和存储密度 S_d，分别计算出各种情况下的溢出百分比。

为了减少溢出，应该增大桶体积、降低存储密度；而要节约空间，则应加大存储密度。于是调节文件的存储密度和桶体积，就可权衡文件的时空效率。

3. 若干 Hash 算法

Hash 文件的特点是访问速度快，操作一致。在溢出百分比较小的情况下，绝大多数访问只要一次读块操作。为了便于内、外存交换数据，最好能使桶体积与数据块一致。这时文件需要的桶数为

$$M = \frac{文件记录总数}{一块能放的记录数} \times \frac{1}{存储密度} \quad (4.6)$$

在存储条件最佳的情况下，为了实现快速访问，则要求 Hash 算法：①运算简单，占用机器的时间短；②$H(k)$ 的分布均匀，避免冲突集中的个别桶中，造成溢出再溢出的现象。

现将若干 Hash 算法介绍如下，以供设计 Hash 文件时参考。

1）除取余

有人对一些典型 Hash 算法做过分析，对简单除法评价最好。其基本思想是：首先取最靠近桶数目的素数或无 20 以内素因子的非素数作除数，然后用它去除数字化的关

键字，取其余数作桶号，当余数的变化范围超过桶数目时，要按比例将其调整到桶数目的范围内。

2）平方取中

这也是一种较好的算法。它先将数字化的关键字平方，取其结果的中间部分比较适合作桶号的若干位，调整到准确的桶号范围内。如桶的个数是2000，记录关键字 $k=12227$。则 $k^2=149499529$，从左边数起，取其中第四位到第七位数字4995，再按2000的范围进行调整：$\lfloor 4995 \cdot 2000/10^4 \rfloor = 999$，即 $H(12227)=999$，此即记录 12 227 的存储桶号。

3）基数转换（radix transformation）

由 A. D. Lin 于1963年提出，算法的步骤如下。

（1）将表示关键字 k 的二进制位串分成每 u 位一组（通常 $u=3$ 或4）。例如：$k=00010010001000100111$，将 k 分成四位一组：0001、0010、0010、0111

（2）将每个 u 位组转换成一个数字，如：$d_{n_1-1}, d_{n_1-2}, \cdots, d_0$。则前面的 k 转换成数字 1，2，2，2，7。

（3）按基数 $P(P>2^u)$ 构造数字 A：$A = \sum_{i=0}^{n_1-1} d_i \cdot p^i$。例如，取 $P=17$，得到

$$A = 1 \times 17^4 + 2 \times 17^3 \times 2 \times 17^2 + 2 \times 17 + 7 = 93966。$$

（4）将 A 转换成由基数 q 构造的数：$A = \sum_{i=0}^{n_2-1} d'_i \cdot q^i$ 例如，取 $q=10$ 时，$d'_4=9$，$d'_3=3$，$d'_2=9$，$d'_1=6$，$d'_0=6$。

（5）取尾部若干位作桶号，即令

$$H(k) = d'_{s-1}, d'_{s-2}, \cdots d'_0$$

当然，还要将它适当调整到文件存储空间桶数目的范围内。例如取尾部四位，则有

$$H(00010010001000100111) = 3966$$

如果桶数目为2000，则桶号为 $\lfloor 3966 \times 0.2 \rfloor = 793$。一般来说，桶号是二进制或十进制数，所以取 $q=10$ 或2，而 p 则应与 q 互素为好。

4）分段求和

此法以例说明。设有关键字 $k=24253186$，为了满足桶号是四位数字的要求，可将其分成两段：2425 与 3186 然后再求和：$2425+3186=5611$，取和的最后四位，并将其调整到适当的范围内。求和方式可以变化，例如可分成多段，也可将某些段倒转后再求和，如 $2425+6813=9238$。分段求和也适应于以二进制位串表示的关键字。

5）二进制乘法

对于二进制位串形式的关键字，可用二进制乘法，即将关键字乘以某个二进制数，取结果的中间若干位作桶号。例如，$k=11011001011101100$，可乘以10001或11111，

取其结果从右到左的第五位到第十六位作桶号。

6) 异或运算

把二进制求和改为异或运算，速度会更快些。a、b 的异或 $F=a\bar{b}\wedge \bar{a}b=a\infty b$。将二进制位串形式的关键字 k 与 k 左移若干位的结果进行异或运算，取其中间若干位作桶号。

7) 数字分析

使用上述各种 Hash 算法时，由于关键字符号出现极不对称，可能使得变换结果产生的桶号很不均匀。为了避免出现这种情况，往往先对关键字的字符分布做出统计分析，去掉那些分布不均匀的字符位，而后再使用前述的 Hash 算法。

例如，关键字为标识符就是这种情况。因为它是字母开头的字母数字串，第一个符号只能是字母，后面的符号可以是字母或数字，所以第一个符号与后面各个符号是不对称的，这时可能产生桶号分布不均匀的情况。

设字母、数字、空白的编码分别为：

空白——八进制数 00

字母 A～Z——八进制数 40～71

数字 0～9——八进制数 20～31

假定存储空间为 256 个桶，Hash 算法为取关键字编码的最左边 8 个二进位作桶号。那么，标识符 C12B 的八进制编码为：42212241，对应的桶号为（10001001）2 ＝ (137)。这样的 Hash 算法将把所有的关键字分配到 128～255 的一些桶中，而 0～127 的这些桶中一个也没有。其原因在于标识符编码的最左位总是 1（字母编码为 41～72），如果去掉这一位，取左起第二位到第九位作桶号就好些。

4. KAT 方法综述

KAT 方法是关键字变地址方法的通称，它包括各种类型的变换，Hash 方法只是 KAT 方法的一种类型。

关键字的分布有如下一些情况。

1) 均匀分布

它的概率密度函数在关键字取值区间中是一个常数

$$\varphi(k) = \begin{cases} \dfrac{1}{b-a}, & k \in [a,b] \\ 0, & k \overline{\in} [a,b] \end{cases} \tag{4.7}$$

例如，学生学号的分布就很接近均匀分布。

2) 正态分布

它的概率密度函数为

$$\varphi(k) = \frac{1}{\sqrt{2\pi}\sigma} e^{-\frac{(k-a)^2}{2\sigma^2}}, \qquad (\sigma > 0) \tag{4.8}$$

在正常情况下，学生成绩的分布是接近正态分布的。

3）泊松分布

它的概率函数为

$$P(k) = \frac{\lambda^k}{k!} \cdot e^{-\lambda} \qquad \lambda > 0, k = 0, 1, \cdots \tag{4.9}$$

对于静态文件来说，文件中所有关键字在组织文件之前就已经知道，因而它的分布也是已知的。这时可使用关键字地址转换表。当然在未知关键字分布时，也可使用关键字地址转换表，例如，索引无序文件中的最低级索引就是这种转换表。从广义上说，索引文件也可以说是一种 KAT 文件。

如果要保持次序，即关键字大的地址也要大，那么可以使用增函数，如指数变换，分段正斜率线性变换等。

在大多数情况下，组织文件时并不知道关键字的分布情况，这时可采用 Hash 方法实现快速寻址。

4.5　空间数据索引

上节探讨的索引方法是针对的字符、数字等传统数据类型，只适应在一维序集之中，即在一个维度上，集合中任给一个元素，都可以在这个维度上确定其关系只可能是大于、小于、等于三种，若对多个字段进行索引，必须指定各个字段的优先级形成一个组合字段。与一般的数据库系统相比，空间数据库中空间对象的表达形式复杂，数据量巨大，各种空间操作不仅计算量巨大，而且多具有面向邻域的特点，而空间数据所表现的多维性使得传统的索引方法并不适用，在任何方向上并不存在优先级问题，因此传统的索引方法并不能对地理数据进行有效的索引，所以需要研究特殊的能适应多维特性的空间索引方式。

空间索引是对存储在介质上的数据位置信息的描述，是建立逻辑记录与物理记录之间的对应关系的桥梁，用来提高系统对数据获取的效率。由于空间关系的运算比较复杂，如果能将空间关系的推理和查询范围缩小，就可以提高空间关系的询问效率。因而，空间索引技术应该能局部化搜索空间，以便于提高空间关系的询问效率。对空间索引技术的研究很多，但是基于数据库的空间索引，尤其是基于关系数据库的空间索引机制的研究还很少。

4.5.1　空间数据索引概述

空间数据索引就是指依据空间对象的位置和形状或空间对象之间的某种空间关系，按一定顺序排列的一种数据结构，其中包含空间对象的概要信息，如对象的标识、外接矩形及指向空间对象实体的指针。作为一种辅助性的空间数据结构，空间索引介于空间操作算法和空间对象之间，它通过筛选作用，大量与特定空间操作无关的空间对象被排除，从而提高空间操作的速度和效率。空间索引性能的优劣直接影响空间数据库和地理信息系统的整体性能，它是空间数据库和地理信息系统的一项关键技术。

空间索引一般是自顶向下、逐级划分空间的各种数据结构，早期的空间数据管理软件，大多采用文件系统存储空间信息，属性则存储在关系数据库中。空间数据索引一般采用网格索引。网格索引主要用来对点的集合进行索引（尽管它们也能用来处理区域），可扩展哈希形式目录用于对空间数据进行索引。许多索引结构（Bang 文件、Buddy 树和多级别网格文件）的提出都是对这个基本思想进行深化而得的。

对一些非常自然地处理区域数据，应用最广泛的是 R 树，已经可以在商用的 DBMS 中看到 R 树索引。这是由于 R 树相对简单，能同时处理点和区域数据，而且它的性能至少不比那些更复杂的索引结构差。R 树是多维空间的递归子划分。与区域四叉树相比（区域四叉树是基于多维空间的递归子分解并独立于实际数据集合这样的索引方法），R 树中的空间分解依赖于索引的数据集。可以把 R 树想像成是 B+树的思想应用到空间数据上。R 树的许多变形包括 BSP 树、K-D-B 树、Cell 树、HilbertR 树、Packed 树、R*树、R+树、TV 树和 X 树同时处理区域数据和点数据的索引。

由于空间数据应用的逐步推广和关系数据库技术的发展，基于关系数据库或者对象关系数据库的空间数据管理正在逐步成为空间数据管理发展的潮流。因此，研究基于关系数据库技术下的空间数据组织成为当前空间数据管理研究的趋势。目前许多关系数据库平台厂商推出了一系列支持空间数据的数据库管理平台，如 Oracle SPatial，SPatial Informix，DB2，Sybase SPatial Extender 等。大多数空间数据库平台厂商都提供了自有的空间索引技术，如 Oracle Spatial 就采用了四叉树和 R 树作为其空间索引。但是，不同的空间数据库平台之间的空间索引却不能通用，Oracle 空间数据库的索引机制就不能应用于 Informix 数据库中。这就给数据库应用者和数据库开发人员造成了很大不便，他们不得不面对各种不同的开发环境和开发模式，与数据库技术发展的通用化，模块化，接口标准化背道而驰。因此，建立在通用关系数据库管理系统的空间数据索引机制的研究就越来越有其价值。

1. 基本概念

空间索引（SpIdx）：依据空间对象所在位置及分布特征，按一定顺序编排的一种数据结构，且该数据结构包含有对象标识和定位这些对象的内容的信息。

空间检索：若给定查询条件 QC，利用 SpIdx 从数据库 DB 中找出符合条件的空间数据的一种操作，表示为 OP（DB，QC，SpIdx）。

空间检索形式多种多样。在地图信息系统中，查找鼠标点处的地物；查找某条公路两侧五公里内的乡镇；查找某一个地区内的风景名胜等。无论查询方式怎样变化，总可以归纳为点、线、面三种形式。

点检索：指定空间中的某个点，查找落在该点及其附近的空间对象的一种方法，表示为：PointQ（DB，PointC，SpI）。

线检索：沿指定空间中的某条线（直线、折线或曲线），查找落在该线上及其附近空间中对象的一种方法，表示为 LineQ（DB，LineC，SpIdx）。

面检索：任意划定空间中的某一个区域，查找落在该区域内或者与该区域相交的空间对象的一种方法，表示为 RegionQ（DB，RegionC，SpIdex）。点检索可以看作面检索的特例。

2. 空间索引的分类

1）从数据库索引结构的实现方法

可以划分为两大类，即静态索引方法和动态索引方法。

（1）静态索引就是通过建立空间数据库中的逻辑记录与物理记录之间的静态索引表，使用各种查找算法（如顺序查找、折半查找等）查找表结构，从而实现对数据文件的索引。静态索引方法的实现比较简单，但修改很不方便，难以实现对数据文件实时的增加或删除。

（2）动态索引就是在数据操作的过程中动态生成的索引结构，使用动态索引方法可以很方便地实现对数据文件实时改动。但索引结构的实现复杂，维护索引结构需要计算时间和空间。

2）从空间索引技术上

（1）对象影射技术。该方法将 K 维对象转换成 $2K$ 维空间上的点，这类方法有 Grid files、Excell、locationl keys［SAMET84］、4-D-B—Trees、S-Btree、MKD-Tree 等。

（2）对象复制和裁剪技术。该方法将空间划分为不相交的子空间，并依据子空间的划分，将落在多个子空间的对象划分多个组成部分，或者在同一个子空间索引所有与之相交的对象，这类方法有 Plop-Hashing、R-Tree、R＋-Tree、SKD-Tree、S-Btree 等。

（3）重叠子空间方法。该方法将地图划分为可以重叠的子空间，以便每个对象完全落在一个子空间中，这种类型的空间索引有 EXCELL、R+-Tree、Cell-Tree、oversize shelf 等。

3）按空间数据对象

（1）基于点对象的索引方法以点目标为搜索范围的分解对象。主要包括点四叉树和 K-D 树和 B—树等方法。

（2）基于面对象的索引方法是以面目标为依据，以面目标为搜索范围的分解对象。主要包括区域四叉树和 R—树。

4）按照数据的存储介质

（1）基于外存的索引。或者叫基于文件的索引，是早期的索引实现方法，空间数据存储在操作系统的文件中，主要是通过对文件存储结构的研究来加速空间数据的访问。

（2）基于主存的索引。或者叫基于内存的索引，是随着计算机内存的飞速发展而发展起来的空间数据索引方法。数据主要存放在操作系统的内存中，通过减少算法的运算量来加速空间数据的访问。

（3）基于数据库的索引。研究怎样利用数据库提供的存储手段和编程技术来对空间数据进行索引。

3. 基于外存的空间索引

纵观目前的各种空间索引方法，它们多作如下假设：空间数据的数据量巨大，其主体必然只能存储在外存设备中（主要是磁盘），磁盘的读写速度比内存慢几个数量级，而且是按块读写的。基于这样的假设，现有空间索引方法的核心就是合理地划分二维数据空间，使落入每个子空间的空间对象能存储在一个或几个相邻的磁盘块中。这些空间索引方法统称为面向外存的空间索引方法。

早期的空间索引方法没有顾及外存按页存储的特性，因而不适宜用来处理海量的空间数据。这类方法中比较典型的是 BSP－树，其他方法如 k-D 树、R－树、CELL 树也属于此类。

1）BSP－树

BSP－树（Binary Space Partitioning Tree，二值空间划分树）是一种二叉树，它将空间逐级进行一分为二的划分（图 4.9）。BSP－树能很好地与空间数据库中空间对象的分布情况相适应，但对一般情况而言，BSP－树深度较大，对各种操作均有不利影响。

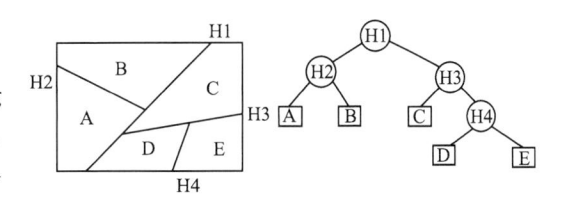

图 4.9　二值空间划分及相应的 BSP－树

2）K-D 树

K-D 树是较早提出的面向外存的空间索引结构，是另一种基于点的动态索引方法。它是由 Bently 在 1975 年提出的一种二叉搜索树。在二维坐标下，根据插入节点的 X、Y 坐标对空间进行交叉分割，把数据递归地划分为一个二叉查找树。在划分的过程中，首先采用 X 坐标进行划分还是 Y 坐标进行划分没有必然的规定，但是这两种划分必须是交替进行的。因此在形成的 K-D 树的奇偶层上具有不同的键值，以确定树枝的方向。

假设在形成 K-D 树的过程中，在奇数层上按照 X 坐标进行分裂，在偶数层上按照 Y 坐标进行分裂，在二维区域上插入第一个节点时，根据该节点的 X 坐标把区域划分为左右两部分，再插入新的节点时判断新节点的 X 坐标与第一个节点的 X 坐标的关系（大于或小于），把新节点作为第一个节点的左子树（小于）或右子树（大于）。根据节点所处的奇偶层次递归的比较 X 坐标和 Y 坐标，就可以形成对二维空间的 K-D 分割及相应的 K-D 树，如图 4.10、图 4.11 所示。

K-D 树是 B－树向多维空间发展的一种形式，K-D 树对多维空间中的点进行索引，具有较好的动态性，删除和增加空间点对象也可以很方便地实现，无须周期性地调整索引自身结构。K-D 树的缺点是不直接支持占据一定空间范围的空间对象，如二维空间中的线和面。该缺点可以通过空间映射或变换的方法部分地得到解决。空间映射或变换就是将 $2n$ 维空间中的区域变换到 $2n$ 维空间中的点，这样便可利用点索引结构来对区域进行索引，原始空间的区域查询便转化为高维空间的点查询。但空间映射或变换方法仍然存在着缺点，如高维空间的点查询要比原始空间的点查询困难得多；经过变换，原始

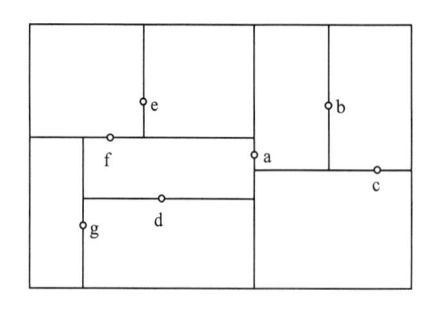

图 4.10　点对平面的 K-D 树分割 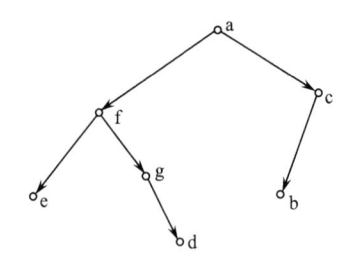　　　　图 4.11　点对平面划分生成的 K-D 树

空间中相邻的区域有可能在点空间中距离变得相当遥远，这些都将影响空间索引的性能。

3）R－树

R－树是一种高度平衡的树，由中间节点和叶节点组成，实际数据对象的最小外接矩形存储在叶节点中，中间节点通过聚集其低层节点的外接矩形形成，包含所有这些外接矩形。其后，人们在此基础上针对不同空间运算提出了不同改进，才形成了一个繁荣的索引树族，这是目前流行的空间索引。

与 K-D 树不同，R－树空间索引根据地物的最小外包矩形建立（图 4.12），直接对空间中占据一定范围的空间对象进行索引。R－树空间索引也是 B－树向多维空间发展的一种形式，它的结构和对空间的划分如下图，R－树每个节点 N 都对应着磁盘页 $D(N)$ 和区域 $I(N)$，如果结点不是叶节点，则该节点的所有子节点的区域都在区域 $I(N)$ 范围之内，且存储在磁盘页 $D(N)$ 中；如果节点是叶节点，那么磁盘页 $D(N)$ 中存储的将是区域 $I(N)$ 范围内的一系列子区域，子区域紧紧围绕空间对象，一般可以是空间对象的外接矩形。

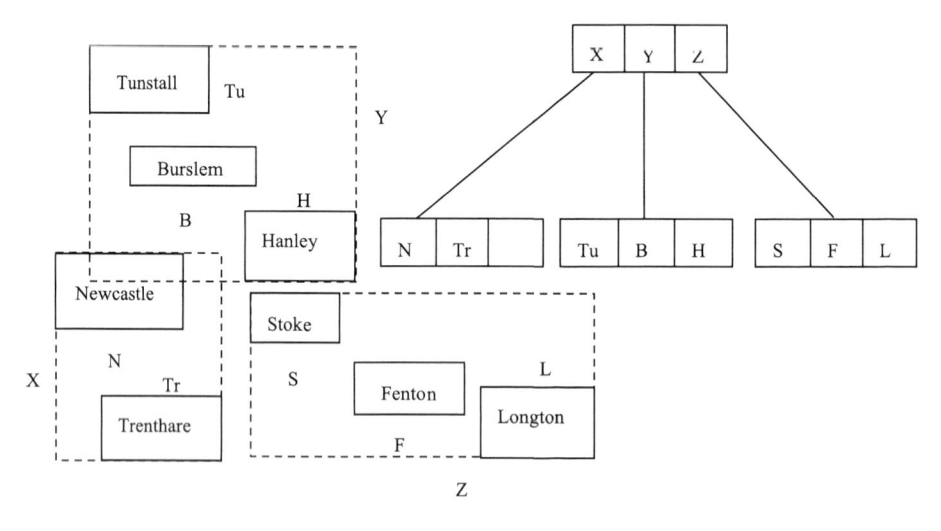

图 4.12　R－树

R－树中每个结点所能拥有的子结点数目是有上下限的。下限保证索引对磁盘空间的有效利用，子结点的数目小于下限的结点将被删除，该结点的子结点将被分配到其他的结点中；设立上限的原因是因为每一个结点只对应一个磁盘页，如果某个结点要求的空间大于一个磁盘页，那么该结点就要被划分为两个新的结点，原来结点的所有子结点将被分配到这两个新的结点中。

由于R－树兄弟结点对应的空间区域可以重叠，因此，R－树可以较容易地进行插入和删除操作；但正因为区域之间有重叠，空间索引可能要对多条路径进行搜索后才能得到最后的结果，因此，其空间搜索的效率较低。正是这个原因促使了R＋树（图4.13）的产生。在R＋树中，兄弟结点对应的空间区域没有重叠，而没有重叠的区域划分可以使空间索引搜索的速度大大提高；但由于在插入和删除空间对象时要保证兄弟结点对应的空间区域不重叠，而使插入和删除操作的效率降低。

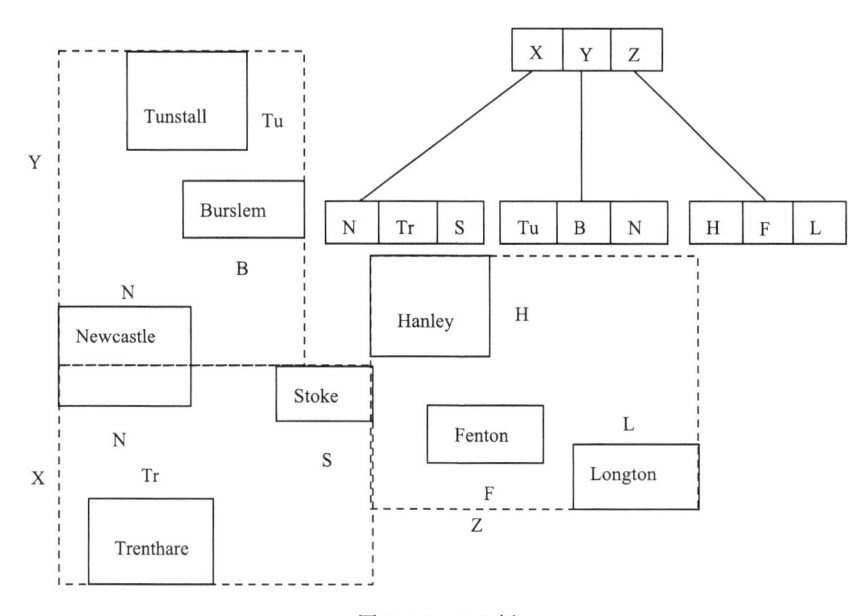

图 4.13　R＋树

4）CELL 树

考虑到R－树和R＋树在插入、删除和空间搜索效率两方面难于兼顾，CELL 树应运而生。它在空间划分时不再采用矩形作为划分的基本单位，而是采用凸多边形来作为划分的基本单位，具体划分方法与BSP 树有类似之处，子空间不再相互覆盖。CELL 树的磁盘访问次数比 R 树和 R＋树少，由于磁盘访问次数是影响空间索引性能的关键指标，故 CELL 树是比较优秀的空间索引方法（图4.14）。

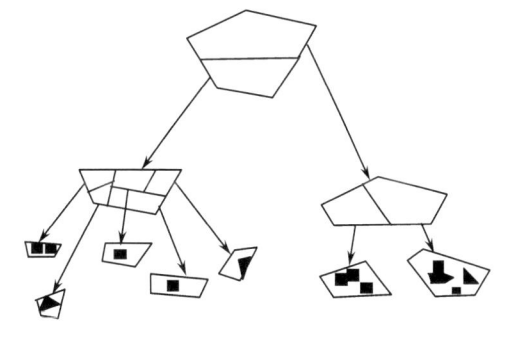

图 4.14　CELL 树

4. 基于主存的空间索引

　　随着半导体存储器价格的迅速下降，今天计算机主存之大是前几年无法想像的。当前个人廉价的计算机拥有五、六百兆乃至上千兆的主存已经很常见，而且个人计算机内存的大小还在飞速提升。这样大的主存空间足够容纳目前多数实际的空间数据库；而且即使空间数据库的规模大于上面提到的主存空间的规模，我们也有理由认为空间数据库中与操作相关的数据位于主存中，毕竟人一般不会关心太多的细节。基于以上的考虑，所以，在空间索引的研究中继续假设空间数据的主体位于磁盘上是不合适的，目前应侧重研究主存内空间数据的索引方法——面向主存的空间索引方法，面向主存的空间索引方法是主存空间数据库的一个重要组成部分。所谓主存空间数据库是指空间数据库的全部或大部分数据存储在主存内。主存空间数据库在正常操作时一般不与外存设备交换数据，因而性能优异。

　　计算机的主存和磁盘性质差别很大，访问主存要比访问磁盘快约三个数量级，这正是发展主存数据库的主要动力。

　　磁盘是面向块操作的存储设备，访问时有一个与数据量无关的固定时间代价——寻址时间，因此数据在磁盘上的组织很重要，如果能将相关的数据放入一个或几个相邻的磁盘块中，则能减少寻址时间，提高整个访问的效率；与此形成鲜明对照的是主存允许随机存取，访问时间与数据的组织基本无关。

　　在面向外存的空间索引中影响效率的主要因素是算法访问磁盘的次数；而在面向主存的空间索引中影响效率的主要因素是算法的计算量，即消耗 CPU 时间，二者有本质的不同。但在空间划分、空间对象分割等方面二者是可以相互借鉴的。

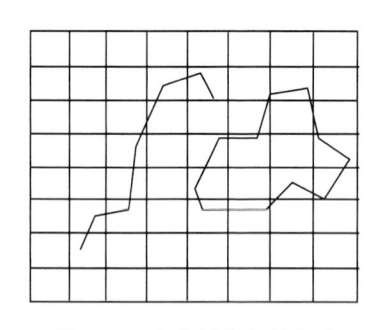

　　1）主存网格空间索引

　　主存网格空间索引是一种相对简单的主存空间索引，它规则地将二维数据空间划分为大小相等的网格（grid），每个网格分配一个动态存储区，全部或部分落入该网格的空间对象的标识及外接矩形存入该网格的动态存储区内，其中存储外接矩形信息是为了使索引在执行查询时更好地筛选空间对象。如图 4.15 所示，点状空间对象只属于一个网格；而线状和面状对象则有可能属于多个网格，可见主存网格空间索引是一种分割空间对象的索引方法，在主存网格空间索引中一个空间对象的信息可能会在多个动态存储

图 4.15　主存网格空间索引　　　　图 4.16　主存 F－树空间索引

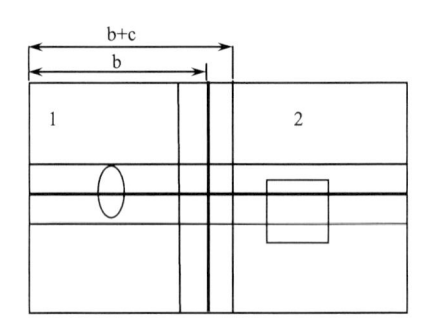

区内重复存储，不仅造成主存空间的浪费，而且加大各种操作的计算量。这种重复在网格较稀疏的时候也许并不明显，但随着网格数量的增加，被网格边界分割的空间对象总数的比例随之上升，重复存储的现象将十分严重，造成空间索引整体性能下降。

2) 主存F—树空间索引

主存F—树空间索引对二维数据空间的划分与主存网格空间索引截然不同，它是自顶向下逐级划分空间的。如图4.16所示，整个空间构成第一级划分，以后各级的划分与四叉树很类似，都是将一个上一级的区域（父区域）分为四个规则的子区域，不同之处在于每个子区域边长比四叉树中的子区域边长大。这样划分空间的好处是可以避免被四叉树子区域边界所切割的较小的空间对象进入上一级区域。如图4.16中的椭圆和长方形如果按四叉树方法划分空间将属于第一级划分——整个空间，而如果按F—树空间划分它们就属于下一级的区域，从而使空间对象的分布在整个数据结构中趋于合理，有利于查询时快速排除不相关的空间对象。显然，当 $c=0$ 时，F—树的空间索引划分就退化为四叉树的空间划分。

5. 基于数据库的空间索引

基于数据库的空间索引方式，与前两种索引方式有着本质的不同，比如，存储方式、实现手段等。

1) 索引实质不同

如果说基于文件的索引主要是优化 I/O，基于内存的索引主要是优化 CPU 计算量，那么基于数据库的索引则既要优化 I/O，又要优化 CPU 计算量。在基于文件的索引和基于内存的索引的实现过程中，程序员可以从数据结构，存储结构等多方面灵活控制实现的细节，而且大部分的工作都集中在数据结构，存储结构的设计上。但是，在基于数据库的索引中，由于数据库系统本身高度封装，用户调用接口集中在 SQL 语言的使用，对数据全部操作都是通过 SQL 调用实现的。对于同一个目的可以编写出不同的 SQL 语句，但不同语句间的执行效率是有很大差别的。所以，基于数据库的索引，实质上是基于数据库的 SQL 语言优化，通过适当的表结构设计，表索引设计，以及 SQL 查询的设计，达到对空间数据的快速检索。对于基于文件的索引和基于内存的索引，都是用结构来适应算法，而对于基于数据库的索引，是用算法来适应结构。所以，研究的起始点不同，在基于数据库的空间索引中，必须从一定的表结构出发，从访问 SQL 语句的优先级别入手，加以研究。不同索引方法特点比较见表4.1。

表 4.1 不同索引方法比较

索引方法	索引实质	特点
基于文件的索引	优化 I/O	用结构适应算法
基于内存的索引	优化 CPU 计算量	用结构适应算法
基于数据库的索引	既要优化 I/O，又要优化 CPU 计算量，实质上是基于数据库的 SQL 语言优化	用算法适应结构

2）基于数据库的空间索引的特点

无须对原始数据进行结构调整。基于文件的索引一般要对原始数据文件进行预处理，最终按照自己设计的文件格式存储数据。

通用性强。一是指所有数据库的访问方式都基本类似，使用标准的 SQL 语言，而基于文件方式下，不能保证访问的通用性。二是指对要被索引的空间数据表的格式没有具体的要求，这样对于一般的其他行业的表也可以适用。

在一定程度降低了索引设计的复杂度。因为 SQL 对于基本类型的数据都提供了强大的操作支持，所以就简化了很多工作。比如说，排重处理是索引设计中很重要的一个环节，但使用 SQL 语句设计索引，可能就不需要额外的排重处理。比如，语句 Select * from SpatialTable Where ID IN（1，8，9）和语句 Select * from SpatialTable Where ID IN（1，8，9，1，9），执行结果和效率都是一样的。所以在这种情况下就不需要排重处理。

在某些方面又增加了索引设计的复杂度。因为 SQL 本身是一种结构化语言，很难处理过程化的东西。比如，SQL 中不易处理嵌套循环，不能处理条件判断等。这在一定程度上增加了索引设计的难度和复杂度。另外还有很重要的一点，SQL 语句有一定的长度限制，这在设计索引中也是不得不考虑的问题。

4.5.2 空间索引与 B+树索引

与 B+树相比，多维索引或者空间索引利用了某种空间联系来组织数据项，数据项的码值可以看成是 k 维空间中的一个点（或者对于区域数据来说是区域），这里 k 是在索引中搜索码的字段的个数。

在 B+树索引中，<age，sal>值的二维空间是线性化的。也就是说，在二维空间域中的点是全排序的。首先对 age 进行排序然后对 sal 进行排序。在图 4.17 中，虚线表明了点存储在 B+树中的线性顺序。相对而言，空间索引是基于邻近度（在底层的二维空间中）来存储数据项的。在图 4.17 中，方框表明了点是如何存储在空间中索引的。

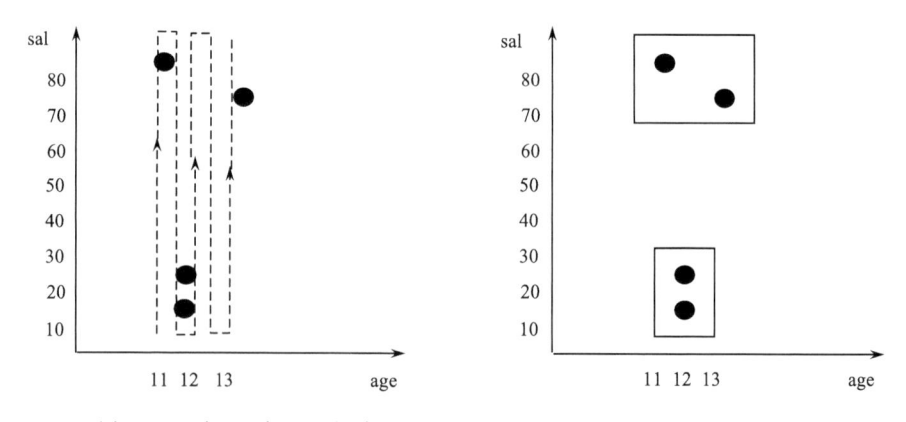

图 4.17　在 B+树和空间索引中数据项的聚集（Ramakrishnan，2003）

在下面用几个示例查询，对基于码＜age，sal＞的B＋树索引和基于age、sal值空间的空间索引进行比较：

age＜12：B＋树索引执行得非常好，而空间索引也能很好地处理这个查询，尽管在这种情况下它不能与B＋树进行比较。

sal＜20：B＋树索引是没用的，因为它不匹配这个选取选择条件。相反，空间索引就像处理前面的查询一样可以很好地处理这个查询。

age＜12∧sal＜20：B＋树只是有效地利用了对age的选择。如果多数元组满足age条件，那么它的性能就非常差。空间索引可以完全利用两种选择，然后返回那些同时满足age和sal条件的元组。为了用B＋树的索引完成这个查询，不得不分别对age和sal创建两个索引，用age上的索引检索满足sal条件的元组的rid，并对这些rid求交，最后得到rid的元组。

对于如下的查询形式，空间查询是非常理想的："找出一个给定点的10个最邻近的邻居"，以及"找出与一个给定点相距特定距离的所有点"。对B＋树索引来说，空间索引的缺点是：如果所有的数据项都按照age顺序进行排序，那么空间索引比以age为搜索码的第一个字段的B＋树索引要慢。

4.5.3 空间填充曲线的索引

1. 空间填充曲线

空间填充曲线基于这样一种假设：任何属性都可以用固定长度的位来表示，称为 k 位。沿着每一维值的最大数目是 2^k。尽管该方法可以处理任意维，但为了简单起见，这里只考虑二维数据集合。

如图4.18所示，空间填充曲线利用了域上的线性顺序。第一个曲线表明域的Z-排序曲线（用两个位来表示属性值）。一个结合的数据集合包括域中点的子集，同时在图4.18中它们显示为填充圆。不在给定集合中的域的点显示为非填充圆。考虑在第一个曲线中的X＝01和Y＝11的点。通过将X和Y值的位进行交错获得该点的Z-值为0111。即首先取X的第一位（0），然后是Y的第一位（1），然后是X的第二位（1），最后是Y的第二位（1）。在十进制表示中，Z-值0111等于7，同样点X＝01和Y＝11的Z-值为7（如图4.18所示）。这是空间填充曲线所"访问"的第8个域的点，它以点

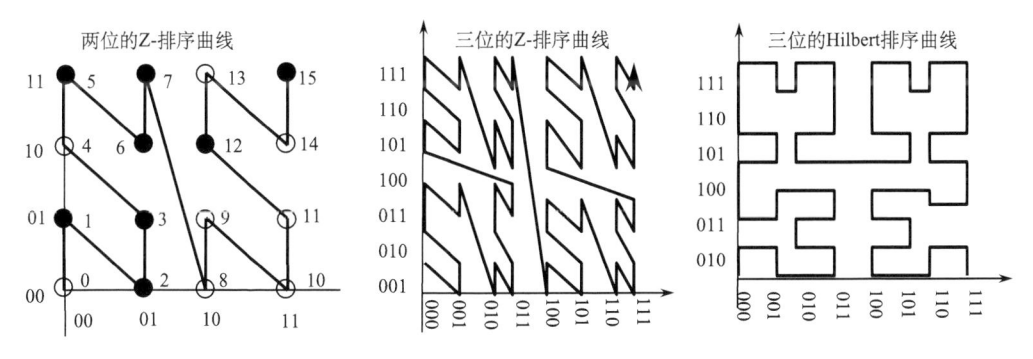

图4.18 空间填充曲线（Ramakrishnan，2003）

X=00 和 Y=00（Z-值为 0）为起点。

在数据集之中的点以 Z-值的顺序存储，同时以传统的索引结构来索引（例如，B+树）。也就是说，一个点的 Z-值和点存储在一起，同时作为 B+树的搜索码。（实际上，如果存储了点的 Z-值就没有必要存储它的 X 和 Y 的值，因为通过抽取交错的位能从 Z-值中计算出 X 和 Y 的值。）为了插入一个点，先计算它的 Z-值然后把它插入到 B+树中。删除和搜索类似，都是基于 Z-值进行计算，然后使用标准的 B+树搜索算法。

在 X 和 Y 字段的某种组合的基础上，使用 B+树索引方法的优点是那些在 X-Y 空间中邻近的点都聚集到一起。在 X-Y 空间查询现在转换为在 Z-值的线性区域上的查询，并且可以使用 Z-值上的 B+树得到有效的回答。

通过图 4.18 的第二个曲线，可以将使用 Z-排序曲线实现的点空间聚集看的更明显一些，它表示了属性值的三位表示的域的 Z-排序曲线。如果将所有点的空间可视化为四个象限的每一个，在曲线遍历到另外一个子象限以前完全地被遍历了。所以，一个子象限的所有点被存储在一起。

Z-排序曲线实现了点的良好的空间聚集，但是还可以进一步改进它。直观上讲，曲线有时要做长的对角线"跳跃"，同时跳跃连接的点在 X-Y 空间中相距很远，但在 Z-排序中却很邻近。图 4.18 中的第三种曲线——Hilbert 曲线就解决了这个问题。

2. Z-排序的四叉树表示

Z-排序指出了一种按照空间邻近度对点进行分组的方法。如果有区域数据怎么办呢？关键是理解 Z-排序是如何将数据空间递归分解成像限和子象限的，如图 4.19 所示。区域四叉树结构直接对应于数据空间的递归划分。在树中的每一个点对应于数据空间的矩形区域，作为特殊情况，根节点对应于整个数据空间，而一些叶子节点精确对应于一个点。每个内部节点有四个孩子，对应于该节点所对应的空间被划分的四个象限：00 标识左下角的象限，01 标识左上角的象限，10 标识右下角的象限，同时 11 标识右上角的象限。

在图 4.19 中，考虑根节点的孩子。所有对应于 00 孩子象限中的点具有的 Z-值都以 00 开始，在 01 孩子对应象限在的所有点具有的 Z-值是以 01 开始的，依此类推。实际

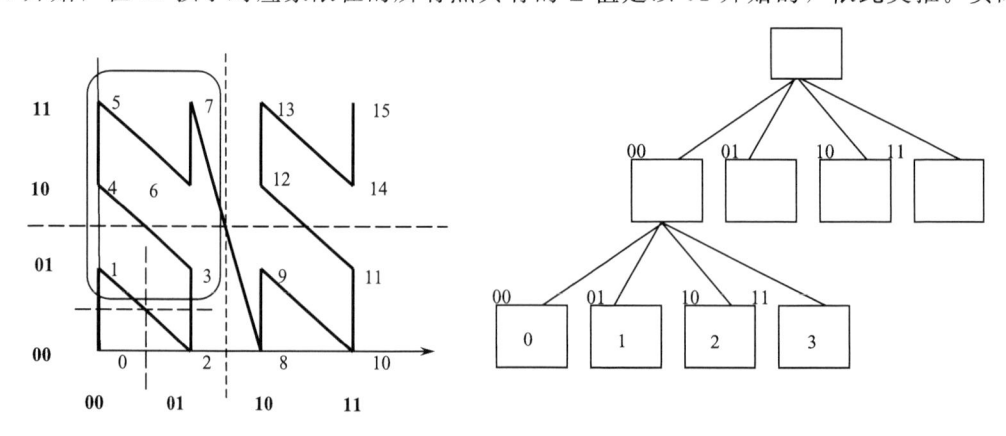

图 4.19 Z-排序和区域四叉树（Ramakrishnan，2003）

上，一个点的 Z-值可以通过对从根节点到叶子节点（对节点和连接点的所有边进行标记）的路径进行遍历而获得。

考虑图 4.19 中圆角矩形所表示的区域。假定矩形对象存储在 DBMS 中，同是给定唯一的标识（oid）R。R 包括在根节点的 01 象限中的所有点，以及根节点 00 象限中的 Z-值为 1 和 3 的点。在图中，点 1 和 3 的节点和根节点的 01 象限用黑色的边界表示出来。同时，黑色的点标识矩形 R。三条记录＜0001，R＞、＜0011，R＞和＜01，R＞可以用来存储这条信息。每条记录的第一个字段是 Z-值。这些记录聚集在一起，同时使用 B+树来对该列进行索引。这样，一个 B+树用来实现一个区域四叉树，就像它被用于实现 Z-排序一样。

注意，如果区域对象可以用细节的近似级别来表示，那么它就可以用更少的记录来存储。例如，矩形 R 可以使用两个记录＜00，R＞和＜01，R＞来标识。这就是用根节点的左下和左上象限对 R 进行近似表达。

区域四叉树的思想不仅可以在二维上来实现，在 k 维中，每个节点区域划分 2^k 个子区域，对于 $k=2$，将空间划分为 4 个相等的部分（象限）。

根据空间实体在格网上分布密度的不同，进行一分为四的逐级划分。目标密集的区域，四叉树的格网小；目标稀疏的区域，格网大。查找空间实体时，首先查找四叉树格网包含的空间实体，加快查询速度。

3．Z-排序的空间查询

区域查询可以通过将查询转换为用 Z-值表示的区域集合来处理（在区域数据和区域四叉树的讨论中已经看到如何做），然后搜索 B+树来查找匹配的数据项。

尽管需要一些技巧，但同样可以处理最邻近查询，因为在 Z-值空间中的距离不总是对应到原始的 X-Y 坐标空间（回忆在 Z-排序曲线中的对角线跳跃）中的距离。基本的思路是首先计算查询的 Z-值，然后使用 B+树找出最邻近的 Z-值的数据点。最后，为了确保没有漏掉任何在 X-Y 坐标空间中较邻近的点，需要计算出被查询点和检索到的数据点之间的实际距离 r，然后计算一个以查询点为中心，以 r 为半径的区域查询。最后检索所有找到的点，并返回离查询点最近的那个点。将这种方法扩展到区域查询就可以处理空间连接。

4.5.4　网　格　文　件

网格空间索引基本思想是将研究区域用横竖线条划分大致相等和不等的网格，记录每一个网格所包含的空间实体。当用户进行空间查询时，首先计算用户查询对象所在的网格，然后再在该网格中快速查询所选空间实体，这样一来就大大地加速了空间对象的查询速度。

与 Z-排序方法（将数据空间划分为不相交的数据集）相比，网格文件在给定的数据集中以反映数据分布的方式将数据空间进行划分。这种方法用来保证任何点查询（检索与被查询点相关信息的查询）最多只需要两次磁盘存取。

网格文件依赖于网格目录识别出包含所需要的点的数据页。网格目录类似于用在可扩展哈希中的目录。当搜索一个点的时候，首先找到网格目录中相应目录项。网格目录中的目录项就像点的存储页的可扩展哈希目录中的目录项一样（如果点存储在数据库中的话）。为了理解网格文件结构，首先需要理解如何找出给定点的网格目录的目录项。

这里讨论二维数据的网格文件结构。该结构可以推广到任意维，为了简化，这里仅讨论二维的结构。网格文件使用与坐标轴平行的线将空间分为矩形区域，通过说明坐标轴上的分割点就可以描述网格文件的划分。如果 X 轴被分割成 i 个部分，Y 轴被分割成 j 个部分，那么总共有 $i \times j$ 个划分。网格目录是一个 $i \times j$ 的数组，每个划分是一个目录项。这些信息存储在一个称为线性比例的数据组中，每个坐标轴都有一个线性比例。

图 4.20 说明了如何使用网格文件索引来搜索一个点。首先，使用线性比例来找出给定点的 X 值所在的 X 段，以及 Y 值所在的 Y 段，这将识别出给定点的网格目录的目录项。假定所有的线性比例都存储在主存中，因此这一步不需要磁盘 I/O。下一步，要提取网格目录项目。因为网格目录也许太大不能装到内存中，而需要存储在磁盘上。然而，由于网格目录的目录项是按行或列的顺序来排序的，所以可以找出给定目录项所在的页，只需一次磁盘 I/O 就可以读取它。网格目录的目录项给出包含所需点的数据页的 ID，利用这个 ID 再需一次磁盘 I/O 检索出需要的页。这样，通过两次磁盘 I/O 就检索出一个点——一次 I/O 用于目录项，另外一次用于数据页。

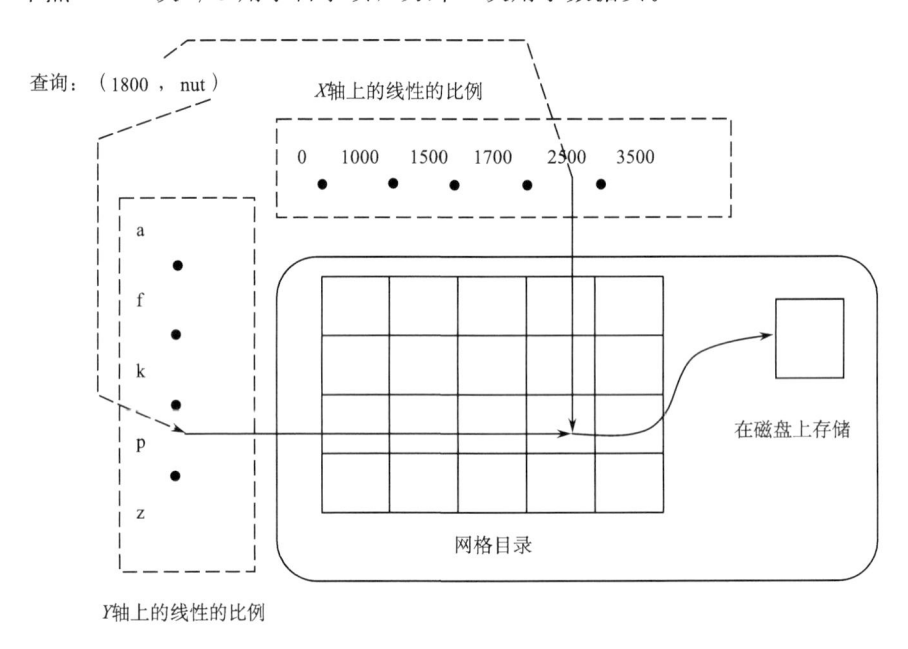

图 4.20 在网格文件中搜索一个点（Ramakrishnan，2003）

使用网格文件可以很容易地解决区域查询和最邻近查询。对于区域查询，使用线性比例确定要读取的网格目录的目录项的集合。对于最邻近查询，首先检索出给定点的网格目录的目录项，然后搜索它指向的数据页。如果这个数据页是空的，再使用线性比例来检索与包含查询点的划分最接近的网格划分所对应的数据项。在所有这些划分中检索所有的数据点，并检查它们对于给定点是否邻近。

网格文件依赖于这样一个性质：一个网格目录的目录项指向包含所需数据点的数据

页（如果点在数据库中的话）。这意味着如果一个数据页是满的，而且有新点要插入到该页中，则需要分裂网格目录以及与被分裂维对应的线性比例。为了有效地利用空间，允许几个网格目录的目录项指向同一页。也就是说，空间的几个划分可以映射到同一个物理页，只要所有这些划分中的点集合适合在一个单独的页中存储。

将点插入到网格文件中如图 4.21 所示，它有四个部分，每个部分都是网格文件的一个快照。每个快照只显示一个网格目录和数据页，为了简化，省略掉了线性比例。开始时（图的左上部分）只有三个点，所有部分都能放到一个单独的页（A）里。网格目录只包含一个目录项，它覆盖整个数据空间，指向数据页 A。

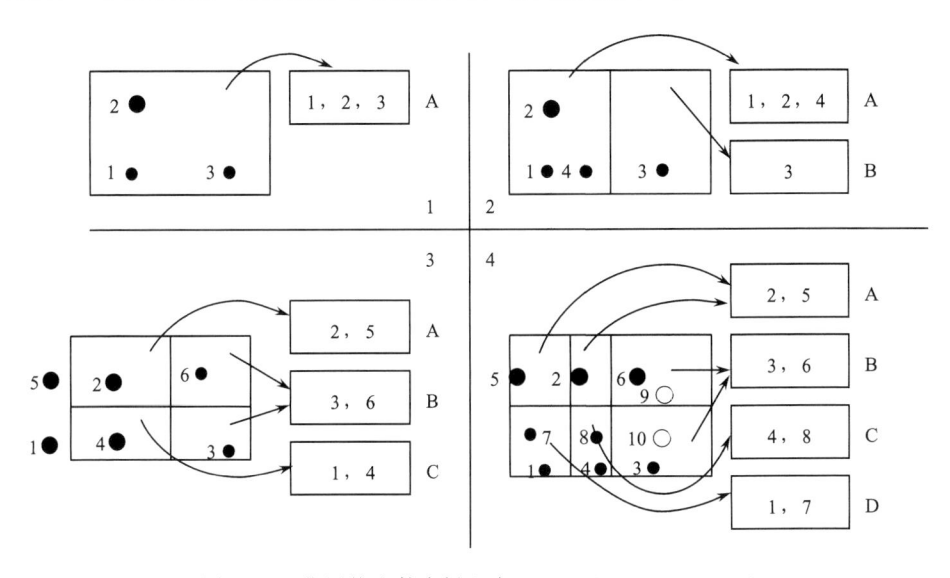

图 4.21 往网格文件中插入点 (Ramakrishnan, 2003)

在本例中，假定一个数据页的容量是三个点。这样，当要插入一个新的点的时候，就需要另外一个数据页。为了得到一个新的目录项指向新的页，网格目录也被迫分裂。为此需要沿着 X 轴进行划分来获得两个相等的区域，其中一个区域指向页 A，另外一个指向新数据页 B。数据点在 A 和 B 页上重新分布以反映网格目录的划分。结果显示在图 4.21 的右上部分。

图 4.21 的左下部分说明了两次插入以后的网格文件。点 5 的插入使得重新划分网格目录，因为点 5 在指向页 A 的区域中，而页 A 已经是满的。因为前面的分裂是沿着 X 轴划分的，所以现在沿着 Y 轴进行划分，然后在页 A 和新页 C 的新分布页 A 中的点（以轮转和方式选择划分的轴是划分策略之一）。可以发现分解指向页 A 的区域同样引起指向页 B 的区域划分，从而导致两个区域指向 B。接着插入点 6 是直接的，因为它在指向页 B 的区域中，而页 B 有空间容纳新的点。

接下来考虑图的右下部分。它表明了插入两个点 7 和 8 以后的示例文件。点 7 的插入使得页 C 成为满的，随后的点 8 的插入引起了一次新的分裂。这一次，沿着 X 轴进行分裂，然后将页 C 中的点分布到页 C 和新页 D。可以注意到，网格目录在越是包含多数点的数据空间部分，就越是被划分，同时划分对数据分布是敏感的，就像在可扩展哈希中的划分一样，也能处理偏斜的划分。

最后，考虑点 9 和点 10 的潜在插入，它们显示为圆，以表示这些插入的结果没有反映到数据页上。插入点 9 填充在页 B，然后接下来点 10 的插入需要新的页。然而，网格目录没必要进一步划分——点 6 和点 9 可以在页 B 中，点 3 和点 10 可以移到新的页 E 中，同时指向页 B 的第二个目录项可以重新设置为指向页 E。

从网格文件中删除点是比较复杂的。当一个数据页低于某个占有阈值时，例如少于一半，它就必须与其他某个页进行合并以保持良好的空间利用率。这里不再详细讨论细节问题，但需要注意的是，为了简化删除，对于指向单个数据页的网格目录集合要有凸面：即由网格目录项的集合定义的区域必须是凸的。

虽然有两种基本的方法来处理网格文件中的区域数据，但没有一种令人满意的。首先可以用高维空间中的点来表示一个区域。例如，通过存储矩形的对角点可以把二维空间中的矩形表示为四维空间中的点。这种方法不支持最邻近查询和空间连接查询，因为原始空间中的距离不能反映为高维空间中的点之间的距离。

第二种方法是在每个覆盖区域对象的网格划分中存储一条表示区域对象的记录。这也不能令人满意，因为它导致了许多附加的记录，使得插入和删除更加麻烦。

总的来说，网格文件不是存储区域数据的好结构。

4.5.5 点和区域的 R 树索引方法

R 树是处理空间数据的 B+ 树的改进，它像 B+ 树一样，是一个高度平衡的数据结构。R 树的搜索码是区间的集合，一个区间是一维。可以把搜索码看成是一个被这些区间所包围的方框，方框的每一条边都和坐标轴平行。R 树中搜索码的值将被称为边界框。

R 树和 R+ 树索引：R 树是一个与 B 树类似的动态平衡树，根据地物的最小外包矩形建立，可以直接对空间中占据一定范围的空间对象进行索引。由于 R 树结点对应的空间区域可以重叠，因此，R 树可以较容易地进行插入和删除操作；但正因为区域之间有重叠，空间索引可能要对多条路径进行搜索后才能得到最后地结果，因此，其空间搜索的效率较低。

在 R+ 树中，结点对应的空间区域没有重叠，使得空间索引搜索的速度大大提高，但由于在插入和删除空间对象时要保证结点对应的空间区域不重叠，而使插入和删除操作的效率降低。

一个数据项是由 <n 维方框，rid> 对组成的，这里 rid 标识一个对象，方框是包含这个对象的最小方框。作为特殊情况，如果数据对象是一个点而不是区域，那么，这个方框就是一个点。数据存储在叶子节点中。非叶子节点包含的索引项的形式为 <n 维方框，指向子节点的指针>。在非叶子节点 N 上的方框是包含所有与孩子节点相关联的所有方框的最小方框，形象地说，它包围了在以节点 N 为子树根的所有数据对象的区域。

图 4.22 描述了 R 树实例的两个视图。第一个视图描述了树的结构，第二个视图描述了数据对象和边界框在空间是如何分布的。

在实例树中有 19 个区域。区域 R8～R19 表示数据对象，同时在叶子级别上表现为

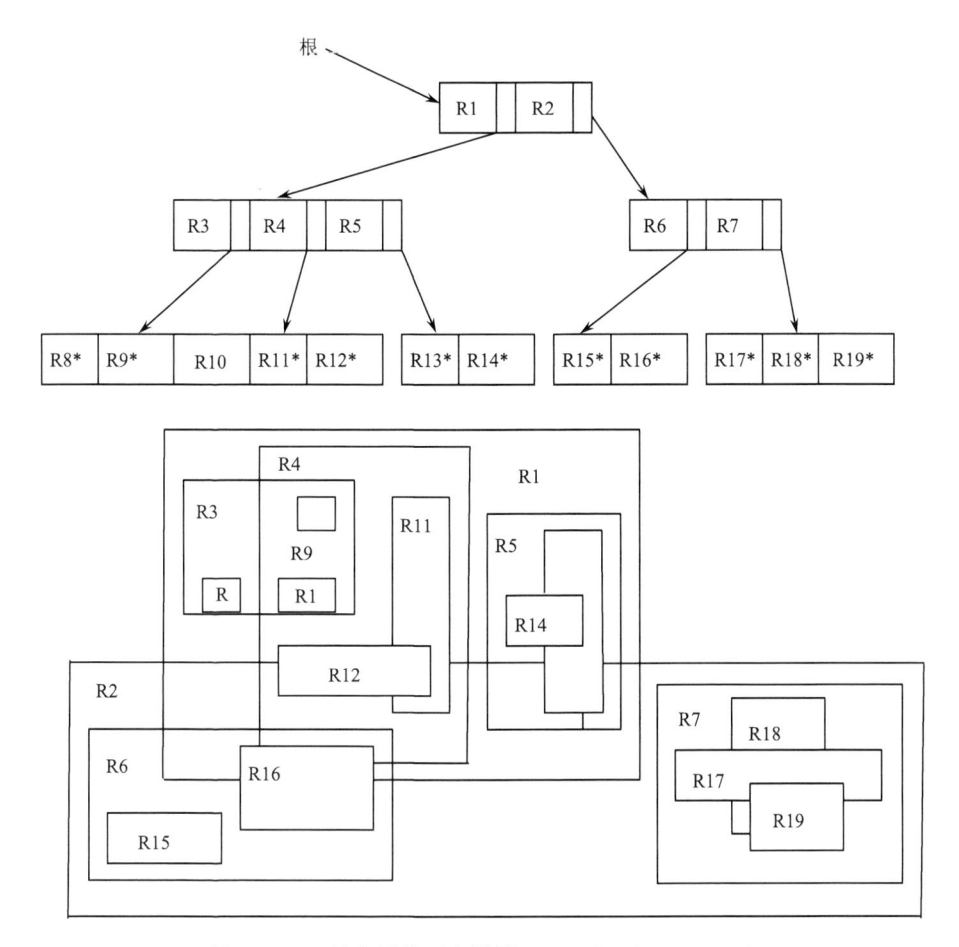

图 4.22　R 树实例的两个视图（Ramakrishnan，2003）

数据项。例如，项 R8 * 由区域 R8 的边界框和底层数据对象的 rid 组成。区域 R1~R7 表示树的内部节点的边界框。例如，区域 R1 是包含左子树空间的边界框，它包括数据对象 R8、R9、R10、R11、R12、R13 和 R14。

一个给定节点的两个孩子的边界框可以重叠，例如，根节点的孩子边界框 R1 和 R2 是重叠的。这意味着一个满足所有边界框约束的给定数据对象可以包含在多个叶子节点中。但是，每个数据对象都精确地存储在一个叶子节点中，即使它的边界框落在多个高层节点对应的区域内。例如，考虑 R9 表示的数据对象。它同时包含在 R3 和 R4 中，可以被放置在第一个或者第二个叶子节点中（在树中从左到右）。这里选择将它插入到最左边的叶子节点中而没有插入到树中其他任何地方。

1. 查询

为了搜索一个点，需要计算机对应该点的边界框 B，然后从树根开始查找。首先测试树根的每个孩子的边界框以确定它是否与查询框 B 重合，如果重合就搜索以这个孩子为根的子树。如果树根的多个孩子的边界框都与 B 重叠，那么就必须搜索所有相应的子树。这是与 B+树的一个重要差别：即使一个点也可能导致搜索沿着树的几条路径进行。当到达叶子节点时，检查叶子是否包含需要的点。当查询点所在的区域不被任何一个与叶子节点相对应的框覆盖时，就可能不会访问到一个叶子节点。如果搜索没有访问到任何叶子节点，那么查询点就不在索引的数据集中。

区域对象的搜索和区域查询的处理是类似的，都是首先计算需要的区域边界框，然后像搜索一个对象那样进行区域查询，当到达叶子节点后，检索属于该叶子的所在区域对象，并测试以确定它们是否与给定的区域重叠（或者被包含，这取决于查询）。需要注意的是即使对象的边框与查询区域重叠，对象本身也可能不重叠！

例如，假设查询区域是表示对象 R8 的边界框，希望找出查询区域覆盖的所有对象。首先，从树根开始，发现查询框与 R1 重叠而不与 R2 重叠。这样，就搜索左子树，而不搜索右子树。接着发现查询框与 R3 重叠而不与 R4 或者 R5 重叠，因此继续搜索最左边的叶子，找到对象 R8。再如，假如查询区域与 R9 重叠而不与 R8 重叠。查询框还是覆盖 R1 而不是 R2，那么仍然只是搜索左子树。现在找到查询框与 R3 和 R4 重叠，但是不与 R5 重叠。因此，搜索 R3 和 R4 数据项指向的孩子。

对基本的搜索策略还可以进一步求精，用线性约束集合定义的凸区域而不是边界框来近似查询区域，然后沿着树向下搜索的时候，测试这个凸区域是否与节点的边界框重叠。这样做的好处是凸区域比边界框更逼近对象，有时即使边界框的交不为空也不存在重叠。从查询代价上考虑，重叠测试的开销要大一些，但这是纯 CPU 的开销，与潜在的磁盘 I/O 比较起来是可以忽略的。

注意使用凸区域来近似 R 树中与节点相关联的区域同样能减少错误重叠的可能性——边界框重叠，而数据对象与查询区域不重叠——但是存储凸区域信息的开销比存储边界框的开销要大得多。

为了搜索一个给定点的最近的邻居，可以像搜索点本身一样进行处理。先检索作为搜索一部分的叶子节点中的所有点，然后返回与查询点最近的点。如果没有访问到任何叶子节点，就以查询点为质心的一个小边界框代替查询点，重复搜索。如果还是不能访问到任何叶子节点，就增大框的范围，然后再次进行搜索，继续这个过程直到找到一个叶子节点为止。于是，在搜索的迭代中考虑了从叶子节点中检索到的所有点，然后返回与被查询点最近的点。

2. 插入和删除操作

为了插入 rid 为 r 的数据对象，需要计算对象的边界框 B，然后将<B，r>对插入到树中。从根节点开始遍历从根节点到树叶节点的一条单独路径（与搜索相比，搜索可能要遍历几条这样的路径）。在每一级选择这样的子节点：它的边界框只需最小的扩大（按照面积的增长进行度量）就可以覆盖边界框 B。如果几个子节点都可以覆盖 B 的边界框（或者是为了覆盖 B 的边界框需要相同的增长），那么从这些子节点中选择具有最小边界框的节点。

在叶子级我们插入对象，而且如果有必要，还需要扩大叶子节点的边界框以覆盖边界框 B。如果需要扩大叶子节点的边界框，那么就必须将其辐射到叶子节点的祖先，为什么呢？因为在插入完成以后，每个节点的边界框都必须覆盖所有后代的边界框。如果叶子节点没有空间以插入新的对象，就必须把节点进行分裂，然后把数据项重新分布到老的叶子节点和新的节点。同时必须调整老叶子节点的边界框,将新叶子节点的边界框插入到它的父亲中。当然,所有这些改变能够沿着树向上进行传播。

最小化 R 树中的边界框之间的重叠是非常重要的,因为重叠可以引起沿着多条路径进行搜索。当一个节点分裂时目录项如何分布对重叠量有很大的影响。图 4.23 说明了一个节点分裂时两种不同的分布情况。这里有四个区域 R1、R2、R3 和 R4 分布到两个页中。第一次分裂(虚线所示)将 R1 和 R2 放到一个页中,R3 和 R4 放到另一个页中。第二次分裂(实线所示)把 R1 和 R4 放到同一个页中,R2 和 R3 放到另外一个页中,很明显,新页的边界框的总面积要比第二次分裂要小很多。

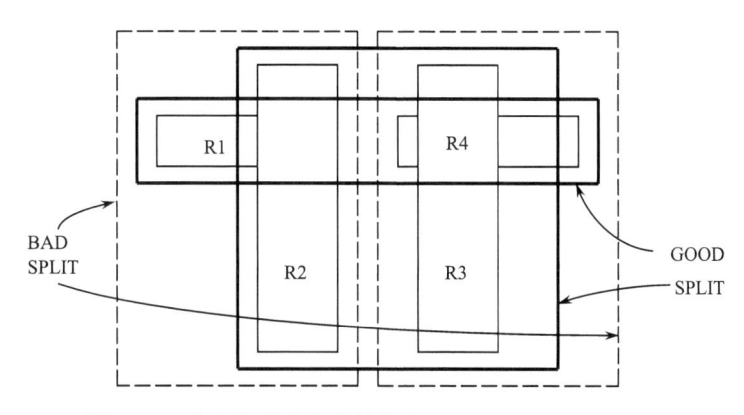

图 4.23　节点分裂后的重新分布(Ramakrishnan,2003)

使用好的插入算法使重叠最小化对查询性能是非常重要的。R 树的一种变形为 R*树,它引入了强制重新插入的概念以减少重叠:当一个节点溢出时,不是马上就分裂,而是去掉一些目录项(大约叶子内容的 30% 时较好)再把它们插入到树中。这可能使所有的目录项满足某个已有的页,从而消除了分裂的需要。R*树的插入算法同样要将方框周长而不是方框面积最小化。

为了从 R 树中删除一个数据对象,不得不处理搜索算法,并且可能还要检查多个叶子。如果对象在树中,就去掉它。原则上,尽量缩小包含对象的叶子的边界框以及所有祖先节点的边界框。在实际中,通常只是简单地将对象移走来实现删除操作。

还有一种变形叫作 R+树,它在需要时可以将对象插入到多个叶子中以避免重叠。考虑节点 N 上,边界框为 B 的对象的插入。如果边界框 B 与 N 的多个孩子相关联,那么对象就插入到每个这样的孩子的子树中。为了插入边界框为 B_c 的孩子 C 中,就得考虑对象的边界框为 B 和 B_c 的覆盖。更加复杂插入策略的好处是搜索可以沿着从根节点到叶子的一条单独的路径进行。

第5章 空间数据模型

在第2章第2.2节介绍地理空间实体的数据描述方法和第3章基本数据结构的基础上，本章主要介绍实体模型、数据模型、面向对象模型和空间数据模型的基本概念和物理实现，给出了面向对象的空间数据模型的结构，接着介绍了正在发展中的时空数据模型和三维数据模型，最后介绍了几种常见国内外软件空间数据模型。

5.1 实体模型

5.1.1 模型

客观世界的事物是无穷无尽的，要研究、认识、利用和改造它们，就必须做必要的概括与抽象，即理想化和模型化，以便揭示出控制客观事物演变的基本规律，作为利用和改造客观世界的手段。

科学研究中一种普遍采用的方法是模型方法。模型是现实世界事物本质的反映或科学的抽象或简化，能反映事物的固有特征及其相互联系或运动变化规律。一个模型是现实世界的表达或描述，用我们能理解的东西去表示我们希望了解的东西。因此，模型不等于被描述的对象，犹如文字不等于就是被描述的事物，符号也不是用符号所表示的事物，地图并不就是它所表示的地理区域一样。利用模型，人们可以了解，观察和分析研究事物的特性，预测和控制事物的发展变化。模型概念也是系统论和控制论中的一个基本概念。

模型反映的对象是一种或一类特定事物，它可以是自然界任何有生命的或无生命的实体、事物和现象。模型本身和对象间存在某种相似性。这种相似性可以是外表的，也可以是内部结构的相似，或者对象与模型在形状和结构上毫无共同之处，但在某些行为的一般性质方面却相似。行为上的相似性，可以建立运动或变化模型，从系统论、控制论观点来看，是最重要的相似性，建立模型就是要用模型有效地表示对象的相似性，对象又称为模型的原型。

5.1.2 实体模型

实体是现实世界中客观存在并可相互区别的事物，可以指人、指物，也可指物体间的联系，现实世界中的事物是彼此关联。任何一个实体都不是孤立存在的，因此描述实体的数据也是互相联系的。利用实体内部的联系和实体间的联系来描述客观事物及其联系，称实体模型。实体模型是设计数据库的先导，是确定数据库包含哪些信息内容的关键。

1. 对象与属性

在观念世界中，我们用实体描述客观事物。实体可分成"对象"与"属性"两大类：如道路、居民地、水系和植被等属于前者；后者表示对象的某种特性，如道路类型、宽度、路面质量，表示了对象"道路"的三个方面的特征。实体具有属性。属性是表示实体的某种特征。对象与属性分别是客观事物中对象与性质的抽象描述，既有区别又有联系。一个对象具有某些属性，若干属性又描述某个对象。但这种区别又是相对的。即一个对象具有的某一属性，又可能是另一些属性描述的对象。例如，对象"道路"具有属性：编号、道路等级，桥梁等，而桥梁又是属性桥梁宽、桥梁长、桥梁高、桥梁建筑材料等所描述的对象。

不能再细分的属性称为原子属性，如居民地的人口，行政编码等；还可细分的属性为可分属性，如居民地的"名称"可分为"主名称"、"副名称"，"道路宽"可分为"路面宽"和"路宽"等。当然可分与不可分也具有相对性。例如，在地形图上描述海上助航设备时，"灯塔"可作为原子属性，对一般读图者来说只须指出该处有个灯塔即可；但对于航海者来说，航海时需要了解灯塔的航标系统、标身颜色、发光类型、发光周期、光色，灯高、射程等。因而"灯塔"变成了可分属性。"发光周期"还可以为"小时"、"分"、"秒"。可见，可分属性又由原子属性、可分属性组成。

上述对象与属性，原子属性与可分属性之间的相对性问题，对构造实体模型非常重要。因为，其所以具有相对性是由于描述的事物不同，观察研究问题的角度不同而引起的。所以在构造实体模型时，要辩证地研究客观事物。

2. 个体与总体

实体又可分为两级，一级是"个体"，指单个的能互相区别的特定实体。"黄河大桥"、"107 国道"；另一级是"总体"，泛指某一类个体组成的集合，又称"实体集"。如"公路"泛指"107 国道"、"130 国道"等个体组成的集合。

概括地说，对象与属性的联系是对象内部的联系，而个体与总体的联系是对象的外部联系，但随着考虑问题的范围的变化，内部与外部的概念也在变化，从小范围看是外部的东西，从大范围看就是内部的了。

3. 实体之间的联系

客观事物联系可概括成两种：实体内部各属性之间的联系，反映在数据上是记录内部的联系；实体之间的联系，反映在数据上则是记录之间的联系。

设有两个均包含有若干个体的总体 A、B，其间建立了某种联系。可将联系方式分为如下三种：

1）一对一联系

如果总体 A 中的任一个体至多对应于总体 B 中的一个个体，反之，B 中的任一个体至多对应于 A 中的一个个体，则称 A 对 B 是一对一联系，记为 1：1，如图 5.1 所示。

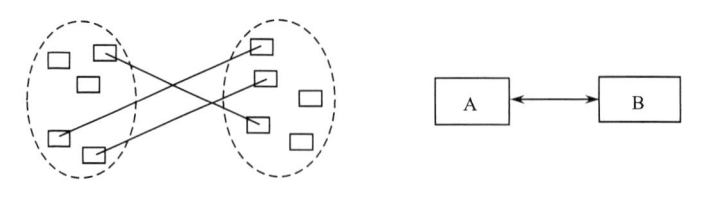

图 5.1　一对一联系

2) 一对多联系

如果总体 A 中至少有一个个体对应于总体 B 中一个以上个体,反之,B 中任一个体至多对应于 A 中一个个体,则称 A 对 B 是一对多联系。记为 $1:n$,如图 5.2 所示。

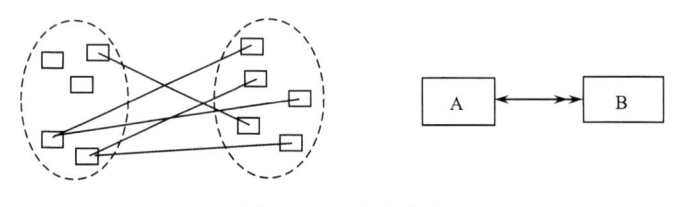

图 5.2　一对多联系

3) 多对多联系

如果总体 A 中至少有一个个体对应于总体 B 中一个以上个体,反之,B 中也至少有一个个体对应于 A 中一个以上个体,则称 A 对 B 是多对多联系。记为 $m:n$。

现实世界中,观众与座位之间,车票与乘客之间都存在 $1:1$ 的联系,父亲对子女,省对县之间都是 $1:n$ 的联系。学生与课程、商店与顾客是 $m:n$ 的联系。实体间的联系可用图 5.3 表示如下

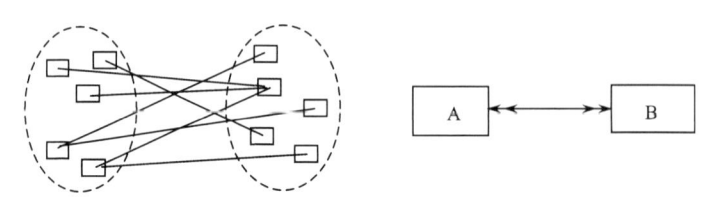

图 5.3　多对多联系

实际上,$1:1$ 联系是 $1:n$ 联系的特例,$1:n$ 又是 $m:n$ 联系的特例,它们之间的关系是包含关系。

4. 实体模型图

实体模型图捕捉并记录数据设计的实体、实体属性和实体间的联系。实体模型图直观地表示模式的内部联系。实体模型图主要组成为实体、属性、联系和关联的基数(cardinality)。实体用矩形框表示,框中有实体名——例如,实体道路可用含有 ROAD 一词的矩形框表示。实体的属性用椭圆表示,椭圆框中含有属性名。属性名用小写字母书写,如图 5.4 所示。实体模型图中用连线表示联系。

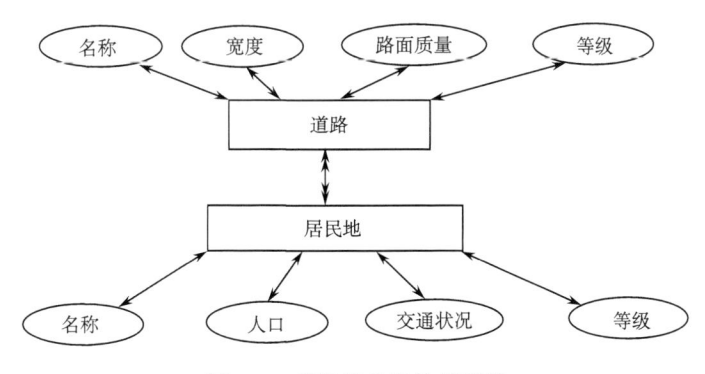

图 5.4 道路信息实体模型图

在数据模式图中，这些联系用带有描述联系基数信息的连线表示。对于一对一联系，用一个线段连接两个实体。第二种联系类型是一对多联系。一对多联系可用两种方法表示。第一种用单向箭头指向一实体，用双向箭头指向多实体。第二种从一实体引出多条线段扇出到多实体。第一种方法在第 8 章中描述的实体联系模型中更常见。后一种形式更常用在一般工程方法论中。第三种联系类型是多对多联系。通常使用两种约定。第一种约定使用两端都带箭头的线段表示多对多联系。此图形表示在实体联系模型中很典型。第二种约定使用两端的线段表示多对多联系。

5.2 数据模型

数据模型（data model）是关系数据和联系的逻辑组织形式的表示，以抽象的形式描述系统的运行与信息流程，是计算机数据处理中一种较高层的数据描述。数据模型是有效地组织、存储、管理各类数据基础，也是数据有效传输、交换和应用的基础。不同的数据模型是用不同的数据抽象与表示能力来反映客观事物，有其不同的处理数据联系的方式。数据模型是描述数据库的概念集合。这些概念精确地描述了数据、数据关系、数据语义以及完整性约束条件。通常数据模型由数据结构、数据操作和完整性约束三部分组成。数据结构是指所研究的对象类型的集合，包括与数据类型、内容、性质有关的对象和与数据间联系有关的对象。

每一个实体的数据库都由一个相应的数据模型来定义。简单对象，可以用一种模型来描述。复杂对象，可以对各部分分别采用不同的模型来表示。描述一个对象的模型不是唯一的，可以从不同角度，采用不同的模型描述和研究。

在数据库系统中，现实世界中的事物及联系是用数据模型描述的，数据库管理系统就是在一定的数据模型基础上实现的。数据库各种操作功能的实现是基于不同的数据模型的，因而，数据库的核心问题是数据模型。

数据模型的设计需要对客观事物有充分的了解和深入的认识，建立客观事物的实体模型，再将实体模型转换成数据模型，实体模型和数据模型是对客观事物及其联系的两级抽象描述。

数据库系统中常采用三种数据模型来描述各种实体模型：层次模型、网状模型、关系模型。

5.2.1 层次模型与树结构

层次模型是数据处理中发展较早、技术上也比较成熟的一种数据模型。典型的较为有名的层次模型是美国 IBM 公司的 IMS（information management system）系统，它 1968 年问世，是世界上第一个数据库管理系统。

1. 层次模型的概念

层次模型它的特点是将数据组织成有向有序的树结构。用树形结构来表示实体间联系的模型称层次模型，层次模型一般只能表示实体间一对多的联系。因为树除根之外，任何结点只有一个父亲，所以层次模型不能用来表示多对多联系，但表示一对多联系则清晰、方便。

这种树可同时用于逻辑和物理数据的描述，在逻辑数据描述中，它们描述记录类型之间的联系，即描述数据模型；在物理数据描述中它们被用于描述指示器集合，即描述物理结构。

层次模型中的结点是记录类型，是描述在该结点处的实体的属性数据的集合。当每个结点的记录类型相同时，称为同值结构，如家族树结构；若每个结点有着不同类型的记录，则称非同质结构。每个根的值引出一个逻辑数据库记录，即层次数据库由若干树构成。

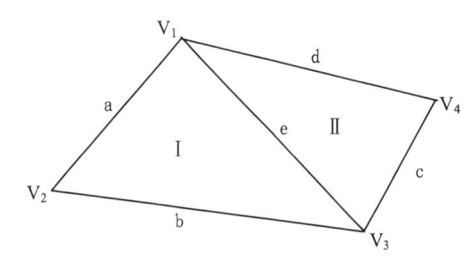

图 5.5 点、线和多边形空间关系表示

空间数据的位置特征，导致了空间实体分布特征和空间关系，如第 2 章的 2.3.3 所述，点、线和多边形空间关系如图 5.5 所示，用层次模型表示如图 5.6 所示。

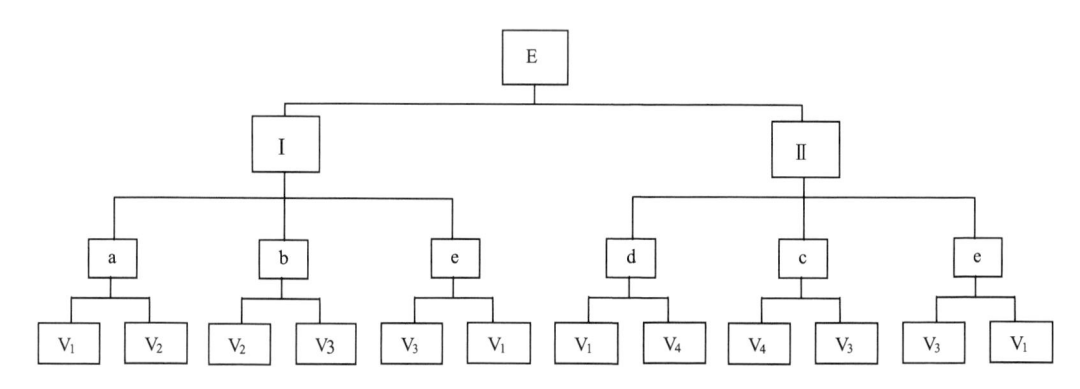

图 5.6 用层次模型表示

空间数据有明显的层次关系。层次模型能较好反映空间数据的属性特征。按传统的覆盖地图制图理论，空间数据的层次模型如图 5.7 所示。

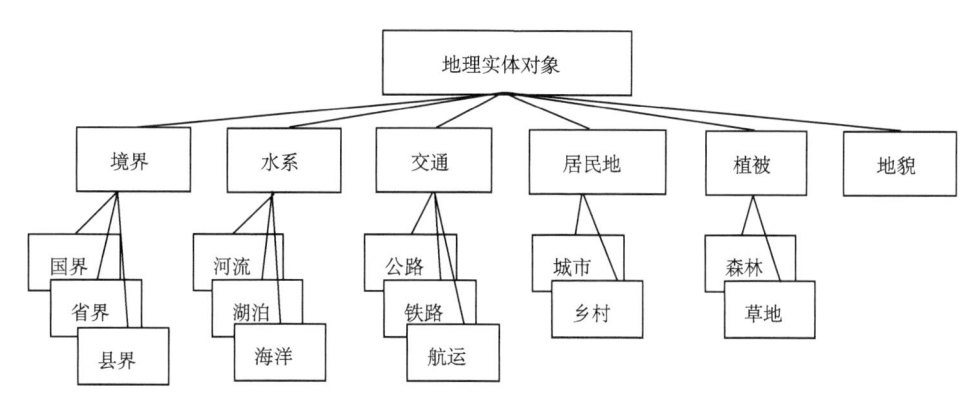

图 5.7 空间数据的层次关系

2. 层次模型的物理实现

1) 物理邻接法

这种方法就是将各层次上的记录按从上到下、从左到右的关系依次记录在存储器上，这样，数据的层次组织在逻辑顺序上与物理顺序是一致的。例如，图 5.8 所示的层次模型就可用图 5.9 的形式存储。邻接规则是从树顶向左下方列出结点，到达底部后再从左至右列出孪生结点的集合，重复该过程并略去已列出的结点。这种数据组织方式的关键问题是如何区分各个记录分属哪一级，为此可在每个记录中附加一个代码予以表示。

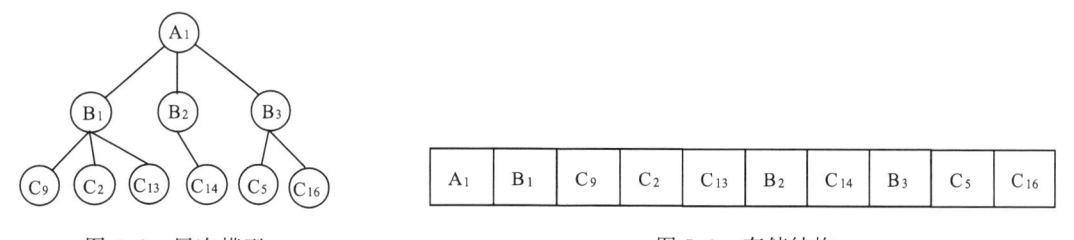

图 5.8 层次模型

图 5.9 存储结构

这种存储方法很紧凑，节省存储空间，但查找时要作顺序扫描，存取速度慢。处理记录的增删有三种方法：①按照具体要求对文件本身进行直接增删；②原文件本身暂时不变，对要删除的记录，加上删除标志，对插入的新记录则按顺序放到溢出区内并指明他们的双亲，然后进行定期的文件维护；③设置分布式空白区，为每个物理块都留有空间，供插入之用。

2) 表结构法

用链表指针表示层次结构比较方便灵活，可用子女指针（图 5.10）、双亲指针（图 5.11)和子女指针加兄弟指针（图 5.12）来表示层次结构。用指针来实现层次顺序可使记录不按层次顺序存放，而只用指针按层次顺序把它们链接起来。层次关系仅在逻辑上表示出来，在物理存储实则不一定按层次结构组织。

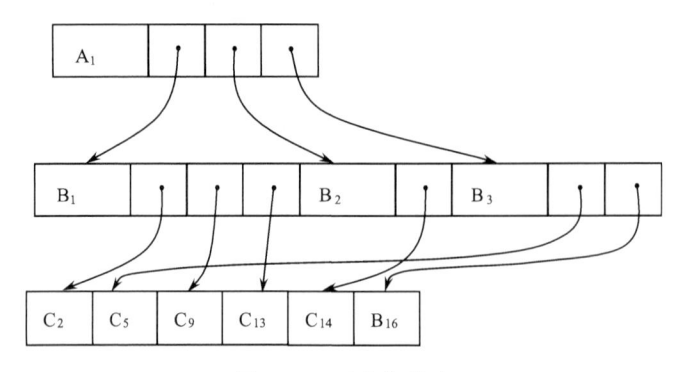

图 5.10 子女指针法

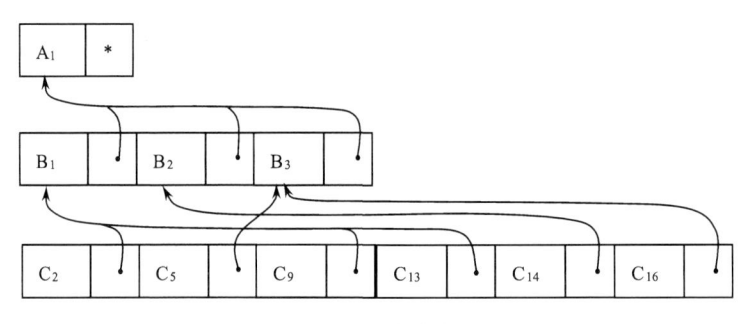

图 5.11 双亲指针法

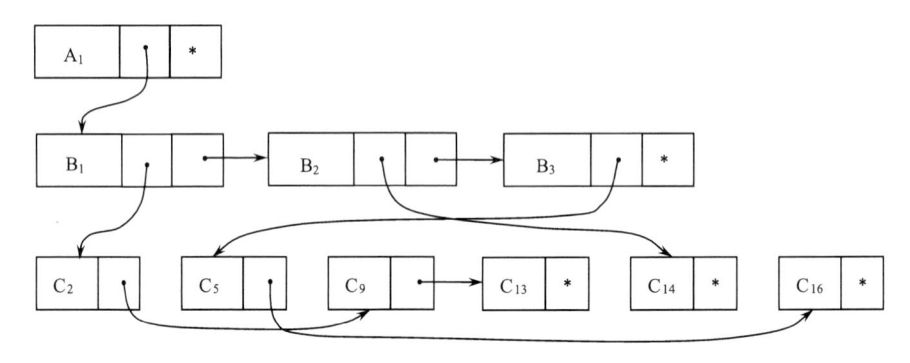

图 5.12 子女加兄弟指针

在图 5.12 中，一颗树中有两条链：第一条是竖向的双亲/子女链；第二条是横向的孪生兄弟链。

图 5.13 是 IBM 公司的 IMS 系统用链结构表示的层次模型，其链接顺序是自上而下，自左至右的。这实际上是一般树结构的前序遍历，既按先根结点、后子树的方式递归地进行。

有些系统采用环结构表示层次模型，这里有父子环、兄弟环、叶子的双亲指针，如图 5.14 所示。这是一种分层环结构：各层结点都连成一个环，逻辑上把有关结点连接

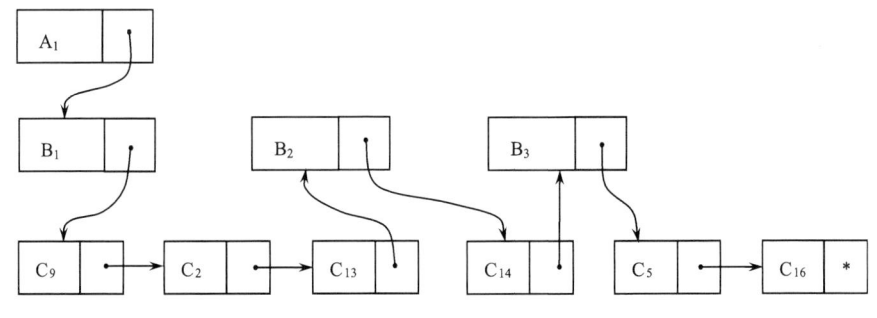

图 5.13 IMS 的层次序列法

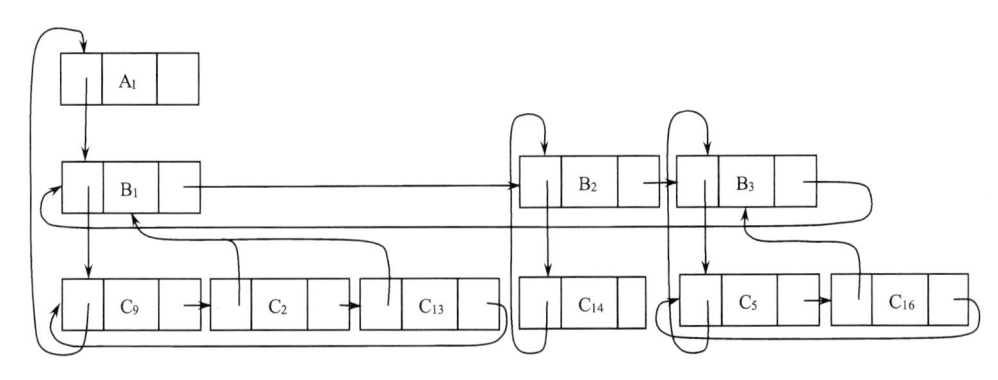

图 5.14 用环结构表示层次模型

起来使得任一结点都可以从其他结点来存取。这种方法指针太多，占用较多的存储空间并带来复杂的维护工作。

3）目录法

上面所讲的用表结构方式表示层次数据模型时，所采用的指针都是嵌入式指针，即指针是嵌在记录之中的。也可以用目录式指针来表示层次数据模型中多个记录之间的联系，这时，这些指针所形成的目录本身也是一个文件，在这个目录文件中存储着原数据文件中各记录类型和各记录之间的联系。如图 5.15 所示，其中的数据文件记录可按任一适当方式存放，为了加快查找，还设置了目录的索引。目录的优点是查找快，处理增删也比较方便。

4）位图法

位图法可以看作是目录的一种特殊形式，它是一张二维的表格，纵横表头是不同层次上的记录键值，若某两个记录之间有父子联系的，则在其交点处置"1"，否则置"0"。当记录数目较多时，用位图法表示比较紧凑，如图 5.16 所示。

3. 层次模型的优缺点

层次模型是数据处理中发展较早，技术上也比较成熟的一种数据结构，特点是记录

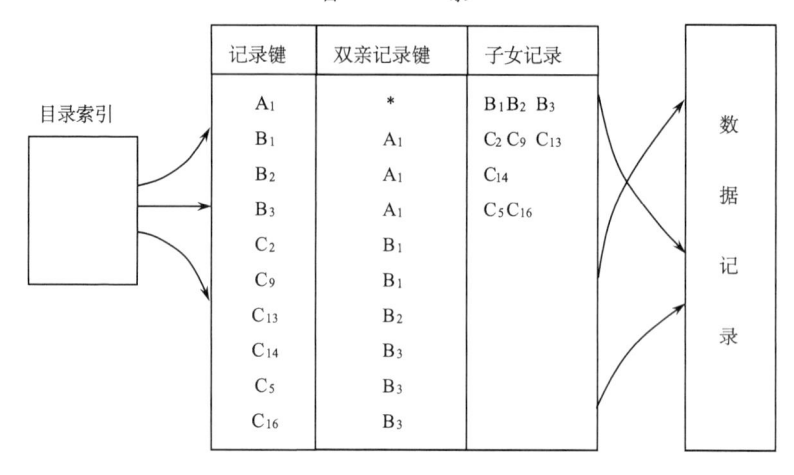

	目	录	
记录键	双亲记录键	子女记录
A_1	*	$B_1 B_2\ B_3$
B_1	A_1	$C_2\ C_9\ C_{13}$
B_2	A_1	C_{14}
B_3	A_1	$C_5\ C_{16}$
C_2	B_1	
C_9	B_1	
C_{13}	B_2	
C_{14}	B_3	
C_5	B_3	
C_{16}	B_3	

图 5.15 用目录法表示层次结构

	A_1	C_2	C_9	C_{13}	C_{14}	C_5	C_{16}
B_1	1	1	1	1	0	0	0
B_2	1	0	0	0	1	0	0
B_3	1	0	0	0	0	1	1

图 5.16 用位图法表示层次结构

类型间只有简单的层次联系，反映了现实世界中实体间的层次关系，层次结构是众多空间对象的自然表达形式，并在一定程度上支持数据的重构。这种模型层次分明、结构清晰，较容易实现。但其应用时存在以下问题：

（1）由于层次结构的严格限制，对任何对象的查询和检索，必须始于其所在层次结构根，使得底层次对象的处理效率较低，并难以进行反向查询。数据的更新涉及许多指针，插入和删除操作也比较复杂，母结点的删除意味着其下属所有子结点均被删除，必须慎用删除操作。

（2）由于结构严谨性，层次命令具有过程式性质，它要求用户了解数据的物理结构，并在数据操纵命令中显示地给出存取途径。因此设计层次模型时要细心考虑路径问题，路径确定之后是不能改变的。

（3）模拟多对多联系时导致物理存储上的冗余。

（4）数据对立性较差。

（5）基本不具备演绎功能。

（6）基本不具备操作代数基础。

空间数据中有明显的层次关系，层次模型能较好反映地理要素的属性特征，也便于实现要素的定性检索。

5.2.2 网络模型与图结构

1. 网络模型的概念

用网络数据结构表示实体与实体间联系的模型称网络模型。网络模型的数据库系统是紧接在层次模型后出现的,最为著名的网络模型是 DBTG(data base task group),这是一个美国的标准化组织中的数据库任务工作组提出的报告,是一个网络模型的数据描述语言和数据操纵语言规范化的文本,许多网络数据库系统都是建立在 DBTG 模型上。

网络模型是数据模型的另一种重要结构,它反映着现实世界中实体间更为复杂的联系,其基本特征表现在结点数据间没有明确的从属关系,一个结点可与其他多个结点建立联系。换句话说,不但一个双亲记录型可有多个子女记录型,而一个子女记录型也允许有多个双亲记录型。在网络模型中,其数据结构的实质为若干层次结构的并,从而具有较大的灵活性与较强的关系定义能力。

网络模型将数据组织成有向图结构。结构中结点代表数据记录,连线描述不同结点数据间的关系。有向图(Digraph)的形式化定义为

$$Digraph = (Vertex, \{Relation\})$$

其中,Vertex(顶点)为图中数据元素的有限非空集合;Relation 是两个顶点之间的关系集合。有向图结构比树结构具有更大的灵活性和更强的数据建模能力,模型表示如图 5.17 所示。

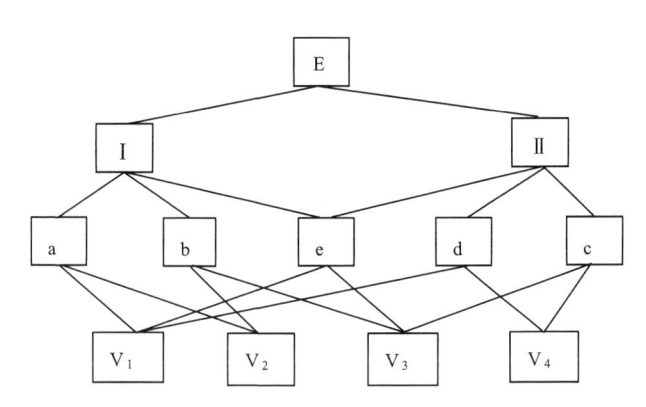

图 5.17 用网络模型表示

网络模型中,记录间的联系称为系(set)。空间数据空间关系如图 5.5 边 e 多边形 Ⅰ间的联系称为"多边形 Ⅰ—边 e"系。当多边形Ⅰ和Ⅱ需要合并时,可以很通过删除边 e 实现。

2. 网络模型的物理实现

网络模型的物理实现与层次模型类似,多用指针法建立记录间联系。但网络数据模型的物理表示要比层次数据模型复杂得多。

网络结构可分为两类,简单网络结构和复杂网络结构。简单网络结构是指双亲结点

到子女结点的联系是 $1:N$；反联系是 $1:1$ 的，在图解形式上不存在两端均为双箭头的连线。复杂网络结构是指在网络结构中至少存在一个双亲/子女联系为 $M:N$，即在图解形式上至少存在一条两端均为双箭头的连线。

由于技术上的原因，在计算机中很难表示两个记录型之间的 $M:N$ 联系，因此，可通过引进数据冗余把 $M:N$ 联系分解成若干个 $1:N$ 的简单网络结构，如图 5.18 和图 5.19 所示。

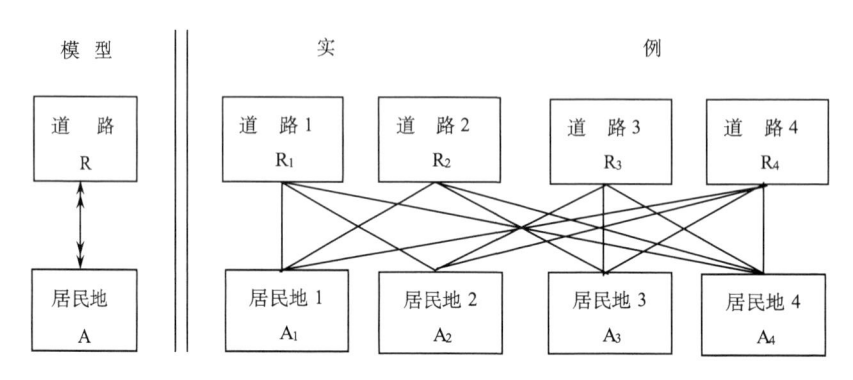

图 5.18　只有两个记录型的网状联系

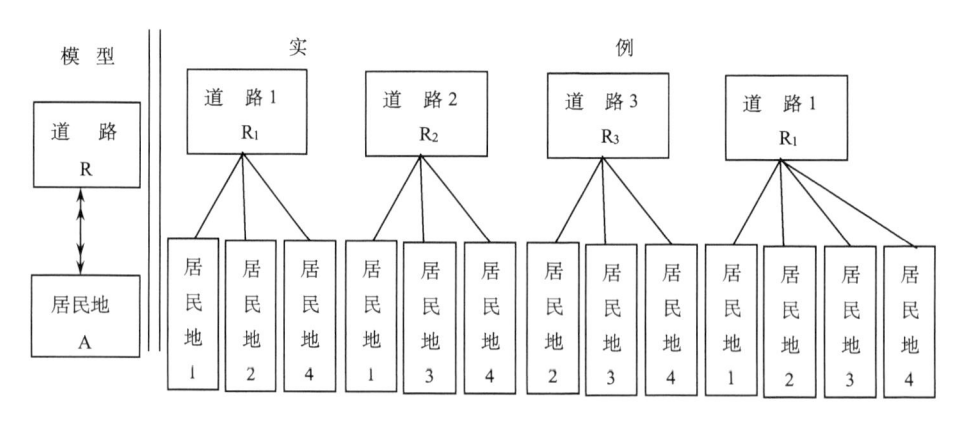

图 5.19　网络结构的分解

1）单网状结构的物理实现

以图 5.20 为例来说明简单网状结构的物理实现问题。图中表示出两种 $1:N$ 联系：A→C 和 B→C。

a. 物理邻接加指针

虽然层次结构用物理邻接表示而没有冗余，而对于网状结构却不能这样做，但是，可用物理邻接表示结构中的一种亲子联系，而用另外的方法表示其他的联系。我们可用物理邻接表示 A→C 联系或 B→C 联系，但不能同时表示两者，除非我们重复 A 或 B 记录。此外，针对图 5.20 所示的网状模型，我们用物理邻接表示 A→C 联系，用指针表示 B→C 联系（图 5.21，图 5.22，图 5.23）。

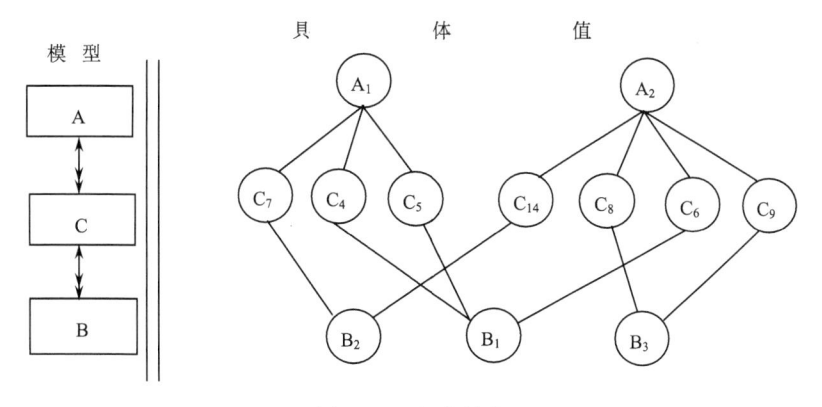

图 5.20 网状结构

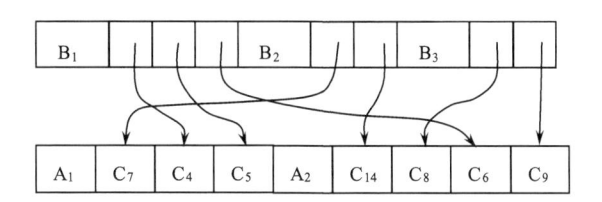

图 5.21 多子女指针（指针嵌入双亲结点）

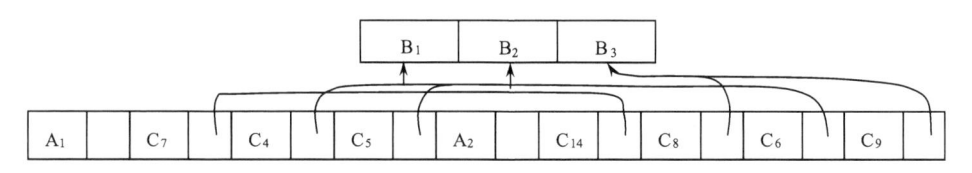

图 5.22 双亲指针（指针嵌入子女结点）

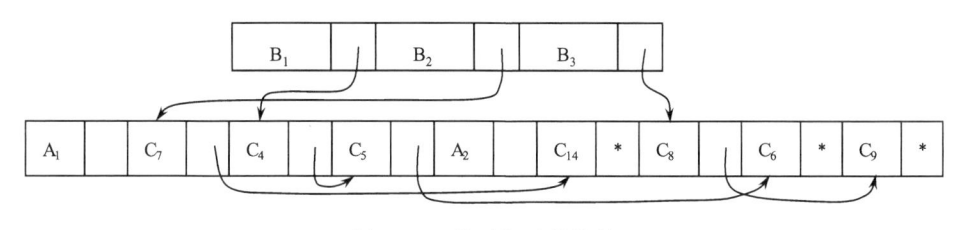

图 5.23 长子加兄弟指针

b. 顺序文件加指针

可将三个记录类型都按顺序文件来组织。其间的联系通过指针来表示。在图 5.24 中的每一个 C 记录具有两个指针，分别指向 A 和 B 两个双亲记录，这种表示法只能反映出 C→A，C→B 的简单映射，而不能反映出 A→C，B→C 间的 1：N 的联系。反之，也可以在双亲记录中设置若干子女指针指向其所属的 C 记录。这反映了 A（或 B）到 C 的 1：N 联系，刚好与上述双亲指针法相反（图 5.25）。

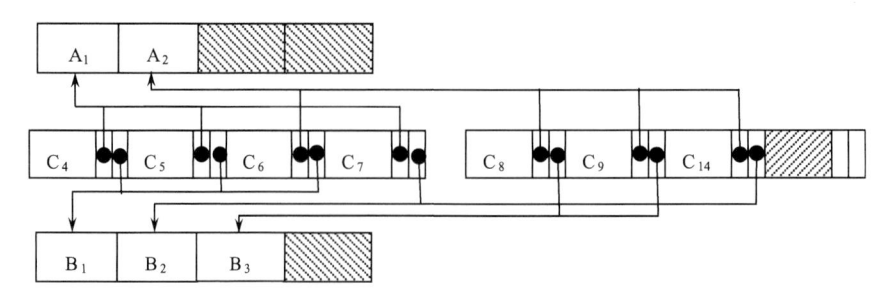

图 5.24 顺序文件加双亲指针表示网状结构

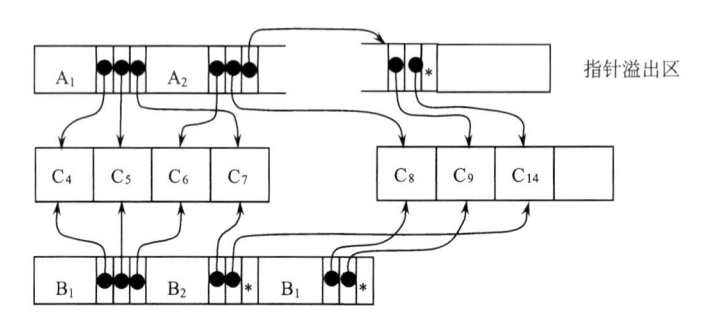

图 5.25 顺序文件加子女指针表示网状结构

因为每个双亲记录具有不同数目的子女记录，为了统一格式以便处理，可使所有双亲记录包含相同数量的指针，这样，当子女记录不足此数时，应该有指针结束标志，当子女记录超过此数时应延伸到指针溢出区。

图 5.26 是顺序文件加指针的另一种形式，对于每个双亲记录都有一个环，从每个双亲发出一个长指针，经由子女间的兄弟指针及右子记录发出的双亲指针而封闭。这种结构是最早的数据库系统之一 IDS（integrated datastore）的基础。一个数据库可有个环，以连接种种不同的记录类型，其优点是能反映出数据记录间正反两个方向的联系，存储器利用也比较经济，维护也不复杂，缺点是跟随长的指针链费时间，另外，若环中任一指针受到破坏，环就中断，从而会丢失记录，若使用双向环来克服这一点缺点，则会使结构复杂化。

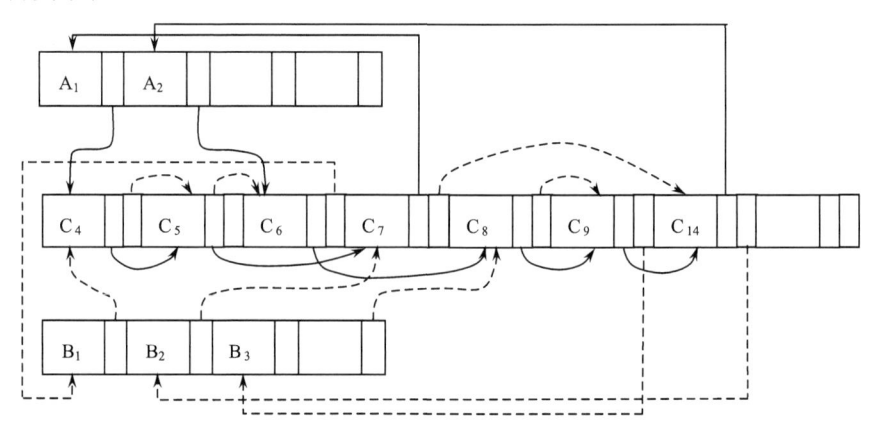

图 5.26 顺序文件加指针环表示网状结构

c. 目录

如同对待层次模型一样，同样有很多理由将指针从记录中分离出来，把它们放在另一个文件中，构成目录，查找目录的有关部分要比通过嵌入式指针进行查找要快得多。此外，处理增删也比较方便，一般说来，联系愈复杂，就愈应采取这种把联系同原始数据分离的办法。图 5.27 是用目录表示的网状结构。

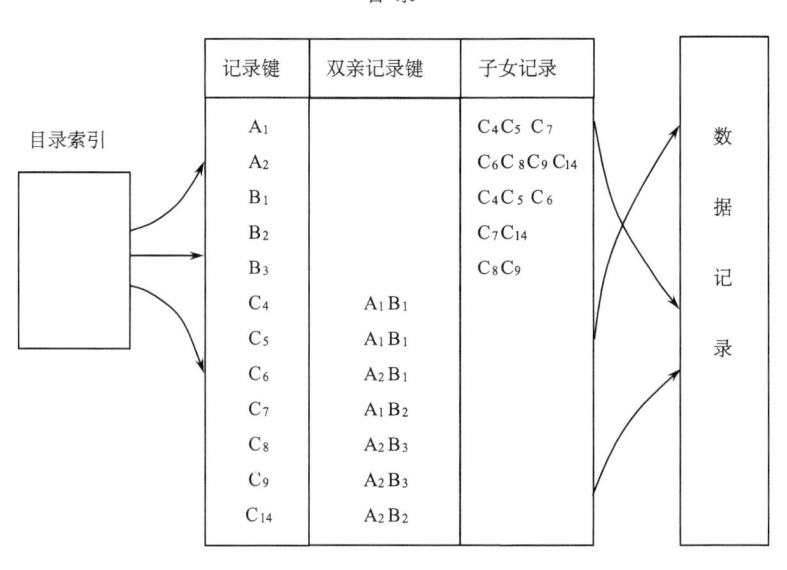

目 录

记录键	双亲记录键	子女记录
A_1		$C_4 C_5\ C_7$
A_2		$C_6 C_8 C_9 C_{14}$
B_1		$C_4 C_5\ C_6$
B_2		$C_7 C_{14}$
B_3		$C_8 C_9$
C_4	$A_1 B_1$	
C_5	$A_1 B_1$	
C_6	$A_2 B_1$	
C_7	$A_1 B_2$	
C_8	$A_2 B_3$	
C_9	$A_2 B_3$	
C_{14}	$A_2 B_2$	

图 5.27 用目录法表示网状结构

d. 位图

上述网状模型可用位图法表示（图 5.28）。

	C_4	C_5	C_6	C_7	C_8	C_9	C_{14}
A_1	1	1	0	1	0	0	0
A_2	0	0	1	0	1	1	1
B_1	1	1	1	0	0	0	0
B_2	0	0	0	1	0	0	1
B_3	0	0	0	0	1	1	0

图 5.28 用位图法表示层次结构

2）复杂网络结构的物理实现

在上述简单网状结构中，子亲联系是单一的，故可以利用物理邻接、指针等方法来表示，而在复杂网络结构中，不同记录类型之间的联系是 $M:N$ 的，上述诸方法就不适用了。

图 5.18 所示的就是一个单级的 $M:N$ 联系。两类实体（道路 R，居民地 A）之间的联系若用指针表示，则如图 5.29 所示。

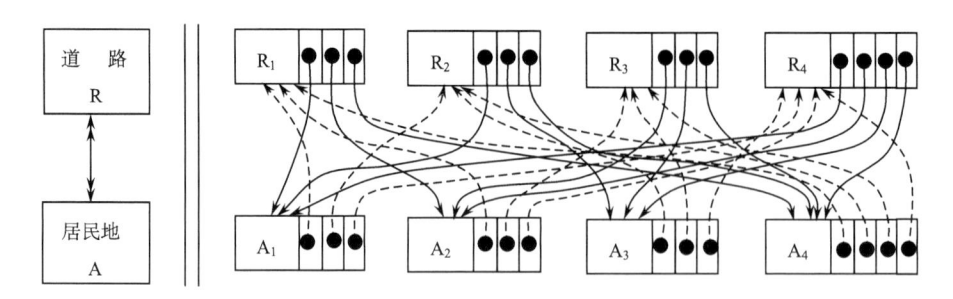

图 5.29 复杂网状结构的指针形象表示

对于单级或多级的 $M:N$ 联系，常用的物理实现方法是变长指针表（图 5.30）。若认为变长指针表法会给处理带来不便，可选用其他更为适合的方法，如目录法或位图法等。对于如图 5.31 所示的公路与居民地 $M:N$ 联系、公路与河流 $M:N$ 交叉联系、公路与铁路 $M:N$ 交叉联系、居民地与河流 $M:N$ 联系、居民地与铁路 $M:N$ 联系、河流与铁路交叉 $M:N$ 联系等多级的 $M:N$ 联系，情况就更为复杂了，可用目录法表示之（图 5.32）。由图 5.32 看到，相关于某一层次上的一个项目，有其他各个不同层次上的、可能比它高也可能比它低的项目。

记 录	变 长 指 针 表
R_1	$A_1\ A_2\ A_4$
R_2	$A_1\ A_3\ A_4$
R_3	$A_2\ A_2\ A_4$
R_4	$A_1\ A_2\ A_3\ A_4$
A_1	$R_1\ R_2\ R_4$
A_2	$R_1\ R_3\ R_4$
A_3	$R_2\ R_3\ R_4$
A_4	$R_1\ R_2\ R_3\ R_4$

图 5.30 用变长指针表来表示复杂网状结构

对于位图而言，多级的 $M:N$ 联系已不可能在一张位图中全部表示出来，一般说来，若复杂网状结构有 m 级，则需要有 $(m-1)$ 张位图（图 5.33）。

实际上，在多数数据库系统中，复杂网络结构往往先转换为简单网状结构来处理。

3. 网状模型的优缺点

网络模型反映了现实世界中常见的多对多关系，在一定程度上支持数据的重构，具有一定的数据独立性和共享特性，并且运行效率较高。但它应用时存在以下问题：

（1）由于数据间联系要通过指针表示，指针数据项的存在使数据量大大增加，当数据间关系复杂时指针部分会占大量数据库存储空间。另外，修改数据库中的数据，指针也必须随着变化。因此，网络数据库中指针的建立和维护可能成为相当大的额外负担。

（2）网状结构的复杂，增加了用户查询和定位的困难。它要求用户熟悉数据的逻辑结构，知道自身所处的位置。

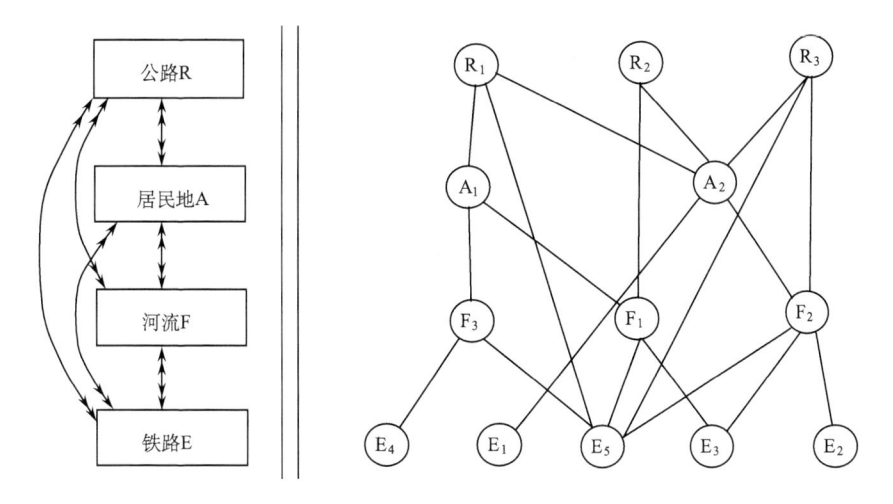

图 5.31 多极复杂网状结构

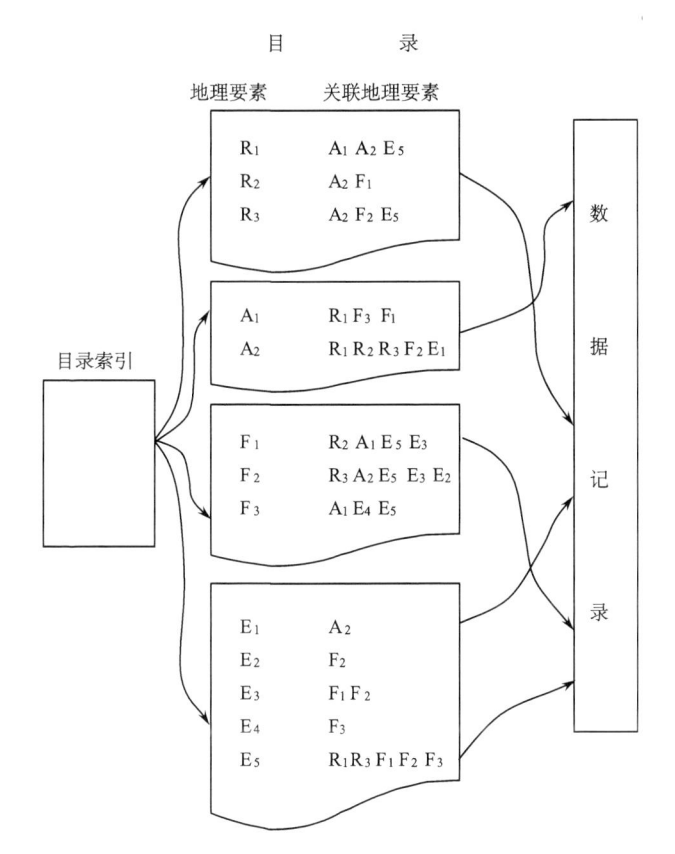

图 5.32 用目录法表示复杂网状结构

(3) 网状数据操作命令具有过程式性质。
(4) 不直接支持对于层次结构的表达。
(5) 基本不具备演绎功能。

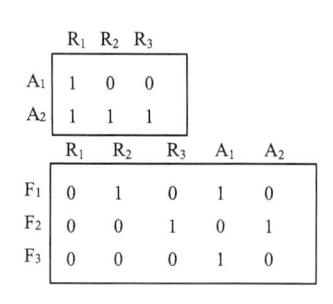

图 5.33 用位图法表示复杂网状结构

(6) 基本不具备操作代数基础。

5.2.3 关系模型与二维表结构

1. 关系模型概念

关系模型是根据数学概念建立的,它是将数据的逻辑结构归结为满足一定条件的二维表,数学上称为"关系"。

关系是一组域的笛卡儿积的集合。给定一组域 D_1, D_2, $\cdots$, D_n(可包含相同的域),其笛卡儿积为

$$D_1 \times D_2 \times \cdots \times D_n = \{(d_1, d_2, \cdots, d_n) \mid d_i \in D_i, i = 1, 2, \cdots, n\}$$

其中每一个元素(d_1, d_2, $\cdots$, d_n)叫做一个 n 元组,或简称元组(tupple)。

关系 R(D_1, D_2, $\cdots$, D_n)是元组的集合,且

$$R(D_1, D_2, \cdots, D_n) \subseteq D_1 \times D_2 \times \cdots \times D_n$$

关系的具体实现是一个二维表结构。二维表是同类实体的各种属性的集合。每个实体对应于表中的一行,在关系中叫做元组,相当于通常的一个记录。表中的列表示属性,叫做域,相当于通常记录中的一个数据项。表中若有 n 个域,则每一行叫做一 n 个元组,这样的关系叫做 n 度(元)关系。二维表的表头,即表格的格式是关系内容的框架,框架也叫模式,包括关系名、属性名、主关键字等。n 元关系必有 n 个属性。满足一定条件(如第一范式 1NF)的规范化关系的集合,就构成了关系模型。关系模型可由多张二维表形式组成,每张二维表的"表头"称为关系框架,故关系模型即是若干关系框架组成的集合。

在关系中也存在如何标识各个元组的问题。设 K 为 R 中的一个属性组合,若 K 能唯一地标识 R 的元组,同时也不包含多余的属性,则称 K 为 R 的关键字。一个关系中可能不止一个关键字,选定来标识元组的叫主关键字。

关系模型中应遵循以下条件。

(1) 二维表中同一列的属性是相同的;
(2) 赋予表中各列不同名字(属性名);
(3) 二维表中各列的次序是无关紧要的;
(4) 没有相同内容的元组,即无重复元组;

（5）元组在二维表中的次序是无关紧要的。

关系模型用于设计地理属性数据的模型较为适宜。因为在目前地理要素之间的相互联系是难以描述的，只能独立地建立多个关系表，例如，地形关系，包含的属性有高度、坡度、坡向，其基本存储单元可以是栅格方式或地形表面的三角面；人口关系，含的属性有人的数量，男女人口数，劳动力，抚养人口数等。基本存储单元通常是对应于某一级的行政区划单元。如图 5.5 所示的多边形地图，可用表 5.1、表 5.2 和表 5.3 所示关系表示多边形与边界及结点之间的关系。

表 5.1 边界关系

多边形边号（P）	边号（E）	边长
I	a	30
I	e	40
I	b	30
II	e	40
II	c	25
II	d	28

表 5.2 边界-结点关系

边号（E）	起结点号（SN）	终结点号（EN）
a	1	2
b	2	3
c	3	1
d	1	4
e	4	3

表 5.3 结点坐标关系

结点号（N）	X	Y
1	19.8	34.2
2	38.6	25.0
3	26.7	8.2
4	9.5	15.7

空间数据的属性也可以用关系表表示（表 5.4 至表 5.7）。

表 5.4 居民地属性表

名称	坐标	级别	人口	交通状况	……

表 5.5 交通道路属性表

实体号	名称	坐标	级别	等级	路面质量	路宽	……

表 5.6 多边形与弧段关系表

多边形号	弧段 1	弧段 2	弧段 3	弧段 4	……

表 5.7 弧段坐标表

弧段号	坐标 1	坐标 2	坐标 3	坐标 4	……

关系模型可以简单、灵活地表示各种实体及其关系，数据操作是通过关系代数实现的，具有严格的数学基础。在层次与网状模型中，实体的联系主要是通过指针来实现的，即把有联系的实体用指针链接起来。而关系模型中不需人为地设置指针，不用指针表示联系，而是由数据本身自然地建立起它们之间的联系，并且可以用关系代数和关系运算来操作数据，可以通过布尔逻辑和数字运算规则进行各种查询、运算和修改。

2. 关系模型的规范化

规范化是关系方法中的一个重要的概念，由于关系模型有严格的数学理论基础，并且可以向别的数据模型转换，因而关系模型的规范化理论，也是数据库逻辑设计的一个有利工具。所谓规范化就是用更单纯、结构更规则的关系逐步取代原有关系的过程。其主要目的是，使关系更适合关系代数与关系演算的要求，使确定的一组关系在插入、更新与删除方面比包含同样数据的其他一些关系具有较好的性能，使数据结构具有稳定性与灵活性。规范化的主要思想是根据一个关系所具有属性间依赖情况来查明其中的不良性质，以便用投影的手段将其分解为若干个具有较佳性质的关系来改善不良性质。

关系模式中的关系是要满足一定要求的，满足不同程度要求的为不同范式。满足最低要求的叫第一范式，简称1NF。

第一范式要求表中每一个域上的元素不得多于一个，也即每个元素必须是不可分的数据项。满足了这个条件的关系模式就属于1NF。否则，带有多值的元素本身就是一个关系，这种表中有表的数据实际上不能认为是一种关系，1NF要求对多值元素进行分解，使关系中没有重复组。

在第一范式中进一步满足一定要求的为第二范式2NF。第二范式要求一个关系中的所有非主属性都完全函数依赖于主关键字。主关键字只由一个属性组成的第一范式就是第二范式了。

函数依赖是指实体内部各属性之间的联系。设一关系 R，x 和 y 是 R 的两个属性，对于 R 中 x 的每一个值，R 中 y 仅有一个值与之对应，则称 R 中属性 y 函数依赖于 R 中属性 x，记为 $R: x \rightarrow y$，简记为 $x \rightarrow y$。不依赖记为 $x \nrightarrow y$。

函数依赖的要领可以扩展到 x 和 y 均为属性集合的情况。若 $x \rightarrow y$，对于 x 的任何真子集 x'（$x' \in x$，$x' \neq x$），都有 $x' \rightarrow y$，则称 y 完全函数依赖于 x，记为 $x \rightarrow y$。

若关系不满足2NF，则不但数据冗余性大，还会产生插入异常和删除异常，即有时数据无法存入数据库，或者删除某个数据时会将其他一些数据也一并删除。

在第二范式的关系中，非主属性可能缺少相互独立性，即在它们与主关键字之间可能存在传递依赖。传递依赖定义如下：

设 S_1，S_2，S_3 是关系 R 的3个属性子集，如果 $S_1 \rightarrow S_2$，$S_2 \nrightarrow S_1$，$S_2 \rightarrow S_3$ 则称 S_3 传递依赖于 S_1。

存在着非主属性传递依赖于主关键字的关系在数据处理时也存在着插入、删除和修改的异常情况，有必要进一步把该关系分解为一些更为简单的关系的集合。这样就产生了第三范式（3NF）。

一个关系 R，如果它是2NF，且每一个非主属性都非传递依赖于主关键字，则称3NF。

3NF是比较单纯，结构比较规则的范式，其中的非主属性之间没有任何依赖关系，基本上可以满足数据处理的要求。

规范化使关系表达得直截了当，易于理解、查询和修改，也不会产生不期望的异常结果。但是规范化在降低表内冗余度的同时又会增加表与表之间的冗余度。规范化的级别越高，则从原关系中生成的新关系也就越多，有时为了查询某些数据就不得不做大量的联结运算，而联结运算的代价是很高的。

关系模型的物理实现可简单地归结为将各个关系组织成文件，选择适当的文件组织形式。

3. 关系模型的物理表示

关系模型的物理表示远比层次模型和网状模型的简单，原因在于数据间的联系是通过在各个不同的关系中出现具有相同值的属性项来建立。因此，对关系模型来说，其物理表示可以简单地归结为各个关系组织成文件，至于文件采用何种方式，可根据数据的使用特点，本着便于查找及节省存储空间的原则，选择适当的文件组织形式，如顺序文件、索引文件、直接文件等。

4. 模型之间的相互转换

数据之间的联系是现实世界中实体之间联系的反映。可以用不同的数据模型来表示实体之间客观存在的联系。不同的数据模型之间是有联系的，因此是可以互相转换的。

1) 网状结构转换层次结构

将两个（或多个）双亲所共有子女的结构予以分解（图 5.34），显然，这种转换带来了数据冗余，因此，这种转换只有在数据冗余不太严重的情况下是可取的。

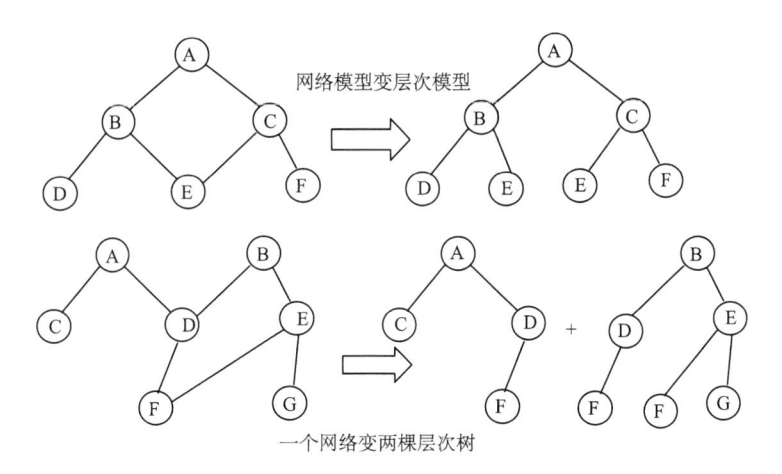

图 5.34 网状结构转换为层次结构

2) 层次与网状结构用关系结构来表示

用关系模型表示层次模型如图 5.35 所示。

5. 关系模型的优缺点

关系数据库结构的最大优点是它的结构特别灵活，可满足所有用布尔逻辑运算和数学运算规则形成的询问要求；关系数据还能搜索、组合和比较不同类型的数据，加入和删除数据都非常方便。

通过规范化使概念单一化，一个关系只描述一个概念，提供了一种简单的用户数据逻辑结构。关系模型有坚实的数学理论基础，有强有力的数据子语言——关系代数、关系演算等，可将分解，或将两个关系合并，数据操纵高度灵活；关系模型中存取路径是

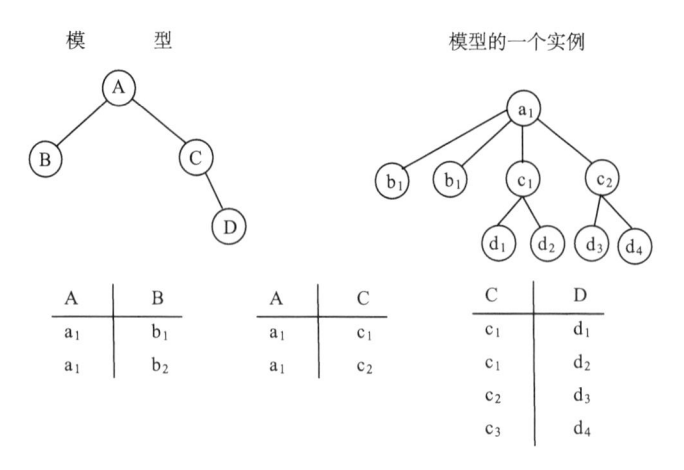

图 5.35 用关系模型表示层次模型

隐蔽的,不必明显给出,通过连接等关系代数的运算来实现,而其他模型则一般难做到;因此关系之间的寻找在正反两个方向中难易程度是一样的,而在其他模型如网状模型中从根结点出发寻找叶子的过程容易解决,相反的过程则很困难;关系模型中,不同关系的元组间的蕴含在它们的同名属性中,用这种方法一个数据库可由若干关系构成,作为一组互相联系的有结构的数据文件。

关系模型能够以简单、灵活的方式表达现实世界中各种实体及其相互间关系,并支持数据的重构,其数据描述具有较强的一致性和独立性。关系操作和关系演算具有非过程式特点,关系模型具有严密的数学基础和操作代数基础,并且与一阶逻辑理论密切相关,具有一定的演绎功能。目前,绝大多数数据库系统采用关系模型。

关系数据库的缺点是许多操作都要求在文件中顺序查找满足特定关系的数据,如果数据库很大的话,这一查找过程要花很多时间。搜索速度是关系数据库的主要技术标准,也是建立关系数据库花费高的主要原因。它存在如下问题:

(1) 实现效率不够高。由于概念模式和存储模式的相互独立性,按照给定的关系模式重新构造数据的操作相当费时。另外,实现关系之间联系需要执行系统开销较大的连接操作。

(2) 描述对象语义的能力较弱。现实世界中包含的数据种类和数量繁多,许多对象本身具有复杂的结构和涵义,为了用规范化的关系描述这些对象,则需对对象进行不自然的分解,从而在存储模式、查询途径及其操作等方面均显得语义不甚合理。

(3) 不直接支持层次结构,因此不直接支持对于概括、分类和聚合的模拟,即不适合于管理复杂对象的要求。关系理论是基于第一范式(1NF)的,它不允许嵌套元组和嵌套关系存在。为了表示和模拟现实世界中的层次数嵌套结构,人们扩展了现有的1NF 关系模型,如嵌套关系模型,RM/T 和 Non-1NF 关系模型。

(4) 模型的可扩充性较差。新关系模式的定义与原有的关系模式相互独立,并未借助已有的模式支持系统的扩充。关系模型只支持元组的集合这一种数据结构,并要求元组的属性值为不可再分的简单数据(如整数、实数和字符串等),它不支持抽象数据类型,因而不具备管理多种类型数据对象的能力。

（5）模拟和操纵复杂对象的能力较弱。关系模型表示复杂关系时比其他数据模型困难，因为它无法用递归和嵌套的方式来描述复杂关系的层次和网状结构，只能借助与关系的规范化分解来实现。过多的不自然分解必然导致模拟和操纵的困难与复杂化。当数据构成多层联系时，则存储空间利用率较低。

层次、网络、关系三种数据模型是对现实世界中实体之间联系的三种数据抽象，还可有其他的模型。不同数据模型之间是有联系的，可以互相转换。使用时要根据系统实际情况和用途选择合适的数据模型，但表示法不是唯一的和固定不变的。

数据模型从层次和网络模型，到更为流行的关系模型。这三种模型都适合那些结构简单以及访问有规律的数据。这些数据模型的最佳应用领域有个人记录管理、清单控制、商业记录等。所有这些应用领域都只有相当简单的数据结构、联系以及数据使用模式。如果人们把这三种模型应用于空间数据管理领域，用这种简单数据结构表示、访问和操作空间数据非常困难，需要更复杂的抽象数据模型，在这种抽象数据模型上定义独特的访问和操作方法。例如，空间数据按位置检索和拓扑检索等。传统数据模型不具备在数据结构上定义复杂操作的能力，不能完整地表示空间数据的复杂对象，甚至缺乏对存储空间数据操作进行定义的最基本支持，因为这些数据模型在计算上是不完备的。

传统的数据库与数据应用之间存在两个方面的问题，即数据和操作的不匹配。当需要把应用领域中的数据翻译成恰当的数据库存储结构或把数据库结构翻译成应用结构时，数据库与它所支持的应用数据之间就会出现不匹配。例如，把空间数据模型存储在一个关系数据库中，当我们试图把空间数据的简单要素作为一个元组或一组元组存储在数据库中时，数据就出现不匹配了，很难用记录来完整地描述一条道路，一条等高线，或者一条河流。空间数据模型与关系中有规则的结构本身就不相符。空间数据模型中空间实体之间空间关系，如道路、路口、桥梁、河流、渡口，这些结构在空间数据分析应用中是最基本的空间关系。用关系模型中使用一组二维文件和简单记录类型是很难表示。

第二个不匹配存在于数据库语言与应用主体语言之间——例如，说明式语言，如 SQL 与编程语言如 C 语言之间的差异。由于不能直接地表示程序数据结构如对象以及一致的存储结构如关系，因此在不同语言之间可能会出现信息的丢失。问题在于编程语言缺少数据库管理系统特定的功能来保证数据的连续性、安全性、框架、同步控制以及灾难恢复等。另一方面，数据库的定义和操作语言缺少一般编程语言所具有的计算完整性，不能对应用程序的功能及其信息管理进行全面完整的描述。

为了有效地存储、访问和操纵复杂对象的数据，数据库研究人员试图把面向对象的编程语言与数据库技术相结合，用面向对象的方法（object-orirntend paradigm，OO 方法）定义空间数据模型，用面向对象的数据库管理系统解决和处理复杂的空间数据管理问题。

5.3 面向对象数据模型

面向对象数据模型是一个较新的概念。面向对象的数据库管理系统是一个基于计算机功能较完整的模型。面向对象的数据库具有编程语言的自然特征，同时还支持数据库的描述和维护。如果一种面向对象的编程语言或系统被认为是一种数据库语言或系统，那么它必须具备下面的特征。一个数据库应包括一个框架，对数据结构及其含义进行描述，这是一个重要的概念。在对数据项形式化构成有意义的数据单元时，如记录或对象，以及把这些结构组合成更为复杂的数据结构时，如列表、关系、集合、包、树等，就应该提供数据结构化的规则和体制。基本操作包括数据结构的创建、修改以及删除等。同时，还应提供功能强大的查询机制来对存储信息进行访问，这也是数据库管理系统的一个主要部分。

数据结构化的一个重要组成是如何表示数据库框架内数据项之间或数据结构之间的联系。联系实际上是有名称的结构，其自身又包含有值的子部分。联系把不相关的数据项或结构联结起来，形成一个更高级的数据语义。除此之外，数据库对数据进行存储，还保证他们的连续性。连续性是数据库管理系统的一个基本要求，它表明数据在创建以后还有一个生命周期。数据创建以后继续存储在数据库中，这样它不仅可以被创建者访问，还可以被其他用户以一种同步（并发）的方式来访问。数据库中的数据及数据库管理系统的其他特征还包括数据完整性约束（对数据库中的数据项及他们之间联系的正确状态范围进行定义），数据库安全，数据库查询处理、语义和数据库视图，数据管理概念等。数据库安全提供了访问授权和验证，同时还提供了访问控制。查询处理提供了数据库的一种功能，它对数据库操作进行说明，但不需要指定如何执行该操作。如果不具备这些或其他基本的数据库系统的特征，面向对象技术就难以引入数据库。

5.3.1 面向对象的基本概念

1. 对象与封装性（encapsulation）

面向对象的系统中，每个概念实体都可以模型化为对象。对于多边形地图上的一个结点、一条弧段、一条河流、一个区域或一个省都可看成对象。一个对象是由描述该对象状态的一组数据和表达它的行为的一组操作（方法）组成的。例如，河流的坐标数据描述了它的位置和形状，而河流的变迁则表达了它的行为。由此可见，对象是数据和行为的统一体。

一个对象 Object 可定义成一个三元组

$$Object = (ID, S, M)$$

其中，ID 为对象标识；M 为方法集；S 为对象的内部状态，它可以直接是一属性值，也可以是另外一组对象的集合，因而它明显地表现出对象的递归。

2. 分类（classification）

类是关于同类对象的集合，具有相同属性和操作的对象组合在一起。属于同一类的所有对象共享相同的属性项和操作方法，每个对象都是这个类的一个实例，即每个对象可能有不同的属性值。可以用一个三元组来建立一个类型

$$Class = (CID, CS, CM)$$

其中，CID 为类标识或类型名；CS 为状态描述部分；CM 为应用于该类的操作。显然有

$$S \in CS \text{ 和 } M = CM \quad \text{当 Object} \in \text{Class 时}$$

因此，在实际的系统中，仅需对每个类型定义一组操作，供该类中的每个对象应用。由于每个对象的内部状态不完全相同，所以要分别存储每个对象的属性值。

例如，一个城市的 GIS 中，包括了建筑物、街道、公园、电力设施等类型。而洪山路一号楼则是建筑物类中的一个实例，即对象。建筑物类中可能有建筑物的用途、地址、房主、建筑日期等属性，并可能需要显示建筑物、更新属性数据等操作。每个建筑物都使用建筑物类中操作过程的程序代码，代入各自的属性值操作该对象。

3. 概括（generalization）

在定义类型时，将几种类型中某些具有公共特征的属性和操作抽象出来，形成一种更一般的超类。例如，将 GIS 中的地物抽象为点状对象、线状对象、面状对象以及由这三种对象组成的复杂对象，因而这四种类型可以作为 GIS 中各种地物类型的超类。

比如，设有两种类型

$$\left. \begin{array}{l} \text{Class}_1 = (\text{CID}_1, \text{CS}_A, \text{CS}_B, \text{CM}_A, \text{CM}_B) \\ \text{Class}_2 = (\text{CID}_2, \text{CS}_A, \text{CS}_C, \text{CM}_A, \text{CM}_C) \end{array} \right\}$$

Class$_1$ 和 Class$_2$ 中都带有相同的属性子集 CS$_A$ 和操作子集 CM$_A$ 并且

$$\text{CS}_A \in \text{CS}_1 \text{ 和 } \text{CS}_A \in \text{CS}_2 \text{ 及 } \text{CM}_A \in \text{CM}_1 \text{ 和 } \text{CM}_A \in \text{CM}_2$$

因而将它们抽象出来，形成一种超类

$$\text{Superclass} = (\text{SID}, \text{CS}_A, \text{CM}_A)$$

这里的 SID 为超类的标识号。

在定义了超类以后，Class$_1$ 和 Class$_2$ 可表示为

$$\left. \begin{array}{l} \text{Class}_1 = (\text{CID}_1, \text{CS}_B, \text{CM}_B) \\ \text{Class}_2 = (\text{CID}_2, \text{CS}_C, \text{CM}_C) \end{array} \right\}$$

此时，Class$_1$ 和 Class$_2$ 称为 Superclass 的子类（Subclass）。

例如，建筑物是饭店的超类，因为饭店也是建筑物。子类还可以进一步分类，如饭店类可以进一步分为小餐馆、普通旅社、宾馆、招待所等类型。所以，一个类可能是某个或某几个超类的子类，同时又可能是几个子类的超类。

建立超类实际上是一种概括，避免了说明和存储上的大量冗余。由于超类和子类的分开表示，所以就需要一种机制，在获取子类对象的状态和操作时，能自动得到它的超类的状态和操作。这就是面向对象方法中的模型工具—继承，它提供了对世界简明而精确的描述，以利于共享说明和应用的实现。

4. 联合（association）

在定义对象时，将同一类对象中的几个具有相同属性值的对象组合起来，为了避免重复，设立一个更高水平的对象表示那些相同的属性值。

假设有两个对象

$$\left. \begin{array}{l} \text{Object}_1 = (\text{ID}_1, S_A, S_B, M) \\ \text{Object}_2 = (\text{ID}_2, S_A, S_C, M) \end{array} \right\}$$

其中，这两个对象具有一部分相同的属性值，可设立新对象 Object$_3$ 包含 Object$_1$ 和

Object$_2$，Object$_3$ =（ID$_3$，S$_A$，Object$_1$，Object$_2$，M）

此时，Object$_1$ 和 Object$_2$ 可变为

$$Object_1 =（ID_1，S_B，M）$$
$$Object_2 =（ID_2，S_C，M）$$

Object$_1$ 和 Object$_2$ 称为"分子对象"，它们的联合所得到的对象称为"组合对象"。联合的一个特征是它的分子对象应属于一个类型。

5. 聚集（aggregation）

聚集是将几个不同特征的简单对象组合成一个复杂的对象。每个不同特征的对象是该复合对象的一部分，它们有自己的属性描述数据和操作，这些是不能为复合对象所公用的，但复合对象可以从它们那里派生得到一些信息。例如，弧段聚集成线状地物或面状地物，简单地物组成复杂地物。

例如，设有两种不同特征的分子对象

$$Object_1 =（ID_1，S_1，M_1）$$
$$Object_2 =（ID_2，S_2，M_2）$$

用它们组成一个新的复合对象

$$Object_3 =（ID_3，S_3，Object_1（S_u），Object_2（S_v），M_3）$$

其中，$S_u \in S_1$，$S_v \in S_2$，从式中可见，复合对象 Object$_3$ 拥有自己的属性值和操作，它仅是从分子对象中提取部分属性值，且一般不继承子对象的操作。

在联合和聚集这两种对象中，是用"传播"作为传递子对象的属性到复杂对象的工具。即是说，复杂对象的某些属性值不单独存于数据库中，而是从它的子对象中提取或派生。例如，一个多边形的位置坐标数据，并不直接存于多边形文件中，而是存于弧段和结点文件中，多边形文件仅提供一种组合对象的功能和机制，通过建立聚集对象，借助于传播的工具可以得到多边形的位置信息。

5.3.2 面向对象数据模型

面向对象数据库系统扩展了面向对象编程语言的基本特征。如果面向对象数据模型是完整的并且能提供商业数据库的功能，那么它就必须具备一些最基本的特征：①对象的状态变量必须被封装起来，不能直接访问；②数据库中的对象应该是用根类连续定义的，因而通过根类都是可达的；③对象实例应该能知道本身的类型，可以通过一个基本的数据库继承属性，以提供一个在查询时能返回对象类型的方法；④必须支持对象的多态性操作，并且在实现中进行动态绑定；⑤能把对象组合在一起形成集合类，这是数据库结构化和查询支持的基础；⑥应该支持对象之间的联系表示，这是数据库结构的基本组成部分；⑦对象模型应该支持多种方式的查询功能。

1. 对象表示

一个对象的任何定义都是它的逻辑表示，其目的是用来存储和管理对象实例的状态。这种表示方法由数据结构来组成，是方法唯一可以访问的资源，而方法则代表了应

用程序在数据上进行的操作。数据结构由属性构成，属性可以是具体值，也可以是指向其他对象的指针（继承类）。这些继承类是确定的可标识对象，具有自己的属性和标识符，甚至可以通过其他对象来访问。这些被引用的对象使得对象描述更加完整，但是在物理上，他们并不是描述对象的一部分。虽然属性值被绑定于某个特定的对象，但是它并不是与某个对象的属性完全绑定在一起。基于存取环境，一个对象即可以被引用，也可以与任何对象相连接，但是它一旦与某个对象绑定，它的值就成为绑定对象的私有值。此外，数据库中的对象还包括类组合，如集合、包、元组、数、列表以及多重集等。这些类的构造程序把相同的，相关的，或者相似的对象组合在一起，组成一个扩展结构，既可以适应查询，还可以优化存储。

2. 类的层次

类的继承性提供了代码的重用，因为通过类的继承，某个类方法的代码就可以被任何用该类作为它定义和操作的一部分的子类所重用。通过类的层次性和继承属性，子类可以指定它们自己的操作方法，而把继承的操作方法作为自己操作方法的一部分。这个特性称作替代，它表明当类 T 是另一个类 t 的子类时，那么 t 的操作方法或值都被 T 中的对应部分替代了。最近的面向对象数据库语言还支持可变性。可变性的意思是一个对象的类型可以通过应用程序的一个修改函数来改变其类型。由于修改函数改变了对象的类型，使得从前是相同类型的对象实例现在可能就不相同了。

3. 集合类型

集合是面向对象数据库一个重要的组成部分。集合提供了组织对象以及处理他们之间关系的途径。把相关的对象组合起来，就意味着这些对象集合合成为一种新类，具有新的属性和操作方法。集合本身也是对象，在其内部对象属性和方法的基础上也定义自己的属性和方法。集合中的对象必须与组合中定义的对象所支持的类相匹配。这就是说，如果这些对象必须在集合类及其方法的基础上相互协作，那么我们就不能在同一集合中包含不同类型的对象。

一般意义上的超类集合支持基数、空集、排序等特性，并且允许有重复值。基数表示集合中对象的数目，空集表示集合中没有任何对象，排序表明集合是结构化的还是非结构化的，而允许重复值是指集合中可以包含重复的对象。抽象的集合类支持所有基于集合的操作，如集合的创建和删除，对象的插入，对象的删除或替换，对象的存取，根据谓词从集合中选取某一个元素，判断一个对象中的元素是否存在，或者判断一个特定的对象是否包含某个特定的元素，以及创建一个能在集合中遍历的检索指针等。

通过这个基本的抽象集合类型，我们可以创建更为特殊的集合，如类集、包、列表、数组等。这些类型被很多面向对象数据库所支持。

类集是一个无序的集合，不允许重复的元素存在。一个类集可以使用上面提到的所有操作，而且具备集合类型的所有属性。另外，它还可以创建某种特定的集合，在集合中插入元素（不允许重复元素存在）。类集方法主要包括联合、交、差、拷贝、子集判断、真子集判断、超集判断、真超集判断等。例如，用这类操作方法，我们可以对两个点集合执行操作，生成一个新的集合，其中包括了原来两个集合中的所有元素，但是并不重复。

包是一个无序的集合类,它允许有重复的值。包在相容的集合上可以执行并、交及差等操作。例如,在空间数据模型中,把所有点都放进去。在线段的交点上,点这个集合中就有重复。

列表是一个有序的对象组合,它也允许重复值出现。列表中对象的序列由插入顺序来决定,而不是由索引或排序来决定。顺序的类型或形式可以有程序员通过操作方法在列表的某个位置进行插入、删除或替换来进行组合。

数组是面向对象数据模型和系统中常见的集合类型。数组由一组一维的长度可变的类组成。数组的大小可以被初始化或者在定位或访问时被修改。数组允许把对象以索引列表的形式进行组织和访问。在数组的某个位置上可以执行插入、删除、替换或检索操作。这些操作方法和数据结构允许数据库系统针对特定的对象事例构造逆序的索引值,或者用作对象集合的索引。数组把位置索引作为访问指针来依次进行访问。

4. 对象联系

数据联系是指对象之间,或者属性之间,或其操作方法之间存在的可标识的,有名称的对应关系。数据库中的数据项之间的联系被认为是面向对象设计的一个重要组成部分。尽管有很少的面向对象数据库系统支持信息联系——这样的支持留给单个对象的具体实现。由于把联系的说明、设计和实现都留给了单个对象,灵活性和规范性的支持就丧失了,可能得到的好处就是封装性和继承性,因为联系的实现是因具体对象而异的。对于其他数据模型来说,联系是模型中最基本的组成部分。

对象模型中的联系可以表示为各个涉及的对象名称,私有的特定属性,内部属性约束,以及联系所涉及的对象(图 5.36)。联系可以用两个部分来描述:联系的主题是联系对象本身,即箭头尾部指出的地方,联系成员是箭头前端指向的对象。

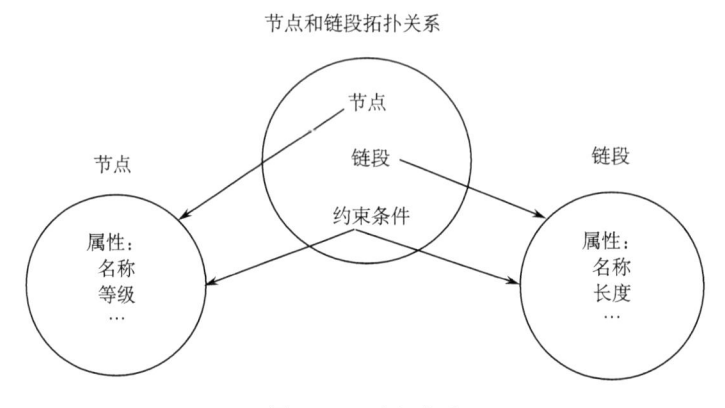

图 5.36 对象联系

在这个例子里,节点对象与链段对象通过节点和链段的拓扑关系相关联。这个联系是一对多的联系,一个节点可以连接多个链段。这个联系没有本地属性,但有一个约束条件,那就是节点必须是和链段相连接的节点。这个例子只是说明了一个简单的联系,许多复杂的联系都含有自己的属性以及相关对象的约束条件。

联系可以是单向的、对称的、或者是多值的。一个单值联系或单向联系只涉及两个对象，其中一个指向另一个，而在其他方向则没有任何联系。

联系可以是对称的，这是指一种对应的双向联系——例如，配偶联系对偶的双方都可以使用，其中任意一方的配偶都会返回另一方。在某些面向对象的系统中，双向联系才是真正的联系，而其他的都被称作特征。

多值联系在数据模型中是一种更为常见的联系。多值联系指的是存在一组对象与另一对象具有相同的联系。例如，一个多边形有多个链段；一个节点连接多个链段等。

联系可以通过多种途径来实现：我们可以用集合或扩展表格来处理联系，扩展表格是指一个对象指针的列表，是一个似类的结构。例如，我们可以建立这样一个扩展表格，包括所有的节点对象实例。通过这个表格可以访问所有的学生对象实例，使得这些对象的存取和处理更加容易。我们可以用这个结构来访问相关的对象及其相关数据。这样实现的本意和联系本身都使得从一个联系可以到达另一个联系。例如，从链段的左右多边形的联系中搜索一个多边形包含多个链段的联系。

5．对象约束

约束条件是用来帮助维护数据的完整性、正确性以及有效性。约束条件在传统编程语言类型正确的基础上提供了额外的数据库内容正确性检查。这些数据库约束条件用谓词形式来表示，描述了使用数据库状态值以及项目值之间相互联系保持正确性条件。约束条件可以是复杂的条件，也可以是针对特定应用程序。这些约束条件是针对类定义的，类中的所有元素都必须满足指定的条件才能被认为是正确的。典型的约束条件用来检查数据项的类型与数据类型说明是否匹配，或者数据项是否在一个有效的范围内。而复杂的约束条件是根据它所连接的其他对象的值来设置限制条件。这种约束条件称作参考约束。例如，一个职员的最高工资是他主管工资的三分之一，这就是参考约束条件。这是因为主管的工资必须先从对象中经过检索才能得到，然后用它来设置约束条件的有效范围。

约束条件还可以用来限制一组对象的取值或边界。这种约束条件不能简单地写入对象中，往往首先需要一个更高层的对象，使其能访问该组中所有对象。也可以是专门建立一个处理对象。它与该组中所有对象绑在一起，在使用对象操作之前由它先进行检查，只有符合约束条件才被允许执行。这种形式的约束条件由约束谓词和约束操作两部分组成，有时就是一个处理程序。

在面向对象的系统中，什么时间进行约束条件的检查是一个难题。如果要使约束检查不发生在约束对象的某种协调变化过程中，那么对检查时进行显示的说明是必要的。在某些面向对象的系统中，系统约束条件是作为对象的一部分来显示地定义，而在另外一些系统中，约束条件是独立定义的指向其他对象的对象，当其他对象执行操作时进行约束条件检查。用这种方法定义的约束条件需要调用对象中的操作方法以获得检查过程中所需要的值。类似地，一旦发现违反约束条件的情况，对象中也必须包含修正错误的操作方法。

在数据库的维护和操作过程中，约束条件是一个很好的工具。只要进行属性的访问操作，约束条件就要进行检查，只有当它在更新或基于某种指定的事件时才可以不进行检查。

约束条件可以是主动的，如由数据库系统触发，也可以是被动的。主动的约束条件是在事件、时间或其他条件满足时对对象的边界进行检查，而被动约束条件只有在操作中遇到才被执行。

6. 查询处理

关系型和网络型数据模型有特殊的数据处理方法。在关系型和网络型数据库操作中，任何扩充的功能都必须来自用户自己编写的代码。这种有限的操作功能主要是由语言的结构和基本设计来完成的，同时也取决于理论上的数据存储模型和处理模型。面向对象数据库管理系统的语言支持一种无边界范围的数据处理。他们是根据系统和应用程序如何使用和表示数据来定义的。另外，这些方法可以在将来通过对象的修改和重编加以改变，以至于成为数据库管理系统的基本操作。在关系数据库或网络型数据库中就不是这种情况，在那里基本操作是不能被修改或改变的。

面向对象数据模型的查询处理需要在数据库内部增加一些结构来提高查询效率。在面向对象数据库中，数据通过对象标识（指针）的获取和移动来访问。如果不提供对象集群的方法，面向对象数据库在处理查询时，其响应时间就不能令人满意了。由于支持对象的集群或组合，形成对象集合，如类集、包、列表和数组，对象模型也可以构造类似关系模型中的那种高效率查询操作。没有这些结构，面向对象数据模型不比一个指针搜索方法更好，因为它需要遍历大量的不相关对象才能找到感兴趣的东西。

面向对象查询语言（OQL）是根据 SQL 关系查询语言来格式化的。对象数据处理起源于 SQL 结构，OQL 语言支持传统的 SELECT...FROM...WHERE 的结构。

面向对象数据模型的查询处理还处在一个最初期的阶段，有待于进一步的完善。

5.4 面向对象空间数据模型

空间数据模型是空间数据库系统中关于空间数据和数据之间联系逻辑组织形式的表示，是计算机数据处理中一种较高层的数据描述。空间数据模型是有效地组织、存储、管理各类空间数据的基础，也是空间数据有效传输、交换和应用的基础，以抽象的形式描述系统的运行与信息流程。每一个实体的地理数据库都由一个相应的空间数据模型来定义。数据模型最终成为一组被命名的逻辑数据单位以及它们之间的逻辑关系所组成的全体。每一种空间数据模型以不同的空间数据抽象与表示来反映客观事物，有其不同的处理空间数据联系的方式。

空间数据模型的设计需要对客观事物有充分的了解和深入的认识，科学地、抽象概括地反映自然界和人类社会各种现象空间分布，相互联系及其动态变化。其核心是研究在计算机存储介质上如何科学、真实地描述、表达和模拟现实世界中地理实体或现象、相互关系以及分布特征。初期的系统仅仅把各种地理要素简单地抽象成点、线和面这已经远远不能满足实际需要，要想进一步拓宽应用前景，必须进一步研究它们之间的关系（空间关系）。空间关系是研究通过一定的数据模型来描述与表达具有一定位置、属性和形态的空间实体之间的相互关系。当我们用数字形式描述地图信息，并使系统具有特殊的空间查询、空间分析等功能时，就必须把空间关系映射成适合计算机处理的数据结构。由此可以看出，空间数据的空间关系是空间数据库的设计和建立，以及进行有效的空间查询和空间决策分析的基础。要提高空间分析能力，就必须解决空间关系的描述与表达等问题。

5.4.1 地理要素数据模型

地理要素是地理实体和现象的基本表示，在数据世界中地理要素包括空间特征和属性特征。地理要素的空间特征包括空间位置和空间关系，空间位置是一组表示地理要素空间位置的坐标序列。属性特征表示地理要素的类型、数量、质量、状态和时间序列等属性信息。在空间数据模型中，地理要素的数据表示及相互关系表示为地理实体的空间几何、空间几何的空间关系、地理实体属性以及实体属性与几何元素的构成关系。

1. 地理要素的几何抽象类型

几何元素是空间数据模型中超类。其他类继承超类的几何位置信息及有关对几何数据的操作。几何元素也是空间数据库中不可分割的最小存储和管理单元。

以纯几何的观点看待地理空间，忽略其地理意义，将地理空间抽象成几何对象的集合。这些几何对象描述了地理要素的形状、空间位置、空间分布以及空间关系等信息。地理要素矢量结构中的几何元素分为五种基本类型：即点（point）、线（line）、面（face）、表面（surface）、体（volume），如图5.37所示。

类型	图形表示	数字表示
点（point）	●	二维坐标或三维坐标表示的零维元素
线（line）		一个相互不交叉的线段的序列
面（face）		其边界是由一个相互不交叉的线段的序列封闭的二维元素
表面（surface）		三维坐标序列表示曲面
体（volume）		表示所包围的封闭空间

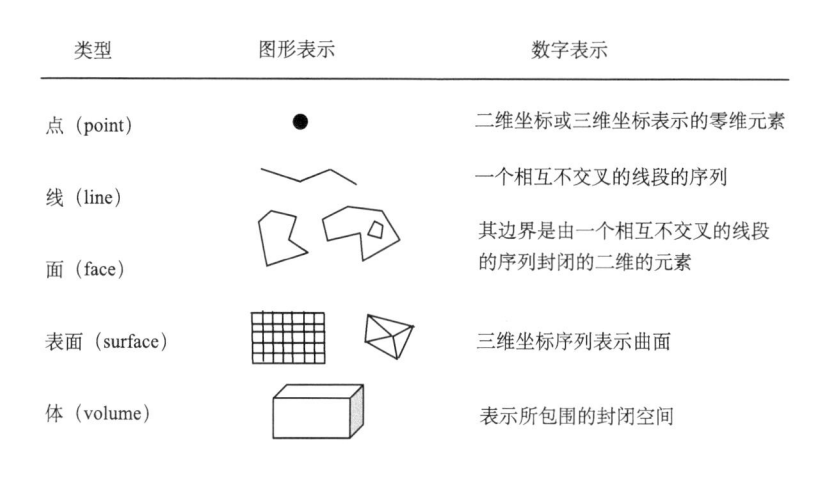

图 5.37 几何对象基本类型

如果考虑几何对象在地理空间中相互之间的拓扑关系，矢量数据结构中的几何对象还可以分成四种拓扑类型：结点（node）、弧段（arc）、多边形（polygon）和多面体（polyhedron），如图5.38所示。

在空间数据库中，空间关系建立往往是根据用户需求来决定的，并不是所有的空间实体建立几何对象的拓扑关系。因此，在该几何对象模型中，包括点、线、面、表面、结点、弧段、多边形等基本几何对象类。在点、线和面不包括拓扑关系，而结点、弧段

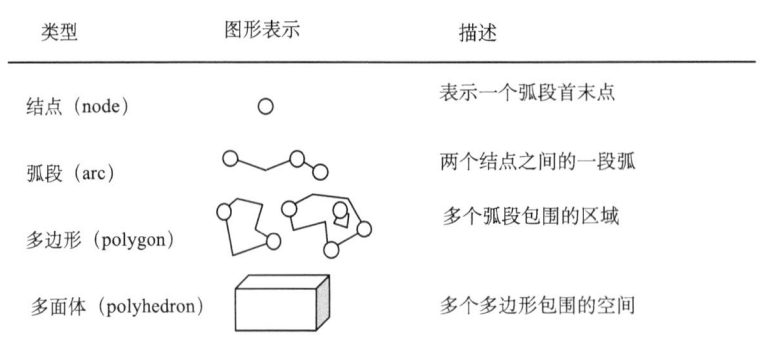

类型	图形表示	描述
结点（node）	○	表示一个弧段首末点
弧段（arc）		两个结点之间的一段弧
多边形（polygon）		多个弧段包围的区域
多面体（polyhedron）		多个多边形包围的空间

图 5.38　几何对象拓扑类型

和多边形之间存在拓扑关系，它们显示地存储几何对象之间的邻接、包含和相连等信息。

每个多边形由一组弧段和若干内部多边形（岛）组成，用左右多边形表示弧段和多边形之间的关系。多边形内部用一个结点来标识。每一条弧段包含一个首结点和一个末结点，结点关联弧段表示结点和弧段之间的关系。结点、弧段和多边形单独作为几何对象进行操作时，可以等同于点、线、面几何对象，当相互关联操作时，需要考虑拓扑关系的一致性和完整性，如图 5.39 所示。

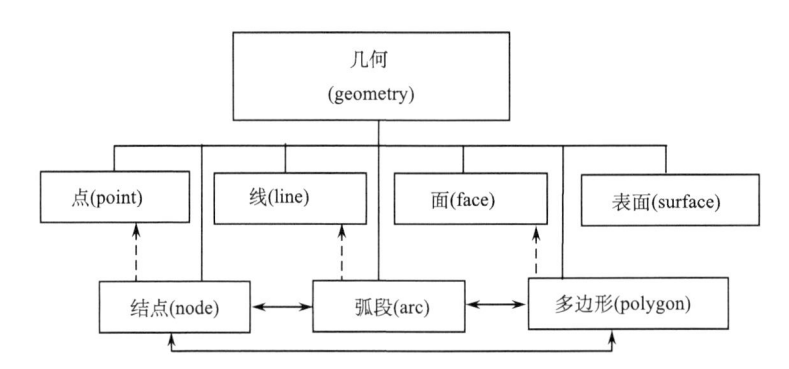

图 5.39　OSDM（object spatial data model）几何对象模型

1) 点类（point）

点类是一个指定几何位置的零维几何对象，用空间中的坐标确定其位置，没有长度和面积的概念。该类属性包括点标识 ID、点代码 Code、点坐标 Position，方法主要包括点的操作方法。例如，点的增加、删除、位移等。

2) 线类（line）

线类是一维几何对象，有长度但无面积概念。线的几何特征用一串有序用直线段连接的坐标对近似地逼近其形状。特殊情况下，线用坐标串作为已知点所建立的线性函数来逼近（曲线光滑）。该类属性包括线标识 ID、线代码 Code、线坐标串 Position，方法主要包括线的操作方法。例如，线目标增加、删除、一个线目标分解成两个线目标、两个线目标合并成一个目标，线目标的特征点的增加、删除和位移等。

3）面类（area）

面是一种二维几何对象，具有面积的概念。面界线的几何特征用直线段来逼近，即用首尾连接闭合的线来表示。面以单个封闭的坐标串作为一个实体。该类属性包括面标识 ID、面代码 Code、面中心标识点 PointID、面坐标串 Position，方法主要包括面的操作方法。例如，面增加、删除、移位，面界线的特征点的增加、删除和移位等。

4）表面类（surface）

表面对象是一个区域，该区域中有若干离散点，每个点具有一定的属性值，因此，可以看作为二维几何对象。该类属性包括表面标识 ID、表面坐标点 Position，方法主要包括表面的操作方法。例如，离散点的增加、删除、移位、离散点之间关系建立等。

5）结点类（node）

结点类是一个零维的几何对象，用空间中的坐标确定其位置，没有长度和面积的概念。结点是一种几何拓扑元素，用来表示与弧段的关联关系。该类属性包括结点标识 ID、结点代码 Code、结点坐标 Position、结点包含弧段个数 Number、弧段标识链表 ArcIDLink 等，方法主要包括结点的操作方法。例如，多弧段结点的匹配，结点与弧段关系建立等。

6）弧段类（arc）

弧段类是一个二维的几何对象，用一串坐标序列表示，没有面积的概念。弧段是一种几何拓扑元素。该类属性包括弧段标识 ID、弧段代码 Code、弧段坐标序列 Position、一个始结点标识 FromNodeID、一个终结点标识 ToNodeID、左多边形标识 LeftPolygonID、右多边形标识 RightPolygonID 等，方法主要包括弧段的操作方法。例如，弧段线目标增加、删除、位移，弧段上特征点的删除、增加和位移、弧段与结点多边形关系建立等。

7）多边形类（polygon）

多边形类是一个二维的几何对象，由一组或多组弧段首尾连接而成。"多边形"这一术语即来源于此。它可以是简单的单连通域，亦可以是由若干个简单多边形嵌套形成的复杂多边形。多边形与弧段、结点具有拓扑相关性。该类属性包括多边形标识 ID、多边形代码 Code、多边形中心标识点 NodeID、多边形包含弧段个数 Number，弧段标识链表 ArcIDLink 等，方法主要包括多边形的操作方法。例如，多边形建立，主要通过弧段与结点的关系自动生成多边形。

2. 基本地理要素模型

在几何元素中没有考虑地理要素内在的地理意义，主要目的是为了保持几何对象在操作和查询中的独立性。空间数据库中一个地理要素实体往往由一个几何元素和描述几何元素的属性或语义两部分构成。属性数据是对地理要素进行语义描述，表明其"是什么"，属性数据实质是对地理信息进行分类分级的数据表示。与地图特性有关的描述性属性，在计算机中的存储方式是与坐标的存储方式相似的，属性是以一组数字或字符的形式存储的。这一组数字或字符称之为编码，地理信息的编码过程，是将信息转换成数据的过程，前提是要首先对表示的信息进行分类分级。在地理要素可视化中，通常以几何形态展示在用户面前。另外同一个几何对象可能对应不同的地理要素，这些因素都需要独立地建立几何对象模型以便于实现某些功能。但从高层应用来看，人们查询、检索和分析的主要是地理要素及相互关系（包括空间关系和属性构成关系、层次关系等）。因此，建立空间属性和非空间属性，以地理要素为操作对象和界面的空间物体对象模型成为空间数据模型的主要内容。空间物体对象模型包括基本空间物体对象模型和空间物体对象集合模型。

关系数据模型和关系数据库管理系统基本上适应于空间数据中属性数据的表达和管理。但如果采用面向对象数据模型，语义将更加丰富，层次关系也更加清晰。与此同时，它有能吸收关系数据模型和关系数据库的优点，或者说它在包含关系数据库管理系统的功能基础上，在某些方面加以扩展，增加面向对象模型的封装、继承和消息传递等功能。

从几何对象模型来看，空间物体对象模型专门定义和解释几何对象，给几何对象赋属性，一个空间物体对象有一个几何对象和描述几何对象的属性或语义两个部分构成。在空间物体类中，几何对象是空间物体对象的主干部分，而且空间物体对象依据几何对象来进行分类。根据几何对象模型，将空间物体对象分为七种基本的对象类型：即点状要素（point feature）、线状要素（line feature）、面状要素（area feature）、表面要素（surface feature）、结点要素（node feature）、弧段要素（arc feature）和多边形要素（polygon feature）。基本空间物体对象与几何对象模型中的对象具有一对一的关系，在几何对象的基础上增加属性信息。基本空间物体对象的属性层次关系、要素构成关系由属性数据来确定，其他空间关系由几何对象来确定，而且几何对象的各种空间操作完全作用于空间物体对象。因此，空间物体对象继承了几何对象，空间结构、空间关系和空间操作分别从作为超类的几何对象类中继承而来。基本空间物体对象模型，如图 5.40 所示。

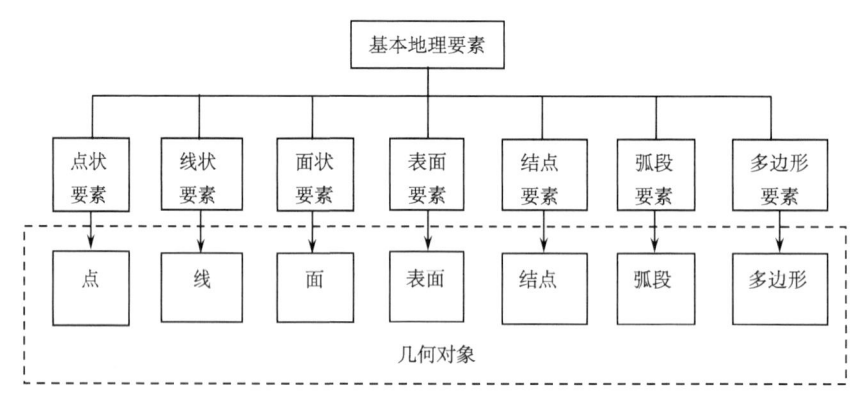

图 5.40 基本空间物体对象模型

1）点状要素类

点状要素类是一个指定几何位置的零维的要素，用空间中的坐标确定其位置，没有长度和面积的概念。单个位置或现象的地理特征表示为点特征。点可以具有实际意义，如水准点、井、道路交叉点、小比例尺地图上的居民地等，也可以无实际意义。它是基本地理要素类的子类，同时由点几何对象类继承而来。

2）线状要素类

线状要素类是一维要素，有长度但无面积概念。一个线要素由一条或多条弧段构成。线状物体的几何特征用直线线段来逼近，弧段是以结点为起止点，中间点以一串有序用直线段连接的坐标对近似地逼近了一条线状地物及其形状，如道路、输电线等。弧段可以看作点的集合。特殊情况下，线状地物用坐标串作为已知点所建立的线性函数来逼近（曲线光滑）。如河流、等高线等。它是基本地理要素类的子类，同时由线几何对象类继承而来。

3）面状要素类

面状要素类是一种二维要素，具有面积的概念。面域要素由一个或多个面构成。一个面状要素是一个封闭的图形，其界线包围一个同类型区域。因此，面状物体界线的几何特征用直线段来逼近，即用首尾连接闭合的弧段来表示。面状地理要素以单个封闭的坐标串作为一个实体。例如，森林、湖泊。其最大的优点是保留了地理要素的完整性，数据结构简单，便于软件系统设计和实现。缺点是面状要素的公共链存储两次，这不仅可能造成共享公共链的几何位置不一致，而且无法管理共享公共链的面状要素之间的空间关系，这种重复数据存储方式很难进行地理分析。它是基本地理要素类的子类，同时由面几何对象类继承而来。

4）表面要素类

表面要素类表示用有限点构成的连续区域的地理要素。用来表示地理实体的表面，如规则格网数字高程模型、不规则格网数字高程模型、温度、雨量等。其超类为基本地理要素类和表面几何对象类。

5）结点要素类

结点要素类在几何上是弧段的起止点，大多数情况下，结点不仅是拓扑元素，而且是一个点状要素，具有地理意义，因此，我们称为结点要素没有弧段要素相连结的点称之为孤立点。两条或两条以上的弧段要素相连结的点称之为结点。只有一条弧段要素相连结的点称之为恳挂点。它是结点的特例。它由结点几何对象类和基本地理要素类派生而来。

6）弧段要素类

为了建立地理物体的空间关系，按照拓扑学的原理，认为把一个性质和属性相同的线状地物离散成一组首尾连接的弧段，建立结点与弧段之间的空间关系，在这个拓扑关系上可以进行网络分析和构造多边形。弧段要素表示线状地物上一段，因此，它具有线状要素的特征。它由弧段几何对象类和基本地理要素类派生而来。

7) 多边形要素类

多边形是由一组或多组弧段要素首尾连接而成。"多边形"这一术语即来源于此，它的意思是"具有多条边的图形"。它可以是简单的单连通域，亦可以是有若干个简单多边形嵌套形成的复杂多边形。因此，它具有面状要素的特征。如地图的行政区域、植被覆盖区、土地类型等面状要素。其超类为基本地理要素类和多边形几何对象类。

空间实体的几何元素和属性数据的关系不是一对一的关系。一个目标的几何数据可以有一个以上的属性数据，例如，河流可能同时也是境界。多个几何元素也可能共用一个属性数据，例如，一个行政区可能包含一个以上的区域。要建立空间数据的几何与属性多对多的关系，是一件非常烦琐的工作。因此，目前大多数地理信息系统将几何与属性多对多的关系转换成一对一的关系来表示。

由于几何元素是空间数据库存储和管理不可分割的最小单位，属性数据在描述几何元素时，往往只对几何元素整体描述，也就是说，整个几何元素具有同一个属性性质。在现实世界中，有些属性数据不是描述整条链的性质，仅描述链上某点或某段的性质，例如，某条公路上的最小弯曲，最大坡度等，并不是描述整条公路，用户不仅要知道某条公路的最小弯曲，还要知道最小弯曲或最大坡度在公路的某个地方。这就要求属性数据不仅要描述道路的性质而且给出具体的位置。

3. 地理要素图形表示类型

空间数据库不只是为了有效地存储、管理、查询和操作空间数据，更重要的是要把地理信息以可视化的形式呈现在用户面前，以便人们从图形表示中认知地理空间实体和现象及其相互关系。空间数据可视化是空间数据库主要功能之一。

空间数据可视化主要表现在地理要素的图形表示、地理要素注记和统计数据表示。地理要素的点状（含结点）要素、线状（含弧段）要素和面状（含多边形）要素分别用地图图示中点状符号、线状符号和面状符号来表示，根据地理要素的属性分别从地图符号类中选择相应的符号。

地理要素注记是在地理要素可视化中对其进行语义描述和属性说明的标注，以提高图形的可读性。通常注记与地理要素相关联，分为点注记、线注记和面注记，对相应地理要素的某类属性进行标注，如名称、数量等。它们的位置根据点、线、面要素的空间分布而定。

统计数据往往通过统计专题图表示，统计专题图是地理要素属性数据的最有效可视化工具。它是在地理要素空间特征显示的基础上，根据地理要素的属性值，通过分类分级数据模型进行综合分析计算，求出地理要素的分级变量，用图形符号的类型、颜色、尺寸、纹理等视觉变量来实现。

地图符号、地理要素注记和统计专题图本身不是空间数据库中地理要素的内容，但它们在地理要素显示中必不可少，成为空间数据库中地理要素对象的重要内容，并且它们与地理要素对象关联。因此，在建立空间数据模型时，应充分考虑这些因素。这里我们将它们与基本地理要素对象类分开考虑，建立地理要素图形表示对象模型，包括地图符号类，地理要素注记类，文本要素类，统计专题图类，如图 5.41 所示。

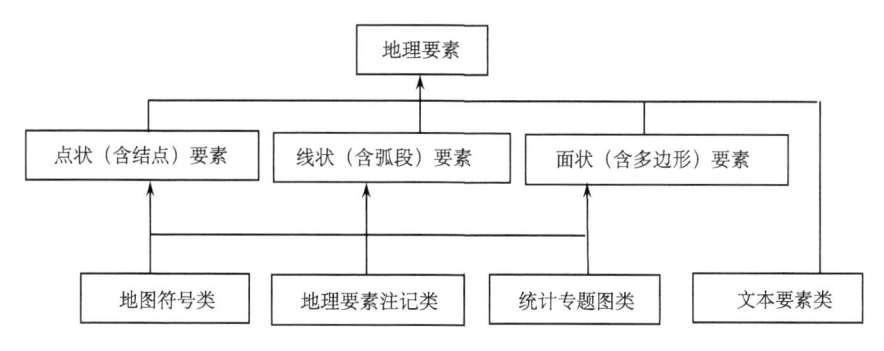

图 5.41 空间物体图形表示对象模型

1）地图符号类

地图符号类（symbol）是地理要素显示时所需要的地图符号数据和方法集合。该类属性包括符号标识 ID、符号代码 Code、符号类型 Type、符号尺寸 Size、符号颜色 Color 等，方法主要包括各种符号显示方法。

2）地理要素注记类

地理要素注记类（label）是地理要素进行属性进行标注的数据和方法集合。该类属性包括注记对象标识 ID、注记代码 Code、注记类型 Type、注记尺寸 Size、注记颜色 Color、注记坐标点列 Locations、注记字体 Font 等，方法主要包括各种注记显示方法。

3）文本要素类

之所以称为文本要素类（text），是把与地理要素无关的说明性注记分离出来单独处理。文本显示时需要以下属性数据：文本对象标识 ID、文本内容 Content、文本尺寸 Size、文本颜色 Color、文本坐标点列 Locations、文本字体 Font 等，方法主要包括各种文本显示方法。

4）统计专题图类

统计专题图类（theme）是绘制统计专题图所需要的各种数据和方法。该类属性包括统计专题图对象标识 ID、统计专题图代码 Code、与地理要素相关联的信息、统计专题图类型 Type、统计专题图变量、统计专题图符号坐标点 Locations、符号信息等，方法主要包括分类分级方法和各种符号显示方法。

4. 复合地理要素模型

现实世界中地理实体或现象的分布不是孤立的，而是连续的、相互关联的。由于空间数据的复杂性（包括图形数据、图像数据、专题统计数据和文字描述数据等）、空间物体具有多层空间嵌套关系（如一个城市包括若干个城区，每个城区又包括若干个街委，每个街委又包括若干个居区和单位）和地理物体之间具有空间（立体）交叉关系（如河流与桥梁、桥梁与道路、道路与渡口等）特点，而在空间数据库中存储和管理的直接对象是位于最底层的基本地理要素。这些基本地理要素是可以直接存取与独立处理的。在数据库中它们具有各自的唯一关键字。因此，仅用基本地理要素对象很难表达空间数据的特点。在空间数据库中，往往对一批或一组地理要素实体进行检索和显示，更多的是对地理要素进行查询、选择以及空间分析所得的结果都要以集合的形式出现。因此，有必要建立地理要素的复合要素，即基本地理要素的聚集或联合，如图 5.42 所示。

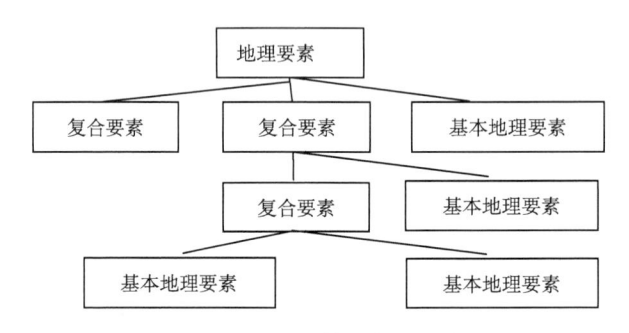

图 5.42 空间物体复合对象模型

从数据库管理的角度来看，复合要素可以理解为是一个以上的基本地理要素对象所组成的。这些下属基本地理要素对象在数据库中是独立存在的，并且可拥有不同类型属性，同时还可递归地拥有层次更低的下属物体，即复合要素的复合要素。因此，复合要素组成自己的树结构，除根结点无父结点，叶结点无子结点外，其余结点既有父结点，又有子结点。

复合要素是用包括方法圈定其有关下属物体的。因此从实质上讲，复合要素是若干个下相关物体的组合，是连接若干物体的一种关系信息，在表现形式是相关（下属）物体关键字的集合。

在实际应用中会产生数据共享的问题，即某些子物体同时为一个以上的父物体所公用，这使得以树结构为特征的复合要素系统有时具有网结构特征。例如，一个小湖泊属于某个特定区域，它与其他物体一起使这个区域变成一个复合要素，但它同时又是某个流域水系的一个子物体。尽管在复合要素系统中有时出现网结构关系，但这并不增加复合要素数据处理的复杂性。

一个复合要素的信息不只是下属物体信息的集合，还会拥有其自身的信息。空间物体复合类是一个空间物体集合对象类。它是基本地理要素对象和复合要素对象的聚集和联合，是一个抽象类，包括它的子类共同属性和操作。因此，把它作为集合类来看待。

5.4.2 地理要素分层模型

人们理解和分析地理实体或现象时，通常需要分门别类，把意义上相关的地理要素组织在一起，例如，把地理空间分为交通、水系、居民地、地形等几大地理要素，每个地理要素对应一个地理要素层。当然，地理要素层并不局限于这样的分类方式，用户可以按照自己的需要来划分，例如，把河流和湖泊定义为两个不同的地理要素层。

为了便于计算机的管理、处理、分析和查询，在传统的覆盖制图理论影响下，对空间数据按要素主题（如河流、道路、居民地等）进行分层存储和管理。对地理要素进行分层往往采用两种方法，一种是逻辑分层，也就是说，在物理上数据的存储和管理在一起，通过目标的代码进行分层，视空间数据应用的需要来建立同层地理空间实体之间的拓扑关系。这种数据结构在数据管理上比较繁琐，当数据量很大时影响数据操作和处理时间。另一种方法采用物理分层，同一层内的所有空间实体在一个平面上，可以通过在平面上的几何算法自动建立空间实体之间的空间关系。这里的层是物理上的，与地理要素（居民地、水系和植被等）概念的不同，可以将一种地理要素放一层，也可以两种或两种以上的地理要素放在一层。这种数据模型的优点是简化了数据的操作和处理。每个物理层之间在数据组织和结构上相对独立，数据更新、查询、分析和显示、拓扑关系建立、拓扑关系完整性和一致性维护等操作以物理层为基本单位。缺点是分层切断了不同层间要素的空间相互关系。例如，河流和植被分别放在不同的层中，如果河流是植被的边界，河流必须在不同的层中进行存储，这不仅破坏了河流数据的一致性，而且也无法建立河的左岸是植被这种关系，因为拓扑关系只适合在同一层中建立。为了弥补这种不足，可以采用"语义关系"来描述不同层之间要素的相互关系。这种空间关系很难自动地生成，往往通过人机交互的方法输入。或者通过叠加分析运算来重新建立不同层之间要素的相互关系，如图 5.43 所示。

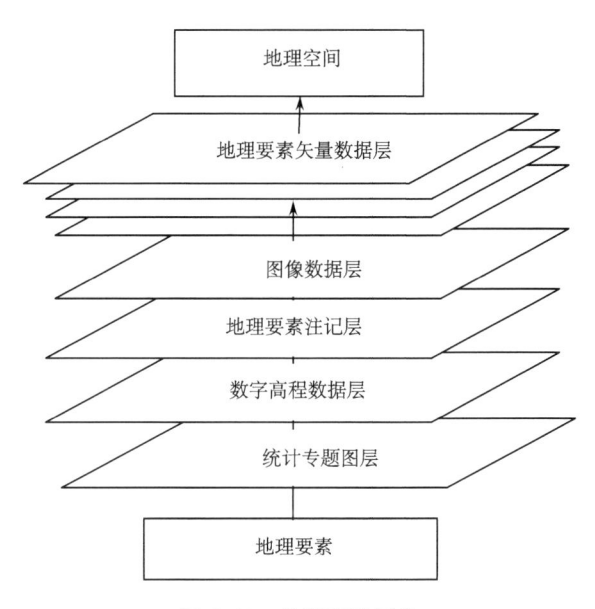

图 5.43 地理要素层类

地理要素层除矢量数据层外，还包括图像数据层、数字高程数据层（规则格网数字高程模型和不规则格网数字高程模型）、地理要素注记层和统计专题图层等。

地理要素层类（layer）基于地理分类特定数据子集。地理要素层对象描述数据主要内容包括地理要素层对象标识 ID、地理要素层代码 Code、地理要素层类型 Type、地理要素层尺寸Size、地理要素层内数据来源、生产年代、地图投影、数据质量、数据精度、分辨率、平面和高程控制点等，方法主要是对地理要素层类各种操作方法，如地理要素层类的定义、删除、合并等。

5.4.3 地理空间分块模型

地理空间的范围可以是全球、一个国家或一个地区。人们认识现实世界的事物和现象及其相互之间的关系，总是在一定的范畴内（即现实世界地理空间）进行。为了使计算机能够识别和处理地理要素，必须将连续地现实世界中地理实体及相互关系进行离散和抽象，建立若干以地理区域为界的认识地理空间的窗口，即数据区或工作区（workspace），工作区定义了有一定区域范围的、连续的地理空间。人们可以通过工作区这个窗口来认识和操作所描述的地理空间实体及关系。工作区的主要目的是为了充分、有效地管理地理空间数据，通过地理要素层对地理要素进行科学的组织，合理地存储和高效地查询检索，为更高层次的空间分析和决策支持服务。

从理论上讲，一个工作区一个数据库（无缝数据库）是最理想的。所谓无缝数据库，是指整个工作区域的空间物体在数据库里不论是逻辑上还是物理上均为连续，也就是说有统一的坐标系、无裂隙、不受传统图幅划分的限制，整个工作区域在数据库中相当于一个整体。这就要求数据库有很大的存储空间、灵活的数据库结构、高效的检索功能。对于计算机本身而言，要求具有较大的内外存空间，较高的运行速度。很显然，对于国土面积较小的国家，建立某些比例尺无缝数据库是经济，高效且易于实现的。而我国幅员辽阔，整个工作区域的数据量非常之大，要建立一个在物理上连续的数据库是困难的，也是不经济的。为了解决庞大的地球空间信息与有限的计算机资源之间的矛盾，沿用传统的地图制图学中地图分幅的方法，采用了分块存储管理和处理。把空间数据库建立在一定比例尺之上，以数据块（一定面积的制图区域）作为基本单位，分别进行数据录入和存储管理，即以一个数据块构成一个数据存储单位，如图5.44所示。

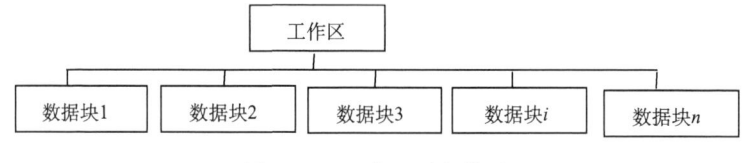

图 5.44 工作区对象模型

空间数据库分块存储缺点是破坏了连续的地理空间，人为地切断了地理空间的整体性，给空间数据分析应用带来许多困难。例如，一条完整的道路由于分块原因，划分成多条道路在不同数据块中存储，当道路网的分析最优路径计算时，多个数据块拼接在一起，不仅要解决相邻两个数据库在公共边线上不可避免会出现的几何误差和同名空间实体属性的不一致，而且要解决两幅地图之间的空间关系连接。因此，在实际应用中要求空间数据库系统实现在物理上是分块存储管理，而在逻辑上实现无缝连接。换句话说要保持物体存储、表达的完整性和一致性，满足用户在进行信息分析时能快速准确地得到各要素之间的关系，在使用该系统时能够拥有一个完整的工作区。

目前，由于地形图是空间数据库主要数据源。空间数据库设计时，往往把数据块的大小与地形图图幅大小一致。国家提供的基础地理信息往往以各种比例尺的标准图幅大小为工作区。由此可见，工作区的大小和数据块的划分视空间数据库建立与应用而定。并没有严格的规定。

（1）数据块类。数据块类（selection）是基于地理空间的工作区的特定数据子集。数据块对象描述数据的主要内容包括地理空间数据的描述、数据来源、生产年代、地图投影、数据质量、数据精度、分辨率、平面和高程控制点等，方法主要是对数据块各种操作方法，如数据块的增加、删除、合并等。

（2）工作区类。工作区类（workspace）描述数据主要内容包括地理空间数据的描述、数据来源、生产年代、地图投影、数据质量、数据精度、分辨率、比例尺等，即地理数据库中的数据字典或元数据（metadata）。方法主要是对工作区各种操作方法，如工作区的定义、打开、删除、关闭等。

5.4.4 地理要素空间关系模型

现实世界整体的、连续分布的、有机联系的地理实体和现象离散成空间数据库中存储和管理的位于最底层的基本地理要素对象，不可避免地人为割断了空间物体的整体性和物体之间的有机联系。例如，一个完整的城市分别存储在不同的数据块中；沿湖岸的道路存储在不同的要素层中割断了湖与道路的联系。另一方面，为了建立地理要素的关系，不得不对完整的空间实体进行分割，进一步破坏地理物体的完整性。例如，为了进行道路网分析，将一个完整的道路分割成不同的弧段。因此，在空间数据库中，表达地理对象之间的空间关系是极为重要的。通常地物之间的相邻、相联关系可以通过公共结点、公共弧段的共享隐含地表达。这里将空间物体关系对象分为四种基本的对象类型：即结点和弧段之间的网络关系（network）、弧段和多边形之间的多边形关系（polygonship）、数据块之间的相同空间物体连接关系（same object）和要素层之间的相关地理要素连接关系（partner），如图5.45所示。

1. 网络关系类

网络关系类（network）表示结点和弧段之间的关系集合。该类属性包括网络关系标识ID、网络关系代码Code、结点包含弧段个数Number、弧段标识链表ArcIDLink等，方法主要包括网络关系建立和维护网络关系完整性一致性方法。

2. 多边形关系类

多边形关系类（polygonship）表示多边形和弧段之间的关系集合。该类属性包括多边形关系标识ID、多边形关系代码Code、多边形内部标识结点NoteID、多边形关系包含弧段个数Number、弧段标识链表ArcIDLink等，方法主要包括多边形关系建立和维护多边形关系完整性一致性方法。

(a) 结点、弧段和多边形之间的拓扑关系

(b) 数据块之间的连接关系

(c) 要素层之间的连接关系

图 5.45 地理要素空间关系

3. 相同物体连接关系类

相同物体连接关系类（same object）表示一个物体在不同的数据块中存储的聚合。该类属性包括相同物体连接关系标识 ID、相同物体连接关系代码 Code、相同物体分割数据块数 Selection、每数据块包含地理要素个数 Number、地理要素标识链表 FeatureIDLink 等，方法主要包括相同物体连接关系建立和维护相同物体连接关系完整性一致性方法。

4. 相关地理要素连接关系

相关地理要素连接关系类（partner）表示物体在同一要素层或不同要素层之间的空间关系。该类属性包括相关地理要素连接关系标识 ID、相关地理要素连接关系代码 Code、相关地理要素连接关系包含地理要素个数 Number、地理要素标识链表 FeatureIDLink 等，方法主要包括相关地理要素连接关系建立和维护相关地理要素连接关系完整性一致性方法。

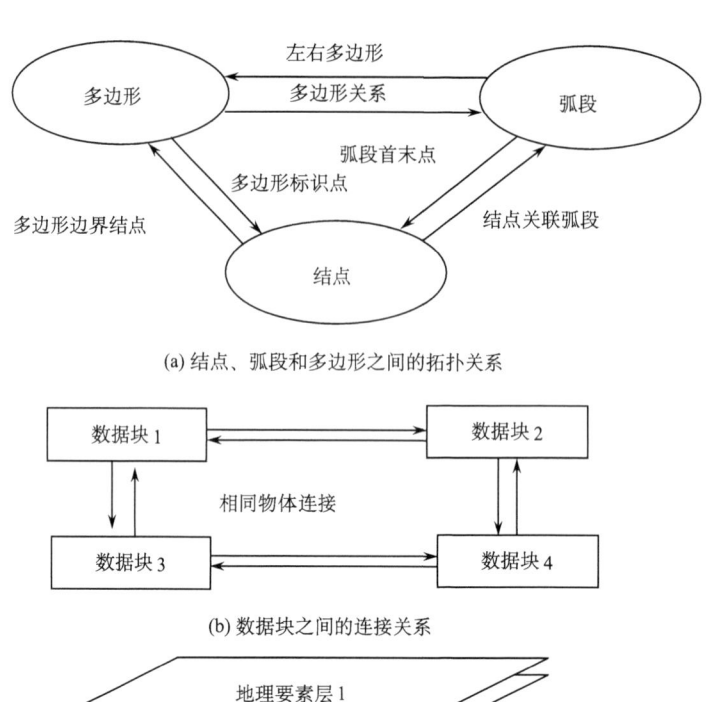

5.4.5 空间数据多尺度模型

人们认识事物往往需要一个从总体到局部，从局部到总体反复认识过程。这种认识过程同样适合于地理环境的认识。为了满足人们对地理空间这种认识需求，人们生产制作了各种不同用途的比例尺地图（图 5.46）。同样，在建立空间数据库时，必须考虑空间物体的多尺度性，以满足不同的社会部门或学科领域的人群对空间信息选择需求。

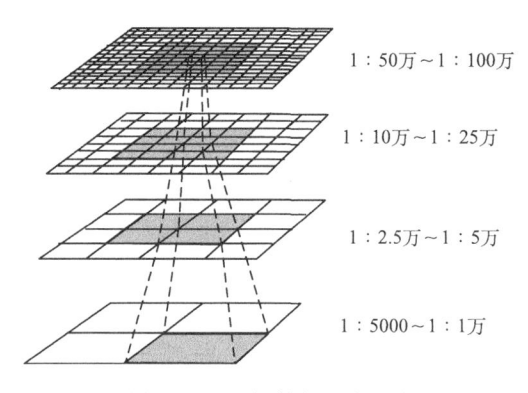

图 5.46　空间数据的多尺度

事实上，在地学研究中涉及的地理空间强调宏观的整体结构研究及粗略的拓扑关系，那么，这个尺度是一个大尺度，反之，若应用目的强调绝对位置及精确的拓扑关系，那么这个尺度就是一个小尺度。在地理时间尺度上也是如此。地理空间尺度、空间范围、时间尺度、时间范围均是与具体研究的地理区域系统的地学问题有关。不同的地学问题有不同的地理空间和地理时间。因此，在 GIS 中可能需要两种坐标空间，一种是位置及拓扑相对精确的空间（简称精确空间）；一种是着重关注宏观地理现象的粗略的空间（简称粗略空间），这意味着作为基础的精确底层地理数据库应该有派生多种比例尺数据的能力，这样就为 GIS 根据不同的需要进行多尺度分析打下了基础。

由于空间信息数量庞大，类型复杂，靠建一种尺度（比例尺）的空间数据库，其他尺度（比例尺）的空间数据库利用计算机信息提取和抽象概括（制图综合）的方法来获取的想法，目前实现起来还有许多困难，甚至不现实。这是因为，空间数据的自动综合还是一个国际难题。在迫不得已的情况下，人们采用对空间物体作分级编码，输入不同比例尺选择属性，借此提取不同尺度（比例尺）的空间物体。但这种方法仅仅解决的空间物体的选取问题，空间物体的图形概括没有办法解决，这是因为在空间数据库中一个空间实体是很难表示不同尺度。人们不得不回到多尺度（比例尺）空间物体重复数字化，借此回避制图综合问题。因此一个大型的地理信息工程往往建立不同尺度（比例尺）的空间数据库。每种比例尺的空间数据库构成一个工作区。这样同一个地理空间有不同比例尺的空间数据库，也就是说，不同比例尺的工作区互相嵌套。例如，在一个小比例尺表现中，城镇这一现象可以由个别的点所组成，而路和河流由线来表示。当表现的比例尺增大时，在一个中等比例尺上，一个城镇可以由特定的原型，如线，来表示用以记录其边界。在较大的比例尺中，城镇将被表现为特定的原型的复杂的集合，包括建筑物的边界、道路、公园以及所包含的其他的自然与管理现象。

空间数据库类描述数据主要内容包括地理空间数据的描述、数据来源、生产年代、地图投影、数据质量、数据精度、分辨率、比例尺等，即地理数据库中的数据字典或元数据。方法主要是对空间数据库各种操作方法，如空间数据库的定义、打开、删除、关闭等。

5.4.6 面向对象空间数据模型

面向对象的数据模型为用户提供了自然而丰富的数据语义，从概念上将人们对空间数据的理解提高到了一个新的高度。同时它又巧妙地容纳了空间数据库中拓扑数据结构的思想，能有效地表达空间数据的拓扑关系。另一方面，面向对象数据模型在表达和处理属性数据时，又具有许多独特的优越性。因而，完全有可能采用面向对象的数据模型和面向对象的数据库管理系统同时表达和管理图形和属性数据。

1. 面向对象空间数据模型

面向对象空间数据模型的几何对象模型、地理要素对象模型、图形表示对象模型、地理要素分层对象模型、地理要素区域对象模型和空间数据多尺度表示对象模型综合描述了现实世界复杂的地理实体、现象及相互关系。由于地理对象繁多、关系复杂，不利于建立清晰的用户视图，也不容易系统实现，因此，需要对模型进行一定的完整性约束。可以利用空间数据库、工作区、地理要素层的概念对地理要素对象进行分尺度、分块、分层管理，既符合地理空间自然的层次结构划分，又进行了适当的范围限制。

空间数据库是空间数据库系统总体视图，是用户看到一定的地理空间内不同详细程度地对分布在二维空间中地理要素对象集、地理要素之间存在空间关系描述。

工作区又分为若干个数据块，以数据块作为基本单位，分别进行数据录入和存储管理，有效地解决了地球空间信息与有限的计算机资源之间的矛盾。通过数据块之间相同物体连接关系类保证了一个物体在不同的数据块中连续性、完整性和一致性。

每个数据块包含若干要素层。每个要素层之间在数据组织和结构上相对独立，数据更新、查询、分析和显示等操作以要素层为基本单位。工作区中的地理要素按照一定的分类原则组织在一起，形成不同的地理要素层。通常情况下，一个地理要素层定义一组地理意义相同或相关的地理要素。同类型的地理要素具有相同的一组属性来定性或定量地描述它们的特征，如河流类可能具有长度、流量、等级、平均流速等属性。在要素层中的建立地理要素之间的拓扑关系。通过相关地理要素连接关系类建立物体在一要素层或不同要素层之间的空间关系。

要素层包括若干地理要素，地理要素又可分为基本要素和复合要素。地理要素是地理实体和现象的基本表示，在数据世界中地理要素包括空间特征（几何元素）和属性特征。几何元素和拓扑关系表示几何意义上的结点、弧段和多边形以及它们的拓扑关系，结点、弧段、多边形、点、线、面和表面是地理数据库中不可分割的最小存储和管理单元，描述了地理实体的空间定位，空间分布和空间关系。在几何类中没有考虑地理要素内在的地理意义，主要目的是保持几何对象在操作和查询中的独立性。在空间数据库中往往一个地理要素实体由一个几何元素和描述几何元素的属性或语义两部分构成。基本要素表示点状要素、线状要素、面状要素、结点要素、弧段要素、多边形要素和表面要素，描述了几何元素的地理意义。基本要素和几何元素不是一对一的关系，在几何元素的基础上增加属性信息。复合要素表示相同性质和属性的基本要素或复合要素的集合。现实世界地理空间、工作区、数据块、要素层和地理要素构成一个层次地理数据模型框架，如图5.47所示。

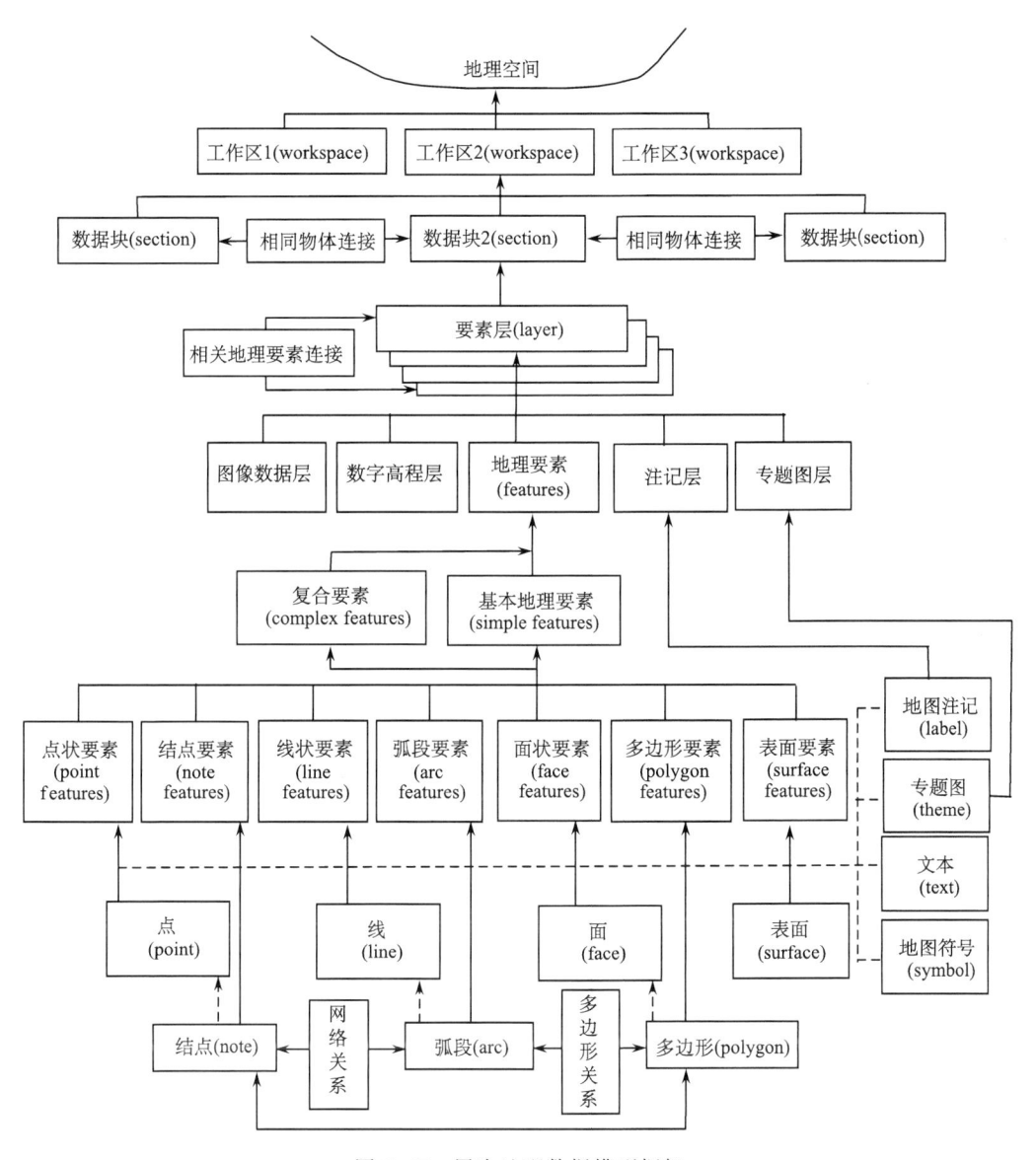

图5.47 层次地理数据模型框架

在图5.47空间数据模型中，在水平方向上采用图幅的方式，在垂直方向上采用图层的方式。这种模型主要存在以下不足：需要进行图幅的拼接，效率较低；一个空间对象可能存储在多个图层上，造成数据的冗余和难于维护数据的一致性。当前一些GIS

系统中已经开始使用地理要素类来实现对空间对象的组织，如 ArcGIS 的 GeoDatabase 等，这种方式按照实体类来组织空间对象，在数据库中直接存储整个地图，能方便地实现空间对象的查询和抽取，符合空间对象管理的本质，一个空间对象可以被多个图层或视图引用，机制较为灵活，解决了空间对象的一致性问题。

2. 面向对象数据库系统的实现方式

采用面向对象数据模型，建立面向对象数据库系统，主要有三种实现方式：

1）扩充面向对象程序设计语言（OOPL），在 OOPL 中增加 DBMS 的特性

面向对象数据库系统的一种开发途径便是扩充 OOPL，使其处理永久性数据。典型的 OOPL 有 Smalltalk 和 C++。在 OODBMS 中增加处理和管理地理信息数据的功能，则可形成地理信息数据库系统。在这种系统中，对象标识符为指向各种对象的指针；地理信息对象的查询通过指针依次进行（巡航查询）；这类系统具有计算完整性。

这种实现途径的优点是：
(1) 能充分利用 OOPL 强大的功能，相对地减少开发工作量。
(2) 容易结合现有的 C++（或 C）语言应用软件，使系统的应用范围更广。这种途径的缺点是没有充分利用现有的 DBMS 所具有的功能。

2）扩充 RDBMS，在 RDBMS 中增加面向对象的特性

RDBMS 是目前应用最广泛的数据库管理系统。既可用常规程序设计语言（如 C、FORTRAN 等）扩充 RDBMS，也可用 OOPL（如 C++）扩充 RDBMS。IRIS 就是用 C 语言和 LISP 语言扩展 RDBMS 所形成的一种 OODBMS。

这种实现途径的优点是：
(1) 能充分利用 RDBMS 的功能，可使用或扩展 SQ1 查询语言。
(2) 采用 OOPL 扩展 RDBMS 时，能结合二者的特性，大大减少开发的工作量。这种途径的缺点是数据库 I/O 检查比较费时，需要完成一些附加操作，所以查询效率比纯 OODBMS 低。

3）建立全新的支持面向对象数据模型的 OODBMS

这种实现途径从重视计算完整性的立场出发，以记述消息的语言作为基础，备有全新的数据库程序设计语言（DBPL）或永久性程序设计语言（PPL）。此外，它还提供非过程型的查询语言。它并不以 OOPL 作为基础，而是创建独自的面向对象 DBPL。

这种实现途径的优点是：
(1) 用常规语言开发的纯 OODBMS 全面支持面向对象数据模型，可扩充性较强，操作效率较高。
(2) 重视计算完整性和非过程查询。这种途径的缺点是数据库结构复杂，并且开发工作量很大。

上述三种开发途径各有利弊，侧重面也各有不同。第一种途径强调 OOPL 中的数据永久化；第二种途径强调 RDBMS 的扩展；第三种途径强调计算完整性和纯面向对象

数据模型的实现。这三种途径也可以结合起来，充分利用各自的特点，既重视 OOPL 和 RDBMS 的扩展，也强调计算完整性。

5.5 时空数据模型

上述的空间数据模型只涉及空间数据的两个方面：空间维度和属性维度，而涉及处理时间维度的数据模型叫做时空数据模型。在空间数据库中，具有时间维度的数据可以分为两类，一类是可以称为结构化的数据，如一个测站历史数据的积累，它可以通过在属性数据表记录中简单地增加一个时间戳（time stamp）实现其管理；另一类是非结构化的，最典型的例子是土地利用状况的变化（图 5.48），描述这种数据，是时空数据模型重点要解决的问题。

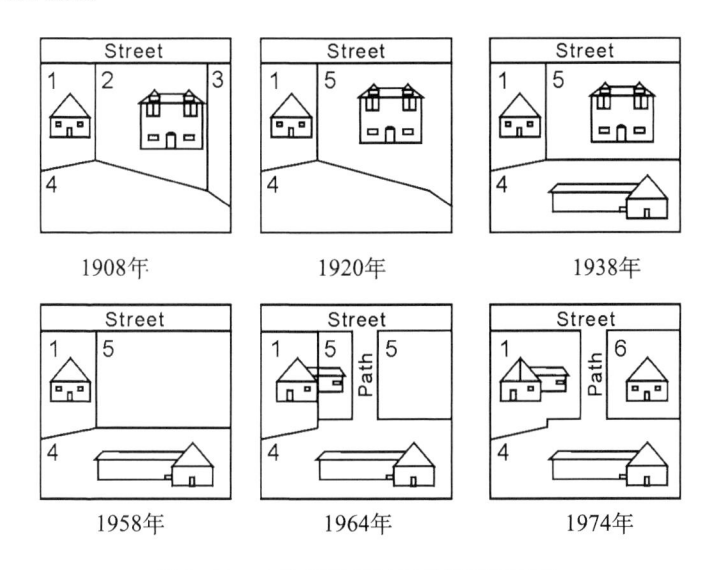

图 5.48 土地利用随时间的推移而变化

时空数据模型特点是语义更丰富、对现实世界的描述更准确，其物理实现的最大困难在于海量数据的组织和存取。时空数据库技术的本质特点是"时空效率"。当前主要的时空数据模型包括：空间时间立方体模型（space-time cube）；序列快照模型（sequent snapshots）；基图修正模型（base state with amendments）；空间时间组合体模型（space-time composite）。

时空海量数据的处理必然导致数学模型的根本变化。时间和空间问题的最终解决在于"可与拓扑论相类比的"全新数学思路的出现。目前可以研究时空数据库技术，以便在空间数据库的框架中用时空数据模型实现时空功能。对时空数据模型的研究可以本着两种思路进行平行探索：综合模型和分解模型。先用分解模型思路针对典型应用领域（如土地利用动态监测工作）进行全面研究，同时不断丰富、充实综合模型，最后得到一个比较完善的综合模型。

地籍变更、海岸线变化、土地城市化、道路改线、环境变化等应用领域，需要保存并有效地管理历史变化数据，以便将来重建历史状态、跟踪变化、预测未来。这就要求有一个组织、管理、操作时空数据的高效时空数据模型。时空数据模型是一种有效组织和管理时态地理数据，属性、空间和时间语义更完整的地理数据模型。

一个合理的时空数据模型必须考虑以下几方面的因素。节省存储空间、加快存取速度、表现时空语义。时空语义包括地理实体的空间结构、有效时间结构、空间关系、时态关系、地理事件、时空关系。时空数据模型设计的基本指导思想：

（1）根据应用领域的特点（如宏观变化观测与微观变化观测）和客观现实变化规律（同步变化与异步变化、频繁变化与缓慢变化），折中考虑时空数据的空间/属性内聚性和时态内聚性的强度，选择时间标记的对象。对于属性，有属性数据项时间标记、实体时间标记、数据库时间标记；对于空间，有坐标点时间标记、弧段时间标记、实体时间标记、数据库时间标记。

（2）同时提供静态（变化不活跃）、动态（变化活跃）数据建模手段（静态、动态数据类型和操作）。当前、历史等不同使用频率的数据分别组织存放，以便存取。一般地，将当前数据存放在本地机磁盘上，而将历史数据存放在远程服务器大容量光盘上。

（3）数据结构里显式表达两种地理事件，地理实体进化事件和地理实体存亡事件。地理事件以事件发生的相关源状态和终止状态表达。构成地理实体存亡事件的源状态有参加事件的实体标识集合表示。时间的本质为事件发生的序列，地理事件序列直接表明地理时间语义。常见的状态变化查询即地理事件查询。

（4）时空拓扑关系一般指地理实体空间拓扑关系的拓扑事件间的时态关系。时空拓扑关系揭示了地理实体在时间和空间上的相关性。为了有效地表达时空拓扑关系，需要存储空间拓扑关系的时变序列。

5.6 三维数据模型

地理空间在本质上就是三维的。在过去的几十年里，二维制图和 GIS 的迅猛发展和广泛应用使得不同领域的人们大都无意识地接受了将三维现实世界、地理空间简化为二维投影的概念数据模型。应用的深入和实践的需要渐渐暴露出二维 GIS 简化世界和空间的缺陷，现在 GIS 的研究人员和开发者们不得不重新思考地理空间的三维本质特征及在三维空间概念数据模型下的一系列处理方法。若从三维 GIS 的角度出发考虑，地理空间应有如下不同于二维空间的三维特征：①几何坐标上增加了第三维信息，即垂向坐标信息；②垂向坐标信息的增加导致空间拓扑关系的复杂化，其中突出的一点是无论零维、一维、二维还是三维对象，在垂向上都具有复杂的空间拓扑关系；如果说二维拓扑关系是在平面上呈圆状发散伸展的话，那么三维拓扑关系则是在三维空间中呈球状向无穷维方向伸展；③三维地理空间中的三维对象还具有丰富的内部信息（如属性分布、结构形式等）。

目前随着计算机技术的飞速发展和计算机图形学理论的日趋完善，空间数据库作为一门新兴的边缘学科也日趋成熟，许多商品化的 GIS 软件空间数据库功能日趋完善。但是，绝大多数的商品化 GIS 软件包还只是在二维平面的基础上模拟并处理现实世界上所遇到的现象和问题，而一旦涉及处理三维问题时，往往感到力不从心，GIS 处理的与地球有关的数据，即通常所说的空间数据，从本质上说是三维连续分布的。从事关于地质、地球物理、气象、水文、采矿、地下水、灾害、污染等方面的自然现象是三维的，当这些领域的科学家试图以二维系统来描述它们时，就不能够精确地反映、分析或显示有关信息。三维 GIS 的要求与二维 GIS 相似，但在数据采集、系统维护和界面设计等方面比二维 GIS 要复杂得多。

5.6.1 三维空间数据库的功能

目前，三维空间数据库所研究的内容以及实现的功能主要包括：

（1）数据编码。指采集三维数据和对其进行有效性检查的工具，有效性检查将随着数据的自然属性、表示方法和精度水平的不同而不同。

（2）数据的组织和重构。这包括对三维数据的拓扑描述以及一种表示法到另一种表示法的转换（如从矢量的边界表示转换为栅格的八叉树表示）。

（3）变换。既能对所有物体或某一类物体，又能对某个物体进行平移、旋转、剪裁、比例缩放等变换。另外还可以将一个物体分解成几个以及将几个物体组合成一个。

（4）查询。此功能依赖于单个物体的内在性质（如位置、形状、组成）和不同物体间的关系（如连接、相交、形状相似或构成相似）。

（5）逻辑运算。通过与、或、非及异或运算符对物体进行组合运算。

（6）计算。计算物体的体积、表面积、中心、物体之间的距离及交角等。

（7）分析。如计算某一类地物的分布趋势，或其他指标，以及进行模型的比较。

（8）建立模型。

（9）视觉变换。在用户选择的任何视点，以用户确定的视角、比例因子、符号来表示所有地物或某些指定物体。

（10）系统维护。包括数据的自动备份、安全性措施以及网络工作管理。

5.6.2 三维数据结构

三维数据结构同二维一样，也存在栅格和矢量两种形式。栅格结构使用空间索引系统，它包括将地理实体的三维空间分成细小的单元，称之为体元或体元素。存储这种数据的最简单形式是采用三维行程编码，它是二维行程编码在三维空间的扩充。这种编码方法可能需要大量的存储空间，更为复杂的技术是八叉树，它是二维的四叉树的延伸。三维矢量数据结构表示有多种方法，其中运用最普遍的是具有拓扑关系的三维边界表示法和八叉树表示法。

1. 八叉树三维数据结构

用八叉树来表示三维形体，既可以看成是四叉树方法在三维空间的推广，也可以是用三维体素阵列表示形体方法的一种改进。八叉树的逻辑结构如下：假设要表示的形体 V 可以放在一个充分大的正方体 C 内，C 的边长为 2^n，形体 VC，它的八叉树可以用以下的递归方法来定义：八叉树的每个节点与 C 的一个子立方体对应，树根与 C 本身相对应，如果 V＝C，那么 V 的八叉树仅有树根，如果 V 不等于 C，则 C 等分为八个子立方体，每个子立方体与树根的一个子节点相对应。只要某个子立方体不是完全空白或完全为 V 所占据，就要被八等分，从而对应的节点也就有了八个子节点。这样的递归判断、分割一直要进行到结点所对应的立方体或是完全空白，或者是完全为 V 占据，或是其大小已是预先定义的体素大小，并且对它与 V 之交作一定的"舍入"，使体素或认为是空白的，或认为是 V 占据的。

如此所生成的八叉树上的节点可分为三类：①灰节点，对应的立方体部分地为 V 所占据；②白节点，所对应的立方体中无 V 的内容；③黑节点，所对应的立方体全为 V 所占据。

后两类又称为叶结点。由于八叉树的结构与四叉树的结构是非常相似的，所以八叉树的存储结构方式可以完全沿用四叉树的有关方法。根据不同的存储方式，八叉树也可以分别称为常规的、线形的、一对八的八叉树等。

1）规则的八叉树

八叉树的存储结构是用一个有九个字段的记录来表示树中的每个结点，其中一个字段用来描述该结点的特性，其余的八段用来作为存放指向其八个子结点的指针。这是最普通使用的表示树形数据的存储结构方式。规则八叉树缺陷较多，最大的问题是指针占用了大量的空间。因此，这种方式虽然十分自然，容易掌握，但在存储空间的使用率方面不很理想。

2）线形八叉树

线形八叉树注重考虑如何提高空间利用率，用某一预先确定的次序遍历八叉树，将八叉树转换成一贯线形表，表的每个元素与一个结点相对应。线形八叉树不仅节省存储空间，对某些运算也较为方便。但是为此付出的代价是丧失了一定的灵活性，如图 5.49 和图 5.50 所示。

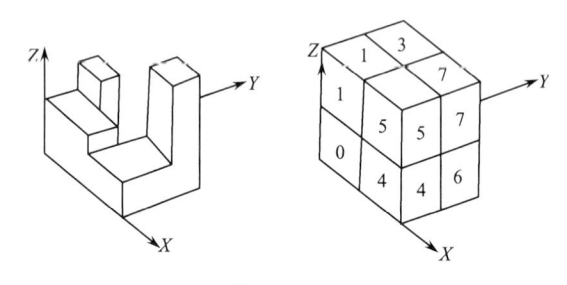

图 5.49　体元形式的三维数据

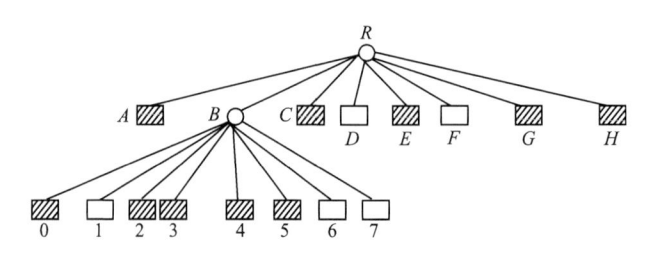

图 5.50　线性八叉树编码

3) 一对八式的八叉树

一个非叶结点有8个子结点，为了确定起见，将它们分别标记为0，1，2，3，4，5，6，7。从上面的介绍可以看到，如果一个记录与一个结点相对应，那么在这个记录中描述的是这个结点的8个子结点的特征值。而指针给出的则是该8个子结点所对应记录的存放处，而且还隐含地假设了这些子结点记录存放的次序。也就是说，即使某个记录是不必要的，那么相应的存储位置也必须空闲在那里，以保证不会错误地存取到其他同辈结点的记录。这样当然会有一定的浪费，除非它是完全的八叉树，即所有的叶结点均在同一层次出现，而在该层次之上的所有层中的结点均为非结点。为了克服这种缺陷，一是增加计算量，即在存取相应结点记录之前，首先检查它的父结点记录，看一下之前有几个叶结点，从而可以知道应该如何存取所需结点记录。这种方法的存储需求无疑是最小的，但是要增加计算量；另一个是在记录中增加一定的信息，使计算工作适当减少或者更方便。例如，在原记录中增加三个字节，一分为八，每个子结点对应三位，代表它的子结点在指针指向区域中的偏移。因此，要找到它的子结点的记录位置，只要固定地把指针指向的位置加上这个偏移值（0～7）乘上记录所占的字节数，就是所要的记录位置，因而一个结点的描述记录为：

| 偏移 | 指针 | SWB | SWT | NWB | NWT | SEB | SET | NEB | NET |

用这种方式所得到的八叉树和以前相同，只是每个记录前多了三个字节。

2. 三维数据的显示

三维显示通常采用截面图、等距平面、多层平面和立体块状图等多种表现形式，大多数三维显示技术局限于CRT屏幕和绘图纸的二维表现形式，人们可以观察到地理现象的三维形状，但不能将它们作为离散的实体进行分析，如立体不能被测量、拉伸、改变形状或组合。借助三维显示技术，通过离散的高程点形成等高线图、截面图、多层平面和透视图，可以把这些最初都是人工完成的工作，用各种计算机程序迅速高效地完成。

5.7 几种常见国内外软件空间数据模型

5.7.1 Arc/Info数据模型

Arc/Info是ESRI（美国环境系统研究所）开发的地理信息系统软件。Arc/Info的第一产品建成于1978年，现在已是9.2版本。该软件以数字形式来管理、分析和显示空间数据。用户使用Arc/Info建立空间数据库和进行地理分析。

Arc/Info采用一种混合数据模型统一定义空间数据库模型和管理空间数据，支持空间实体的矢量表示和栅格表示。Arc/Info的数据模型支持六种重要的数据结构：①Coverage表示矢量数据；②GRID表示栅格数据；③TIN适合于表达连续表面；④属性表；⑤影像；⑥CAD图像。

在 Arc/Info 中"Arc"是指用于定义地物空间位置和关系的拓扑数据结构,"Info"是指用于定义地物属性的表格数据(关系数据)结构。也就是说,属性数据存储在关系数据库中,空间位置数据存储在文件中,通过空间数据和属性数据的连接实现对空间数据的查询、分析和图形显示。

Arc/Info 把地理要素抽象为点(定义为空间的一套 xy 类型或 x、y、z 坐标)、线(定义为一系列有顺序的空间点)、面(定义为由一组或多组线围成的多边形)、结点(定义为线的起点或终点)和注记。由于 Arc/Info 开发版本不同,Arc/Info 数据模型由地理相关模型(GeoRelation model,Coverage)和地理数据库(Geodatabase)两种。

1. 地理相关模型

Arc/Info7.X 以前版本以 Coverage 作为矢量数据的基本存储单元。一个 Coverage 存储指定区域内地理要素的位置、拓扑关系及其专题属性。每个 Coverage 一般只描述一种类型的地理要素(一个专题 Theme)。位置信息用 X,Y 表示,相互关系用拓扑结构表示,属性信息用二维关系表存储,如图 5.51 所示。地理相关模型强调空间要素的拓扑关系。

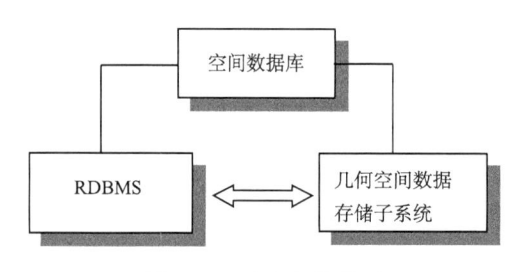

图 5.51 地理相关模型

Coverage 的数据组织主要有下列几项组成:

1)标示点

位置数据:Cover♯,Cover_ID,和 X,Y,存储在 LAB 文件中。
属性数据:存储在 PAT 文件中,包含四个基本的数据项,Area,Perimeter,Cover♯ 和 Cover_ID。

2)结点

位置数据:不明显地存储,而是作为弧段的起始点和终止结点存储在 Arc 文件中。Cover♯,Cover_ID。
属性数据:存储在结点属性表 NAT 中,它包含 3 个标准数据项。Arc♯,Cover♯,Cover_ID。

3)弧段

位置数据:Cover♯,Cover_ID,FNODE♯,TNODE♯,LPOLY♯,RPOLY♯,坐标串,存储在 Arc 文件中。

属性数据：存储在结点属性表 AAT 中，它包含 7 个标准数据项。Cover♯，Cover_ID，FNODE♯，TNODE♯，LPOLY♯，RPOLY♯，LENGTH。

4）多边形

位置数据：由一组弧段和位于多边形内的一个标示点来定义。它不直接存储坐标信息，坐标信息存储在 Arc 文件 LAB 中。Cover♯，Cover_ID，Lab♯，Arc♯1，Arc♯2，…Arc♯n。

属性数据：存储在结点属性表中 AAT 中，它包含 7 个标准数据项。Cover♯，Cover_ID，FNODE♯，TNODE♯，LPOLY♯，RPOLY♯，LENGTH。

5）控制点

存储于 tic 文件中。

6）覆盖范围

存储于 bnd 文件中。

Coverage 的拓扑结构不仅存储了空间对象的集合信息，而且还存储了空间对象的拓扑关系。这种模型特点是，除结点外，每个空间对象都是由更基本的对象组成。只有结点的坐标是被实际存储的，其他复杂对象的坐标实际上是逻辑构成的。任意复杂对象均可分解为一组结点及其拓扑关系的定义。点、弧段、多边形坐标信息存储具有依赖关系。

Coverage 有两个主要特点：

(1) 空间数据与属性数据相结合。从以上地理相关模型（Coverage）的数据组织可以看出，Coverage 空间几何数据和属性数据采用二元存储，几何空间数据存放在建立了索引的二进制文件中，属性数据则放在 DBMS 表（TABLES）里面，二者通过 Cover♯、Cover_ID 进行连接。

(2) 能够存储矢量要素之间的拓扑关系。多边形由拓扑关系信息生成，从拓扑关系可以得知多边形是由哪些弧段（线）组成，弧段（线）由哪些点组成，两条弧段（线）是否相连，以及一条弧段（线）的左或右多边形是谁？这是通常所说的"平面拓扑"（图 5.52）。

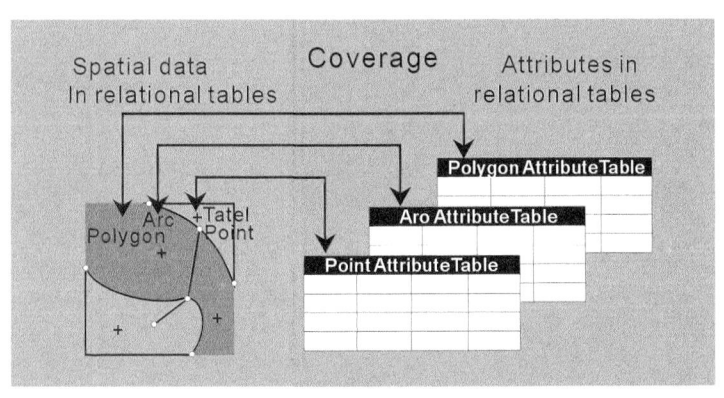

图 5.52 Coverage 数据模型的简要图示

Coverage 模型在具备以上特点的同时也出现了一些缺陷：

（1）Coverage 模型的某些可取的方面已经可以不再作为强调因素了，如拓扑关系的建立可以由面向对象技术解决；硬件的发展，不再将存储空间的节省与否作为考虑问题的中心；计算机运行能力的提高，已经可以实时地通过计算直接获得分析结果。

（2）空间数据不能很好的与其行为相对应。

（3）以文件方式保存空间数据，而将属性数据放在另外的 DBMS 系统中。Coverage 空间几何数据和属性数据二元存储结构在数据库操作时，很难保持一致性。

（4）Coverage 模型拓扑结构不够灵活，局部变动后则必须对全局的拓扑关系重新建立。

（5）在不同的 Coverage 之间无法建立拓扑关系。

2. 地理数据库

随着计算机能力的提高，计算机的存储能力和运算能力不再作为考虑问题的重心，地理相关模型的空间实体很难用对象技术表示。也很难适应日益发展的网络化多用户并发数据操作。为了更好的能将特征（feature）和行为（behavior）结合在一起，从 Arc/Info8 起，ESRP 推出了一种新的面向对象数据模型称为 Geodatabase 数据模型。Geodatabase 数据模型使得物理数据模型与其逻辑数据模型更加接近。

Geodatabase 在实现上使用了标准的关系——对象数据库技术。它支持一套完整的拓扑特征集，具有大型数据库系统在数据管理方面的优势（数据的一致性、连续的空间数据集合、多用户并发操作）。Geodatabase 用更先进的几何特征、复杂网络、特征类的关系、平面几何拓扑和其他对象组织模式扩展了 Coverage 和 Shape 的文件模型，使得空间数据对象及其相互间的关系、使用和连接规则等均可以方便地表示、存储、管理和扩展。引入这种新的数据模型的目的在于让用户可以通过在其数据中加入其在应用领域的方法或行为以及其他任意的关系和规则，使数据更具智能和面向对象的应用领域。

Geodatabase 模型结构：

1）要素类（feature class）

同类空间要素的几何即为要素类，如河流、道路、电缆等。

2）要素数据集（feature dataset）

要素数据集由一组具有相同空间参考（spatial reference）的要素类组成。

3）关系类（relationship class）

定义两个不同的要素类或对象类之间的关联关系

4）几何网络（geometric network）

几何网络是在若干要素类的基础上建立的一种新的类，定义几何网络时，我们指定哪些要素类加入其中，同时指定其在几何网络中扮演的角色。

5) 域（domains）

定义属性的有效取值范围。它可以是连续的变化区间，也可是离散的取值集合。

6) 有效规则（validation rules）

对要素类的行为取值加以约束的规则

7) 栅格数据集（raster datasets）

用于存放栅格数据。可以支持海量栅格数据，支持影像镶嵌，可通过建立"金字塔"索引并在使用时指定可视范围提高检索和显示效率。

8) TIN datasets

TIN 是 Arc/Info 中非常经典的数据模型，是用不规则分布的采样点的采样值构成的不规则三角集合。它可用于表达地表形状或其他类型的空间连续分布特征。

9) 定位器（locators）

定位器是定位参考和定位方法的组合，对不同的定位参考，用不同的定位方法进行定位操作。

Geodatabase 模型是新一代的地理数据模型，是建立在 DBMS 之上的统一的、智能化的空间数据库。它较之以前的数据模型更加人性化、智能化，它具有明显的优势：

(1) 在同一数据库中统一地管理各种类型的空间数据。
(2) 空间数据的录入和编辑更加准确。这得益于空间要素的合法性规则检查。
(3) 空间数据更加面向实际的应用领域。不再是无意义的点、线、面，而代之以电线杆、光缆、用地等。
(4) 可以表达空间数据的相互关系。
(5) 可以更好的进行制图。
(6) 空间数据的表示更为准确。
(7) 可管理连续的空间数据，无需分块、分幅。
(8) 支持空间数据的版本管理和多用户并发操作。

5.7.2 MapInfo 数据模型

MapInfo 采用双数据库存储模式。其空间数据和属性数据是分开存储的。属性数据存储在关系数据库的若干属性表中，而空间数据则以 MapInfo 自定义格式保存在若干文件之中，两者之间通过一定的索引机制联系起来。为了提高查询和处理效率，MapInfo 采用层次结构对空间数据进行组织，即根据不同的专题将地图进行分层，每个图层保存为若干基本文件。表和层是 MapInfo 的两个重要概念。

1. 表

MapInfo 是以表的形式来组织信息的，是使数据与地图有机联系的枢纽，它分为数据表和栅格表。数据表有记录、字段，而栅格表无记录、字段，只是一种能在地图窗口中显示的图像。

2. 层

在 MapInfo 中，图层是计算机地图的构筑块。计算机地图实际上是多个图层的集合。图层来自于含有图形对象的数据库表，每个含有图形对象的数据库表都可以显示为一个图层。可以说，图层就是含有图形对象的表。文件组成为：.tab、.dat、.map、.id，也就是说图层至少由这四个表文件组成，每个图层存储均为这四个基本文件。MapInfo 中有两种特殊的图层，即装饰图层（cosmetic layer）和无缝图层（seamless layer）。装饰图层是位于地图窗口最上层的一个特殊图层，它存在于 MapInfo 的每个地图窗口上，可以被想像为一个位于其他地图图层之上的空白透明体。装饰图层的作用是存储地图的标题和在工作会话期间创建的其他地图对象，它具有既不能被删除，也不能被重新排序等特点。无缝图层是可以如同一张表一样处理的一组基表构成的图层。它允许用户一次对一组表改变属性、实施或改变标注或使用图层控制对话框，也允许检索或浏览图层中的任何一个基表。

MapInfo 采用双数据库存储，属性数据存于属性表，空间数据存储 MapInfo 自定义文件中，两者通过一定的索引机制联系起来。

5.7.3 Geostar 数据模型

Geostar 软件是由武汉测绘科技大学测绘遥感信息工程国家重点实验室研制开发的面向对象的 GIS 软件。在 Geostar 中，把 GIS 需要的地物抽象成结点、弧段、点状地物、线状地物、面状地物和无空间拓扑关系的面条地物。为了便于组织与管理，对空间数据库又设立了工程、工作区和专题层，工程包含了某个 GIS 工程需要处理的空间对象，工作区则是在某一个范围内，对某几种类型的地物，或某几个专题的地物进行操作的区域。从工程和地物的属性而言，空间地物又可以进一步向上抽象，按属性特征划分为各种地物类型，若干种地物类型组成一个专题层。同一地理空间的多个专题层组成一个工作区，而一个工程又可以包含一个或多个工作区。这种从下到上的抽象过程与从上往下的分解过程组成了 GIS 中的面向对象模型（图 5.53）。一方面它表达了地理空间的自然特性，接近人们对客观事物的理解；另一方面，它完整地表达了各类地理对象（大到工程，小到结点）之间的各种关系，而且用层次方法清晰地表达了它们之间的联系。同时，为了表达方便，在 Geostar 中，还设立了一个数据结构——位置坐标（location），为了制图的方便，还包括制图的辅助对象如注记、符号、颜色等。

虽然，完全意义上的面向对象的空间数据库系统尚未出现，但目前已有的成果已经显示，面向对象的数据库系统会逐步成为空间数据库的基本结构形式。

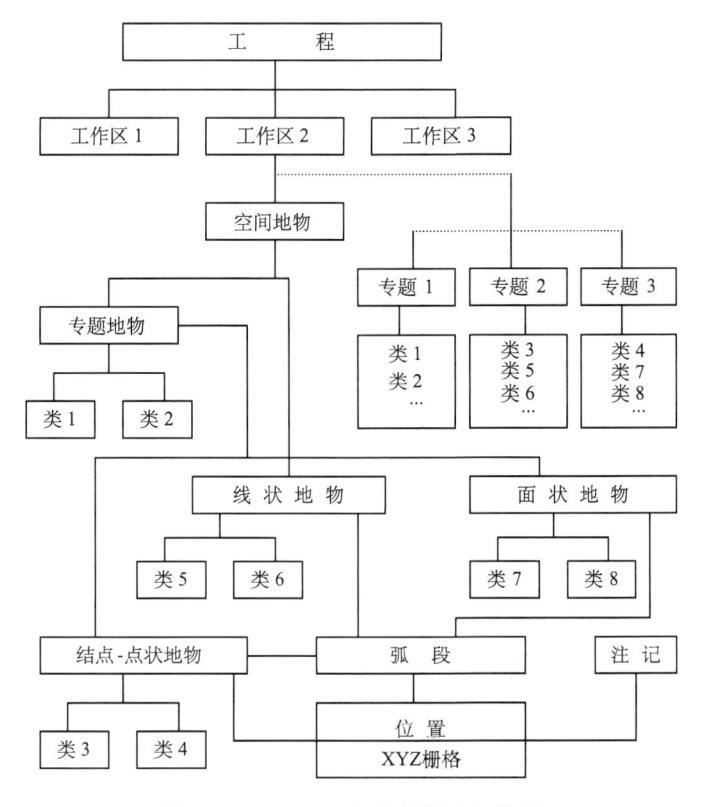

图 5.53 Geostar 空间数据对象模型

5.7.4 Oracle Spatial 的空间数据模型

Oracle Spatial 是 Oracle 数据库公司的一个扩展产品，它具有专门的空间数据管理功能。Oracle Spatial 基于数据库管理系统提供了一个完全开放的空间数据管理机制，并且完全集成于数据库服务器端。数据库用户可以通过 SQL 语句定义和操纵空间数据，同时也能访问标准的 Oracle 数据库。Oracle Spatial 除了空间数据管理的特殊功能以外，具有关系数据库管理系统 Oracle 的所有特性，如标准的 SQL 查询、页面缓冲、并发控制、多层结构的分布式管理、高效稳定的数据管理工具、高级语言过程调用等，并能确保数据的完整性、安全性和可恢复性。Oracle Spatial 提供了 SQL 几何类型、空间元数据模式、空间索引以及一整套函数和过程集合，使在 Oracle 中对空间数据的存储,访问和分析更加快捷和高效。这意味着空间数据和属性数据能在一个物理数据库中进行管理，因而提高了查询效率并减少了同步异步数据处理与集成的复杂度。通过使用 Oracle 8i 或 9i 扩展了的索引特征，Oracle Spatial 获得了比以前的版本更佳的性能。Oracle 先后为 Spatial 提供了两种空间实体模型的支持，一个是基于关系模型的空间实体模型，一个是基于对象-关系模型的空间实体模型。而在 Oracle 的后续版本里将不再提供基于关系模型的空间实体模型，只有基于对象-关系的空间实体模型。因此，这里只介绍对象-关系的空间实体模型，如图 5.54 所示。

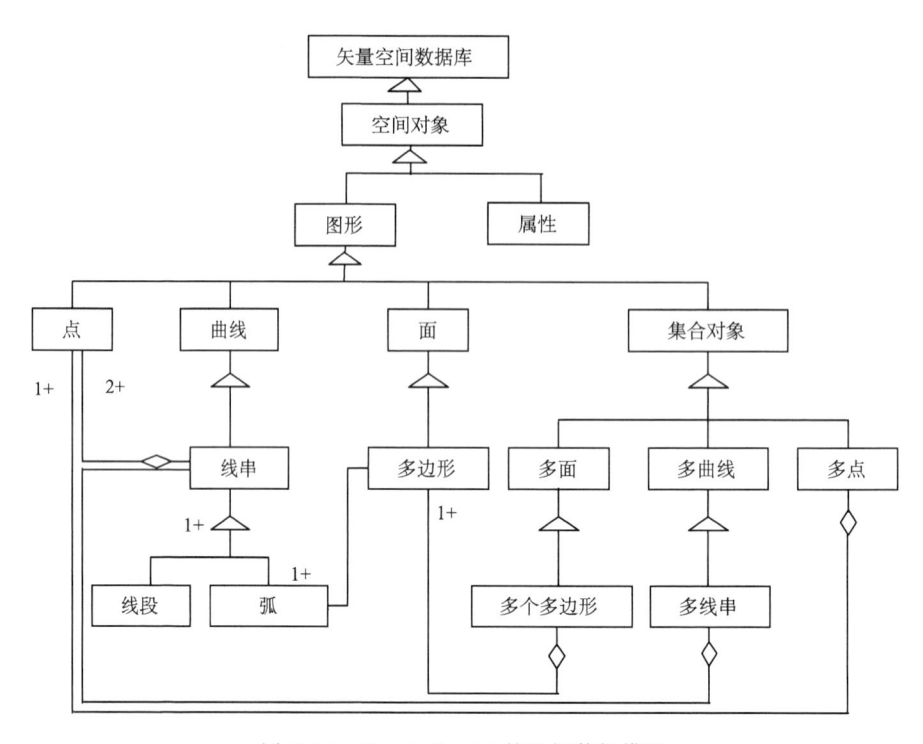

图 5.54 Oracle Spatial 的空间数据模型

Oracle Spatial 空间数据模型提供了三种最主要的几何类型（点、线、面）以及由这些几何类型对象组合而成的集合。这三种几何类型又可细分为简单点（只有一个点）、点群（有多个点）、简单线（只有一条线）、线群（有多条线）、简单面（只有一个面）、面群（有多个面）。因此，Oracle Spatial 一共提供了七种几何类型，并为每种类型分配了从 1~7 的标识。同时，在有的类型中，还划分了更详细的类型，如简单线还分为线段、三点圆弧、线段和圆弧交替连接的简单复合线等，简单面可分为由线段构成的面、圆、矩形、线段和圆弧交替连接的简单复合面。Oracle Spatial 的空间数据模型，如图 5.54 所示。

依照图 5.55 空间数据的几何类型分类，Oracle Spatial 利用对象关系模型，提供一种更抽象（abstract data type，ADT）、更接近人的思维模式、用户可自定义的、可以存储任何几何类型的空间数据类型 MDSYS.SDO_GEOMETRY。其类型定义如下

```
CREATE TYPE MDSYS.SDO_GEOMETRY AS OBJECT
(
    SDO_GTYPE           NUMBER,
    SDO_SRID            NUMBER,
    SDO_POINT           SDO_POINT_TYPE,
    SDO_ELEM_INFO       SDO_ELEM_INFO_ARRAY,
    SDO_ORDINATES       SDO_ORDINATE_ARRAY
)
```

其中 SDO_POINT_TYPE 也是对象类型，其定义如下

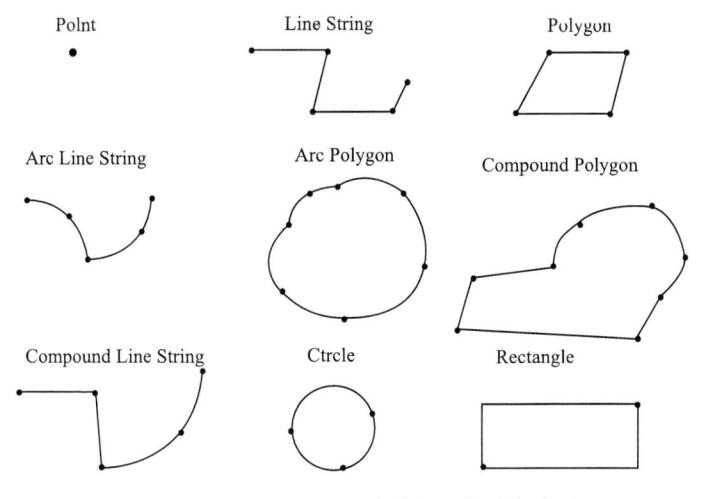

图 5.55 Oracle Spatial 支持的几何对象类型

CREATE TYPE MDSYS. SDO _ POINT _ TYPE AS OBJECT
(
  X NUMBER,
  Y NUMBER,
  Z NUMBER
)

下面分别解释各子项的含义。

SDO _ GTYPE：几何对象的类型标识。

SDO _ SRID：几何对象所属空间参照的标识。

SDO _ POINT：存储点的坐标。当存储点对象时，Oracle Spatial 推荐用此子项存储点的坐标，而后面两项都设为 NULL，这样可以获得更高的效率。

SDO _ ELEM _ INFO：数组类型，连续存储几何对象的坐标。

SDO _ ORDINATES：数组类型，连续存储坐标的解释信息。解释信息具体描述了几何对象的形状，解析了坐标的性质。Oracle Spatial 和用户通过此解释信息可以知道在 SDO _ ELEM _ INFO 中存储的各个子对象（如线段、圆弧等）坐标的起始和终止位置。X，Y，Z：点的坐标。当点为二维时，Z 为 NULL。在 Oracle Spatial 中，每个空间表至少拥有一个 MDSYS. SDO _ GEOMETRY 字段，并且空间表能拥有用户自定义属性，这样也就实现了空间数据和属性数据的统一管理。

Oracle Spatial 提供了丰富的空间操作函数和过程，以完成空间分析操作、几何对象操作、空间聚合操作、空间参照操作、线性参考操作、移植操作、调整优化等操作。例如，函数 SDO _ GEOM. SDO _ AREA（）将返回一个二维面的面积，而过程 SDO _ MIGRATE. FROM _ 815 _ TO _ 81X（）将把 Oracle Spatial8.15 版移植到当前版本。利用这些函数和过程，能高效的实现空间数据的管理。

同时，Oracle Spatial 提供了扩展 SQL 语句，以提供空间查询功能。这两个函数分别为 SDO _ FILTER（）和 SDO _ RELATE（），它们分别对应于空间查询的粗查和精查。

第6章 空间数据库体系结构

数据库系统的体系结构受数据库系统运行所在的计算机系统的影响很大，特别是随着面向对象、组件技术、分布式计算技术以及网络技术的发展，数据库系统的体系结构出现了极大的变化。数据库系统可以是集中式的、客户-服务器结构的和横跨多个地理空间上分布式的。本章6.1节主要介绍空间数据库系统，数据库系统的体系结构和空间数据库系统的体系结构在6.2节和6.3节介绍，6.4节介绍分布式空间数据库系统。

6.1 空间数据库系统

广义地讲空间数据库系统不仅包括空间数据库本身（指实际存储计算机中的空间数据），还要包括相应的计算机硬件系统、操作系统、计算机网络结构、数据库管理系统、空间数据管理系统和空间数据库管理人员等部分，如图6.1所示。

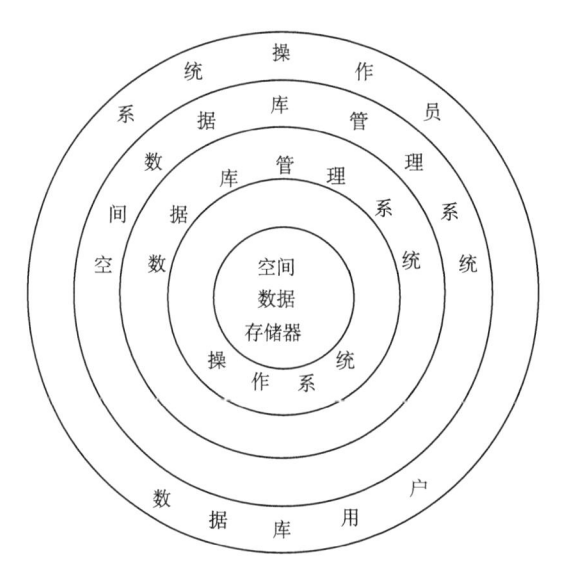

图 6.1 空间数据库系统组成

6.1.1 空间数据库

顾名思义，空间数据库是存放空间数据的仓库。只不过这个仓库是在硬盘上，而且数据是按一定的格式存放的。空间数据库中的数据按一定的数据模型组织、描述和存储，具有较小的冗余度，较高的数据独立性和易扩展性，并可为各种用户共享。

从应用性质上空间数据库可分为基础地理空间数据库和专题数据库。基础地理空间数据库包括基础地形要素矢量数据（DLG）、数字高程模型（DEM）、数字正射影像（DOM）、数字栅格地图（DRG）以及相应的元数据库（MD）。专题数据库（TD）包括土地利用数据、地籍数据、规划管理数据、道路数据等。

1. 基础地形要素矢量数据库

基础地形要素矢量数据库是利用计算机存储的各种数字地形矢量数据及其数据管理软件的集合。基础地形要素矢量数据库含有政区、居民地、交通与管网、水系及附属设施、地貌、地名、测量控制点等内容。它既包括以矢量结构描述的带有拓扑关系的空间信息，又包括以关系结构描述的属性信息。用数字地形信息可进行长度、面积量算和各种空间分析，如最佳路径分析、缓冲区建立、图形叠加分析等。基础地形要素矢量数据库全面反映数据库覆盖范围内自然地理条件和社会经济状况，可用于建设规划、资源管理、投资环境分析、商业布局等各方面，可作为人口、资源、环境、交通、报警等各专业信息系统的空间定位基础。从基础地形要素矢量数据库可以制作数字或模拟地形图产品，一方面可以制作水系、交通、政区、地名等单要素或几种要素组合的数字或模拟地图产品；另一方面同其他数据库有关内容可叠加派生其他数字或模拟测绘产品，如分层设色图、晕渲图等。基础地形要素矢量数据库同国民经济各专业有关信息相结合可以制作各种不同类型的专题测绘产品。

2. 数字高程模型数据库

数字高程模型是定义在 X、Y 域离散点（规则或不规则）的以高程表达地面起伏形态的数据集合。数字高程模型数据库是计算机存储的数字高程模型数据及其管理软件的集合。数字高程模型数据库可以用于与高程分析有关的地貌形态分析、透视图、断面图制作、工程中土石方计算、表面覆盖面积统计、通视条件分析、洪水淹没区分析等方面。除高程模型本身外，数字高程模型数据库可以用来制作坡度图、坡向图，可以同地形数据库中有关内容结合生成分层设色图、晕渲图等复合数字或模拟的专题地图产品。

3. 数字正射影像库

数字正射影像数据库是具有正射投影的数字影像的数据及其管理软件集合。数字正射影像生产周期较短、信息丰富、直观，具有良好的可判读性和可测量性，既可直接应用于国民经济各行业，又可作为背景从中提取自然地理和社会经济信息，还可用于评价其他测绘数据的精度、现势性和完整性。数字正射影像数据库除直接提供数字正射影像外，可以结合数字地形数据库中的部分信息或其他相关信息制作各种形式的数字或模拟正射影像图，还可以作为有关数字或模拟测绘产品的影像背景。

4. 数字栅格地图库

数字栅格地图数据库是数字栅格地图及其管理软件的集合。数字栅格地图是现有纸质地形图经计算机处理的栅格数据文件。纸质地形图扫描后经几何纠正（彩色地图还需经彩色校正），并进行内容更新和数据压缩处理得到数字栅格地图。数字栅格地图保留了模拟地形图全部内容和几何精度，生产快捷、成本较低。数字栅格地图可用于制作模拟地图,可作为有关的信息系统的空间背景,也可作为存档图件。数字栅格地图数据库的直接产品是数字栅格地图,增加简单现势信息可用其制作有关数字或模拟事态图。

5. 专题数据

专题数据可能是土地利用数据、地籍数据、规划管理数据、道路数据、文物保护数据、农业数据、水利数据等。它们的形式不外乎是矢量形式或栅格形式,所以可采用矢量数据结构或栅格数据结构进行存储和管理。

6. 元数据库

元数据库是描述数据库/子库和库中各数字产品的元数据构成的数据库。元数据库包括系统各数据库及数字产品有关的基本信息、日志信息、空间数据表示信息、参照系统信息、数据质量信息、要素分层信息、发行信息和元数据参考信息等。

6.1.2 空间数据库硬件系统

空间数据的获取、处理和存储涉及一系列的硬件设备,包括影像数据的扫描、地图扫描、图形输出等。为了有效组织和管理空间数据,需要硬件系统支持。

1. 空间数据输入输出设备

输入输出设备配置要求能满足空间数据获取和成果输出的各种需要。

主要的空间数据输入设备有大幅面扫描仪、小幅面扫描仪、高精度航摄像片扫描仪、数字像机、GPS接收机、全站仪、测距仪、解析立体测图仪、数字摄影测量工作站等。空间数据获取及输入设备和技术指标见表6.1。

表6.1 主要空间数据采集及输入设备和技术指标

设备名称	主要用途	技术指标	常用品牌
大幅面扫描仪	地图扫描	幅面A_0、分辨率≥400dpi、256级灰度或RGB彩色扫描模式	VIDAR ANATECH CONTEX
彩色扫描仪	像片及文档扫描	幅面A_4、分辨率为600×600dpi、24位或36位彩色扫描模式	HP、AGFA KODAK、SHARP
数字像机	直接采集数字图像	分辨率为1024×768dpi、24位彩色扫描模式、变焦倍数	KODAK、SONY OLYMPUS、ROLLEI
高精度航摄像片扫描仪	航空底片扫描	幅面230mm×230mm、分辨率为7μm、彩色扫描模式	Z/I PHOTOSCAN VEXEL
GPS接收机	采集点的坐标	接收方式、通道数、精度	TRIMBLE、LEICA
解析立体测图仪	航测法采集三维数据、解析空三加密测图	精度、软件及硬件平台、功能模块	ZEISS P3、C130、WILD、BC2、JX-3
数字摄影测量工作站	航测法采集三维数据、解析空三加密测图	精度、软件及硬件平台、功能模块	VIRTUOZO-NT、IMAGESTATION_Z、DPSI、DPW、JX-4

空间数据输出设备包括：图形显示终端、喷墨绘图仪、笔式绘图仪、胶片记录仪、刻图机、投影仪、激光照排机、打印机、立体观测系统、数据交换设备等。主要空间数据输出设备和技术指标见表 6.2。

表 6.2 主要空间数据输出设备和技术指标

设备名称	主要用途	技术指标	常用品牌
彩色显示器	图形和文字显示	分辨率≥1280×1024像素、尺寸17in，行扫描频率≥80Hz	NEC、SAMSUNG PHILIP、EMC、宏基、夏华
彩色喷墨绘图仪	图像和地图输出	输出幅面≥A_0、分辨率≥600dpi	HP、Epson、Oce、NOVAJET CALCOMP
笔式绘图仪	矢量图形输出	输出幅面≥A_1、分辨率≥0.01mm、笔数≥8支	ROLAND、HP、CALCOMP
胶片记录仪	胶片输出	记录介质：像纸、胶片；幅面尺寸35mm×35mm、分辨率≥1200 dpi	KODAK、Agfa、INTERGRAPH
激光照排机	分色胶片输出	记录介质：像纸、胶片；幅面尺寸≥A_1、分辨率≥1200 dpi	KODAK、Agfa、INTERGRAPH
黑白激光打印机	文档输出	输出尺寸≥A_4、分辨率≥600 dpi	HP、CANNON EPSON、联想等
彩色喷墨打印机	略图打印和文档打印	输出尺寸≥A_4、分辨率≥600 dpi	HP、Epson LEXMARK

2. 空间数据处理设备

空间数据种类繁多、空间数据量庞大、数据模型复杂，因此整个空间数据库系统对硬件资源提出了较高的要求，这些要求是：有足够大的内存以存放操作系统；有足够大的磁盘等直接存取设备存放数据；有足够的磁带（或软盘、光盘和U盘）作数据备份；要求系统有较高的通道能力，以提高数据传送率。系统中用来支持空间数据获取、数据处理和数据显示的数据处理设备可分为：服务器、图形工作站和微机等。

1）服务器

一般应提供网络管理功能、数据库服务、文件服务和输入输出服务等，应满足速度、内存容量、磁盘容量及输入输出能力和可靠性等。服务器可以是一台高档微机、专门的图形工作站专用服务器等，内存一般在1024M以上，硬盘存储空间在30G以上。最好采用两个以上的CPU来加快处理速度，采用双电源、冗余磁盘阵列、双机热备份或容错计算机等手段来保证机器的可靠性，还可利用集群技术来进一步提高服务器的吞吐量。

2）图形工作站

图形工作站这类计算机要求有高分辨率和大尺寸的图形显示器、高速CPU和硬件图形加速器、先进的内部系统总线和快速存储系统，可以满足复杂的几何图形处理。需要三维图形图像数据处理可配置三维硬件加速卡。工作站是空间数据处理的主要平台，常见的图形工作站有：运行在 UNIX 环境下的 SGI、SUN、IMB、HP 等。

3）微机

微机主要完成空间数据的采集工作和研究开发任务。这类计算机品种繁多。

3. 存储及其他设备

1）存储设备

空间数据库系统数据存储设备的选择必须满足空间数据的安全高效存储以及大容量存储。冗余磁盘阵列可以满足大存储量、高速度和高可靠性，是高档服务器的必选设备，双机热备份是更保险的方法。存储设备还有：CD-ROM 光盘库、磁带机和 CD-R 刻盘机等。

2）电源设备

系统应采用不间断电源和隔离变压器联合的方式供电。不间断电源要选用在线式，要具有与计算机通信的接口以便计算机动态监测电源情况。不间断电源的相数取决于系统的容量需求，还要考虑断电后的维持时间。

3）机房其他设备

为保证电子设备的正常运行，要求机房要配置空气调节系统，保证机房的湿度、温度、清洁度、离子浓度等指标达到国家标准。

6.1.3 操作系统

操作系统是在底层与计算机硬件交互的软件，管理各种应用软件间计算机资源的共享。操作系统是计算机系统中运行权限最高的软件成分，它需要基本的硬件支持中断和定时器，以便对运行程序施加控制。操作系统提供以下服务：①硬件管理（中断处理和定时器管理）；②进程管理；③资源分配（调度，分派）；④存储管理和访问（I/O）；⑤内存管理；⑥文件管理；⑦系统和用户资源的管理。

1. 硬件管理

操作系统首先要管理中断和定时器等计算机系统的硬件。硬件管理应具有限制对资源的持有能力，并能将控制从运行程序交回给操作系统。硬件定时器是一个计数器，可为它设定某个计数范围（时间段）。一旦超时，就发出一个中断信号，该信号将停止处理器，同时保存处理器的状态，并将控制转交给中断服务例程。此中断服务例程将查看预先指定的计数器内容，或者设置内存位置并判断下一步将执行哪个操作。典型情况下，控制被立刻转交给用于中断服务的操作系统内核。

2. 进程管理

进程通常被看成位于操作系统中最低的可运行层的软件。进程本身具有操作系统范畴外的其他内部管理层。但是，进程并不等同于用户程序。用户程序可被分成多个进程，或者只是一个进程。

进程完成计算机系统中软件进程的管理任务。操作系统可提供服务来创建进程（为新进和构造一个进程控制块），撤销进程（删去进程控制块），创建进程执行某任务，以及分派进程。

操作系统使用系统中所有进程控制块的信息，协调进程以满足一些操作系统的指示，如公平运行、相等运行时间或最少运行时间。进程运行在操作系统内的不同层次上。一些进程有特权，因此可访问内存保护区或隐蔽的例程。应用进程可能只能访问程序员直接装入的映像。其他进程，如数据库管理系统，具有某种界于前两者之间的访问权限。进程在系统内有多种完成程度，称为状态。系统内部的进程可有四种状态：运行就绪（ready to run），运行（running），挂起（suspended）或阻塞（blocked），以及终止（terminated）或死锁（dead）。

就绪状态是指进程已准备在硬件上运行，但是还要等待操作系统准其进行。进程若要处于此状态，它运行所需的所有资源必须已分配或至少已全部指定，并且它应当知道PCB中存储的资源的情况。从就绪状态可以转移到终止、调度或阻塞状态。

运行状态是指此时进程控制了CPU，并在空机上执行其指令。进程可控制这一级别的硬件，并且只可能因操作系统发出的中断或某个差错条件而终止运行。只有在操作系统的控制下和通过调度活动，进程才能转移到此状态。从此状态转移到其他状态有多种情况。进程可在运行结束后从此状态转移到终止状态，或者由于一个输入/输出请求（此请求由另一个进程处理）回到就绪状态，或者由于一个来自操作系统的中断或其他条件回到就绪状态。

等待或挂起状态是指此时进程没有获得运行所需的足够资源，或者由于一些阻塞动作离开了活动运行状态。等待动作的形成可能是由于数据从磁盘到内存的传输，或者是等待与其协作的进程的完成。转移到等待状态通常是由于申请额外资源、移动或重分配一些必需资源，等待协作进程完成其服务；或者等待其他申请者释放资源。

终止或死亡状态是所有进程开始的状态，也是退出系统时返回的状态。进程最先在此状态被赋予基本的资源，如进程控制块、初始内存装入空间等。另外，进程不管因何原因终止都要返回到此状态。届时将释放进程拥有的资源并从系统中删除进程。

决定将哪一个就绪进程从就绪状态变成运行状态，需要一个调度策略和实现该策略的支持机制。传统的分时系统使用简单的FIFO（先进先出，First In First Out）调度，一个表（PCB的队列、链表或一些其他结构）中的下一个进程将被调度，其状态将从准备状态转移到运行状态。其他调度技术试图变得更公平些，并将运行进程分成若干时间块，称为量子（quantum）。这种调度是一种轮转法技术，一旦进程超过了为其分配的时间量（时隙或时段），它将从运行状态变成阻塞或挂起状态。挂起的进程被放入循环队列后将等待，直到他们移动到队列头再次接受服务。按此方式CPU时间在所有活动进程间被平等共享。

操作系统的另一个功能是内存分配服务，它与进程状态的转移有关。这将在以后章节详细讨论。操作系统支持进程管理还应提供其他功能，如差错管理和死锁检测，这两者对于数据库管理系统都很重要，但是其形式与操作系统内部所用的不同。差错管理服务根据所需的服务类、操作系统和应用所期望付出的开销等，提供检测、纠正、避免和防范差错的功能。

资源管理需要操作系统协调计算机资源的访问和传输。操作系统中，资源管理的典型功能包括：内存管理、外设初始化、设备安装、数据传输控制和外设的关闭。在早期的系统中，操作系统要从底层开始控制设备。在现代的系统中，操作系统只建立传输参数，而将数据传输的细节交给设备控制器和直接内存与控制设备完成。这使得操作系统和 CPU 有空去处理其他的资源管理任务。

3. 内存管理

操作系统的存储管理负责管理计算机中不同层次的内存。操作系统应协调计算机内存和缓存的信息进出，以及维护内存的空白区。要完成这些功能，操作系统通常使用一种机制将基本内存分为若干块（称为页）。在使用此策略的基础上，操作系统要管理内存页的移动。内存管理系统必须在进程初始化后为其分配空间，在进程结束后释放空间，然而由于分配和释放的空间大小不均匀，容易使内存页出现碎片，还要定期清除内存空间碎片。

内存分配问题与内存映像（map）直接有关。内存映像可表示内存中哪些页已被分配给进程，哪些页是闲置的可分给新进程。为便于内存分配，可用多种方法管理此内存映像。空白页可用一个未分配区表组织起来，内存块被构造成块大小递增的树，或构造成堆（heap），最大块总是放在堆顶。于是内存分配就成了根据某种选择策略挑选合适的内存块的功能。一些策略包括首次适合算法，它总是选择进程第一次遇到的满足要求的空白块。另一种策略是最佳适合算法，它将顺序扫描内存块，直到将最适合进程大小的空白内存块装入内存。还有许多其他机制，其介绍已超出本章的范畴。

与内存分配对应的是内存页的释放。如果进程离开运行状态时释放了内存页，必须从已分配块的表中删去对应的页，并将其放入空白页的未分配区表中。存入表中的被释放页的大小与其被进程所分配的大小一样。然后这些空白页将根据其大小放入未分配区表中的相应位置。但是，在更换进程的交接过程中，并非所有的内存页都是用此种方式替换的。

内存管理的另一项工作是维护空白区的映像，并定期清理内存，释放出更大的连续空白区使分配更容易。这个过程被称为废物收集（garbage collection）和重分配。前面描述的分配和释放机制运行一段时间后将使内存中出现碎片。当内存中碎片多到一定程度，在某个进程需要内存页时，就可能找不到一段连续的空白区分配给它。为解决此问题，内存管理服务应定期检查内存映像，将松散的空白碎片整理成较大的空白区，并判断这样是否会大大增多足够大小的连续空白区。

有一种技术可扫描所有带标记的空白页，并将相邻的内存洞（hole）合并成较大的空白区，然后将他们加入未分配区表，同时删去被合并的洞。

4. 文件管理

文件管理是操作系统的功能之一，它控制非基本存储资源上信息的结构和存储。典型的文件管理应用是对存储在磁盘或磁带上的文件的管理。文件是数据和（或）程序的集合，他们常被调入和调出内存。文件在内存中出入，要求操作系统知道文件的结构、格式和位置。文件管理系统根据此信息从内存管理系统申请内存空间，将文件从存储资源调入内存。在准备调出内存时，文件系统使用来自内存管理系统的信息，判断文件是否被作过改动。如果没有做过任何改动，则文件简单地被淘汰。如果作过改动，文件管理系统就需要判断新文件是否比原文件需要占用更多的空间。如果是这样，文件就可能被存入另一个位置或需要在设备上分段。类似内存管理系统，文件管理系统可能需要定期地重新分配存储空间和移动文件，从而释放出更大的连续区域。

文件管理系统还为应用提供其他服务。文件管理提供创建、删除、插入信息到文件、添加信息到文件尾和更新文件内容的功能。文件控制机制支持用户间的文件共享，以便控制允许用户访问的形式、结构化文件以便优化时间和空间的使用、命名和重命名文件，以及在必要时拷贝和复制文件。

5. 保护

保护（protection）是操作系统的功能之一，它管理对被控资源的方向。保护通常包括访问授权（authorization）、访问身份鉴别（authentication）和访问限制（restriction）。操作系统进行服务前，先要检查服务申请的授权。如果有相应的授权则可访问，如果没有则申请者就得不到服务。

访问授权是操作系统判断进程是否有权在该系统上运行的过程。其最常用形式是用户名，我们在登录到某个计算机时对此都已熟悉。操作系统保护的第二种形式是身份鉴别。身份鉴别可用于验证用户自己声明的身份是否真实。身份鉴别的最常用形式是口令。通过存储用户名检查用户授权，通过口令进行身份鉴别，将这两者结合起来，足以用于大多数不很重要的计算机系统的访问限制管理。如果必要，这两种方法可用于任何资源的访问，以限制对资源的访问。值得强调的问题是需要保护达到的程度和我们愿意付出的开销大小。

6. 外设管理

创建输入/输出和外设管理服务，是为了让用户进程更少涉及物理设备的使用细节、并提供对资源的更公平和无缝管理。外设管理的目标是用户能清楚、明白和透明地进行访问。

外设的管理分为两类操作系统的服务例程：I/O 和设备管理系统。操作系统力争使所有访问看起来都一样。典型的方法是使所有的访问的形式和感觉就像文件访问。I/O 管理进程具有创建和维护逻辑通道或通路的功能，这些通道位于驻留在 CPU 的进程和外部世界之间。该进程提供的功能包括通道分配和释放、通道建立、通道协调和远程数据传送和控制。这里面可能还包括通道上的差错检测和纠错。设备管理功能与此功能相互配合。设备管理服务提供一种机制，完成与设备相关（device-dependent）的建立、分配、控制、同步、释放和数据传输。

I/O 和设备管理创建物理链路和控制传输。此功能包括申请通道用的缓冲区，从辅存传送信息到计算机内存时要用到缓冲区。缓冲区用作设备和 CPU 间的中介。他们使得 I/O 和系统内应用的处理可并发进行。在操作系统中，I/O 通道控制和设备控制通常被处理成独立的进程。操作系统在完成初始化 I/O 或设备的操作后就离开，让设备和 I/O 管理系统独立完成任务，一旦任务完成就向操作系统发出中断。中断可能是主动的，它将中断操作系统当前任务立刻开始服务；或者它可能是面向消息的，此时它只设置一些状态标识符，操作系统在空闲时会检测他们。

当把这些例程融入操作系统的文件管理系统时，他们就形成了存储程序、数据和运行系统间的无缝连接。操作系统和被控进程使用文件管理系统直接访问逻辑存储成分。文件管理系统提供的服务有文件命名、文件定位、控制访问、选择和确定访问路径、进行后台拷贝和用于恢复备份、协调存储信息的资源的分配和释放，以及管理存储信息的（逻辑）位置。从数据库的角度，文件管理系统的一个重要功能是锁的管理。文件管理系统创建、发出和控制文件或文件内记录加锁以及解锁命令。该服务对于数据库的并发控制和事务处理（ACID）属性的维护尤其重要。

7．网络控制软件

网络管理软件管理信息在通信媒体上的发送和接收。典型的功能包括信息的选路（routing）、命名、寻址、保护、媒质访问、差错检测和纠正、通信建立和管理。

选路是一种系统网络管理功能，它是协调网络上信息传送所必需的。局域网中，并非在所有情况下都需要此功能。选路可能只需向媒体上某个方向发送数据，或者可能需要较为周密的决策来选择信道或线路发送信息，该决策与发送方的位置和网络流量有关。但在广域网（如 Internet）中必须要有选路功能。

为便于透明地访问所有本地或远端的系统资源，需要命名功能。一种命名机制应具有如下特征：提供对象的共享，提供复制访问，提供完全透明的访问。命名功能必须支持每个被管对象有两种类型的名字：一个内部（系统）名和一个外部（用户）名。命名功能必须负责外部名和内部（唯一）名的转换和管理。

系统通过寻址判断在何处找到指定项。寻址机制可被分成几个层次，这里本地计算机有其自己的名字，该名字在这个系统内可能不是唯一的。将系统地址（网络节点）与本地名结合起来，足以为机器提供系统中的唯一名字。类似地，在一组互联起来的网络中，我们可为每个网络提供一个唯一的名字和地址。

网络访问的控制有一些策略机制，他们限制赋予网络用户的访问模式。访问限制可以是简单的登录权限或更为复杂的机制，如限制可获得连接类型或远端信息的访问类型。限制访问的机制可嵌入到访问网络的软件中，或由访问网络软件的用户直接提供。

6.1.4 数 据 字 典

数据库除了包含应用数据外，还涉及很多非应用数据，诸如模式、子模式的内容、数据项的类型和长度、记录类型、用户标识符和口令等，这些非应用数据是整个数据库系统的规范化解释机制。将这些非应用数据专门地组织存储起来，形成所谓的数据字典。

数据字典也叫数据目录，它是数据库设计与管理的有利工具。在数据的收集，规范化和管理等方面都要用到数据字典。虽然数据字典并非数据库所独有，但对于数据资源多，关系复杂和多用户共享的数据库来说，数据字典起着重要的作用。数据字典的主要内容是关于数据类型的登记表，给出数据的名字、定义、组成和属性。数据库的活动将参照这些信息进行。由于数据字典的内容比较复杂，显然也要对它进行严密的组织，为此也要用数据模型来予以描述。这种描述也有源形式和目标形式。包括模式表、子模式表、用户表、物理文件或区域表、内码与自然语言对照表、同义词的定义与表示等。

由此看来，需要为数据字典设立一个询问机制，对数据字典中的信息进行查询，插入、修改、删除等操作，从而给数据字典赋以"数据库"的本质，即它是关于数据描述信息的一种特殊的数据库。由于数据字典中存储的主要是关于应用数据的定义数据，这种关于数据的数据是元数据（metadata），因而，作为特殊数据库的数据字典又称为元数据库，或叫做关于数据库的数据库。

6.1.5 空间数据库管理系统

空间数据库管理系统是空间数据库的核心，是用户与操作系统之间的一层数据管理软件。现有的空间数据库管理系统一般由以下八个基本模块组成，如图 6.2 所示。

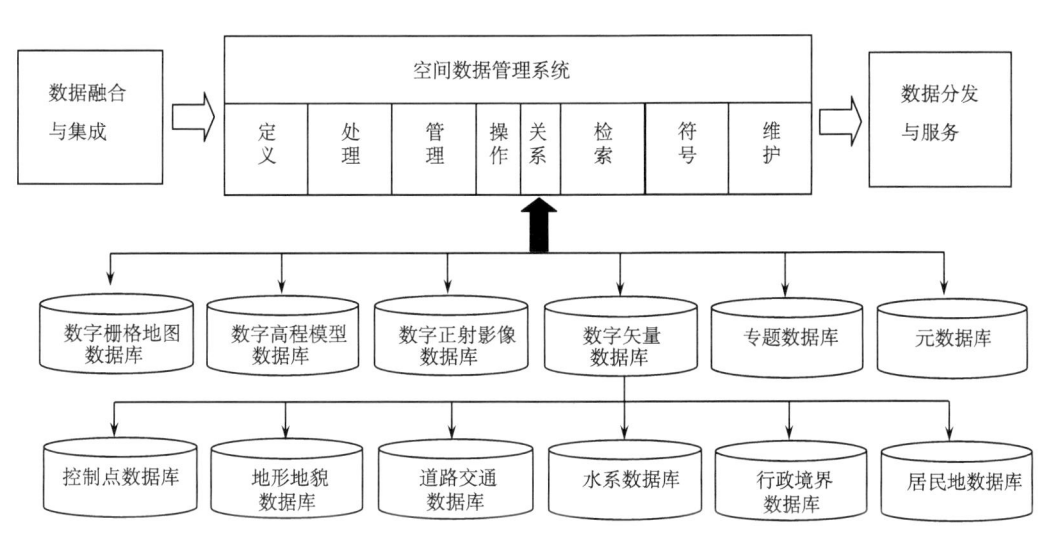

图 6.2 基础地理空间数据库

1. 空间数据定义功能

空间数据库管理系统提供数据定义语言，用户通过它可以方便地定义数据。

2. 空间数据获取与处理

采用不同设备的技术，对各种来源的空间数据进行采集，并对数据实施编辑检查，获取原始的空间数据。

3. 空间数据的运行管理

按空间数据模型设计数据结构，在结构化数据基础上对空间数据进行存储和检索是空间数据库管理系统的核心技术模块，包括并发控制、安全性检查、完整性约束条件的检查和执行、数据库内部维护（如索引、数据字典的自动维护）等。所有数据库的操作都要在这些控制程序的统一管理下进行，以保证数据的安全性、完整性以及多用户对数据库的并发使用。

4. 空间数据操纵功能

空间数据库管理系统提供图形编辑界面，实现对数据库的基本操作，包括查询、插入、删除和修改。图形编辑是适合空间数据特点的数据编辑方式，不仅要编辑空间的要素的几何位置，而且要编辑要素的描述信息以及要素之间的空间关系。

5. 数据处理和空间关系建立

这是一系列工具软件的集合，包括空间投影变换、几何量算、数据裁剪和拼接、空间关系建立等，按用户要求重新组织数据，便于应用。

6. 空间数据的检索

检索，就是从空间数据库的全集合中按照检索标准迅速挑选出用户所需要的部分内容。良好而快速的多功能检索，是空间数据库所必须具备的基本条件之一。空间数据库适用性的好坏，在很大程度上与检索手段的多样性、适应性及检索速度的快慢有关。

空间数据库 般应具有如下检索功能。

（1）定性检索：也称标题检索。它是按地物的属性代码从数据库中提取数据。

（2）定位检索：也称开窗检索。它是按指定的矩形范围提取范围内全部空间实体的数据。

（3）识别号检索：当物体的识别号为已知时，使用物体的识别号检索十分方便，且检索效率提高。

（4）拓扑检索：它是将空间实体划分为弧段和节点，给定弧段或节点检索出一批与给定元素相关联或者相邻接的元素。例如，将空间上的交通网、河流网，境界抽象为拓扑学中的有向和无向图或图的集合，则各种线状空间实体就是"弧段"，而居民地（圈形符号）、车站，以及道路交叉点、河源河口等线状空间实体的端点和交点就是"节点"。当给定一居民地时，可以检索出所有交于此点的公路或铁路的数据。

（5）组合检索：将空间数据库中空间数据按其属性、位置和空间关系的进行单项查询或多项组合查询。组合检索的应用，使用户从数据库中提取数据的灵活性大大的提高。

7. 数据输出与符号化

空间数据按不同要求进行检索和处理，其结果按规范规定的数据交换标准格式输出或按用户要求进行符号化处理输出到绘图机等图形输出设备上。

8. 数据维护功能

它包括数据库的转储、恢复功能，数据库的重组织功能和性能监视，分析功能等。这些功能通常是由使用一些程序完成的。

6.1.6 空间数据库管理员

开发、管理和使用空间数据库系统的人员主要是：空间数据库管理员、系统分析员、应用程序员和最终用户、空间数据库管理员负责全面地管理和控制空间数据库系统，主要职责是：

1. 决定数据库中的信息内容和结构

空间数据库中要存放哪些信息，是由空间数据库管理员决定的。因此空间数据库管理员必须参加空间数据库设计的全过程，并与用户、应用程序员、系统分析员密切合作共同协商，搞好数据库设计。

2. 决定数据库的存储结构和存取策略

空间数据库管理员要综合各用户的应用要求，和数据库设计人员共同决定数据的存储结构和存取策略以求获取较高的存取效率和存储空间利用率。

3. 定义数据的安全性要求和完整性约束条件

空间数据库管理员的重要职责是保护数据库的安全性和完整性。因此空间数据库管理员负责确定各个用户对数据库的存取权限，数据的保密级别和完整性约束条件。

4. 监控数据库的使用和运行

空间数据库管理员还有一个重要职责就是监视数据库系统的运行情况，及时处理运行过程中出现的问题。当系统发生各种故障时，数据库会因此遭到不同程度的破坏，空间数据库管理员必须在最短时间内将数据库恢复到某种一致状态，并尽可能不影响或少影响计算机系统其他部分的正常运行。为此，空间数据库管理员要定义和实施适当的后援和恢复策略，如周期性的转储数据、维护日志文件等。

5. 数据库的改进和重组

空间数据库管理员还负责在系统运行期间监视系统的空间利用率、处理效率等性能指标，对运行情况进行记录、统计分析，依靠工作实践并根据实际应用环境，不断改进数据库设计。不少数据库产品都提供了对数据库运行情况进行监视和分析的实用程序，空间数据库管理员可以方便地使用这些实用程序完成这项工作。

6. 数据访问授权

通过授予不同的权限，数据库管理员可以规定不同的用户各自可以访问的数据库的部分。授权信息保存在一个特殊的系统结构中，一旦系统中有访问数据的要求，数据库系统就去查询这些信息。

7. 数据库的日常维护

在数据运行过程中，大量数据不断插入、删除、修改，时间一长，会影响系统的性能。因此，空间数据库管理员要定期对数据库进行重组织。当用户的需求增加和改变时，空间数据库管理员还要对数据库进行较大的改造，包括修改部分设计，即数据库的从新组织。数据库的日常维护活动有：

（1）定期备份数据库，或者在磁带上或在远程服务器上，以防止灾难发生时数据丢失；

（2）确保正常运转时所需的空余磁盘空间，并且在需要时升级磁盘空间。

6.1.7 空间数据库用户

这里的用户是指最终用户（end user），他们通过应用系统的用户接口使用数据库。空间数据库的用户可以分为三种不同类型。系统为不同类型的用户设计了不同类型的用户界面。

1. 空间数据采集人员

空间数据采集人员一般是测绘专业人员，使用先前已经写好的应用程序与系统进行交互，主要完成空间数据的采集工作。常用的接口方式有菜单驱动、表格操作、图形显示编辑和报表等。

2. 应用程序人员

编写程序的应用程序人员一般是计算机或地理信息系统专业人员。他们根据系统提供应用开发软件接口和空间数据库管理系统提供的内部数据模型进行应用系统开发。常用的开发软件接口有数据库开发环境、空间数据引擎等。

3. 专业用户

与地学有关的不同专业的用户，如林业、水利、环保、地质、土地、房产以及规划等部门，将空间信息作为基础地理信息，加上本专业的专题信息构成本部门的信息系统。通过数据挖掘工具，从不同的途径检索空间数据、知识库和专家系统构成不同的辅助决策系统。

6.2 数据库系统的体系结构

数据库管理系统是数据库系统的一个重要组成部分，它是一个处理所有数据库存取和各种管理控制的软件系统，是用户的应用程序与物理数据库之间的桥梁。它可以说是数据库系统的核心与枢纽，与系统的各个部分有密切的联系，它把用户对数据库的一次访问，从用户级带到概念级，然后再导向物理级，完成三级数据库之间的转换，把用户对数据库的操作转换到物理级去执行，在数据组织与用户的应用之间提供高度的灵活性与独立性。

数据库管理系统使用操作系统和相关支持体系的服务来组织、维护和操纵数据库的数据。数据库管理系统软件包括存储管理软件、并发控制部件、事务处理部件、数据库操纵接口、数据库定义接口和数据库控制接口。数据库管理系统在操作系统的控制下，作为一个应用进程运行。数据库管理员使用操作系统的文件管理和内存管理服务，存储和检索数据库中的数据。

6.2.1 数据库的抽象层次

一个可用的系统必须能有效地检索数据。这种有效性的需求促使设计者使用复杂的数据结构来表示数据。在文件系统中，是按文件类别存储和检索信息的，例如，按类别把文件归档，按姓名的字母顺序把信件归档等。这种方式的特点是只能按一种类别存储和检索信息。而 DBMS 可以按多种类别进行相互参照，从而能按各种不同的类别或索引来查询信息，而无需知道这些信息在文件中的实际位置。由此可见，DBMS 把用户的逻辑数据观点和数据的物理组织分离开了。层次、网状与关系模型之间的差异主要在于它们让用户观察数据的方式和它们把用户观点映射为物理组织的方式的不同。

在文件系统中，数据文件由应用程序来建立与管理，文件管理系统只负责存取，数据的独立性、联系性与共享性均无法实现；由于许多空间数据库的用户并未受过计算机专业训练，因此系统开发人员通过不同层次的抽象来对用户隐藏复杂性，很多不需要由用户干的事情都转嫁给数据库管理系统。而在数据库系统中，这些问题都在很大的程度上得到了解决，用户对数据的一切操作都是极为方便的。数据库系统的抽象层次如图 6.3 所示。

1. 模型与模式

模型与模式这两个概念既有联系，又有区别，我们就像处理"信息"与"数据"时一样，首先加以必要的区分，然后在不引起混乱的情况下等价的使用。

模型是客观事物的抽象化形式描述，它是独立于具体实现方式的。同一个模型可用不同的方式来实现，因此，可把关于模型的具体实现的描述称为模式，它与所采用的数据库管理系统有关。例如，当采用层次式的数据库管理系统时，就要把描述实体及其联系的数据模型进行等价改造，使之成为能满足给定的层次式数据库管理系统要求的树结构。

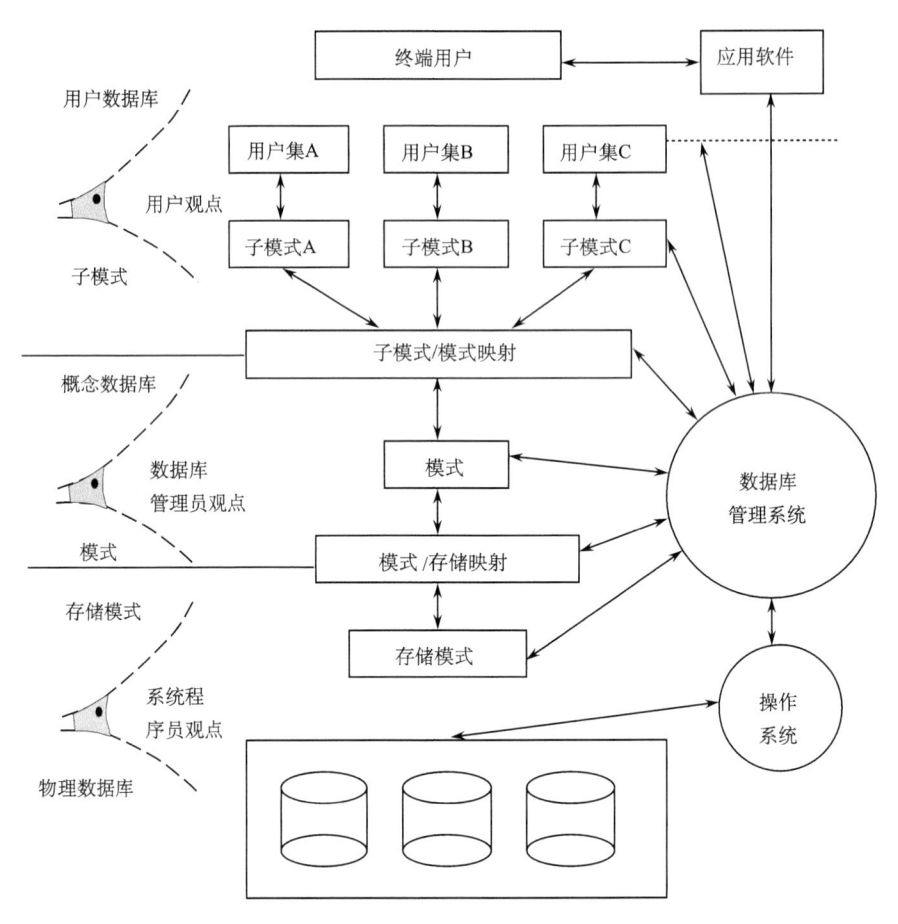

图 6.3 数据库系统的抽象层次

在数据库系统中用数据描述语言精确地定义数据模型称为模式，它能为计算机所接受。在模式设计阶段可用图表法来表示模式，这是一种框架式的表示，不能为计算机所接受，这种图解法的模式通常就是数据模型图，但它应该是把原来独立于任何数据库管理系统的数据模型演变为所采用的数据库管理系统所能接受的形式，这样的图解模式与语言模式等价。

2. 子模式

子模式又叫外模式，它是用户与数据库的接口。在用户眼中，数据库中存储的是各种实体。它们的属性以及各种联系，它们表现为子模式中记录的值的集合，是数据库的一个子集。描述这种用户观点的数据库实现就叫子模式。数据库中存储一个系统的各个部门的各种数据，为不同的部门用户来共享。这样，每个用户都必须使用一个子模式，但同类型的用户可以共用一个子模式。子模式就是用户看到的并获准使用的那部分数据的逻辑结构（称为局部逻辑结构），借此来操作数据库中的数据。采用子模式有如下好处：

（1）接口简单，使用方便。用户只要依照子模式编写应用程序或在终端输入操作命令,无需了解数据的存储结构。

(2) 提供数据共享性。用同一模式产生不同的子模式,减少了数据的冗余度。

(3) 孤立数据,安全保密。用户只能操作其子模式范围内的数据,可保证其他数据的安全。

3. 模式

模式又称为概念模式。它是对整个数据库的全局逻辑描述,是对数据模型的一种等价处理或具体实现,即不改变数据模型的原有逻辑意义而获得一个系统能够接受的模型,所以模式的主体是数据模型,模式只能描述数据库的逻辑结构,而不应涉及具体存取细节。模式通常是所有用户子模式的最小并集,即把所有用户的数据观点有机地结合成为一个逻辑整体,统一地考虑所有用户的要求。在模式中有对数据库中所有数据项类型、记录类型以及它们之间的联系和对数据的存取方法的总体描述。

模式是数据库管理员或系统分析员眼中的数据库,他们所看到的是数据模式中所有记录型值的集合。他们的任务是建立一种完整的、无冗余的和中立的逻辑数据结构。在模式下所看到的数据库称概念数据库,因为实际数据并没有存储这一层,这里仅提供了整体数据库的逻辑结构。

4. 模式与子模式之间的关系

模式与子模式的共同之处在于它们都是数据库的定义信息。数据库与文件系统不同的重要标志之一就是数据与定义同时存储。因为模式通常是所有用户子模式的最小并集。所以从模式中可以导出各种子模式,如在关系模型中通过关系运算就可从模式导出子模式。

在数据库应用中,对应于一个模式可以有任意数量的子模式,而根据需要添加新的子模式或删去原有的子模式,可能引起模式的修改问题。如果所删除的子模式中的数据及其联系在别的子模式中都未用到,则可对模式作相应简化,否则不能从模式中删除。如果新增加的子模式中的数据及其联系已包含在原有模式中,则模式无需扩充,否则,就要扩充原有模式。这些工作是由数据库管理员负责监督执行的。模式与子模式都不反映数据的物理存储。模式与子模式都是为数据库管理系统所使用,其主要功能是供应用程序执行数据操作。

5. 存储模式

存储模式又叫内模式,它用来描述数据在存储装置上的物理配置和组织问题。这涉及一系列文件组织技术(如存储的大小,记录寻址技术,记录的插入、删除和各种溢出处理等),所以,存储模式是对数据的物理描述,是系统程序员和系统设计者所持的数据观点,他们关心的是系统的性能,数据如何在硬件上的存放,如何为数据造索引以及使用哪些数据紧致技术等。这里包含数据库的全部存储数据,称为物理数据库,系统程序员编制专门的访问程序,实现对物理数据库的访问。对一个数据库系统来说,实际存在的只是物理数据库,它是访问的基础。

往往还有一个特殊的层次——终端用户的数据观点。终端用户一般未受过有关数据处理的技术训练，他们通过终端的人机对话进行各种业务工作。他们从系统中所得到数据的观点应尽可能地接近他们工作中固有的数据观点。

6.2.2 映射与数据独立

所谓映射实质上是两个事物之间的对应关系。在数据库抽象层次中，我们看到有两种不同的映射，一是子模式/模式映射，另一是模式/存储模式映射。

子模式/模式映射定义了各子模式与模式之间的映射关系，即定义概念记录与用户逻辑记录之间的对应关系，两者之间的相互转换将根据这个关系进行。对于同一个概念数据库可以派生出多个用户数据库，它们之间可以随意地覆盖。对于不同的用户数据库，要求不同的映射。用户数据库和概念数据库可以有不同的数据类型、不同的记录构造等，它们之间的相互转换就是由映射完成的。这种数据组织和用户的应用之间的独立性称之为逻辑数据独立性。

模式/存储模式映射定义了模式到存储模式的映射关系，即定义概念数据库与物理数据库之间的对应关系，具体地说，它指出概念记录和数据项如何转化成它的存储形式。模式/存储模式映射保证了物理独立性的实现。这就是说，当为了某种需要而改变物理数据库的存储结构和存取策略时，同时对模式/存储模式映射进行修改，使得模式（概念数据库）保持不变（子模式也不变），这种全局的逻辑数据独立于物理数据的特征叫做物理数据独立性。

以上两种数据独立性统称为数据独立性。由于有了数据独立性，数据库系统就把用户数据与物理数据完全分开了，使得用户摆脱了繁琐的物理存储细节。

无论是哪一级模式都只能是处理数据的一个框架，而按这些框架填入的数据才是数据库的内容，因此，框架和数据是两种性质不同的信息，并且分别存储在不同的地方。三种模式对应着三种不同的数据库，而真正存在的只有物理数据库，它是存放在外存上的实际数据，而其他两个不同的数据库在外存上是不存在的，但数据库管理系统能够从相应的物理数据库构造出概念数据库和用户数据库，因此，用户可以认为它们是存在的。用户数据库是概念数据库的部分抽取；概念数据库是物理数据库的抽象表示；物理数据库是概念数据库的具体实现。

6.2.3 数据语言

无论是程序员还是数据库管理员，他们均需与系统交往，这就要求为他们提供一种通信工具，一方面向系统提供信息，另一方面从系统获取信息。这个工具就是数据语言。数据库管理系统在操作系统的控制下，作为一个应用进程运行。用户可通过两种方法与数据库管理系统接口：数据库定义语言（data description language，DDL）和数据库操作语言（data manipulation language，DML）两大部分，前者负责定义数据的各种特性，后者表达对数据进行的操作。

1. 数据定义语言

构造数据库是为了管理数据，它必须能维护数据以便将来使用。在数据库逻辑设计和物理设计基础上得到的数据模型一般用图解形式来表示，并加注一些简要说明，这种表示形式在目前和今后若干年内还不能为任何系统所直接接受和处理，因此，还必须用一种为计算机所能接受的手段来表达，这就是数据描述语言的任务。

在数据库系统中处于不同层次的人员有其不同的数据观点，对应着不同的数据库，作为各层数据库的构成骨架仍是用于该层次上的数据结构。为此，需要用相应的数据描述语言来分别描述数据库系统中的各层数据结构。

对于所有数据库模型，存在一种语言来说明数据库的结构和内容。这种说明被称为模式设计，它表示某个数据库管理系统所管理信息的逻辑视图。该说明使设计人员可将若干分开的逻辑用户视图（子模式）映射为一个整体的全局信息视图（模式），并最终映射为物理存储结构（物理模式）。逻辑和物理数据库结构的这种分离，使得数据的物理和逻辑依赖性对用户透明。为此，数据库管理员具有更改物理存储结构和组织的能力，以便优化底层存储和检索的效率，而不需要更改逻辑用户视图和应用程序代码。

1）模式 DDL

模式 DDL 用来定义数据库的总体逻辑结构以及由逻辑结构向存储结构的映像。这是为数据库管理员定义模式用的一种数据描述语言。如前所述，模式是对整个数据库的逻辑描述，它由数据描述语言（或数据库定义语言）来具体表达。不同的数据库系统在描述其逻辑结构时有不同的方法，数据描述语言也有几种不同的类型，但它们的功能基本上是类似的。一般来说，DDL 所描述的模式应包括以下基本内容：

（1）应能标识数据单位的类型，如数据项、记录以及数据文件；

（2）对每个数据项类型、记录类型、文件类型以及其他数据单位应给出一个唯一名；

（3）应说明哪些数据项类型是在一个数据项组类型、记录类型或其他数据单位里；

（4）应说明哪些数据项类型、数据项类型的部分或数据项类型的组合作为关键字使用；

（5）应说明不同记录类型如何进行连接以反映它们之间的关系；

（6）对记录类型之间的联系应给出名字；

（7）能定义数据项的长度；

（8）除了以上基本功能之外，还应包括一些用以保护数据库、确保数据的安全性、完整性的规定，也可以包括一些有关物理实现的要求；

（9）应说明检查数据中错误的方法；

（10）应定义出一个数据项可能取值的范围；

（11）说明保密锁，以防对数据作未授权的读取或修改，这可在数据项、记录、文件或数据库级别上起作用。

2）子模式 DDL

这是为用户定义子模式提供的一种数据描述语言。子模式表示用户的数据观点，是模式的一部分，但在某种条件下，用户可取整个模式为其子模式，这时的子模式就是模式。子模式由模式 DDL 来表达，它用来定义用户程序的局部逻辑结构向整体逻辑结构的映像。

3）物理 DDL

物理 DDL 用来定义数据的物理存储方式，这是系统程序员使用的语言，用来描述数据在存储介质上的安排和存放，它和硬件设备的特性有关，这是最内层或者说是最低一级的描述。用物理 DDL 对数据库存储结构的全部描述语句称为存储模式。

数据库中的数据是放在磁盘等辅助存储器上的，这些存储器在磁性表面上以二进制位流的形式记录数据，因此存储模式要解决的问题就是如何将模式中所确定的各种数据及其联系表示为二进制位流，这体现在以下几个方面：

（1）寻址问题。逻辑记录是由其主关键字来标识，而存储器上的物理记录（可能包括几个逻辑记录）则是用一个机器地址来标识的，因此，在存储上定位一个记录就是如何将关键字变换为机器地址的问题，叫做寻址，所以，在存储模式中首先给出记录寻址方法。

（2）检索问题。指明用于检索的次关键字，为多码检索提供方便。

（3）数据联系的实现。对所采用的数据模型指明其物理实现方式。

（4）为适应数据记录的增删，要适当地安排基本数据区和溢出区以及存储器的分区分块等。

由 DDL 所写出来的模式称为源模式。就像源程序一样，源模式也需要进行编译，以获得一个空间实体模式并存储在数据库系统中。这里进一步表明了数据库系统与过去的文件管理系统的不同之处正是在于数据库系统同时建立与维护了数据及其定义。

4）数据描述的独立性问题

正如希望程序设计语言标准化并独立于特定的机器一样，也希望数据描述语言标准化，这不仅可以减少转换和便于理解别人的数据描述，而且更重要的是易于合并或连接数据库，这有助于数据库管理系统之间的兼容实现和增进不同计算机系统之间程序的可移植性。由于数据的物理布局和存储数据的机器都会变动，因此一个标准的模式描述语言独立于数据的物理组织是极为重要的。在模式描述语言里应没有与物理存储组织有关的语句，因为这种语句会破坏数据独立性，并且当物理组织变动时必须改动逻辑数据描述。类似地，子模式描述语言应当独立于模式描述语言。数据库管理员应能自由地修改模式和存取方法，以便尽可能有效地为数据库用户服务，而这种改动不应导致重新设计任何应用程序或修改子模式。但是，已经证明在数据库的寻址和查找这两个领域里，是难以把数据的逻辑与物理观点完全分离开来的。看来，在逻辑描述中应当建立某种有关信息存取和查找要求的语句，以便有效地实现。

系统怎样对一个记录定位或怎样查找文件，在理论上不应影响逻辑数据库的设计。

这个问题是物理布局设计者的事，为了使数据库管理软件顺利地实施它的功能，逻辑数据库设计者可以不顾记录怎样定位或文件怎样查找的问题。如果逻辑数据描述以任何方式与物理描述有牵连，则当物理实现改变时，用户或应用程序员的数据观点就得改动，应用程序就可能要改写。为了避免与改动数据库相关联的高昂维护代价，逻辑数据描述应该完全不受物理存储组织改动的影响，因此，有关指针、链、辅助索引等属于物理实现的描述应从逻辑描述中排除出去。

2. 数据操纵语言

数据操纵就是用户（应用程序员、终端用户以及系统用户）对数据提出的各种操作要求，实现与数据库的信息交换。数据操纵语言就是对数据库进行操纵的工具。它主要包括下述基本操作：

（1）检索，从数据库中检索出满足给定条件的数据子集；
（2）插入，把新的记录插到数据库中指定的位置上；
（3）修改，修改记录中某些改变了的数据项值；
（4）删除，删除数据库中没有必要保留的记录或文件；
（5）控制命令（如加锁等）。

若要求用户在 DML 命令中明确给出存取路径，即要求用户知晓数据库的物理结构，这样的 DML 称为过程化的 DML，这种要求用户在提出"做什么"时还要指明"怎样做"的过程化 DML，大大加重了用户的负担。为了克服过程化 DML 的严重缺点，提出了一种更为灵活和方便的所谓非过程化的 DML。使用这种非过程的 DML 时，用户只要告诉计算机"做什么"，而无需说明"怎样做"。非过程化 DML 简化了操作步骤，从本质上免除了用户的不必要的负担，因而深受欢迎。

6.2.4 应用程序对数据库的访问

应用程序对数据库的访问是根据数据的三级模式由数据库管理系统（DBMS）来执行的。当一个应用程序 A 通过数据库管理系统读取记录时，在系统中执行下述一系列操作，过程如图 6.4 所示。

（1）用户程序 A 向 DBMS 发出调用数据库数据的命令，命令中给出记录的类型与关键字的值，先查找后读取；
（2）DBMS 分析命令，取出应用 A 的子模式，从中找出有关记录的数据描述；
（3）DBMS 取出模式，决定为了读取记录需要哪些数据类型，以及有关数据存放的信息；
（4）DBMS 查看物理数据库描述，决定从哪台设备、用什么方式读取哪个物理记录；
（5）DBMS 根据 4 的结果向操作系统发出执行读取（先寻找）记录的命令；
（6）操作系统向记录所在的物理设备发出调页命令；
（7）操作系统将该页从数据库送至缓冲区；
（8）DBMS 比较模式与子模式，导出应用程序所要读取的逻辑记录；

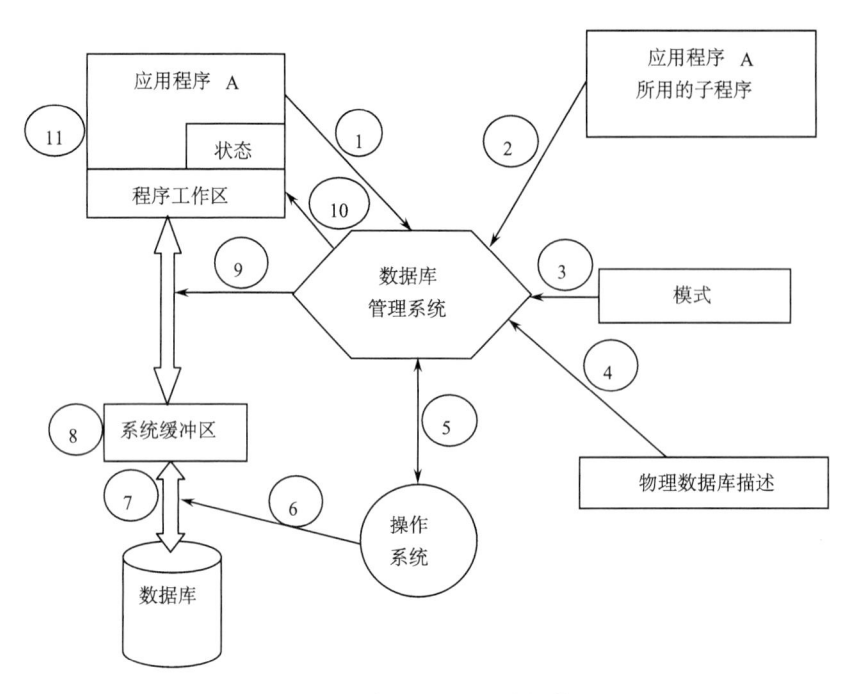

图 6.4 读记录时的系统操作

(9) DBMS 将数据从缓冲区传送到程序 A 的工作区;

(10) DBMS 在程序调用的出口(返回点)提供调用结果的状态信息(成功、失败及出错诊断信息);

(11) 用户根据状态信息决定下一步工作。

6.3 空间数据库系统的体系结构

空间数据库的体系结构受数据库系统运行所在的计算机系统的影响很大,尤其是受计算机体系结构中的联网和分布这些方面的影响。本节研究数据库系统的体系结构,从传统的集中式系统开始,然后讨论客户-服务器数据库系统和分布式数据库系统。

6.3.1 基于文件系统的体系结构

计算机提供了操作系统支持下的文件系统,为用户提供了简便统一的存取和管理数据的方法。用户可以以此为基础建立自己的逻辑文件。空间数据量大,一般按内容分多个文件,每个文件都可以用相同的或不同的逻辑文件形式组织,借助文件系统完成数据存储以及输入和输出处理,如图 6.5 所示。

1. 文件组织

多个文件来存储和管理空间数据的小型的数据库系统往往采用基于内存管理,把动

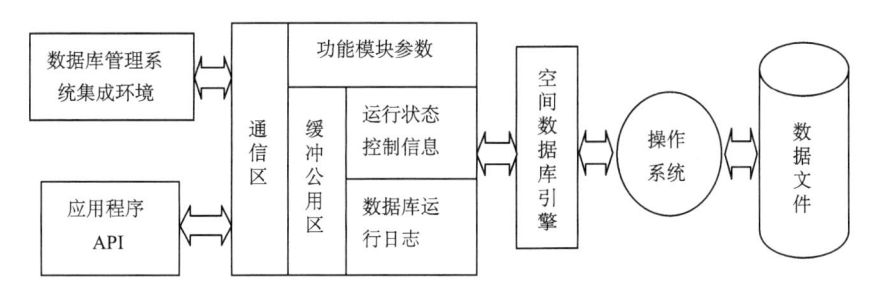

图 6.5 基于文件系统空间数据库系统的体系结构

态更新变化数据从磁盘全部读到内存，等数据完成更新后，再全部存入磁盘文件。这种方式适合数据量小的桌面数据库系统，如 MapInfo。系统结构简单，系统的代码量少，许多工作由操作系统完成，便于操作，适合小型数据库系统。

当数据量大时，内存无法存储所有的数据。空间数据的存储和管理只有基于磁盘的文件系统来实现。

1) 定长记录

对于定长记录，在文件的开始处，我们分配一定数量的字节作为文件头。文件头将包括有关文件的各种信息。我们把插入文件的地址存放在文件头内。在插入一条新记录时，我们使用文件头指向的记录，并改变文件头的指针以指向下一个可用记录。如果没有可用的空间，我们把这条新记录加在文件末尾。

对于定长记录文件的插入和删除是容易实现的，因为被删除记录留出的可用空间恰好是插入记录所需要的空间。由于插入操作通常比删除操作更频繁，插入记录占据被删除记录所释放的空间的方法影响数据存储效率，往往用一种方法标记被删除的记录让被删除记录占据的空间空着，一直等到数据库重新整理时再收回删除空间。

2) 变长记录

实现变长记录的存储方法通常是在每个记录的末尾附加一个特殊的记录终止符号，或者在每个记录的开始处存储记录的长度。

为了动态回收删除记录的空间，待删除记录所占据的空间必须有文件中的其他记录来填充，常把紧跟其后的记录移动到被删除记录先前占据的空间，依此类推，直到被删除记录后面的每一条记录都向前做了移动。这种方法需要移动大量的记录，直接影响到数据存储的效率。另一种方法，变长记录被删除时，删除的记录的位置和长度用一个链表记录起来，存放在文件头内。当变长记录插入时，首先根据待插入的记录空间的大小，在删除记录链表内找出待插入的记录空间的位置，然后插入记录在被删除记录的空间。这种方法优点是存储效率高，缺点是被删除记录的空与间待插入的记录空间差导致大量小磁盘存储碎片。这些小碎片很难实现动态的回收，即使实现，回收的代价将很高。

3) 聚簇文件组织

在空间数据库中,每个要素有属性、几何位置和空间关系组成。要素的属性表示成定长记录,要素的几何位置和空间关系可以表示为变长记录。这些数据可以存储在独立的文件中,可以利用操作系统提供的文件系统的所有好处。但是,空间实体每一项操作都要打开几个独立文件,同时读取几个记录。由于这些记录不是在一个文件的存放,在物理上分布在不同的数据块中,不可避免地造成计算机读取的次数增加,对大型空间数据来说,大量的空间数据的操作影响到数据库的效率。为了提高数据库的性能,很多大型数据库系统在文件管理方面并不直接依赖于下层的操作系统,而是让操作系统分配给数据库系统一个大的操作系统文件。数据库系统把所有的数据存储在这个文件中,并且自己管理这个文件。

聚簇文件组织是一种在每一个文件中存储两个或者更多个不同类型的记录的文件结构。这样的文件组织允许我们使用一次块的读操作来读取一个实体数据,以便提高数据查询效率。

何时使用聚簇依赖于数据库设计者所认为的最频繁的查询类型。聚簇的谨慎使用可以在查询处理中产生明显的性能。

2. 空间数据引擎

空间数据结构非常复杂,一个空间实体的操作不仅涉及许多不同类型的记录读写,还要精通地理信息专业知识。对于一般人员来讲,既要精通计算机专业,又要精通地理信息专业,是十分困难的。在面向对象思想影响下,人们要求将复杂的空间实体操作封装成类,简化一般人员对空间实体的操作难度。借助飞机或汽车等机械术语,在数据库中对空间操作的类称作为空间数据库引擎(spatial database engine,SDE)。

空间数据库引擎就是基于特定的空间数据模型,在特定的数据存储、管理系统的基础上(典型的是数据库管理系统),提供对空间数据的存储、检索等操作,以提供在此基础上的二次开发。我们所指的数据存储、管理系统,一般可以是数据库管理系统,也可以是操作系统提供的通用文件系统,还可以是复合文档之类的任何存储系统。包含下面的组成部分:

(1) 一个对所支持的空间数据类型的存储、语法、语义预描述的模式;
(2) 一个空间索引机制;
(3) 一套操作和函数,执行对感兴趣区和空间联合查询、管理工具。

地理空间数据库引擎详细论述见7.2节。

3. 缓冲区管理

一个数据库被映射为多个不同的文件,这些文件由底层的操作系统维护。这些文件永久地存在于磁盘上。每个文件被分成定长的存储单元,称为块。块是存储分配和数据传输的基本单位。一个块可能包括几个数据项。一个块所包含的确切的数据项集合是由使用的物理数据组织形式决定的。

数据库系统的一个主要目标就是减少磁盘和存储器之间传输的块的数目。减少磁盘访问次数的一种方法是在主存中保留尽可能多的块。这样做的目的是增大访问的块已经在主存中的机会，这样就不再需要访问磁盘。

因为在主存中保留所有的块是不可能的，我们需要管理主存中用于存储块的可用空间的分配。缓冲区是用于存储磁盘块的副本的主存的一部分。每个块总有一个副本存放在磁盘上，但是在磁盘上的副本可能比在缓冲区中的副本旧。负责缓冲区空间分配的子系统称为缓冲区管理器。

当数据库系统中的程序需要磁盘上的块时，它向缓冲区管理器发出请求（即调用）。如果这个块已经在缓冲区中，缓冲区管理器将这个块在主存中的地址传给请求者。如果这个块不在缓冲区中，缓冲区管理器首先在缓冲区为这个块分配空间，如果需要的话，会把其他块移出主存，为这个新块腾出空间。被溢出的块仅当它在最近一次写回磁盘后被修改过才被写回磁盘。然后缓冲区管理器把这个块从磁盘读入缓冲区，并将这个块在主存中的地址传给请求者。缓冲区管理器的内部动作对发出磁盘块请求的程序是透明的。

6.3.2 基于文件系统与数据库的混合体系结构

基于文件系统的空间数据库系统存在主要问题是数据的独立性。空间数据库系统为多个用户提供的地理数据服务，常常需要改变数据的整体逻辑结构，必然导致用户逻辑结构的修改，进而导致用户应用程序的修改。一个用户的结构的改变往往影响到其他用户，用户之间的逻辑独立无法实现。基于文件系统的数据库的物理存储在多个文件或聚簇到一个大文件中，用户的逻辑结构的修改，导致数据库的整体逻辑结构变化，直接影响到数据库的物理存储结构或数据组织。在数据文件的基础上实现物理存储结构的独立，大大增加程序的复杂性。

关系数据库出现之后，利用关系数据库系统来存储地理空间对象的属性数据，不仅解决了空间数据独立问题，利用关系数据库系统的数据定义语言，很方便对空间数据的定义。由于空间对象的几何数据结构相对稳定，考虑到整个空间数据的运行效率，以文件方式来存储管理空间数据。这样空间数据库系统分成两个部分，如图 6.6 所示。

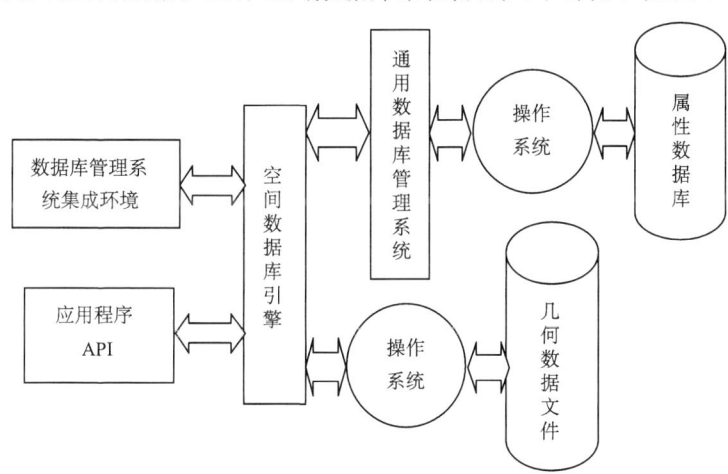

图 6.6 基于文件和 DBMS 空间数据库系统的体系结构

早期的大多数桌面 GIS 系统均采用此种方式，例如，Arc/Info，MapInfo 等。这种系统结构对空间数据的处理效率较高，但它在数据的一致性维护、并发控制以及海量空间数据的存储管理等方面能力较弱。

6.3.3 基于数据库管理系统的体系结构

随着数据库技术的发展，关系数据库管理系统有能力管理非结构化的空间几何数据，人们将空间几何数据和属性数据都存储于关系型数据库中，通过在关系型数据库之上建立一层空间数据库功能扩展模块（通常被称为空间数据引擎）来实现对空间数据的组织管理。这种体系结构不仅解决了空间数据的逻辑和物理独立问题，也解决了由于不同用户并发存取数据可能产生的数据不一致的问题，为空间数据库的网络化打下良好的技术基础。把数据独立和数据共享等技术难题交给关系数据库管理系统处理，大大减少了空间数据库开发者软件的复杂性。基于数据库管理系统的体系结构如图 6.7 所示。

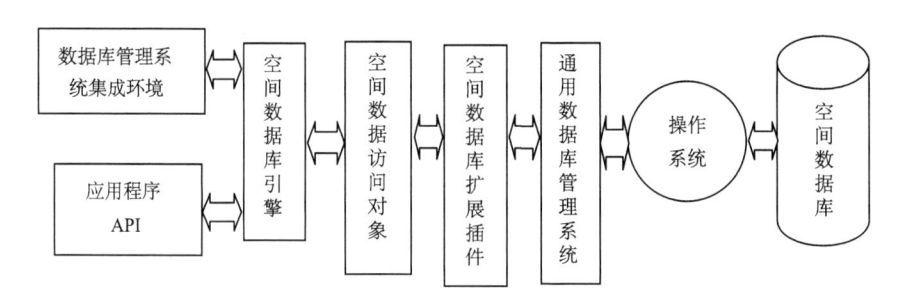

图 6.7 基于 DBMS 空间数据库系统的体系结构

目前主流的 GIS 软件都采用这种方式同时管理几何和属性数据。如 ARCGIS、GEOMEDIA，国内的 MAPGIS、GEOSTAR、SUPERMAP 等。这种方法可以利用成熟的关系型数据库技术来方便地实现 GIS 数据的一致性维护、并发控制、属性数据的索引等。当然，数据库本身并不直接支持对空间对象的操作和管理，而是通过空间数据引擎来实现。基于通用数据库管理系统之上，能够充分利用数据库系统的事物处理、并发机制、索引机制、并行处理、安全控制、容错与恢复等功能，同时针对空间数据的特点加以扩展，从而完成对空间数据的定义、操纵、查询和分析等功能。

空间数据库扩展插件（spatial database extension cartridge，SDEC）是在通用数据库管理系统之上，针对空间数据所做的一层扩展，使之能够存储和管理空间数据，并对空间数据的查询和分析提供支持。其中主要包括空间数据库定义、空间索引等部分。

空间数据库访问对象（geo-database access objects，GDAO）由一组能够完成数据库访问功能的 C++ 对象组成。它能够完全封装空间数据库的访问，将复杂、繁琐的数据库访问方法隐藏在部件内部，并向用户提供简单、明晰的访问接口，同时保证访问方式的灵活性。此外，通过该组对象提供的缓存机制，能够保证数据访问的高效性。

基于空间数据模型，直接构建用来存储和管理空间数据和属性数据的空间数据库系统来管理数据。它包含结合几何和属性信息的框架，提供并支持空间数据的类型、查询语言和接口、高效的空间索引以及空间联合等。空间数据库直接支持空间对象的存储和管理，为空间数据提供高效的查询和检索机制，是目前 GIS 数据管理技术研究的热点。目前空间数据库的实现主要有两种方式：面向对象数据库方式和对象关系型数据库方式。前者将对象的空间数据和非空间数据以及操作封装在一起，由对象数据库统一管理，并支持对象的嵌套、信息的继承和聚集，这是一种非常适合空间数据管理的方式。但目前该技术尚不成熟，特别是查询优化较为困难。对象关系型数据库是目前空间数据库的主要技术，它综合了关系数据库和面向对象数据库的优点，能够直接支持复杂对象的存储和管理。GIS 软件直接在对象关系数据库中定义空间数据类型、空间操作、空间索引等，可方便地完成空间数据管理的多用户并发、安全、一致性与完整性、事务管理、数据库恢复、空间数据无缝管理等操作。因此，采用对象关系型数据库实现对 GIS 数据的管理是实现空间数据库的一种较为理想的方式。当前，一些数据库厂商都推出了空间数据管理的专用模块，如 IBM Informix 的 Spatial DataBlade Module，IBM DB2 的 Spatial Extender 和 Oracle 的 Oracle Spatial 等，尽管其功能有待进一步完善，但已给 GIS 软件开发带来了极大的方便。

6.3.4 空间数据库系统的集中式体系结构

集中式数据库系统是运行在一台计算机上（图 6.8），不与其他计算机系统交互的数据库系统。这样的数据库系统范围很广，既包括运行在个人计算机上的单用户数据库系统，也包括运行在高端服务器系统上的高性能数据库系统。为单用户使用设计的数据库系统一般不提供多用户数据库系统所提供的许多特征。特别是，它们不支持并发控制，当仅有一个用户能进行更新时并发控制是不需要的。故障恢复支持在这种系统中不存在或者非常有限，可能只是在更新之前简单地做一个数据库备份。但这种数据库已经能够提供多任务的能力，允许多个进程以分时的方式在同一个处理器上运行，使用户感觉多个进程在并行地运行。系统提供单数据区管理，所有的管理和查询分析等应用都在此基础上进行。

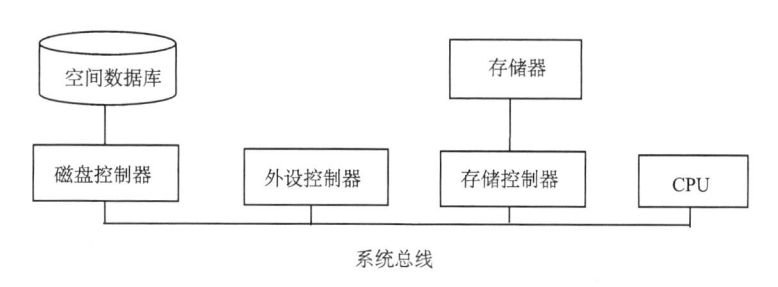

图 6.8 GDBMS 集中式体系结构

6.3.5 数据库系统的客户/服务器体系结构

随着网络技术的发展和广泛应用，计算机应用模式经历了主机模式、单机桌面应用模式和多层企业应用模式 3 个阶段。网络应用的规模有 3 个不同的层次，即局域网、广

域网、万维网,从应用模式来看,主要存在这样几种类型:

1. 主机-终端式网络

使用大型主机作为服务器,通过终端来访问数据。网络传输介质使用电话线、局域网络或者专用线路(图6.9)。因为终端需要时刻与服务器保持连接,因而对线路的要求高。同时,由于需要维持多个同时连接,加重了服务器的负担,从而对服务器的要求较高。目前这种网络存在的主要问题是速度较慢、成本高,而且一般使用字符终端,无法调用图形。在这种网络上使用的软件一般专业性较强,开发难度大,一旦完成以后很难扩展。

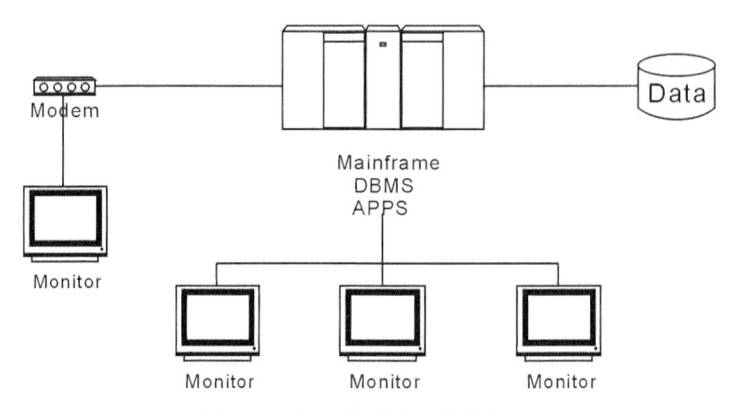

图 6.9 主机-终端式网络结构图

2. 工作组网络

基于工作组的对等网络,如 Windows for workgroup、Windows95 等。加入网络的每台计算机都既是客户机,也可以作为服务器。每台计算机用户自行管理各自的资源(图6.10)。这种网络的特点是组网容易,维护简单,使用方便。但由于缺少集中控制,安全性和易用性不够,很难实现广域网扩展。

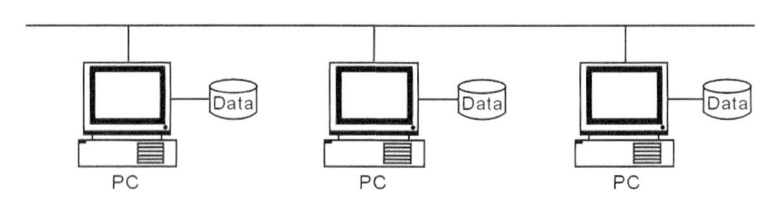

图 6.10 工作组方式网络结构图

3. 客户/服务器网络

客户/服务器网络是结合以上两种模式优点的一种网络结构模型(图6.11)。服务器可以集中管理核心资源,同时客户机也具有充分的自主控制的能力。由于客户机也具有足够的计算能力,因而可以灵活地配置软件部件,充分发挥客户机和服务器的计算能力。这种模式的计算可以大大减轻服务器的负担，降低对网络传输能力的要求，从而可以减少网络建设和使用的成本。事实上，这是当前最为流行、最为有效，也是目前增长最快的一种网络。很多部门和公司团体都认识到了这种网络的优越性，正逐步从以前的大型主机网络或小型工作组网络转移到客户/服务器模式上来。也正因为如此，在这种网络模式下运行的软件是最多的，而且正在迅速发展。由于提供了较大的灵活性和极大的伸缩性，因而是易于掌握、应用和开发的网络环境。

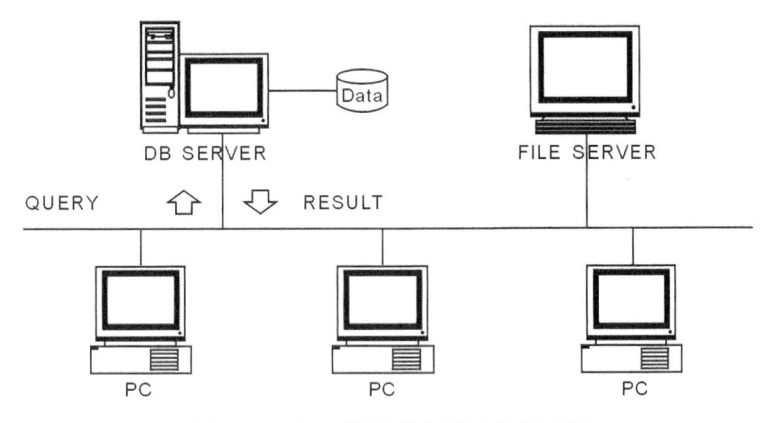

图 6.11　客户/服务器模式网络结构图

　　相应地，应用系统的开发也经历了从主机体系结构、两层 Client/Server 体系结构到三层（多层）Client/Server 体系结构的演变。

　　传统的 GIS 应用一般都采用两层 Client/Server 体系结构。这种体系结构用户界面层和业务逻辑层没有分开，都位于客户端，而数据服务层位于服务器端，由于应用主要都集中在客户端，每个客户端都要进行安装配置，当用户数量多、分布广时就会给安装、维护带来相当大的困难，扩展性不好。此外每个用户与中央数据库服务器相连时都要保留一个对话，当很多客户同时使用相同资源时，容易产生网络堵塞。为了克服两层 Client/Server 结构的不足，提出了三层 Client/Server 模型（图 6.12）。三层客户/服务器结构构建了一种分割式的应用程序，系统对应用程序进行分割后，划分成不同的逻辑组件，即用户服务层、业务处理层、数据服务层。与两层 Client/Server 结构相比，三层 Client/Server 结构有很多优越性，如减轻了客户机的负担，如果要增加服务则只需在中间层添加代码，这使得维护升级变得更加方便，系统扩展性也更好。因此采用三层 Client/Server 机构是当前 GIS 应用开发的主流模式。空间数据库系统体系结构由两部分组成，一部分是一个基于客户机（client）的平台，或者说是一个单机台面系统，提供单数据区管理，所有的管理和查询分析等应用都在此基础上进行。另一部分作为地理数据库服务器（server）提供对多数据区管理，并作为客户机平台的数据源。

　　客户机平台利用 GDAO（地理数据库存储对象）与地理数据库服务器连接，查询获得的地理数据可以作为客户机平台当前数据区中一个或若干要素层直接进行空间分析。另外客户机平台也可以利用 ODBC（开放数据库互联）与大型商业数据库服务器进行数据连接（如 Oracle、SQL Server 等）。地理数据库服务器的地理数据模型与客户机平台基本相同，所不同之处是客户机平台是单数据区管理，而地理数据库服务器对多数

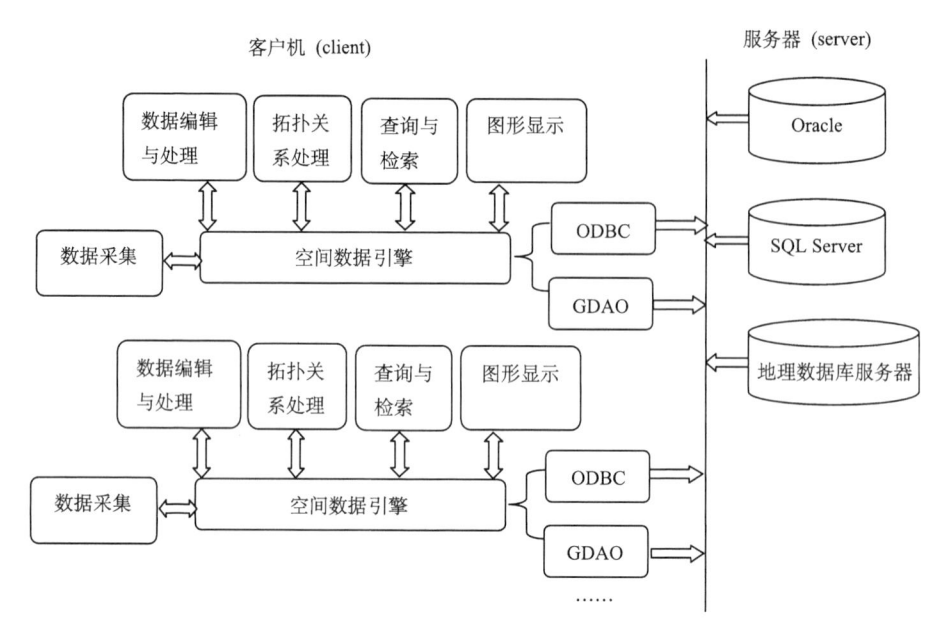

图 6.12 GDBMS 软件体系结构

据区地理数据进行管理。

一个完整的客户机/服务器的空间数据库运行环境通常应该包括空间数据库服务器、客户机和网络 3 个部分：

（1）空间数据库服务器专门用来处理来自客户机的 SQL 请求，并将处理结果返回给客户机。实际上，客户机/服务器数据库中所有数据的操纵、空间的组织、并发控制、安全审计及系统管理等都是由数据库服务器来完成的。空间数据库服务器主要由数字空间生产部门进行维护和管理。

（2）客户机主要负责发送用户的 SQL 请求至服务器，并对 SQL 请求处理结果进行加工和表示。

（3）网络是在服务器和服务器之间以及服务器和客户机之间的连接。一般的服务器和连接产品对用户开发人员来说是透明的。而客户机则和开发人员息息相关，并直接影响应用系统的界面和效果。

一个分布空间数据库是由分布于计算机网络上的多个逻辑相关的空间数据库组成的集合，网络中的每个结点具有独立处理的能力，可执行局部应用，同时每个结点通过网络通信系统也能执行全局应用。所谓局部应用即仅对本结点的空间数据库执行某些操作。所谓全局应用（或分布应用）是指对两个以上结点的空间数据库执行某些操作。支持全局应用的系统才能称为客户机/服务器的空间数据库系统。对用户来说，一个客户机/服务器的空间数据库系统逻辑上看如同集中式空间数据库系统一样，用户可在任何一个场地执行全局应用。

客户机/服务器分布式空间数据库是建立在计算机网络上的各个结点成员空间数据库的有机联合体，实施对该联合体的管理就是客户机/服务器空间数据库系统。

客户机/服务器分布式空间数据库系统要支持场地自治和全局应用，它由四部分组成：空间数据库管理系统、通信管理、局部空间数据库和全局空间数据库。

（1）空间数据库管理系统：它是客户机/服务器空间数据库系统的用户界面，提供场地自治和全局应用，提供数据分布透明性，协调全局任务的执行，保证全局空间数据库数据的一致性。

（2）通信管理：它是一个通信软件，执行结点间的基本通信功能。

（3）局部空间数据库：它是能由本地结点访问的空间数据库。

（4）全局空间数据库：它是能由各结点访问的空间数据库。

6.4 分布式空间数据库系统

随着计算机网络通信技术的飞速发展和应用范围的扩大，以及地理上分散的用户对空间数据操作的需求，在集中式空间数据库系统和分布式数据库系统技术的基础上发展的分布式数据库系统，实现对分布的、异构的空间数据的共享。

近年来，各种软件的网络化得到了很大的发展，用户对于网络化应用的需求也越来越大。空间数据一个主要的特征是分布而不是集中，因此分布式的计算机网络系统最适合于处理空间数据。空间数据库的网络化有利于充分利用计算机资源，增强协同处理业务的能力。在网络化的空间数据库系统中，如何把用户提交的有关地理空间信息的请求和返回结果通过网络有效地进行传输，是影响系统性能的重要因素。

在分布式系统中，被计算机网络连接的每个逻辑单位，称为场地。一个用户如果只访问它注册的那个场地上的数据称为本地（或局部）用户或本地应用；如果访问涉及两个或两个以上的场地中的数据，称为全局用户或全局应用。分布式数据库的数据分布存储于若干个场地上，每个场地由独立运行的数据库管理系统进行数据管理。分布式数据库系统的一个典型特点是数据的分布对用户透明。此外，系统还有下面的一些特点：

分布数据的独立性：用户无需提供存储地点，就可以对数据进行查询。这可以看成物理和逻辑数据独立性概念的扩展。更进一步，涉及多个场地的查询，应该由系统基于查询代价、通信代价以及查询本地执行代价进行优化。

分布式事务的原子性：与通过提交事务管理本地数据一样，用户可以提交事务访问或者修改若干个场地上的数据。涉及多个场地的事物同样具有原子性，也就是说，如果事务提交则所有数据修改必须持久化，若取消事务，则任何一个修改都不允许进行。

一个分布式多空间数据库（或称为全局空间数据库）是由若干个已经存在的相关空间数据库集成的。这些相关数据库（称为本地、参与或局部空间数据库）分布在由计算机网络连接起来的多个场地上，并且在加入到多空间数据库系统之后仍具有自治性。如果参与空间数据库之间存在异构性，则称之为异构型分布式多空间数据库系统（一般简称多空间数据库系统）。多空间数据库系统在参与空间数据库之上为全局用户提供了一个统一存取空间数据的环境，使得全局用户像使用一个空间数据库系统一样使用多空间数据库系统。对多空间数据库系统进行管理，并提供透明访问的软件叫做分布式多空间数据库管理系统。

6.4.1 空间数据的分布

所谓空间数据的分布是指分布式空间数据库中的数据并不是存储在一个场地的计算机存储设备上,而是按照某种逻辑划分分散地存储在各个相关的场地上。这是由地理信息本身的特征决定的。首先,地理信息的本质特征就是区域性,具有明显的地理参考;其次,地理信息又具有专题性,通常不同的部门收集和维护自己领域的数据。因此对空间数据的组织和处理也是分布的。多空间数据库系统是在已经存在的若干个空间数据库之上,为全局用户提供一个统一存取空间数据的环境,并且又规定了本地数据由本地拥有和管理,所以采用分割式的组织方式——所有的空间数据只有一份,按照某种逻辑划分分布在各个相关的场地上。这种逻辑划分在分布式数据库中叫做数据分片。实际上,分布式多空间数据库系统的集成所遇到的大部分问题都是由于空间数据的分片引起的。

1. 空间数据的分片

根据地理信息的区域性和专题性的特征,笔者将空间数据分片分为区域分片(也称地理分片、空间分片)和专题分片(也称图层分片),同时根据 GIS 系统的异构性,也可以将空间数据分片分为异构分片和同构分片。

区域分片是空间数据水平方向的分布,这是由地理信息的区域性所决定的。在区域分片中,全局图层按照地理范围对空间数据进行分割(图 6.13)。专题分片是空间数据垂直方向的分布,这是由地理信息的专题性所决定的(图 6.14)。专题分片,通常是各不同部门所拥有的同一地理范围内的专业数据。例如城市地理信息,它包括行政区划、交通、建筑物、地下水管、电网等。它们都可能分布在不同的场地上,并为相关的部门所拥有和管理。

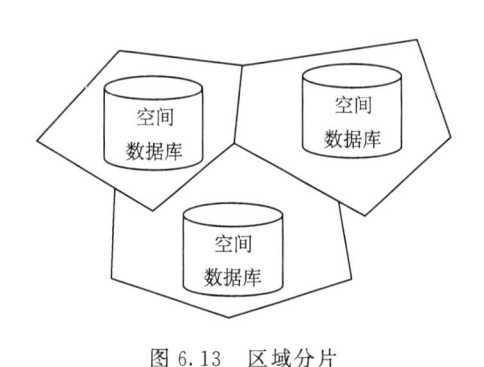

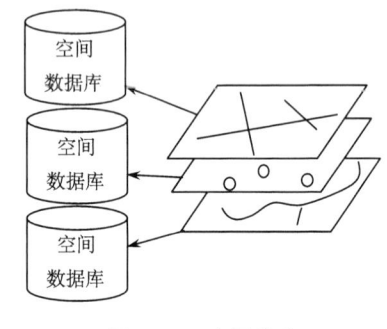

图 6.13 区域分片

图 6.14 专题分片

异构分片是指分片的异构性,这是由于不同的是集成已经存在的、异构的、自治的多个空间数据部门采用了不同的 GIS 系统所导致的。同构分片是指分片的同构性,同一种 GIS 系统产生的数据分片就是同构分片。

2. 空间数据的分片冲突

空间数据的分布是通过数据分片的分布体现的。由于空间数据是按分片存储在各自场地上，而各场地又根据不同的应用需求可能选取不同的 GIS 平台，采用不同的数据模型、地理表达方式、投影方式，以及又可能存在着不同的数据质量，这些都导致了数据分片存在着各种差异和冲突的现象。首先分析在同构的条件下，出现的水平分片和垂直分片的冲突问题。它表现在空间数据的不一致上，称之为分片冲突。笔者给出了一个冲突的分类框架（表 6.3），大致可以划分为两种层次（模式层和实例层）和两种分片形式（水平分片和垂直分片）的冲突。

表 6.3 空间数据分片冲突的分类框架

冲突类型	水平分片	垂直分片	层次
几何不一致		√	1
边界不一致	√		1
语义不一致	√		2
数据表达不一致	√		2
投影不一致	√	√	2
比例尺不一致	√	√	2

注：1 实例层；2 模式层。

几何不一致的现象出现在垂直方向上的专题分片中，由于测量或数字化误差，使得垂直分片间发生几何位置上的偏差。

边界不一致的现象出现在水平方向上的区域分片中，若干个区域分片重构生成一个全局图层，在相邻分片的边界部分，由于数字化误差等原因，同一地理要素的线段或弧段的几何数据不能够相互衔接。

地理数据可以有不同的表达方式，如矢量、栅格、不规则三角网、格网、等值线等。根据应用的需求，对于同一种地理现象，不同部门采用了不同的表达方式。在全局应用时，就会出现水平分片的表达不一致现象。

不同的研究领域，人们研究的角度不同，解决问题的侧重点不同，这就导致了语义的不同。如同一片森林地区，地理学家关心的是土壤、水文状况，植物学家关心植被生长的情况。因此，对于同一个地理要素，在现实世界中其几何特征是一致的，即使是解决相同的问题，由于分布的数据缺乏规范和标准，也会存在语义上的差别。这些都会导致在全局应用中水平分片出现语义不一致现象。

如果全局图层是由不止一个水平分片重构而生成的，那么就要求所有的水平分片具有相同的投影方式和比例尺；同样，地图是图层的集合，也要求所有相关垂直分片具有相同的投影方式和比例尺。但是，往往不同来源的数据分片存在着投影和比例尺的不一致。

3. 空间数据的分片异构性

前面所讨论的数据分片的冲突问题，是建立在同构这个前提上的。然而在现实中，大量存在的是异构的数据，主要表现在：①数据模型和数据结构。不同的 GIS 系统采用了不同的数据模型和数据结构，多空间数据库系统必须能够屏蔽掉这种异构性，采取的方法是将所有参与空间数据库的数据模型映射到一个全局统一的空间数据模型上。②访问方式。空间查询语言是用户获取空间数据的方式，但是在 GIS 领域中由于缺乏一个标准的空间查询语言，不同的空间数据库采用了不同的数据库语言。③数据格式。严格地说，数据格式是 GIS 数据的物理存储方式，分布式系统不应该直接作用于物理文件，而是采用互操作的方式。但是在实际中，很多的 GIS 系统采用的还是文件存储方式，多空间数据库系统也必须能够集成这样的数据源。

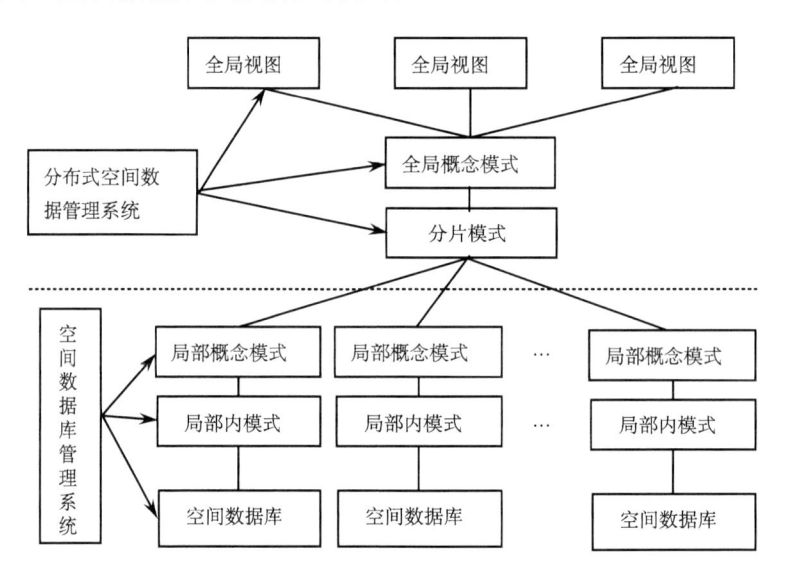

6.4.2 分布式空间数据库系统的模式结构

一个分布式空间数据库是由若干个已经存在的相关空间数据库集成的。这些相关数据库分布在由计算机网络连接起来的多个场地上，并且在加入到多空间数据库系统之后仍具有自治性。多空间数据库系统在参与空间数据库之上为全局用户提供一个统一存取空间数据的环境，使得全局用户像使用一个空间数据库系统一样使用多个空间数据库系统。对多个空间数据库系统进行管理，并提供透明访问。

分布式空间数据库系统的模式结构总体上可以分为两部分，如图 6.15 所示，下面部分是集中式空间数据库的模式，代表了各场地上参与空间数据库系统的基本结构；上面部分是分布式空间数据库系统增加的模式。

图 6.15 分布式空间数据库系统的模式结构

全局用户视图：与集中式的局部用户视图的概念一样，全局用户由于专业、研究领域和角度的不同，所关心的问题、研究的对象、期望的结果等方面都存在着差异，因而对空间地理对象的描述也不同，形成了不同的全局用户视图。有一点和局部用户视图不同，那就是全局用户视图的数据不是从某一场地的参与空间数据库中抽取，而是从一个虚拟的各参与空间数据库集成的逻辑集合中抽取的。

全局概念模式：它定义了分布式空间数据库提供给全局用户共享的全部数据的逻辑结构，即全局图层的定义，使得全局图层如同没有分布一样。全局概念模式是使用全局统一的空间数据模型定义的。

分片模式：每一个全局图层可以分为若干个不相交的分片，分片模式就是所有分片定义的集合。由于分片在物理上是分布的，因此，分片模式必须详细描述分片的物理分布信息；由于空间数据分片存在着各种分片冲突，因此，从分片模式映射到全局概念模式。

局部概念模式：它定义了参与空间数据库全体数据的逻辑结构，是全局概念模式的子集。局部概念模式是由局部空间数据模型定义的，如果局部空间数据模型和全局空间数据模型异构，那么全局系统的分片模式和局部概念模式之间必须有一个数据模型的转换过程，即异构同化的过程。通过从集中式系统的局部概念模式到分布式全局系统的分片模式、全局概念模式，最后到全局的用户视图，分布式空间数据库系统实现了分布透明性。因此，全局用户可以使用单一的空间数据模型和单一的空间查询语言操作逻辑上统一，物理上分布异构的空间数据。

全局概念模式的定义是通过对参与空间数据库的局部概念模式集成而产生的，并且局部用户仍然可以在本地空间数据库上定义自己的视图（局部外模式），而不受全局系统的影响。

一般把涉及同一类数据但在处理方法以及数据模型、数据格式上存在各种差异的数据源称为异构数据源。在 GIS 领域中，这种异构数据源随处可见。分布式多空间数据库的目标就是要将两个或多个已经存在的异构空间数据库以信息集成的方式联系起来，实现信息共享。也就是将两个或多个物理上分布异构的空间数据库，在逻辑上集成为一个虚拟的空间数据库。全局用户可以查询这个虚拟的数据库，就好像它已经被物化了。既然是虚拟数据库，分布式多空间数据库一般不存储数据，而是将全局用户的全局查询翻译成一个或多个对参与空间数据库的查询，然后将那些参与数据库对全局用户查询的回答进行综合处理，最后把结果返回给全局用户。

按"异构同化，同构整体化"的基本思路，把物理上分布异构的空间数据库集成为逻辑上统一的整体。

根据以上的分析和讨论，实现多空间数据库系统的集成需要解决的问题有：

（1）选择全局统一的空间数据库模型来描述全局概念模式和分片模式；
（2）选择全局统一的空间查询语言作为全局系统和用户的交互界面；
（3）解决分片的异构性，实现局部概念模式到全局分片模式的转换，即异构同化；
（4）解决分片冲突问题，构造全局的概念模式，即同构整体化。

6.4.3 分布式空间数据库系统的体系结构

分布式空间数据库的体系结构（图 6.16）采用了 Client/Server 结构。在图 6.15 的下方是完全独立的参与空间数据库管理系统，各自管理自己的数据库。分布式多空间数据库管理系统是在这些独立的空间数据库管理系统之上运行的一层软件，它负责管理全局的控制信息，包括全局模式、全局元数据，提交和控制涉及不止一个参与空间数据库的全局查询和全局事务。分布式空间数据库系统没有对参与空间数据库系统做出任何改动，全局用户可以透明地访问分布的异构的空间数据源。分布式空间数据库管理系统是一个完全独立的应用，它的作用就如同一个虚拟的数据库，向全局用户提供全局数据。

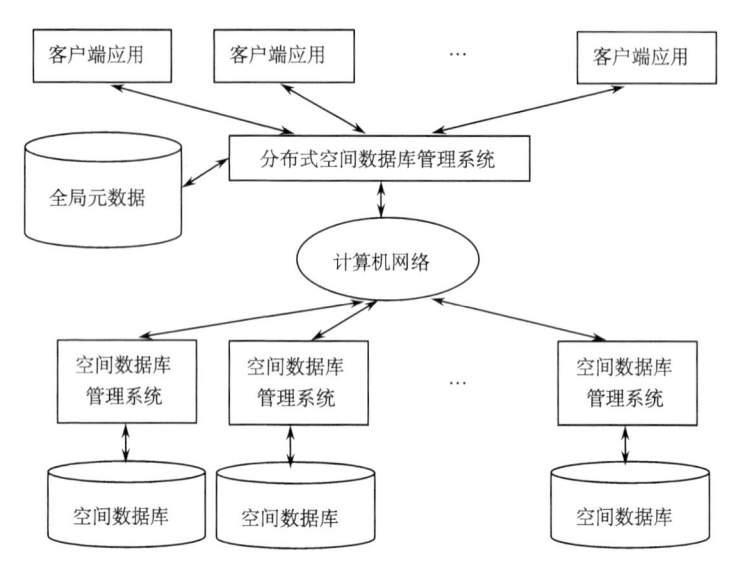

图 6.16 分布式空间数据库的体系结构

分布式多空间数据库的关键技术：

（1）分布式多空间数据库系统的集成技术，即将各个物理场地上的空间数据库，在逻辑上集成为一个整体。集成技术是多空间数据库系统的核心技术。

（2）分布式多空间数据库系统的全局空间索引，即能够对全局的空间数据建立全局的空间索引。

（3）空间查询的处理和优化，即能够自动地将全局空间查询语言转换为参与空间数据库对应的局部子查询，并生成最优的查询执行计划，交付给有关的场地执行，并将综合返回的结果再返回给全局用户。

（4）事务管理，在分布式多空间数据库系统中，对数据的操作也是由事务来完成的，称为多数据库事务或全局事务。

（5）并发控制，由于分布式多空间数据库系统是集成已经存在的、异构的、自治的多个空间数据库，多空间数据库系统中的并发控制必须能够同步全局事务和局部事务。

第7章 关系数据库接口技术与地理空间数据库引擎

一般来讲，实现地理空间数据管理有两种方法：一是以当前通用商用关系型数据库为基础，对其进行扩展使之可以处理复杂的空间数据；二是从底层开始开发新的数据库管理系统来实现空间数据的管理。目前推出的大多数地理空间数据管理软件都是利用前一种方法，如 Oracle Spatial、IBM Informix DataBlade、IBM DB2Spatial Extender 等。扩展商用关系型数据库管理复杂的地理空间数据必须掌握关系型数据库管理系统与高级语言接口技术，应用高级语言实现复杂的地理空间数据的操作。在面向对象思想影响下，人们要求将复杂的空间实体操作封装成类，简化一般人员对空间实体的操作难度，这就出现了一个新的概念——地理空间数据库引擎。本章首先介绍几个常用的关系数据库管理系统的接口方法，在 7.2 节论述了地理空间数据库引擎的概念、特点和研究内容，最后对国内外 GIS 软件地理空间数据库引擎技术进行比较分析。

7.1 关系数据库接口技术

基于关系型数据库管理系统（Oracle、SQL Server 等）管理空间数据大部分采用 Binary 二进制块的字段存储变长记录。目前大部分关系数据库管理系统都提供了 Binary 二进制块的字段域，以适应管理多媒体数据或可变长文本字符。RDBMS 接口技术主要解决数据库管理者或应用程序与数据库的数据交换问题。本节讨论几种基于 VC 开发 SDBMS 的方法。

7.1.1 开放数据库互连 ODBC

开放数据库互连（ODBC）是 Microsoft 引进的一种早期数据库接口技术。它实际上是我们要在后面加以讨论的 ADO 的前身。Microsoft 引进这种技术的一个主要原因是，以非语言专用的方式，提供给程序员一种访问数据库内容的简单方法。ODBC 是微软推出的一种工业标准，一种开放的独立于厂商的 API 应用程序接口，可以跨平台访问各种个人计算机、小型机以及主机系统。ODBC 作为一个工业标准，绝大多数数据库厂商、大多数应用软件和工具软件厂商都为自己的产品提供了 ODBC 接口或提供了 ODBC 支持，这其中就包括常用的 SQL Server、Oracal、Informix 等，当然也包括了 Access。换句话说，访问 DBF 文件或 Access Basic 以得到 MDB 文件中的数据时，无需懂得 Xbase 程序设计语言。事实上，Visual C++ 就是这样一个程序设计平台。ODBC 提供两个驱动程序：一个是数据库管理器的语言，另一个为程序设计语言提供公用接口。允许用标准的函数调用经公用接口访问数据库的内容，是这两个驱动程序的汇合点。

ODBC 是基于结构化查询语言的标准化版本而设计的,借助于 ODBC 和 SQL,我们就可以编写出独立于任何数据库的数据库访问代码。各个大型的数据库公司,如 Oracle、Informix、Ingress 等都提供各自 DBMS 的 ODBC 驱动程序。只要有了该驱动程序,就可以访问这种 DBMS 的数据库。ODBC 有一个非常独特的基于 DLL 的结构,它使得系统完全的模块化了。一个小的高层 DLL 定义了程序的接口,在程序执行过程中,它会调用特定数据库的 DLL,也就是常言的驱动程序。图 7.1 是一个典型的 ODBC 体系结构图。

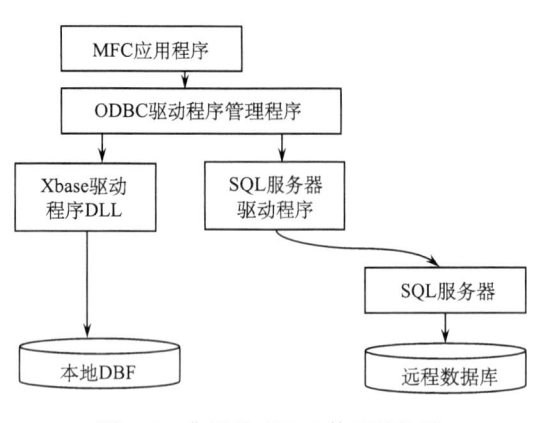

图 7.1 典型的 ODBC 体系结构图

一般对于 ODBC 有三种使用方法:直接对 ODBC API 编程,使用 MFC 数据库类,使用第三方 ODBC 类库。

7.1.2 数据访问对象 DAO

数据访问对象(Data Access Objects,DAO)是第一个面向对象的接口,它显露了 Microsoft Jet 数据库引擎(由 Microsoft Access 所使用),并允许 Visual Basic 开发者像通过 ODBC 对象直接连接到其他数据库一样,直接连接到 Access 表。DAO 最适用于单系统应用程序或小范围本地分布使用。

1. 数据访问对象 DAO 的功能

DAO 是集合、对象、方法和属性;它用对象集合来处理数据库、表、视图和索引等。使用 DAO 编程,可以访问并操作数据库,管理数据库的对象和定义数据库的结构等。DAO 模型是设计关系数据库系统结构的对象类的集合。它们提供了完成管理一个关系型数据库系统所需的全部操作的属性和方法,这其中包括创建数据库,定义表、字段和索引,建立表间的关系,定位和查询数据库等。

Visual C++提供了对 DAO 的封装,MFC DAO 类封装了 DAO 的大部分功能,从而 Visual C++程序就可以使用 Visual C++提供的 MFC DAO 类方便的访问 Microsoft Jet 数据库,编制简洁、有 Visaul C++特色的数据库应用程序。

DAO 提供了一种通过程序代码创建和操纵数据库的机制。多个 DAO 对象构成一个体系结构,在这个结构里,各个 DAO 对象协同工作。DAO 支持以下 4 个数据库选项:

1)打开访问数据库(MDB 文件)

MDB 文件是一个自包含的数据库,它包括查询定义、安全信息、索引、关系,当然还有实际的数据表。用户只须指定 MDB 文件的路径名。

2）直接打开 ODBC 数据源

这里有一个很重要的限制。不能打开以 Jet 引擎作为驱动程序的 ODBC 数据源，只可以使用具有自己的 ODBC 驱动程序 DLL 的数据源。

3）用 Jet 引擎打开 ISAM 型数据源

即使已经设置了 ODBC 数据源，要用 Jet 引擎来访问这些文件类型中的一种，也必须以 ISAM（索引顺序访问方法）型数据源（包括 dBase、FoxPro、Paradox、Btrieve、Excel 或文本文件）的方式来打开文件，而不是以 ODBC 数据源的方式。

4）给 Access 数据库附加外部表

这实际上是用 DAO 访问 ODBC 数据源的首选方法。首先使用 Access 把 ODBC 表添加到一个 MDB 文件上，然后依照第一选项中介绍的方法用 DAO 打开这个 MDB 文件就可以了。用户也可以用 Access 把 IASM 文件附加到一个 MDB 文件上。

2. 应用 DAO 编程

1）打开数据库

CDaoWorkspace 对象代表一个 DAO Workspace 对象，在 MFC DAO 体系结构中处于最高处，定义一个用户同数据库的会话，并包含打开的数据库，负责完成数据库的事务处理。我们可以使用隐含的 Workspace 对象。

CDaoDatabase 对象代表了一个到数据库的连接，在 MFC 中，是通过 CDaoDatabase 封装的。在构造 CDaoDatabase 对象时，有如下两种方法：

（1）创建一个 CDaoDatabase 对象，并向其传递一个指向一个已经打开的 CdaoWorkspace 对象的指针。

（2）创建一个 CDaoDatabase 对象，而不明确地指定使用的 Workspace，此时，MFC 将创建一个新的临时的 CDaoWorkspace 对象。

如下代码所示：
CDaoDatabase db；
db. Open（"test. mdb"，FALSE，FALSE，_T（""））；
其中参数包括要打开的文件的全路径名。

2）查询记录

一个 DAO Recordset 对象，代表一个数据记录的集合，该集合是一个库表或者是一个查询的运行结果中的全部记录。CDaoRecordset 对象有三种类型：表、动态集、快照。

通常情况下，我们在应用程序中可以使用 CDaoRecordset 的导出类，这一般是通过 ClassWizard 或 AppWizard 来生成的。但我们也可以直接使用 CDaoRecordset 类生成的对象。此时，我们可以动态地绑定 Recordset 对象的数据成员。如下代码所示：

```
COleVariant var;
long id;
CString str;
CDaoRecordset m_Set（&db）;
m_Set.Open（"查询的SQL语句"）;
while（! m_Set.IsEOF（））
{
/*处理
m_Set.GetFieldValue（"ID"，var）;
id=V_I4（var）;
m_Set.GetFieldValue（"Name"，var）;
str=var.pbVal;
*/
m_Set.MoveNext（）;
}
m_Set.Close（）;
```

3）添加记录

添加记录用AddNew函数，此时用SetFieldValue来进行赋值。如下代码所示：

```
m_pDaoRecordset->AddNew（）;
sprintf（strValue，"%s"，m_UserName）;
m_pDaoRecordset->SetFieldValue（"UserName"，strValue）;
sprintf（strValue，"%d"，m_PointId）;
m_pDaoRecordset->SetFieldValue（"PointId"，strValue）;
dataSrc.SetDateTime（m_UpdateTime.GetYear（），m_UpdateTime.GetMonth（），m_UpdateTime.GetDay（），m_UpdateTime.GetHour（），m_UpdateTime.GetMinute（），m_UpdateTime.GetSecond（））;
valValue=dataSrc;
m_pDaoRecordset->SetFieldValue（"UpdateTime"，valValue）;
sprintf（strValue，"%f"，m_pRecordset->m_OldValue）;
m_pDaoRecordset->SetFieldValue（"OldValue"，strValue）;
sprintf（strValue，"%f"，m_pRecordset->m_NewValue）;
m_pDaoRecordset->SetFieldValue（"NewValue"，strValue）;
m_pDaoRecordset->Update（）;
```

此时，要注意，日期时间型数据要用SetDataTime函数来赋值，这里面要用到COleVariant类型数据，具体用法可以参考有关帮助。

4）修改记录

修改记录用Edit（）函数，把记录定位到要修改的位置，调用Edit函数，修改完成后，调用 Update 函数。如下代码所示：
　　m_Set.Edit();
　　m_Set.SetFieldValue("列名","字符串");
　　m_Set.Update();

5）删除记录

删除记录用 Delete() 函数，使用后不需调用 Update() 函数。

6）统计记录

可以使用如下代码来统计记录数：
COleVariant varValue;
CDaoRecordset m_Set(&db);
m_Set.Open(dBOpenDynaset,"SQL 语句");
varValue=m_Set.GetFieldValue(0);
m_lMaxCount=V_I4(&varValue);
m_Set.Close();
如果是统计一张表中总记录，可以使用 CDaoTableDef 对象，如下代码所示：
CDaoTableDef m_Set(&gUseDB);
Count=m_Set.GetRecordCount();
m_Set.Close();
不能用 CDaoRecordset 对象的 GetRecordCount() 来取得记录数。

使用 DAO 技术可以访问 Microsoft Jet 引擎数据库，由于 Microsoft Jet 不支持多线程，因此，必须限制调用到应用程序主线程的所有 DAO。

7.1.3　OLE DB

OLE DB 是 Microsoft 的数据访问模型。它使用组件对象模型（COM）接口，与 ODBC 不同的是，OLE DB 假定数据源使用的不是 SQL 查询处理器。

OLE DB 是 Microsoft 通向不同的数据源的低级应用程序接口。OLE DB 不仅具有微软资助的标准数据接口开放数据库连通性（ODBC）的结构化问题语言（SQL）能力，还具有面向其他非 SQL 数据类型的通路。作为微软的组件对象模型（COM）的一种设计，OLE DB 是一组读写数据的方法。OLE DB 中的对象主要包括数据源对象、阶段对象、命令对象和行组对象。OLE DB 将传统的数据库系统划分为多个逻辑组件，这些组件之间相对独立又相互通信。这种组件模型中的各个部分被冠以不同的名称：数据提供者（Data Provider）。提供数据存储的软件组件，小到普通的文本文件、大到主机上的复杂数据库，或者电子邮件存储，都是数据提供者的例子。有的文档把这些软件组件的开发商也称为数据提供者。

我们要开启如 Access 数据库中的数据，必须用 ADO.NET 通过 OLE DB 来开启。ADO.NET 利用 OLE DB 来取得数据，这是因为 OLE DB 了解如何和许多种数据源作沟通，所以对 OLE DB 有相当程度的了解是很重要的。OLE DB 为一种开放式的标准，并且设计成 COM（Component Object Model，一种对象的格式）组件，凡是依照 COM 的规范所制作出来的组件，皆可以提供功能让其他程序或组件所使用。OLE DB 最主要是由 3 个部分组合而成：

（1）Data Providers 数据提供者。凡是通过 OLE DB 将数据提供出来的，就是数据提供者。例如，SQL Server 数据库中的数据表，或是附文件名为 mdb 的 Access 数据库档案等，都是 Data Provider。

（2）Data Consumers 数据使用者。凡是使用 OLE DB 提供数据的程序或组件，都是 OLE DB 的数据使用者。换句话说，凡是使用 ADO 的应用程序或网页都是 OLE DB 的数据使用者。

（3）Service Components 服务组件。数据服务组件可以执行数据提供者以及数据使用者之间数据传递的工作，数据使用者要向数据提供者要求数据时，是通过 OLE DB 服务组件的查询处理器执行查询的工作，而查询到的结果则由指针引擎来管理。

开始编写 OLE DB 应用程序之前应考虑以下问题：

（1）使用何种程序实现 OLE DB 应用程序？Microsoft 提供多种库来解决该问题：OLE DB 模板库、OLE DB 属性以及 OLE DB SDK 中的原始 OLE DB 接口。另外，Microsoft 还提供帮助您编写程序的向导。有关这些实现的更详细的信息，请参见 OLE DB 模板、属性和其他实现。

（2）是否需要编写自己的提供程序？大多数开发人员无需这样。Microsoft 提供多种程序。无论用户何时创建一个数据连接，例如，当使用 ATL OLE DB 使用者向导向项目中添加使用者时，"数据链接属性"对话框都将列出系统中所有被注册的可用提供程序。如果其中一个提供程序适合于用户自己的数据存储和数据访问应用程序，最简单的办法就是使用该提供程序。但是，如果用户的数据存储不适合所提供的类别，则必须创建自己的提供程序。

（3）需要为自己的使用者提供何种级别的支持？一些使用者可能非常简单，另一些可能非常复杂。OLE DB 对象的功能由属性指定。使用 ATL OLE DB 使用者向导创建使用者或者使用数据库提供程序向导创建提供程序时，向导将为用户设置合适的对象属性来提供一组标准功能。但是，如果向导生成的使用者类或提供程序类并不具有您需要的所有支持功能，那么您需要查阅这些类在 OLE DB 模板库中的接口。这些接口包装原始 OLE DB 接口，提供附加实现以使其使用起来更加简单。

（4）您是否有使用其他数据访问技术（ADO、ODBC 或 DAO）的旧版代码？由于可能有各种各样的技术组合（例如，ADO 组件和 OLE DB 组件一起使用、将 ODBC 代码迁移至 OLE DB 等），所以 Visual C++ 文档不能涵盖所有的情形。

OLE DB 的存在为用户提供了一种统一的方法来访问所有不同种类的数据源。OLE DB 可以在不同的数据源中进行转换。利用 OLE DB，客户端的开发人员在进行数据访问时只需把精力集中在很少的一些细节上，而不必弄懂大量不同数据库的访问协议。

OLE DB 是一套通过 COM 接口访问数据的 ActiveX 接口。这个 OLE DB 接口相当通用，足以提供一种访问数据的统一手段，而不管存储数据所使用的方法如何。同时，OLE DB 还允许开发人员继续利用基础数据库技术的优点，而不必为了利用这些优点而把数据移出来。

由于现在有多种数据源，想要对这些数据进行访问管理的唯一途径就是通过一些同类机制来实现，如 OLE DB。高级 OLE DB 结构分成两部分：客户和提供者。客户使用由提供者生成的数据。

就像其他基于 COM 的多数结构一样，OLE DB 的开发人员需要实现很多的接口，其中大部分是模板文件。

当生成一个客户对象时，可以通过 ATL 对象向导指向一个数据源而创建一个简单的客户。ATL 对象向导将会检查数据源并创建数据库的客户端代理。从那里，可以通过 OLE DB 客户模板使用标准的浏览函数。

当生成一个提供者时，向导提供了一个很好的开端，它们仅仅是生成了一个简单的提供者来列举某一目录下的文件。然后，提供者模板包含了 OLE DB 支持的完全补充内容。在这种支持下，用户可以创建 OLE DB 提供者，来实现行集定位策略、数据的读写以及建立书签。

7.1.4 ActiveX 数据对象（ADO）

ADO 是 ActiveX 数据对象（ActiveX Data Object），这是 Microsoft 开发数据库应用程序的面向对象的新接口。ADO 访问数据库是通过访问 OLE DB 数据提供程序来进行的，提供了一种对 OLE DB 数据提供程序的简单高层访问接口。ADO 技术简化了 OLE DB 的操作，OLE DB 的程序中使用了大量的 COM 接口，而 ADO 封装了这些接口。所以，ADO 是一种高层的访问技术。ADO 技术基于通用对象模型（COM），它提供了多种语言的访问技术，同时，由于 ADO 提供了访问自动化接口，所以，ADO 可以用描述的脚本语言来访问 VBScript、VCScript 等。

可以使用 VC 提供的 ActiveX 控件开发应用程序，还可以用 ADO 对象开发应用程序。使用 ADO 对象开发应用程序可以使程序开发者更容易地控制对数据库的访问，从而产生符合用户需求的数据库访问程序。使用 ADO 对象开发应用程序也类似其他技术，需产生与数据源的连接，创建记录等步骤，但与其他访问技术不同的是，ADO 技术对对象之间的层次和顺序关系要求不是太严格。在程序开发过程中，不必选建立连接，然后才能产生记录对象等。可以在使用记录的地方直接使用记录对象，在创建记录对象的同时，程序自动建立了与数据源的连接。这种模型有力的简化了程序设计，增强了程序的灵活性。下面讲述使用 ADO 对象进行程序设计的方法。

（1）引入 ADO 库文件。使用 ADO 前必须在工程的 stdafx.h 文件里用直接引入符号♯import 引入 ADO 库文件，以使编译器能正确编译。代码如下所示：

♯define INITGUID

♯import "c：program filescommon filessystemadomsado15.dll" no_namespace rename（"EOF"，"EndOfFile"）

♯include "icrsint.h"

这行语句声明在工程中使用 ADO，但不使用 ADO 的名字空间，并且为了避免冲突，将 EOF 改名为 EndOfFile。

（2）初始化 ADO 环境。在使用 ADO 对象之前必须先初始化 COM 环境。初始化 COM 环境可以用以下代码完成：∷CoInitialize（NULL）；

在初始化 COM 环境后，就可以使用 ADO 对象了，如果在程序前面没有添加此代码，将会产生 COM 错误。

在使用完 ADO 对象后，需要用以下的代码将初始化的对象释放：∷CoUninitialize（）；

此函数清除了为 ADO 对象准备的 COM 环境。

（3）接口。ADO 库包含三个基本接口：_ConnectionPtr 接口、_CommandPtr 接口和_RecordsetPtr 接口。_ConnectionPtr 接口返回一个记录集或一个空指针。通常使用它来创建一个数据连接或执行一条不返回任何结果的 SQL 语句，如一个存储过程。用_ConnectionPtr 接口返回一个记录集不是一个好的使用方法。通常同 CDatabase 一样，使用它创建一个数据连接，然后使用其他对象执行数据输入输出操作。_CommandPtr 接口返回一个记录集。它提供了一种简单的方法来执行返回记录集的存储过程和 SQL 语句。在使用_CommandPtr 接口时，可以利用全局_ConnectionPtr 接口，也可以在_CommandPtr 接口里直接使用连接串。如果只执行一次或几次数据访问操作，后者是比较好的选择。但如果要频繁访问数据库，并要返回很多记录集，那么，应该使用全局_ConnectionPtr 接口创建一个数据连接，然后使用_CommandPtr 接口执行存储过程和 SQL 语句。_RecordsetPtr 是一个记录集对象。与以上两种对象相比，它对记录集提供了更多的控制功能，如记录锁定、游标控制等。同_CommandPtr 接口一样，它不一定要使用一个已经创建的数据连接，可以用一个连接串代替连接指针赋给_RecordsetPtr 的 connection 成员变量，让它自己创建数据连接。如果要使用多个记录集，最好的方法是同 Command 对象一样使用已经创建了数据连接的全局_ConnectionPtr 接口，然后使用_RecordsetPtr 执行存储过程和 SQL 语句。

（4）ADO 访问数据库。_ConnectionPtr 是一个连接接口，首先创建一个_ConnectionPtr 接口实例，接着指向并打开一个 ODBC 数据源或 OLE DB 数据提供者（Provider）。以下代码分别创建一个基于 DSN 和非 DSN 的数据连接。

//使用_ConnectionPtr（基于 DSN）

_ConnectionPtr MyDb;

MyDb.CreateInstance（_uuidof（Connection））;

MyDb->Open（"DSN=samp; UID=admin; PWD=admin", "", "", -1）;

//使用_ConnectionPtr（基于非 DSN）

_ConnectionPtr MyDb;

MyDb.CreateInstance（_uuidof（Connection））;

MyDb.Open（"Provider=SQLOLEDB; SERVER=server; DATABASE=samp; UID=admin; PWD=admin", "", "", -1）;

//使用_RecordsetPtr 执行 SQL 语句

_RecordsetPtr MySet;

MySet.CreateInstance（_uuidof（Recordset））;

MySet->Open（"SELECT * FROM some_table",

MyDb. GetInterfacePtr ()，adOpenDynamic，adLockOptimistic，adCmdText）；

现在我们已经有了一个数据连接和一个记录集，接下来就可以使用数据了。从以下代码可以看到，使用 ADO 的 _RecordsetPtr 接口，就不需要像 DAO 那样频繁地使用大而复杂的数据结构 VARIANT，并强制转换各种数据类型了，这也是 ADO 的优点之一。

（5）类型转换。由于 COM 对象是跨平台的，它使用了一种通用的方法来处理各种类型的数据，因此 CString 类和 COM 对象是不兼容的，我们需要一组 API 来转换 COM 对象和 C++类型的数据。_vatiant_t 和 _bstr_t 就是这样两种对象。它们提供了通用的方法转换 COM 对象和 C++类型的数据。

ADO 技术是访问数据库的新技术，具有易于使用、访问灵活、应用广泛的特点。用 ADO 访问数据源的特点可总结如下：

（1）易于使用。这是 ADO 技术的最重要的一个特征。由于 ADO 是高层应用，所以相对于 OLE DB 或者 ODBC 来说，它具有面向对象的特性。同时，在 ADO 的对象结构中，其对象之间的层次关系并不明显。相对于 DAO 等访问技术来讲，又不必关心对象的构造顺序和构造层次。对于要用的对象，不必选建立连接、会话等对象，只需直接构造即可，方便了应用程序的编制。

（2）高速访问数据源。由于 ADO 技术基于 OLE DB，所以，它也继承了 OLE DB 访问数据库的高速性。

（3）可以访问不同数据源。ADO 技术可以访问包括关系数据库和非关系数据库的所有文件系统。此特点使应用程序有很多的灵活性和通用性。

（4）可以用于 Microsoft ActiveX 页。ADO 技术可以以 ActiveX 控件的形式出现，所以，可以被用于 Microsoft ActiveX 页，此特征可简化 WEB 页的编程。

（5）程序占用内存少。由于 ADO 是基于组件对象模型（COM）的访问技术，所以，用 ADO 产生的应用程序占用内存少。

7.1.5　基于 PRO*C 的 Oracle 数据库访问

PRO 系列是 ORACLE 公司提供的在第三代高级程序设计语言中嵌入 SQL 语句来访问数据库的一套预编译程序，包括 PRO*Ada、PRO*C、PRO*COBOL、PRO*Fortran、PRO*Pascal 和 PRO*PL/I 六种。程序员用相应的高级语言编写嵌入 SQL 语句的 PRO 源程序（若用 C 语言则称为 PRO*C 源程序）后运行相应的预编译程序，把嵌入的 SQL 语句转换为标准的 ORACLE 调用并生成目标源程序，即纯高级语言格式的源程序，然后就可以将这些源程序加入用户的程序中调用。ORACLE 预编译程序提供如下功能：

能用六种通用的高级程序设计语言中的任何一种编写应用程序遵循 NI 标准，在高级语言中嵌入 SQL 语句，可采用动态 SQL 方法，让程序在运行时接受或构造一个有效的 SQL 语句，实现 ORACLE 内部数据类型和高级语言数据类型之间的自动转换，可通过在应用程序中嵌入 PL/SQL 事物处理块来改进性能，能全面检查嵌入的 SQL 数据操纵语句和 PL/SQL 块的文法和语义，可用 SQL*Net 并行存取多个地点的 ORACLE

数据库，可把数组作为输入和输出程序变量使用，能对应用程序中的代码段进行条件预编译，提供了较强的异常处理功能。能在程序行和命令行上指定所需的预编译选项，并可在预编译的过程中改变它们的值。由此可见，通过预编译程序与其他高级语言的结合，既可以利用 SQL 强有力的功能和灵活性为数据库应用系统的开发提供强有力的手段，又可以充分利用高级语言自身在系统开发方面的优势，从而提供一个完备的基于 ORACLE 数据库应用程序的开发解决方案。

每个 PRO*C 源文件一般由程序头和程序体两部分组成。程序头包含宿主变量（SQL 语句中所包含的变量）说明、通信区定义和外部表示符的说明等。程序体一般是由若干函数组成，这些函数内含有 SQL 语句（以 EXEC SQL 起头的语句）。

PRO*C 支持的数据类型包括 VARCHAR2（变长字符串）、NUMBER（二进制数）、INTGER（有符号整数）、FLOAT（浮点数）、STRING（以 NULL 结尾的字符串）、VARNUM（变长二进制数）、LONG（变长字符串）、VARCHAR（变长字符串）、ROWID（二进制值）、DATE（定长日期/时间值）、VARRAW（变长二进制数据）、RAW（定长二进制数据）、LONGRAW（变长二进制数据）、UNSIGNED（无符号整数）、LONGVARCHAR（变长字符串）、LONGVARRAW（变长二进制数据）、CHAR（定长字符串）、CHARZ（C 中定长以 NULL 结尾的字符串）、MLSLABEL（变长二进制数据）。

在 VC 中使用 PRO*C 时，先用 PRO*C 编写所需的操作数据库的子程序，再运行 PRO*C 预编译程序把 PRO*C 源程序转成相应的 CPP 源程序，将该程序插入到用户工程文件中并在需要对插入函数进行调用的模块中说明函数，然后就可以在此模块中调用所需的函数。

7.1.6 基于 Oracle 的数据库 OCI 访问

访问 Oracle 数据库有三种方法：通过 ODBC 数据源、基于 Oracle API 或 OCI（Oracle Call Interface，OCI）。这些方法中，ODBC 虽然通用但效率和灵活性较差，关于 Oracle API 编程的资料很少，而基于 OCI 进行复杂的空间数据访问，可以提高数据访问的效率和灵活性。Oracle 调用接口提供了一组接口子函数，支持所有的 SQL 数据定义、数据操纵、查询和事务控制等。使用 OCI 开发方法实质上是结构查询语言和第三代程序设计语言结合的一种开发方法。根据我们掌握的资料，目前基于 OCI 的对非空间数据的访问已有成熟的函数库可以借鉴和使用。本节介绍基于 OCI 对于空间数据库的访问。

1. OCI 的数据结构和编程结构

Handles 和 descriptors 是在 OCI 应用中定义的透明数据结构并被直接分配，Handle 是指向 OCI 分配的一块存储区的透明指针，大多数 OCI 应用都需要访问存储在 handles 中的信息，OCIAttrGet（）和 OCIAttrSet（）访问这些信息。OCI descriptors 和 locators 是保存特定数据信息的透明数据结构。

OCI 的编程结构为：

（1）启动 OCI 程序运行环境和线程（即初始化并连接）；

（2）分配必要的句柄（handles），建立数据库连接和用户会话；

（3）向服务器发出 SQL 请求（statements）并进行必要的数据处理；

（4）释放不再使用的请求和句柄，准备新的请求（包含错误处理）；

（5）终止用户会话并断开服务器连接；

OCI 程序的处理步骤如图 7.2 所示。

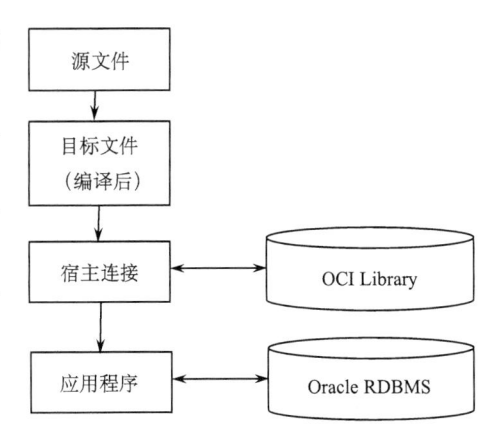

图 7.2　OCI 程序的处理步骤

2. 程序流程

OCI 程序主要是通过分配调用相应功能的句柄，控制 SQL 语句的执行来实现的。程序的 OCI 流程图如图 7.3 所示（括号内为所调用的 OCI 函数，图 7.4 是处理 SQL 语句的具体过程）。

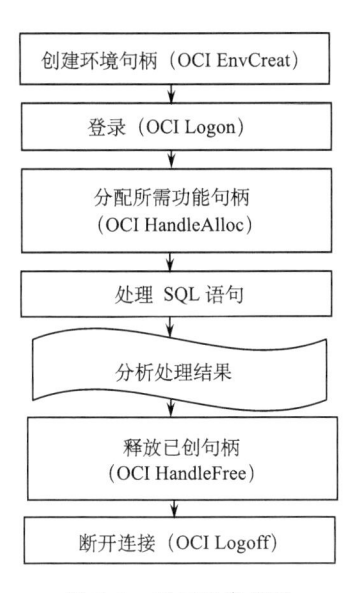

图 7.3　底层程序流程

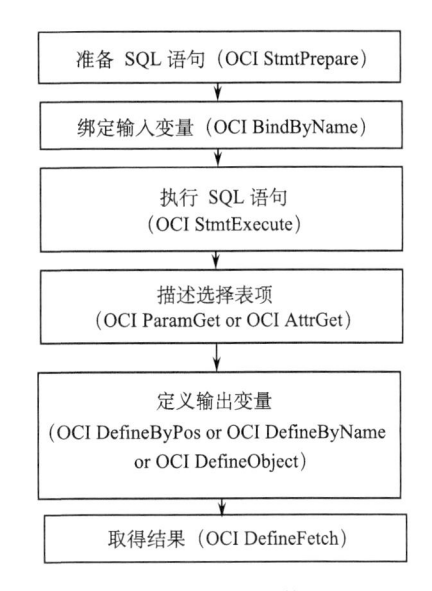

图 7.4　SQL 语句的具体处理过程

图 7.3 为程序的底层流程，其相应功能均以程序模块中的相应函数实现，因为不同的空间数据访问需要不同的 SQL 查询语句以及相应的处理，IspatialRelation 类和 IspatialOperator 类中的成员函数就是针对不同空间关系查询和空间操作，构造不同的 SQL 查询，结合 Oracle Spatial，实现相应的功能。

3. 基于 OCI 的空间数据库访问

基于 OCI 的空间数据库访问主要是将 OCI 与 Oracle Spatial 结合起来，引入面向对象的思想，完成对空间数据的操作，下面根据编程实践总结一些访问空间数据库的经验。

1）数据结构

在 Oracle Spatial 的对象-关系模型中，空间数据是被作为几何对象来处理的，因此在程序中也引入面向对象的思想，把对空间数据的操作转化成对对象属性的操作。这就需要根据 Oracle Spatial 中空间对象的存储模式，在程序中建立起相应的数据结构。这样既简化了编程也简化了对空间数据的处理。IGeometry 类即为程序中的空间数据结构。

2）SQL 语句的生成和分析

SQL 语句的生成有两种方法：一是转化成对字符串的操作，生成需要执行的 SQL 语句后，再传递给 OCI 中处理 SQL 语句的句柄；二是首先确定需要用户输入哪些变量，将用户输入变量用 sprintf 函数"绑定"到 SQL 语句当中，生成 SQL 语句。

第二种方法程序示例如下（构造判断两空间对象是否相等的 SQL 查询）：

sprintf（query, "select A.%s FROM %s A, %s B where A.%s = '%s' and B.%s = '%s' \ and SDO_RELATE（A.%s, B.%s, 'mask = EQUAL querytype = WINDOW'）= 'TRUE'", row_name, table1, table2, rowes_name, geom1, row_name, geom2, geom_column, geom_column）；

无论用哪种方式生成 SQL 语句，都要调用 parse 函数进行解析，必要时还要进行 SQL 语句的预执行确定有哪些输出变量和输出变量的种类，示例如下：

IOraConnection::checkerr（errhp, OCIStmtPrepare（stmthp, errhp,（text *）query,（ub4）strlen（query）,（ub4）OCI_NTV_SYNTAX,（ub4）OCI_DEFAULT））；

IOraConnection::checkers（errhp, OCIStmtExecute（svchp, stmthp, errhp,（ub4）1,（ub4）0,（OCISnapshot *）NULL,（OCISnapshot *）NULL, OCI_DESCRIBE_ONLY））；

//get the select-list information

IOraConrarction::checkers（errhp, OCIParamGct（（dvoid *）stmthp, OCI_HTYPE_STMT, errhp, &parmdp, 1））；

IOraConnection::checkers（errhp, OCIAttrGet（（dvoid *）parmdp, OCI_DTYPE_PARAM,（dvoid *）&dtype,（ub4 *）0,（ub4）OCI_ATTR_DATA_TYPE, errhp））；

IOraConnection::checkerr（errhp, OCIAttrGet（（dvoid *）parmdp, OCI_DTYPE_PARAM,

（dvoid **）&col_name,（ub4 *）&col_name_len,（ub4）OCI_ATTR_NAME, errhp））；

3）变量绑定

变量绑定是 OCI 程序中控制 SQL 语句执行过程中很重要的一步，是正确输出查询结果的关键。程序示例如下：

switch（dtype）{

```
        case 2: //number
        case 3: //interger
        case 4: //float
        case 8: //long
```
IOraConnection::checkerr（errhp, OCIDefineByPos（stmthp, &defnp, errhp,（ub4）1,（dvoid *）global rowid,（sb4）sizeof（OCINumber）, SQLT_VNU,（dvoid *）0,（ub2 *）0,（ub2 *）0,（ub4）OCI_DEFAULT））; break;
```
        case 1: //VARCHAR2
```
IOraConnection::checkerr（errhp, OCIDefineByPos（stmthp, &defnp, errhp,（ub4）1,（dvoid *）&result,（sb4）(col_name_len+1), SQLT_STR,（dvoid *）0,（ub2 *）0,（ub2 *）0,（ub4）OCI_DEFAULT））;
```
        break;
……}
```

在进行变量绑定的过程中，要综合考虑输出变量的类型和 OCI 提供的数据类型，建立正确的对应关系。对于空间对象类型，变量绑定要分两步进行：

checkerr（errhp, OCIDefineByPos（stmthp, &defn2p, errhp,（ub4）2,（dvoid *）0,（sb4）0, SQLT NTY,（dvoid *）0,（ub2 *）0,（ub2 *）0,（ub4）OCI DEFAULT））;

checkerr（errhp, OCIDefineObject（defn2p, errhp, georn tdo,（dvoid * *）global_geom_obj,（ub4 *）0,（dvoid * *）global_geom_ind,（ub4 *）0））;

4）Oracle Spatial 中的函数嵌入

在对空间关系进行判定和执行空间操作的过程中，嵌入使用 Oracle Spatial 中的相关函数，可以极大地简化编程工作，示例可参见 SQL 语句的生成和分析。

可以把 Oracle Spatial 中的相关函数嵌入到 SQL 语句中，而后预执行以确定函数执行结果的输出类型。

5）查询结果的分析

虽然在控制 SQL 语句的执行过程中已经可以确定输出结果的类型，但因为有些是 OCI 程序中特定的数据类型，因此还需要与编程语言中的数据类型建立对应关系，进一步确定输出结果的含义。这里主要涉及数据类型的转换、字符串的比较和空间数据坐标值的转换，下面是一个判断两空间对象是否相等的最后分析的例子：

status=OCIStmtExecute（svchp, stmthp, errhp,（ub4）1,（ub4）0,（OCISnapshot *）NULL,（OCISnapshot *）NULL,（ub4）OCI DEFAULT）;
if（status==OCI_SUCCESSee WITH_INFO || status==OCI_NO_DATA）
    IsEquals=FALSE;
    else
    IsEquals=TRUE;
    return IsEquals;

4. 三种提高效率的方法

在编程过程中，发现了以下三种提高数据访问效率的方法，当数据量较大时，这些方法可以极大地提高效率。下面对这三种方法进行简单介绍：

1) SQL 语句的延迟执行

为了提高性能，OCI 与 Oracle 7 版本以上的数据库管理系统在处理 SQL 语句时允许一步或多步的延迟执行。例如，分析 SQL 语句、结合输入变量以及定义输出变量这些步骤能延迟到该语句被执行时才处理。

实现延迟执行的方法有两种：采用延迟方式连接或在 oparse 调用中使用设置为 0 的 defog 参数。

2) 将空间对象"绑定"到内存，使用完毕后释放内存空间

程序代码示例如下：

checkerr (errhp, OCIObjectPin (envhp, errhp, typejef, (OCIComplexObject *) 0, OCI_PIN_ANY, OCI_DURATIONwe SESSION, OCI_LOCK_NONE, (dvoid * *) &tdo));
//将对象"固定"在内存区供调用

3) 建立空间索引

在 Oracle 数据库中进行空间关系的查询时必须先建立索引，进行大数据量的空间查询时建立空间索引可以提高查询的速度和效率。Oracle 提供两套索引机制：R_tree 和 Quadtree，可以根据需要进行选择。我们选择的是缺省的 R_tree 索引。

OCI 是 Oracle 公司提供的针对标准 C 语言的调用接口，支持目前 Oracle 提供的所有数据类型和大部分功能。在基于 Oracle 的高级开发中经常使用的两种方式就是使用 Pro*C 和 OCI，而我们在 SDE 开发的整个过程中，使用的是 OCI，这是由于 OCI 方式具有以下优点：

步骤简单，直接在 C/C++ 语言中调用，不需要预编译。

速度快，功能强大。OCI 是目前 Oracle 提供的所有开发方式中，速度和功能两方面最好的。而且很多已有的开发方式本身就是以 OCI 为基础的，比如 OLE C++ Oracle 对象类库，在上面的图 7.4 中就可以看出这样的关系。

支持对象数据类型。而且对于大二进制对象 BLOB，OCI 也能够直接支持，而在 Pro*C 中不直接支持，仍然需要调用 OCI 中的相应函数。可以嵌入 PL/SQL 块。支持多线程环境。在 SELECT 语句结果集中支持预取。

7.2 地理空间数据库引擎

为了实现"空间-属性数据一体化"、"矢量-栅格数据一体化"和"空间信息-业务信息一体化"管理，现在的 GIS 软件平台数据管理纷纷开始寻求向集成结构的空间数据

库方向发展。在基于特征的整体空间数据模型支持下,利用成熟的商用扩展关系数据库管理系统(ORDBMS)来存储和管理海量数据,成为大型空间数据管理的方式。空间数据库采用关系数据库来组织管理空间地理数据和属性数据,提供对这些数据的有效存储查询和分析,以支持各种空间地理数据的应用。然而,如何用关系数据库来存储、管理复杂的空间地理数据,以支持空间关系运算和空间分析等功能,如何让用户透明地访问空间地理数据,而不必关心它的实际存储位置、方式和数据结构等实际问题是采用空间数据库组织管理空间数据所必须考虑的。空间数据库引擎正是解决这些问题的良好方法。通过空间数据库引擎可以用传统的关系数据库对空间地理数据加以管理和处理,提供必要的空间关系运算和空间分析功能。通过空间数据库引擎实现客户/服务器的分布计算模式,实现地理空间数据的透明访问、共享和互操作,从而建立真正意义上的分布式空间地理数据库。

扩展关系数据库管理系统管理地理空间数据有两种途径,一是寄生在关系数据库管理系统之上的空间数据引擎,典型代表有 ESRI 公司(国际商业地理信息系统软件领域)Arc SDE,MapInfo 公司(国际桌面地图系统软件领域)Spatial Ware,北京超图地理信息技术有限公司的 SDX+以及大多数国产 GIS 软件自有的空间数据引擎。这类系统一般由 GIS 软件厂商研发。优点是支持通用的关系数据库管理系统,空间数据按 BLOB 存,可跨数据库平台,与特定 GIS 平台结合紧密。缺点是空间操作和处理无法在数据库内核中实现,数据模型较为复杂,扩展 SQL 比较困难,不易实现数据共享与互操作。二是直接扩展通用数据库的空间数据库系统,如 Oracle Spatial、IBM DB2 Spatial Extender、Informix Spatial DataBlade 以及 MySQL、PostgreSQL、DM4、DIER-AO 等数据库的空间扩展。这类系统一般由数据库厂商研发。优点是空间数据的管理与通用数据库系统融为一体,空间数据按对象存取,可在数据库内核中实现空间操作和处理,扩展 SQL 比较方便,较易实现数据共享与互操作。缺点是实现难度大,压缩数据比较困难,目前的功能和性能与第一类系统尚存在差距。

本节主要介绍 SDE 的基本概念、特点和基本组成。

7.2.1 SDE 的基本概念

空间数据库引擎的概念最先由 ESRI 提出,ESRI 对 SDE 定义为:从空间数据管理的角度来看,SDE 可看成是一个连续的空间数据模型,借助这一模型,我们可将空间数据加入到关系数据库管理系统(RDBMS)中去。它允许向关系数据库中加入空间数据、提供地理要素的空间位置及形状等信息。

一般而言,空间数据引擎只提供存储、读取、检索、管理数据和对数据的基本处理等功能,不负责进行空间分析和复杂处理。但是基于第三方 API(如 Oracle Spatial 和 ESRI SDE)开发的引擎可以提供更多功能。也就是说,SDE 只是负责底层的数据管理问题,而上层的应用功能需要在它的基础上开发。ESRI 公司 SDE 的体系结构如图 7.5 所示。

Oracle 公司也推出了自己的 SDE 产品 Oracle Spatial。Oracle Spatial 是一套使空间数据能在 Oracle 8i 数据库中快速和高效的存储、访问和分析的函数和过程的完整集合。包含下面的组成部分:一是对所支持的空间数据类型的存储、语法、语义预描述

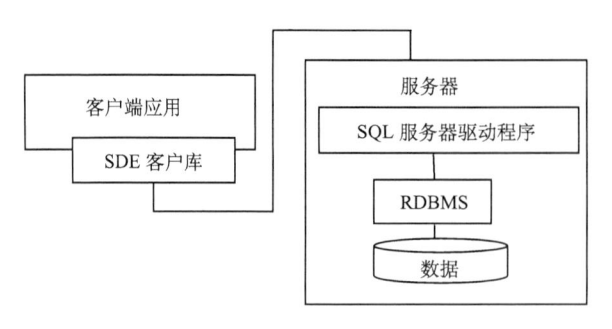

图 7.5 SDE 体系结构示意图

(MDSYS) 的模式；二是空间索引机制，包括一套操作函数，执行对感兴趣区域和空间联合查询，以及管理工具。

从以上的一些定义中可以看出，SDE 可以理解为基于特定的空间数据模型，在特定的数据存储、管理系统的基础上（典型的是数据库管理系统），提供对空间数据的存储、检索等操作，以提供在此基础上二次开发的程序功能集合。从 SDE 体系结构看，相对于客户端来讲，SDE 是服务器，提供空间数据服务的接口，接受所有空间数据服务请求；相对数据库服务器来讲，SDE 则是客户机，提供数据库访问接口，用于连接数据库和存取空间信息。

7.2.2 SDE 的发展现状

为了实现多数据源、多尺度、多类型空间数据的统一集成管理，近年来无论是数据库厂商，还是 GIS 厂商都致力于开发空间数据库引擎研究工作。

各大数据库厂商在他们的数据库管理系统中都加入了对空间数据的支持，例如，Oracle 公司推出的 Oracle Spatial，它为空间数据的存储和索引定义了一套数据库结构，并通过扩展 Oracle PL/SQL 为空间数据的处理和操纵提供了一系列函数和过程，从而实现对空间数据服务的支持。Informix 公司推出的 Informix ILLustr，对空间数据的处理和操作是通过大 DatabaseBlade Spatial Module 完成的，它具有良好的面向对象特征。国产数据库 DM3 也着手研发支持空间数据库的产品，通过二进制的对象数据类型来支持空间数据的存储，但没有针对空间数据提供空间索引机制，也不提供空间数据分析功能。

虽然 RDBMS 的空间数据库引擎产品能够利用关系数据库存储和管理空间数据，并在空间数据处理的有些方面获得不错的效果，但 RDBMS 的专长毕竟是数据管理，而非空间分析，使用 RDBMS 的空间数据处理仍然存在一定的局限性。况且也不应该将 GIS 与特定的数据库管理系统绑定。

GIS 厂商也纷纷推出了自己支持空间数据的产品。ESRI 公司的 ArcSDE 利用 HH-CODE 技术提供针对空间数据的索引，支持高效的空间搜索，提供一些空间分析功能。提供专有的 API 用于将空间数据加入到 RDBMS 中支持对这些数据的访问。MapInfo 公司的 SpatialWare 是第一个在对象关系数据库环境下支持基于 SQL 进行空间分析和空间查询。但它采用的数据模型不支持拓扑关系，空间分析能力较弱。国内 GIS 厂商北京超图公司推出了 SuperMap SDX，采用多源空间数据无缝集成技术。SuperMap

SDX 基于关系数据库的空间数据引擎包括：SDX for SQL Server、SDX for Oracle、SDX for Oracle Spatial、SDX for SDE。

7.2.3 SDE 的特点

SDE 是采用客户/服务器体系结构，高性能、面向空间实体的空间数据库管理系统，并提供一系列用于管理和访问大型分布式空间数据的功能，SDE 为系统开发者和集成商提供了一个高效能分布式和多用户的实时应用系统开发工具，它由一个多线程的空间数据库服务器和客户应用程序接口（API）组成。

1. SDE 主要特点

（1）对地理数据的开放式系统访问，使地理数据更易于获得、更易于管理。

（2）对用户需求的充分回应。

（3）支持大型数据库。SDE 利用统一的数据模型，维护关系数据库中的空间和属性数据，管理近乎无限的空间特征，如全国范围的道路网络等。

（4）进行高效空间查询分析。SDE 提供一组可靠的几何处理与空间分析功能，可以反复应用于各种应用中，如房地产查询、环境保护区周围的缓冲区等。SDE 还具备剪切、分解、缓冲区产生、距离测量、多边形叠加以及网络处理能力等，可以进行近乎无穷的空间分析。另外，各种空间查询还可通过 SQL 的 Where 子句进行。空间查询的结果可以用于制图或其他需要几何分析而不需制图的应用，这意味着可以把空间分析嵌入到一个非 GIS 的应用程序中去。

（5）理想的空间对象模型。地理特征，如饭店位置、旅游路线、度假区等，被作为空间对象，SDE 在描述这些对象时采用了明晰的特征（属性）和行为（方法），使表达执行具备灵活性。地理特征通过图层这种空间连续策略进行索引，促进了快速恢复操作，提高数据管理效率。

（6）快速实现过程。对复杂的空间查询来说，SDE 比其他任何空间分析技术完成次要特征的检索时间要快得多，这种快速访问与检索在使用互操作处理的客户机/服务器模式在网络上得以实现，客户机与服务器共同完成这一工作。客户机主要是响应空间分析操作，服务器则进行数据搜索和检索。这种互操作处理方法使得动态空间叠加成为可能，当大量增加客户机的时候，利用对称多处理结构或调整计算机缓冲区大小，可以把客户机带来的性能下降到最小。

（7）网络访问。SDE 支持对 TCP/IP 网络环境的访问。对跨平台的混合配置，SDE 也可以利用外部数据表示（eXternal Data Representation：XDR）进行支持。

（8）平台支持。SDE 服务器的最初版本运行于 Sun Solaris，使用 Oracle 关系数据库管理系统。SDE API 可以在 Solaris、Windows NT 下运行，在将来的版本中 SDE 将对其他平台给予支持。

2. SDE 基本特性

从实际的角度出发，SDE 应该具备以下的一些基本特性：

(1) 相对通用、完备、开放的数据模型。SDE 支持一定的数据模型，如果一个 SDE 数据模型所能表达的内容不能满足用户的要求，也就是说 SDE 不能表达用户提出的某些内容，那么这个 SDE 是不能被用户接受的。因此只有数据模型相对通用、完备和开放，才能被更多的用户接受。

(2) 支持海量数据的管理。空间数据本身就是海量的，而且由于许多应用要研究的范围都越来越大，所以一个大区域范围、多时段、多属性的空间数据必然是海量的。

(3) 支持数据的安全性控制。数据的安全性是数据管理的重要要求，而且网络环境下的数据安全是 SDE 必须要研究的新的课题。

(4) 支持数据的网络化管理。随着计算机网络技术的飞速发展，越来越多的人认识到了网络的重要性。为了适应新时代的要求，各行各业都产生了"上网"的需求。随着空间信息系统的网络化，SDE 作为基础性数据访问服务也应该支持网络化管理的特点。网络化中的网络不仅指局域网，而且应该包括广域网、Internet 等。

(5) 多底层数据库支持，必须能轻松实现底层数据存储、管理系统的替换。因为，在实际应用中，一个生产单位可能已经熟悉一套数据库管理系统，比如 SQL SERVER，不能强迫用户转移到特定的底层数据库上来，比如 Oracle。一方面，这些大型的数据库系统都很昂贵；另一方面，人员的培训也需要花费额外的时间和经费。所以，必须尽量实现通用性，把更换底层数据库的代价降到最低程度。

7.2.4 SDE 的研究内容

从以上 SDE 必须支持的基本特性中，可以归纳出 SDE 必须研究的内容如下：

1. SDE 数据模型问题

即解决数据怎样表达的问题。GIS 是建立在空间数据模型概念基础上的。如何有效地管理和组织空间数据，建立一个有效的空间数据模型，一直是 GIS 领域的主要研究方向之一。模型用来定义和描述 GIS，用抽象的机制和符号的方式表达地理空间，是用户与 GIS 软件之间交流的形式化语言。GIS 空间认知研究人们认识自己赖以生存的环境，包括其中的诸事物、现象的相关位置、数量与质量特征、依存关系以及它们的空间变化规律。把人的空间认知与 GIS 空间数据模型加以比较，可以看出二者的工作原理是一样的，都是信息处理的过程：信息输入、编码、存储记忆、做出决策和输出结果等，这就是地理环境信息流在人的大脑中的处理过程被地理信息系统所模拟和复制的原因。地理信息系统实际上是人的空间认识能力与认知过程的仿真。

可以说，数据模型决定了系统能表示什么，不能表示什么，表达地理空间的精确程度如何。所以说，数据模型问题决定 SDE 系统的优劣。

2. SDE 数据存储模型

即解决数据怎样存储的问题。数据模型确定了，那么怎么存储又是一个新的问题。如果说数据模型是地理空间向概念模型的一个映射，那么存储模型就是概念模型向物理模型的一个映射。

传统的 GIS 系统对数据的管理采用的是混合管理模式，即由文件系统来管理空间数据，由小型的关系数据库来管理属性数据。这种管理模式存在许多不足，比如，文件系统的检索能力差；小型关系数据库管理系统在数据完整性检查及安全保密功能方面工具贫乏；无法实现数据共享、网络通信、并发控制，及数据的安全恢复机制等。在前面我们已经比较过存储空间数据时，利用关系数据库和文件系统的各自优缺点。

如果采用文件系统来存储空间数据，是采用一般的流式文件还是采用复合文档文件（比如，SuperMap 的 SDB 引擎的一个数据工程包括两个文件，扩展名为 SDB 的文件存储空间数据，采用 OLE 复合文档文件），是采用十进制文件还是二进制文件。如果采用关系数据库来存储数据，是采用大二进制类型存储图形的坐标数据，还是采用数值类型的分行存储。这些都是应该根据实际需要考虑的问题。

3. SDE 数据索引问题

即解决数据怎样快速查询的问题。SDE 管理的空间数据是海量的，如何从海量的空间数据中提取一部分用户需要的数据，以快速的响应用户的显示、查询的需要，是 SDE 的一个主要性能标准。而且，在网络化的环境中多个用户的同时查询速度怎样，用户量的多少和查询性能的关系如何。这是需要考虑的问题。

ESRI 公司在澳大利亚对其 SDE 产品进行了一次测试，300 个用户在 Windows NT 平台上通过网络对管理 100 多万个地理要素空间数据库的 SDE 进行并发查询访问，SDE 对每个查询的最大响应时间均小于 3s。并证明用户数目的增加并不导致性能明显下降。

所以，一个好的 SDE 必须能快速的响应多个用户的同时查询操作，而且用户数目的增加并不应导致性能明显下降。

4. 数据的网络调度问题

即解决数据网络化的问题。网络化是数据管理的必然趋势，它可以解决很多的实际问题，比如，数据的共享、数据的安全性等。基于一种特定的数据库（比如，ORACLE）来管理空间数据，要实现网络化的功能，从实现方式上来划分有两种解决方案：利用数据库内部的网络化功能；在自己的程序中解决网络化的问题。

为了降低网络的传输量，提高系统的性能，必须对大数据量的空间数据进行压缩。对于数据的压缩，具有很多算法。所以采用数据压缩是降低存储空间和减轻网络负载的有效途径。数据压缩以后，在网络上传输，还提高了数据的安全性和保密性。

空间数据的检索，可能返回一个很大的记录集，达到几十万甚至上百万条记录。例如，查询全国水系，就有大大小小的河流。检索出来的记录集如何传送到客户端呢？如果客户端需要把整个记录集全部接受下来，将会极大的消耗系统资源。并且，数据的传输耗费时间长，客户端需要进行长时间的等待。异步传输和客户端缓存的技术，可以较好地解决这个问题。

5. 数据安全性的问题

要解决数据被非法用户访问、破坏以及系统在自身的运行中瘫痪后，数据的恢复问题，都是数据安全应该解决的问题。SDE 的安全性可以有两种途径来达到：一是 SDE 不设安全机制，而直接使用 DBMS 的安全机制；二是建立 SDE 自身的内部安全机制。

7.3 国内外地理空间数据库引擎技术分析

在采用集成结构的商用空间数据库软件中，应用最广泛的当属 ESRI 公司 SDE，它能将各种数据存放在关系数据库或对象关系型数据库管理系统中。由于对象-关系型数据库系统的出现，它具有一些面向对象的特性，如数据类型的可扩充性等，又保持了关系数据库在数据查询方面的优势，因而许多采用集成结构的 GIS 软件开始集成于对象-关系型数据库中，如 Mapinfo Spatial Ware、ESRI SDE 等。

目前，国外主要的 GIS 软件开发商除了有 ESRI、MapInfo 外，还有 Intergraph（国际数字摄影测量工作站系统领域）和 AutoDesk（国际计算机辅助设计系统软件领域）等；国内则有武汉中地信息工程公司、武汉大学等。这些软件的空间数据库机制比较见表 7.1 和表 7.2。

表 7.1　国内主要 GIS 软件及数据库机制

名称	开发单位	数据库机制
SuperMap	北京超图地理信息技术有限公司	基于 ADO 的空间数据库访问技术。提供了大型关系数据库 SQL Server 和 Oracle 存储/管理海量空间数据的能力，充分利用 ADO 数据库访问技术在数据管理方面的优势，实现了空间属性数据的高效一体化存储和管理
MapGIS	武汉中地信息工程公司	完备的空间分析工具；高性能的空间数据库管理：① 客户机/服务器结构；② 动态外挂数据库的连接；③ 多媒体属性库管理
Geostar	武汉大学	通过 ODBC 可以与各种商用数据库管理系统连接，如 SQL Server、Sybase、Oracle 等；通过自行开发的空间数据交换模块可以与当前流行的 GIS 软件及我国的空间数据交换格式交换数据

表 7.2　国外主要 GIS 软件及数据库机制

名称	发行商	主要特点
Arc/Info	ESRI（国际商业地理信息系统软件领域代表）	SDE 采用 Client/Server 结构，服务器和客户端异步协同工作；将空间数据和非空间数据集成在通用的 RDBMS 中，可以直接在数据库中定义空间数据类型和空间函数。可以通过基于 SQL 的函数对空间数据进行操作，并在数据层次建立空间索引
MapInfo	MapInfo Co.（国际桌面地图系统软件领域代表）	支持 Oracle8i 完全读/写，将数据绑定到 Oracle Express Object；和 MapInfo SpatialWare DB2 extender 集成，空间服务器访问（SSA）支持开发者连接企业级空间服务器中的动态数据；MapInfo MapX 4.5 版还使用 Oracle 的 OCI（Oracle Call Interface）pre-fetch 方法，从而提高了性能。同时还支持其他常用的数据访问方法
GeoMedia	Intergraph（国际数字摄影测量工作站系统领域代表）	采用标准数据库管理空间数据；支持符合工业标准的关系数据库，采用 Oracle9i 的事务处理；具有数据仓库的功能；实时性的空间分析
AutoCADMap	AutoDesk（国际计算机辅助设计系统软件领域代表）	可以对矢量图形和影像地图进行发布，建立数据金字塔结构，效率极高，可以对 DWG 和 SHP 格式直接发布，同时直接读取 Oracle8i 空间数据

从 GIS 软件的空间数据解决方案中可以总结出以下几点：

（1）与现有商业数据库的集成仍是空间数据库的近期解决方案；

（2）能同时管理 GIS 中的图形图像及属性数据的空间数据库管理系统将成为下一代 GIS 软件的主要基础平台；

（3）空间数据结构、数据模型的标准化，各 GIS 软件之间的空间数据实现共享。

7.3.1 ArcSDE

ArcSDE 是在关系数据库管理系统（RDBMS）中存储和管理多用户空间数据库的通路。从空间数据管理的角度看，ArcSDE 是一个连续的空间数据模型，借助这一空间数据模型，可以实现用 RDBMS 管理空间数据库。在 RDBMS 中融入空间数据后，ArcSDE 可以提供空间和非空间数据进行高效率操作的数据库服务。ArcSDE 采用的是客户/服务器体系结构，所以众多用户可以同时并发访问和操作同一数据。ArcSDE 还提供了应用程序接口，软件开发人员可将空间数据检索和分析功能集成到自己的应用工程中去。

ArcSDE 可以管理四个商业数据库的地理信息：IBM DB2、IBM Informix、Microsoft SQL Server 和 Oracle，也可以用 ArcSDE for Coverages 管理文件形式数据，主要任务是操作存储在 RDBMS 中的地理空间数据和通过高性能的应用服务器向多个用户和应用分发空间数据，支持所有的地理空间数据类型（包括要素、栅格、拓扑、网络、地形、测量数据、表格数据，以及位置数据等），而无需用户考虑 DBMS 的底层实现。

1. 主要功能与特点

（1）高性能的 DBMS 通道。ArcSDE 是多种 DMBS 的通道，它本身并非一个关系数据库或数据存储模型。它是一个能在多种 DBMS 平台上提供高级的、高性能的 GIS 数据管理的接口。

（2）开放的 DBMS 支持。

（3）多用户。为用户提供大型空间数据库支持，并且支持多用户编辑。

（4）连续、可伸缩的数据库。支持海量的空间数据库和任意数量的用户，直至 DBMS 的上限。

（5）GIS 工作流和长事务处理。多用户编辑、历史数据管理、check－out/check in 以及松散耦合的数据复制等都依赖于长事务处理和版本管理。

（6）丰富的地理信息数据模型。存储的数据包括矢量和栅格几何图形、支持（X，Y，Z）和（X，Y，Z，M）的坐标，曲线、立体、多行栅格、拓扑、网络、注记、元数据、空间处理模型、地图、图层等。

（7）灵活的配置。可以让用户在客户端应用程序内跨网络、跨计算机地对应用服务器进行多种多层结构的配置方案，支持多种操作系统。

2. ArcSDE 体系架构

服务器端空间数据引擎（应用服务器）、RDBMS 的 SQL 引擎及其数据库存储管理系统。ArcSDE 通过 SQL 引擎执行空间数据的搜索，将满足空间和属性搜索条件的数据在服务器端缓冲存放并发回到客户端。通过 SQL 引擎提取数据子集的速度仅取决于数据子集的大小，而与整个数据集大小无关，所以 ArcSDE 可以管理海量数据。

ArcSDE 还提供了不通过 ArcSDE 应用服务器的一种直接访问空间数据库的连接机制。这样不必在服务器端安装 ArcSDE 应用服务器，由客户端接口直接把空间请求转换为 SQL 语句发送到 RDBMS 上，并解释返回的数据。ArcSDE 体系架构如图 7.6 所示。

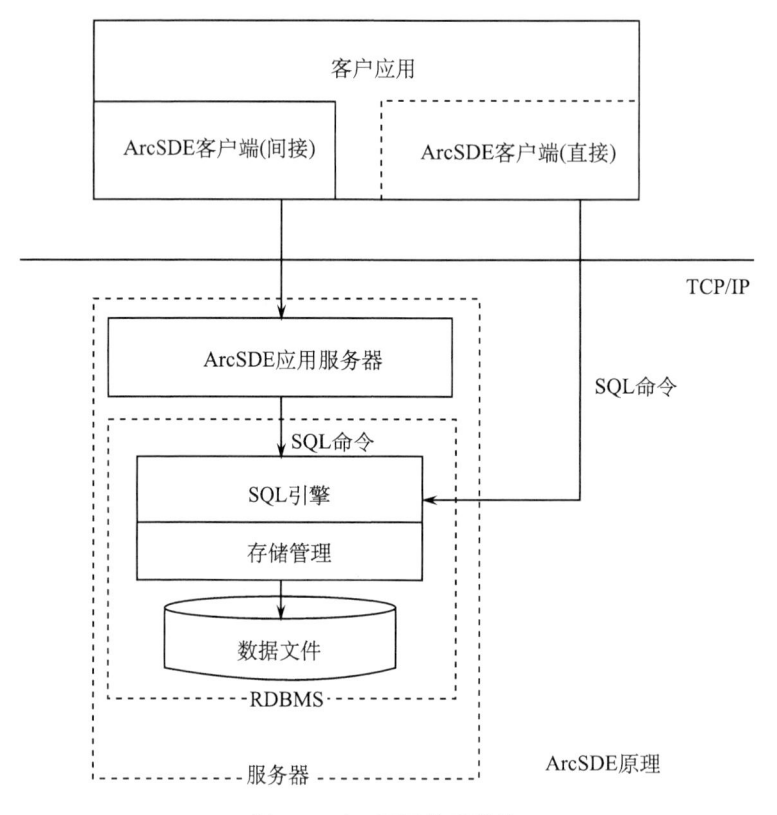

图 7.6　ArcSDE 体系架构

3. ArcSDE 存储方案

DBMS	GEOMETRY STORAGE	COLUMN TYPE
Oracle	ArcSDE Compressed Binary	Long Raw or LOB
	LOB	BLOB
	Oracle Spatial-Normalized Schema	Number
	Oracle Spatial-Geometry Type	SDO_Geometry
Microsoft SQL Server	ArcSDE Compressed Binary	Image
Intormix	Spatial DataBlade-Geometry Object	ST_Geometry*
IBM DB2	Spatial Extender-Geometry Object	ST_Geometry*

4. ArcSDE 索引方案

DBMS	GEOMETRY STORAGE	SPATIAL INDEXING METHOD
Oracle	ArcSDE Compressed Binary	ArcSDE grid
	LOB	ArcSDE grid
	Oracle Spatial-Normalized Schema	SDO
	Oracle Spatial-Geometry Type	RTREE
Microsoft SQL Server	ArcSDE Compressed Binary	ArcSDE grid
Intormix	Spatial DataBlade-Geometry Object	RTREE
IBM DB2	Spatial Extender-Geometry Object	ArcSDE grid

7.3.2 SuperMap SDX+

使用 RDBMS 管理包括几何形态及其属性的空间数据，成为 GIS 应用发展的潮流。与传统文件方式相比，空间数据库技术有明显的技术优势，包括海量数据管理能力、图形和属性数据一体化存储、多用户并发访问（包括读取和写入）、完善的访问权限控制和数据安全机制等。空间数据库技术正在逐步取代传统文件，成为越来越多的大中型 GIS 应用系统的空间数据存储解决方案。

SuperMap 的第一代空间数据库技术随其第一代商业 GIS 软件——SuperMap 2000，当时名为 ADO 引擎。SDX 是超图公司的第二代空间数据库技术。SDX+则是其第三代空间数据库技术，SDX+技术的第一个空间数据引擎 SDX+ for Oracle。历经三代发展，SuperMap 的空间数据库技术日趋完善。迄今为止，SuperMap 的空间数据库技术已经支持 Oracle，Oracle Spatial，SQL Server，Sybase 和 DM3（国产达梦数据库）等多种商用数据库。SuperMap SDX+体系构成如图 7.7 所示和内部架构见图 7.8。

主要技术特点：

(1) 支持多种数据库。支持 Oracle、SQL Server、Sybase 和 DM3（国产达梦数据库）。

(2) 支持矢量和栅格数据。SuperMap GIS 数据库结构完善，可以在同一个数据源中同时存储矢量数据和栅格数据，不需要把它们分不同数据源存放。

(3) 支持存储拓扑关系。SuperMap GIS 数据库数据源同样支持存储网络拓扑关系，可以把网络数据集存放到数据库中。

(4) 提供长事务处理能力。SuperMap SDX+ 5 中提供长事务处理能力，可以长时间的进行事务处理而不会有任何影响。

事务处理是 GIS 软件一个非常重要的功能，事务处理包括短事务和长事务两种。短事务处理机制由数据库管理系统（DBMS）提供，SuperMap GIS 的 SDX+ 5 直接支持该功能。

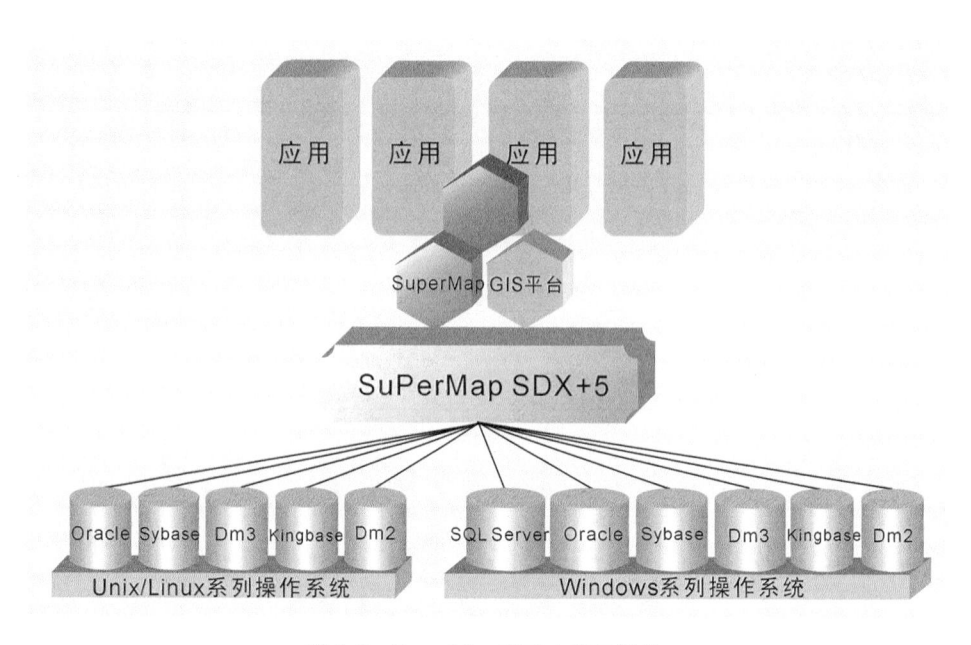

图 7.7　SuperMap SDX＋体系架构

图 7.8　SuperMap SDX＋内部架构

但是，GIS 程序有许多不同于普通 DBMS 应用程序的地方，例如，在一次编辑中处理数据量比较大；编辑持续的时间比较长——可能是几天、几个月，甚至更长的时间；在编辑期间允许其他用户浏览相关的数据，这就需要长事务功能。SuperMap GIS 就提供了长事务处理功能。SuperMap GIS 的长事务具有如下特点：①长事务开始后，

· 236 ·

其他用户只能看到被锁定区域在编辑之前的数据，而不能看到锁定后的编辑情况，也不能对锁定的数据进行编辑；②长事务可以持续几天、几个月甚至更长的时间，期间无需任何特殊处理，可以随时继续；③长事务中所作的修改具有相当的安全性，即使遇到突然断电、死机或者其他意外情况，所编辑的数据也不会丢失或被破坏；④任何时候，如果对于所作的修改不满意，可以回滚所作的修改，恢复到锁定时的状态；⑤编辑结束，只要提交了所作的修改，其他用户立即就能看到修改后的内容；⑥只有提交或回滚了修改之后，其他用户才可以对原锁定区域进行修改。

（5）采用三级索引技术，数据访问更加准确快捷。采用了四叉树和网格的混合索引，提供了很好的空间查询效率，对四叉树索引进行了改进，引进基于 Hilbert 编码的排序规则，进一步提高了空间检索的效率。

（6）可选的文件缓存。能更有效的对不同量级的数据有针对性地采取不同的缓存方式。使用文件缓存，需要消耗较多的硬盘空间，不过能大幅度提高数据的访问速度（第一次访问除外）。

（7）支持矢量数据有损/无损压缩。压缩技术能大大减少数据容量，加快访问速度。最新提供的有损压缩，在数据量压缩为原大小一半的情况下，数据精度只有很少的损失。

（8）支持影像压缩。改进了压缩算法，提高了压缩比，使得保持数据精度不变而数据压缩比更高。增强的影像数据处理能力，使数据量和内存消耗基本无关。

（9）时序数据支持。支持历史数据回溯，更加方便对地图编辑历史进行查询。

（10）编辑操作性能提升。对数据编辑进行了优化，大大提高了编辑效率，使编辑工作更加快捷。

7.3.3　MapGIS SDE

MapGIS SDE 实现了空间数据和属性数据的无缝组织，支持多用户共享读写访问，支持短事务和长事务处理，有严格的权限管理。

MapGIS SDE 支持 Microsoft SQL Server，Oracle 数据库；提供二次开发过程中的对空间数据查询、检索和数据库权限管理的一系列开发接口；SDE 记录了拓扑信息和工作区中实体的全部信息；数据安全性则主要取决于商用数据库本身的管理。MapGIS SDE 体系架构如图 7.9 所示。

7.3.4　ORACLE SPATIAL

Oracle Spatial 是 Oracle 公司推出的空间数据库组件，Oracle 从 8.04 版本中推出了空间数据管理工具——Spatial Cartridge（SC），SC 采用多记录多字段存储空间数据。随着 Oracle8i 的推出，SC 升级为 Oracle Spatial，在 Oracle Spatial 中，引入了抽象数据类型（ADT）SDO_GEOMETRY 来表示空间数据类型。

由于 Oracle Spatial 本身是 ORACLE 数据库的一个特殊的部分，因此可以用 ORACLE 提供的程序接口来对 Oracle Spatial 管理的空间数据进行操作。目前，ORACLE 数

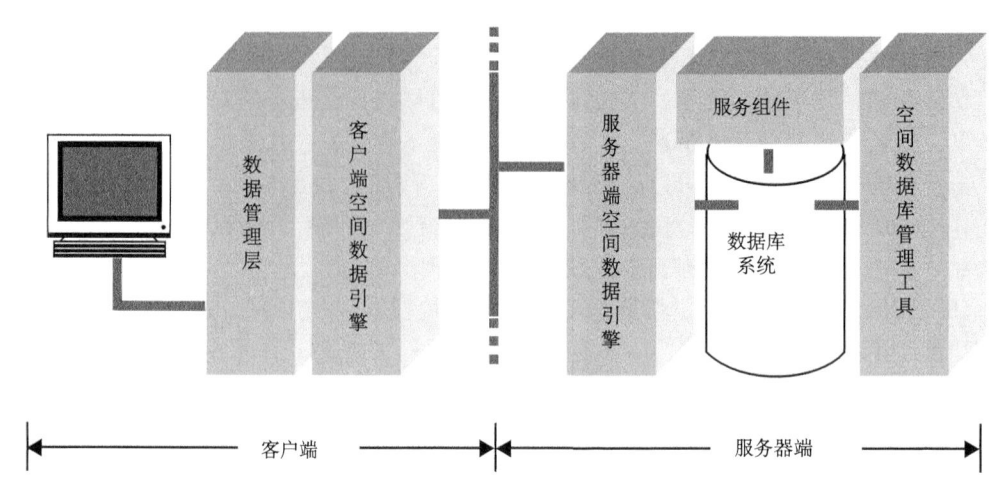

图 7.9 MapGIS SDE 体系架构

据库主要提供两种接口方式对其数据进行存取：

（1）ORACLE 提供的面向 C 语言程序员的编程接口 OCI（Oracle Call Interface，OCI）；

（2）用 ORACLE 本身所提供的 OLE 对象（Oracle Objects for OLE，以下简称 OOfO）来快速访问有关数据库。

Oracle Spatial 主要通过元数据表、空间数据字段（即 SDO_GEOMETRY 字段）和空间索引来管理空间数据，并在此基础上提供一系列空间查询和空间分析的函数，让用户进行更深层次的 GIS 应用开发。Oracle Spatial 使用空间字段 SDO_GEOMETRY 存储空间数据，用元数据表来管理具有 SDO_GEOMETRY 字段的空间数据表，并采用 R 树索引和四叉树索引技术来提高空间查询和空间分析的速度。

1. 技术特性

（1）发展了最新的空间数据和属性数据的全关系型数据库管理方式，利用关系型数据库来存储和处理空间数据，实现了空间数据和属性数据的无缝集成和一体化存储管理对索引机制进行了优化，增加了二级过滤、缓冲区生成和叠加分析等过程。

（2）主要通过元数据表、空间数据字段（即 SDO_GEOMETRY 字段）和空间索引来管理空间数据，并在此基础上提供一系列空间查询和空间分析的函数，让用户进行更深层次的 GIS 应用开发。

（3）使用空间字段 SDO_GEOMETRY 存储空间数据，用元数据表来管理具有 SDO_GEOMETRY 字段的空间数据表，并采用 R 树索引和四叉树索引技术来提高空间查询和空间分析的速度

2. 技术优势

（1）为在数据库管理系统中管理空间数据提供了完全开放的体系结构，提供的各种功能在数据库服务器内完全集成，通过 SQL 定义和操纵空间数据，并可以访问标准的

Oracle 特性，例如，灵活的 N 层体系结构、对象功能、JAVA 存储过程以及强健的数据库管理工具等。保证了数据的完整性、可恢复性和安全性等特性。

（2）支持点、线串和 N 点多边形以及由这些类型组成的几何体。支持的空间模型是一个由元素、几何体和层组成的层次结构。空间层由几何体组成，几何体由元素构成。

（3）用过滤和求精技术来处理空间查询

（4）将空间索引功能引入数据库引擎

Oracle Spatial 提供了 R 树索引和四叉树索引两种索引机制来提高空间查询和空间分析的速度。用户需要根据空间数据的不同类型创建不同的索引，当空间数据类型比较复杂时，如果选择索引类型不当，将使 Oracle Spatial 创建索引的过程变得非常慢。

第8章 地理空间数据库管理系统

地理空间数据库管理系统（geospatial database management system，GDBMS），是在操作系统、数据库管理系统之上的一个面向空间数据管理的软件平台，是基于计算机数据库技术和网络通信技术解决与地球空间信息有关的数据获取、存储、传输、管理、分析与应用等问题的空间信息系统，是地理空间数据库的核心。由于空间数据不仅包括地理要素，而且还包括社会、政治、经济和文化要素，其特点数据类型繁多、数据操作复杂和数据量大等，这种内容的复杂性就导致了空间数据模型的复杂性（见第5章）。利用通用的数据库管理系统不可能管理空间数据，人们不得不改造和扩充通用数据库管理系统或者在操作系统文件管理的基础上研制空间数据库管理系统来满足空间数据管理特殊的要求。本章节主要介绍地理空间数据库管理系统的概念、定义功能、操作功能、空间数据操作功能和空间数据可视化查询。

8.1 地理空间数据库管理系统功能概述

地理空间数据库管理系统是对地理空间数据进行输入、编辑、处理、存储、分析和输出的地理空间型数据库管理系统。系统所有功能都是基于某种地理空间数据模型实现的。因此，空间数据模型是 GDBMS 的灵魂。图 8.1 给出了现实世界的地理空间、数据区、数据块、要素层和地理空间实体构成一个层次空间数据模型框架。

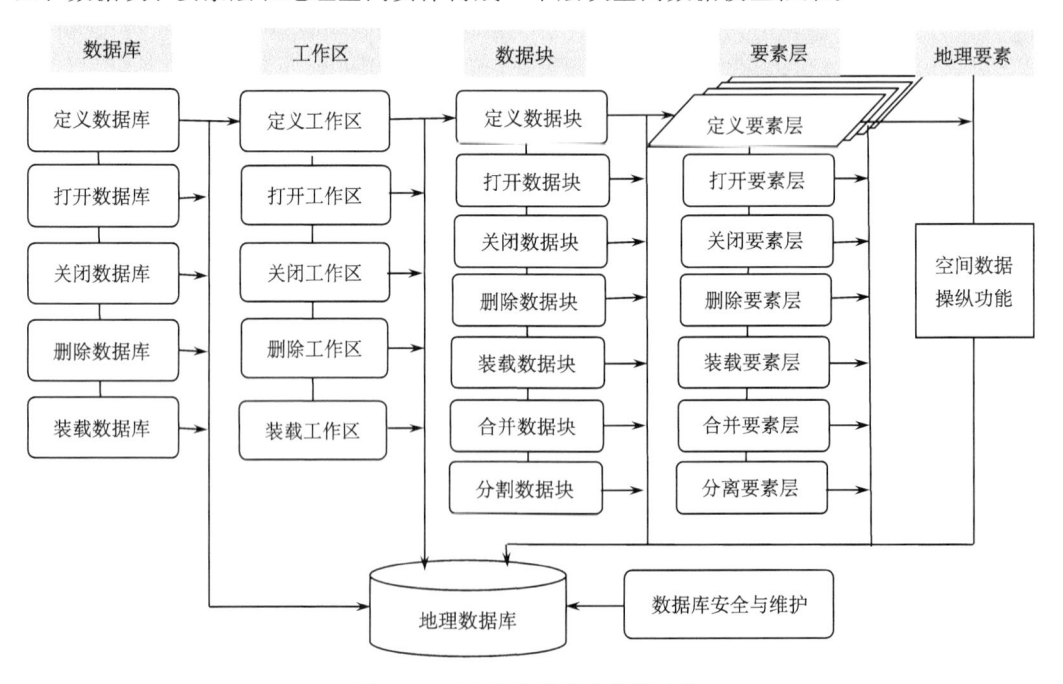

图 8.1 地理空间数据库操纵功能

在此框架基础上，将空间数据库分成数据库、工作区、数据块、要素层、复合要素、基本地理要素和几何对象等层次。空间数据库管理系统必须具备对这些对象的定义和操作的功能，如图 8.1 所示。

空间数据的几何形状的输入、更新和编辑修改必须在图形编辑系统中完成，这是一般的数据库管理系统不具备的功能。此外，空间数据处理、拓扑关系建立、空间数据可视化查询、数据质量检查等都是空间数据库管理系统独有功能，如图 8.2 所示。

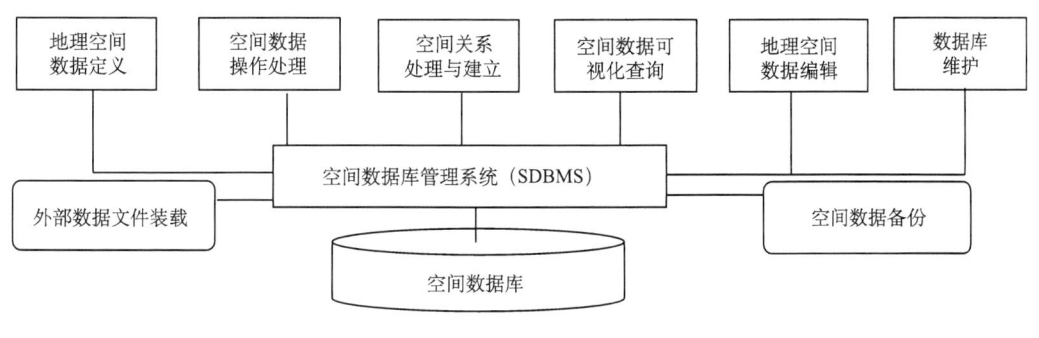

图 8.2　GDBMS 软件功能框架

8.2　空间数据库定义

空间数据库定义功能是空间数据库管理系统最基本的功能。用户通过它可以方便地描述空间数据库中的对象结构，来满足不同用户的需求。根据应用的地理信息需求，数据库中的数据被组织成结构化的集合。数据按照这些预先定义的数据结构被放入数据库。这些数据结构使用数据库定义功能加以定义。数据库管理系统根据用户定义的数据结构进行数据存储和管理。空间数据库定义功能主要有数据库、工作区、数据块、要素层、复合要素、基本地理要素等对象定义。

1. 空间数据库定义

空间数据库定义的主要内容有数据库名称、数据库元数据，数据库中包含工作区数和工作区名称。

2. 工作区定义

工作区定义的主要内容有工作区名称、工作区元数据，工作区中包含数据块数、数据块大小和数据块名称。

3. 数据块定义

数据块定义的主要内容有数据块名称、数据块元数据，数据块中包含要素层数、要素层类型和要素层名称。

4. 空间数据要素层定义

要素层定义的主要内容有要素层名称、要素层元数据，要素层中包含要素个数。

5. 基本地理要素对象定义

基本地理要素对象定义主要功能是对点、线和面状基本要素属性结构定义，包括点要素属性表、线要素属性表、面要素属性表和复合要素属性表。

SDBMS 除了具有数据定义的基本功能之外，还必须具有更改数据结构及其物理表示的能力。从数据库中去掉一个结构、插入一个新结构或更改一个现有的结构，这些性能都必须在数据库定义语言中来完成和维护数据库。大多数数据库生命周期很长，往往一个数据库生成后，在数据库系统的生命期内不断地更新，不可避免地增长和改变，根据实际应用，需要作一些调整，修改数据库中结构。这样才能体现出数据库系统的优越性。

8.3 空间数据库操作

数据库操作就是用户（应用程序员、终端用户以及系统用户）对数据提出的各种操作要求，实现与数据库的信息交换。数据操纵语言就是对数据库进行操纵的工具。

1. 空间数据库操作

空间数据库操作功能有打开（登录）数据库、装载数据库、关闭数据库和删除数据库等。

1）登录数据库

输入数据库名、用户名称、口令和主机名称。

2）装载数据库

主要完成数据库数据备份和数据库数据与其他数据库库数据进行交换。

3）关闭数据库

数据库操作完成时，通过关闭数据库实现数据的备份等功能。

4）删除数据库

通过删除数据库操作，实现空间数据从数据库中永远消失，释放所占计算机资源空间。

2. 工作区操作

工作区操作功能有创建工作区、打开工作区、关闭工作区、删除工作区和装载工作区等。

1）新建"工作空间"

输入工作空间图幅的行列数、分层数、层名、层中要素和输入图层名。

2）打开"工作空间"

输入工作空间的名称，将工作空间图幅的行列数、分层数、层名和层中要素等管理信息从硬盘调入内存。

3）关闭"工作空间"

输入工作空间的名称。将内存中存放的工作空间数据写入硬盘。

4）删除"工作空间"

将数据库中工作空间的所有内容全部删除，释放所占计算机资源空间。

5）修改工作空间理论范围

修改工作区的实际范围的值和理论范围等。

6）修改要素属性结构

修改每层要素属性结构，包括数据项个数及类型。也可以是对原有结构的修改、增加或删除某些字段。

7）输出数据库结构

功能是把各个层的点、线、面要素的属性结构输出到文件中。

8）压缩数据

对要素数据的压缩操作。删除那些没有意义的要素。

3. 数据块操作

数据块操作功能有创建数据块、打开数据块、关闭数据块、数据块合并、数据块分割和装载数据块。

1）新建数据块

输入数据块名、数据块大小，即左下和右上坐标。

2）打开数据块

将数据块大小、基本要素个数等管理信息从硬盘调入内存。

3）关闭数据块

将内存中存放的数据块数据写入硬盘。

4）删除数据块

将数据库中数据块的所有内容全部删除，释放所占计算机资源空间。

5）数据块合并

在工作区中选择合并的数据块，进行数据合并产生新的数据块，存放到外部工作区域，如图8.3所示。

在当前工作区内选定一个区域（可以跨一个或多个数据块，阴影色为选定的区域）合并到一个数据块，并存储到外部工作区域，如图8.4所示。

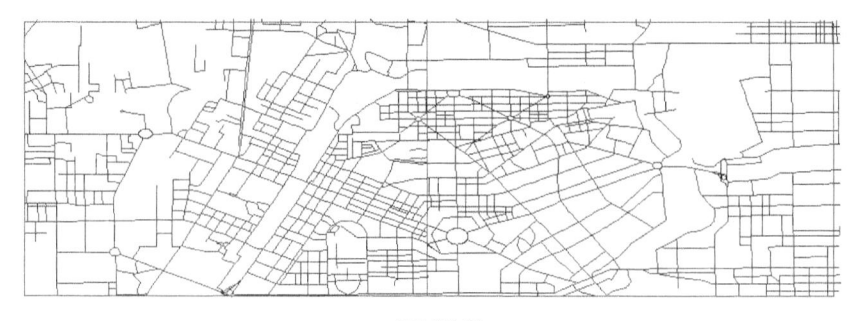

所选数据块

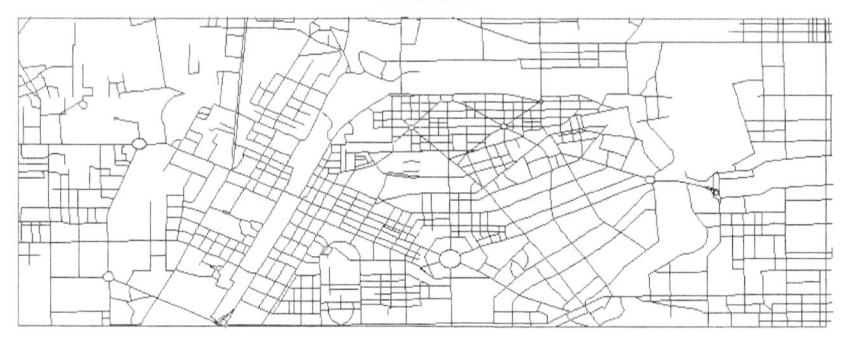

合并数据块

图 8.3 数据块合并

工作区中选择数据块范围

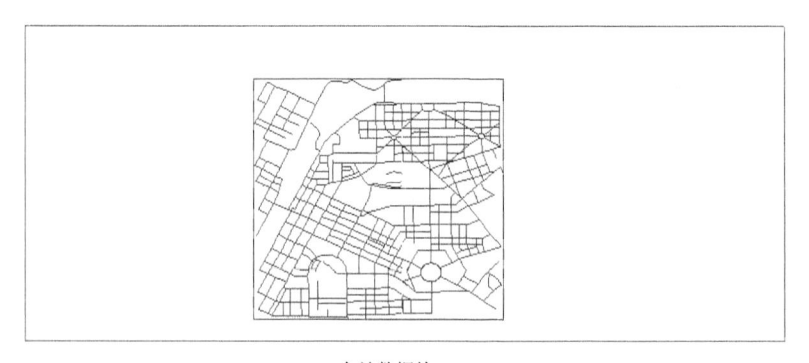

合并数据块

图 8.4 任意区域数据块合并

6）接边处理

在数据库中数据块是独立存放，数据块与数据块之间在物理上是独立的，为了在逻辑上一致，往往进行接边处理。在接边处理时，往往根据数据块 4 个邻接方向，以当前数据块为基准，向左、向右、向上和向下依次处理。可以采用自动方式、也可以采用手动方式。

4. 空间要素层操作

要素层操作功能有创建要素层、打开要素层、关闭要素层、要素层合并、要素层分割、装载要素层和要素层编辑状态设置等。

1）新建要素层

输入要素层名，层中要素数自动生成。

2）打开要素层

输入要素层的名称，将要素层中的要素数等管理信息从硬盘调入内存。

3）关闭要素层

输入要素层的名称。将内存中存放的要素层数据写入硬盘。

4）删除要素层

将数据库中要素层的所有内容全部删除，释放所占计算机资源空间。

5）修改层名

直接修改或重新输入要素层名称。

6）要素层合并

合并两个图层为一层。

7）要素层分离

从当前要素层按地理要素属性或人工选择地理要素分离并存放到新建要素层中。

8）图层重组

可根据需要随时添加新层，也可删除不需要的已建层，还可重新组合要素主题修改选中层。

9）图层顺序调整

互换工作区中两层的顺序。通过修改层号，实现层号从 0 开始。

10) 建立要素层空间关系

对于图块的某个图层，根据边坐标数据可自动拓扑生成结点和线、面拓扑关系数据。需要设置当前图层为可编辑的，并在系统设置中设置参数、拓扑类型（面拓扑，还是网络拓扑）和拓扑限差。

11) 属性数据输入

在图形输入与拓扑生成无误的情况下我们即可考虑输入属性。对于初次的批量输入，我们可以首先进行整体的初始化，建立起属性表。随后可以通过打开相应表格编辑获取各属性值；也可通过"信息工具"逐个目标的输入和编辑。

5. 空间数据维护操作

它包括数据库的转储、恢复功能，数据库的重组织功能和性能监视、分析功能等。这些功能通常是由一些应用程序完成的。按空间数据模型，设计数据结构，在结构化数据基础上对空间数据进行存储和检索是空间数据库管理系统的核心技术模块，包括并发控制、安全性检查、完整性约束条件的检查和执行、数据库内部维护（如索引、数据字典的自动维护）等。所有数据库的操作都要在这些控制程序的统一管理下进行，以保证数据的安全性、完整性以及多用户对数据库的并发使用。

我们使用空间数据库时，总希望空间数据库的内容是正确可靠的，但由于计算机系统的故障（包括机器故障、介质故障、误操作等），空间数据库可能会遭到破坏，这时如何尽快恢复数据就成为当务之急。如果平时对空间数据库做了备份，那么此时恢复数据就显得容易得多。由此可见，做好空间数据库的备份是维护空间数据安全的重要措施。

6. 空间数据备份操作

利用 SDBMS 对空间数据备份我们可以利用 DBMS 本身的备份功能，这里以 Oracle 为例，有三种备份方式：

1) 脱机备份

在关闭数据库的情况下，将所有与数据库有关的文件利用操作系统的复制功能转存在别的存储设备上，也称操作系统的冷备份。

2) 逻辑备份

将数据库的内容导出以二进制文件的方式存储，在需要的时候将该文件重新装载可以恢复数据库。

3) 联机热备份

上两种方式是在没有用户对数据库的访问时进行的，在备份的过程中用户无法访问数据库，而且只能保证数据备份之前的一致性，无法保证备份期间的一致性。因此，对于需要实时备份的情况就要运用联机热备份。

7. 空间数据交换操作

除了利用 DBMS 本身的备份功能外，SDBMS 还应提供在数据库、工作区、数据块、要素层等层次的空间数据出库功能，其文件格式一般采用其他常用系统或标准的外部空间数据文件格式，例如，Arc/Info 数据交换格式、MapInfo 数据交换格式、AutoCAD DXF、地球空间数据交换格式或者自己定义的任何格式等。

8.4 空间数据操作功能

8.4.1 空间数据获取

地理空间数据获取主要是矢量结构的地理空间数据获取，包括空间位置数据和属性数据的获取。文字、数字形式的属性数据与一般计算机数据一样，不用解释。在空间位置数据中，采用不同设备的技术，对各种来源的空间数据进行录入，并对数据实施编辑，获取原始的空间数据。空间数据获取包括 4 个方面的功能：利用扫描数字化地图进行空间数据自动或半自动采集；利用遥感影像提取空间数据来建立数据库；利用卫星定位系统和测量仪器外业数据采集；利用空间数据编辑处理功能以人机交互方式采集空间数据，同时录入必要的属性数据。空间数据获取过程如图 8.5 所示。

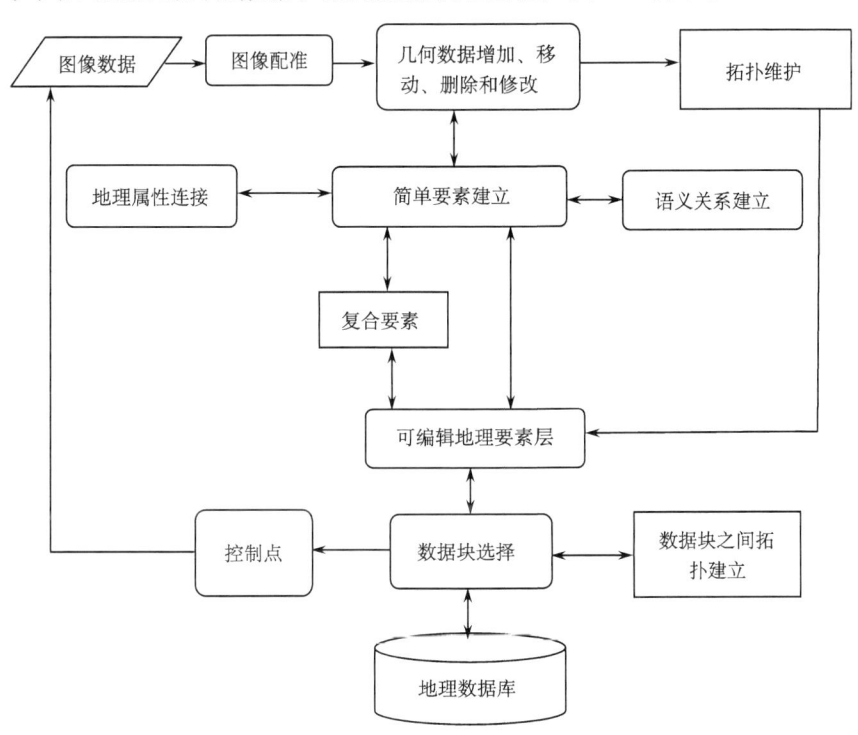

图 8.5 地理空间数据采集与编辑流程图

利用扫描数字化地图进行空间数据自动或半自动采集，将扫描数字化地图（以栅格格式）作为地图图像层中的图像块进行存储，输入必要的控制点信息，进行配准和图像式样调整等处理。在地图图像层的基础上进行空间数据采集。

利用遥感影像提取空间数据来更新数据库，将遥感影像进行正射影像改正，以正射影像形式作为图像块背景进行存储，输入必要的控制点信息，进行配准和图像式样调整等处理。在遥感影像基础上进行空间数据提取。

在显示扫描数字化地图和遥感影像条件下利用地理数据编辑与处理功能以人机交互方式采集空间数据，同时录入必要的属性数据。

1. 地理数据显示控制

提供地理数据符号化和非符号化开关，使数据编辑可以在地理数据符号化和非符号化两种情况下进行；确定当前窗口、视口、缩放比例（横、纵向比例）、漫游位置，获得工作区中各要素层有关信息，以控制地理数据显示；进行地理空间实体选中、加亮或闪烁显示被选中空间实体。

2. 空间数据获取

在扫描数字化地图和遥感影像为底图背景显示的基础上，利用点、线、面地理空间实体进行空间数据采集，采集的数据作为一个矢量数据层来存储。在地理数据可视化条件下，以人机交互方式对空间数据进行编辑，包括对空间数据进行增加、删除、移动、拷贝、分段、空间实体合并等处理。由于面状空间实体存储的是弧段（或链），所以数据编辑的基本对象是点和弧段。

3. 属性数据获取

单空间实体编辑，选中某地理空间实体，以单表形式显示属性内容，人工交互对其进行输入和修改；多空间实体编辑，显示选中空间实体的属性表，人工交互逐项进行输入和修改。

对获取的空间数据进行错误检查和处理，包括断线处理和结点平差等功能。确定点、线、面空间实体的拓扑关系，即局部拓扑关系的维护。

4. 复合要素

在选择简单要素的基础上人机交互建立复合要素的关系，并存入数据库。确定数据块之间的拓扑关系。

8.4.2 空间关系建立

如何根据原始地理空间数据正确、自动、快速地建立地理实体之间拓扑关系，是空间数据库管理系统的重要功能之一。所获取的点、线、面地理实体数据的空间关系建立，可采用手工编辑和自动生成两种方法。复杂的空间关系，一般采用人工输入方法；在二维平面上简单的点-线，线-面拓扑关系可以基于数学算法计算机自动生成。这里主要介绍基于二维空间的点-线、线-面拓扑关系自动生成方法。其流程如图 8.6 所示。

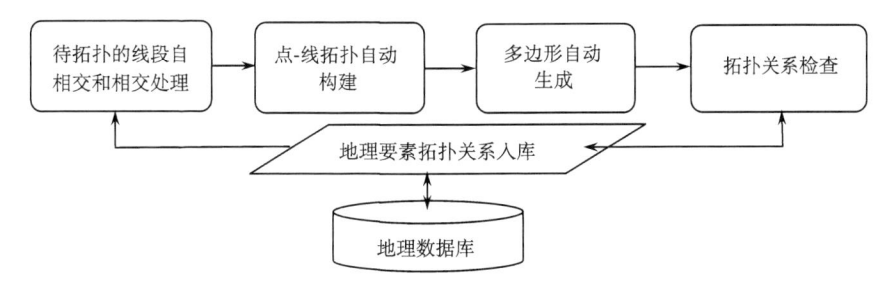

图 8.6 拓扑关系处理流程图

1. 图形数据预处理

在二维空间上点-线、线-面拓扑关系建立的基本要求是线状地理实体在二维平面上不自相交。在自动拓扑关系生成前，往往对当前图层中的线目标进行"自相交断链"和"线线相交断链"处理。经过自动断链处理后线段的 ID 序号将全部改变，如图 8.7 所示。

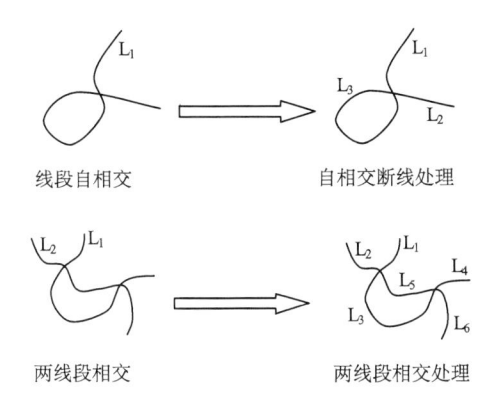

图 8.7 二维平面上线段相交处理

2. 点-线拓扑关系生成

点-线拓扑关系是最常用的要素拓扑关系，如道路网络拓扑关系，也是建立线-多边形关系的基础。建立点-线关系常见的方法是结点匹配算法。首先根据地理空间数据的精度选择合适的匹配限差（如 0.1m），计算机自动把满足匹配限差的线段首末点归结为一点，然后建立点与线段的拓扑关系。

3. 线-多边形拓扑关系生成

多边形是地理空间数据中基本图形类型，常用来描述面状分布的地理要素。平面上一条不自相交的有向封闭线所形成的图形为多边形，该线即为多边形的边界。按左手法则，若边界的前进方向左侧为多边形区域，则该方向为多边形边界的正向。如果线的数据采集方向与多边形边界的正向一致，线段方向记为正，反之记为负。一般情况下，一条线分别为两个不同多边形的边界，在这个多边形中为正，在另外一个多边形中肯定为负。

多边形自动生成是空间数据组织管理重要功能。多边形生成的基本思想是：从点与线段的拓扑关系中的第一结点对应的第一线段开始，沿逆时针方向搜索它所对应的多边性，通过对该线段下一结点所对应的其他线段的计算方位角的判断，确定该多边形的下一后继线段；再以该后继线段的下一结点判断其后继线段，直到回到起始结点。然后跳转点与线段的拓扑关系中的第一结点所对应的下一线段，重新开始搜索另一多边形，直到第一结点所对应的线段全部搜索完毕。在转入点与线段的拓扑关系中的下一个结点，按上述规则重新开始。依次，直到生成了完整而不重复的线-多边形拓扑关系。

4. 拓扑关系检查

由于空间位置数据采集误差和匹配失误（匹配限差选择不当），出现部分线段的首末点与其他线段无邻接关系，导致某些多边形不封闭。这些误差最有效的检查手段是图形可视化。"连通性搜索"可完成拓扑连接的初步或概略检查；"显示结点的度"可完成拓扑连接的精确检查；"指定点"、"搜索最短路"可计算任意两点间最短路径，用以对照图形进行检查。利用可视化方法检查空间拓扑关系，如图 8.8 所示。

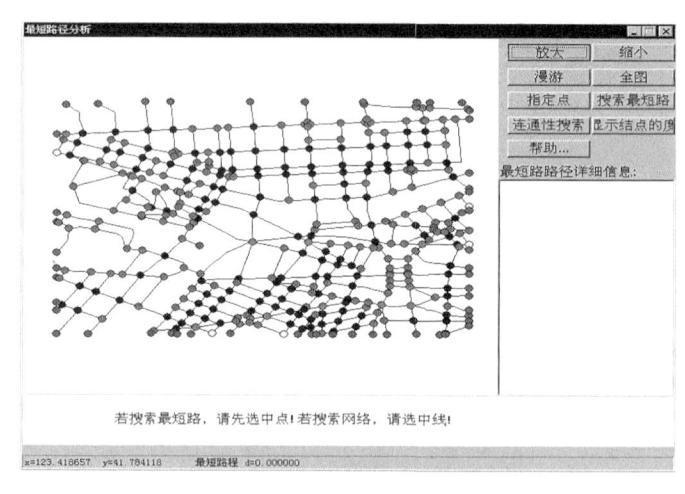

图 8.8　空间拓扑关系可视化检查

通过拓扑检查或其他检查方式发现的问题，要对相应的图形进行编辑和修改，修改后的图形必须重新进行拓扑。对拓扑的结果还需进行再次细致检查，此过程要反复多次，直至基本无问题。另外还要通过图形编辑如加内点、移内点等操作对照底图图像对图形作进一步修饰，使图形达到既有精度又尽量美观的效果。

8.4.3　空间数据的检索和查询

查询属于数据库的范畴，一般定义为作用在库体上的函数，它返回满足条件的内容。查询是用户与数据库交流的过程。查询、检索是地理空间数据库中使用最频繁的功能之一。用户提出的很大一部分问题都可以以查询的方式解决，查询的方法和查询的范围在很大程度上决定了空间数据库管理系统的应用程度和应用水平。

检索，就是从空间数据库的全集合中按照检索标准迅速挑选出用户所需要的部分内容。良好而快速的多功能检索，是空间数据库所必须具备的基本条件之一。空间数据库适用性的好坏。在很大程度上与检索手段的多样性，适应性及检索速度的快慢有关。空间数据库一般应具有如下检索功能。

定性检索，也称标题检索，它是按地物的属性代码从数据库中提取数据。

定位检索，也称开窗检索，它是按指定的矩形范围提取范围内全部空间实体的数据。

识别号检索，当物体的识别号为已知时，使用物体的识别号检索十分方便，且检索效率提高。

拓扑检索，它是将空间实体划分为弧段和节点，给定弧段或节点检索出一批与给定元素相关联或者相邻接的元素。例如，将地图上的交通网、河流网，境界抽象为拓扑学中的有向和无向图或图的集合，则各种线状空间实体就是"弧段"，而居民地（圈形符号）、车站以及道路交叉点、河源河口等线状空间实体的端点和交点就是"节点"。当给定一个居民地时，可以检索出所有交于此点的公路或铁路的数据。

组合检索，将空间数据库中空间数据按其属性、位置和空间关系进行单项查询或多项组合查询。组合检索的应用，使用户从数据库中提取数据的灵活性大大的提高。

分析检索，用于实现对地理网络的基于网络拓扑关系的空间分析，最优路径分析。

地理空间数据库需要强有力的查询语言的支持。空间查询语言不仅可以使地理空间数据库用户方便地访问、查询和处理空间数据，也可以实现空间数据的安全性和完整性控制。随着分布式技术的发展，在客户/服务器环境下，空间查询语言的重要性愈发明显，因为用户的请求可以视为一种查询形式（图8.9）。

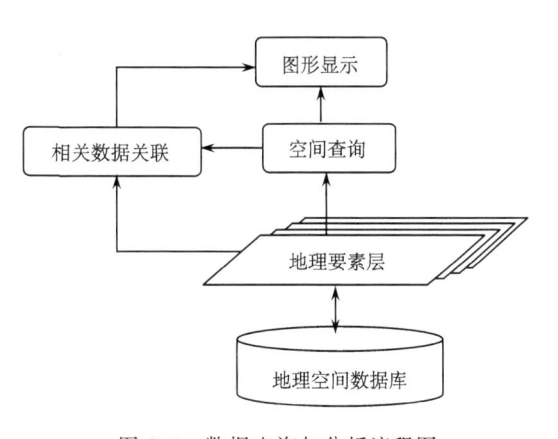

图8.9 数据查询与分析流程图

目前地理数据库大多是以传统的关系数据库为基础的。在关系数据库中，关系模型的功能都由其查询语言来体现。关系查询语言是用户和DBMS进行交互的界面（也叫用户接口）。SQL是一种"查询语言"。除了数据库查询，它还具有很多其他的功能，它可以定义数据结构，修改数据库中的数据以及说明安全性约束条件等。SQL有许多种版本，最早的版本是由IBM的San Jose研究室提出的。该语言最初叫做Sequel，发展到现在，它的名字已变为SQL（结构化的查询语言）。现在有许多产品支持SQL语言，SQL已成为国际标准关系数据库语言。

地理数据库是一种特殊的数据库，其最大的不同是具有"空间"概念。而SQL语句通常是由关系运算组合而成的，非常适合于关系表的查询与操作，但并不支持空间运算，因此，不能进行空间数据的查询。

目前的空间数据查询语言是通过对标准SQL的扩展来形成的，即在数据库查询语言上加入空间关系查询。为此需要增加空间数据类型（如点、线、面等）和空间操作算子（如求长度、面积、叠加等）。在给定查询条件时也需含有空间概念，如距离、邻近、叠加等。

1. 空间数据类型与算子操作

相对于一般 SQL，空间扩展 SQL 主要增加了空间数据类型和空间操作算子，以满足空间特征的查询。空间特征包含空间属性和非空间属性，空间属性由特定的"Location"字段来表示。

1) 空间数据类型

除具有一般的整型、实型、字符串外，还具有下列空间数据类型：Point（Pnt）点类型；ARC 弧段类型；Polyline（Poly）不封闭的"面条"类型；Polygon（Pgn）多边形类型；Image 图像类型；Complex 复杂空间特征类型。以上类型是针对"Location"字段而言的。

2) 空间操作算子

空间操作算子是指带有参数的函数。通常它以空间特征为参数，返回空间特征或数值。空间操作算子主要分为两类：一元空间操作算子和二元空间操作算子。

一元空间操作算子指该算子只有一个操作对象，它与 SQL 中的聚集函数相似。SQL 中聚集函数主要有 COUNT（）、SUM（）等。一元空间操作算子的主要功能是提取边界、计算长度、面积等，具体有以下几种：

X_C（Pnt）、Y_C（Pnt）	取点的 X 和 Y 坐标
SP（Poly/Arc）、EP（Poly/Arc）	取面条线或弧段的起、终点
ARCS（Pgn）	取多边形的弧段
CENTROID（Pgn）	取多边形的中心点
LENGTH（Poly/Pgn）	计算面条线或多边形长度
AREA（Pgn）	计算多边形的面积
VORONOI（Pnt）	生成一组点的 Voronoi 图
BUFFER（Location）	生成点、线或多边形的缓冲区
FUSION（Location）	融合某些具有相同属性值的相邻多边形

二元空间操作算子是指具有两个操作对象的算子。它主要分为 3 种类型：二元几何算子、二元拓扑关系算子和二元创建算子。

（1）二元几何算子。二元几何算子主要指距离算子，距离可以是点、点之间，也可以是点、线之间（点与最近线段），即 DISTANCE（Pnt，Pnt）和 DISTANCE（Pnt，Poly）。

（2）二元拓扑关系算子。二元拓扑关系算子是指判断两空间特征之间基本拓扑关系的算子。它主要包括以下 6 种：

DISJOINT（Location，Location）	分离关系
OVERLAP（Location，Location）	相交关系

NEIGHBOUR（Location，Location）　　　相邻关系
TOUCH（Location，Location）　　　　相触关系
CONTAIN（Location，Location）　　　包含关系
EQUAL（Location，Location）　　　　相等关系

拓扑关系算子的取值皆为布尔值"TRUE"或"FALSE"。

（3）二元创建算子。二元创建算子是指从已有的两个空间特征通过运算得到新的特征及属性的算子。如果两个空间特征不满足一定的拓扑关系，那么操作的结果为空。例如，若两特征不相交，则交叠置的结果为空。二元创建算子主要有以下3个：

UNION（Pgn，Pgn）　　　　　　　　并叠置
DIFFERENCE（Pgn，Pgn）　　　　　 差叠置
INTERSECTION（Pgn，Pgn）　　　　 交叠置

2. 扩展关系数据库的查询语言（SQL）

通常，标准 SQL 的一般形式为：SELECT FROM WHERE，分别对应关系操作投影、笛卡儿积和选择。其中，FROM 语句代表所给关系的笛卡儿积，也就是定义了一个单独的关系。WHERE 语句中的选择和 SELECT 语句中的投影均作用于该关系上。根据此原理，如果重构 FROM 语句，使其产生一个中间（临时）关系，并容纳空间算子的结果，就意味着 SQL 被成功扩展了。事实证明该假设是可行的。具体的做法是将空间运算的结果作为新的属性值添加于原有关系笛卡儿积的末尾。这些派生属性与其他原始属性一样可以应用于 SELECT、WHERE 或 HAVING 语句中。

由于空间算子无法直接放置于 FROM 语句中，所以需使用嵌套的 SQL 语句。例如，下面查询中的 FROM 语句就使用了这样的子查询。

SELECT lu. ID，sl. ID，ILocation，areaval（查询＊）
FROM（SELECT ＊，INTERSECTION（lu. Location，sl. Location）AS ILocation，AREA（ILocation）AS areaval
FROM landuse AS lu，soil AS sl）
WHERE lu. type＝'Brushland' and sl. type＝'A' and areaval＞700 and areaval＜900

该子查询所产生的中间关系如图 8.10 所示。土地利用（landuse）与土壤（soil）的交叠结果由"ILocation"表示；交叠地块的面积由"areaval"表示。"ILocation"与"areaval"是两个新派生的属性，添加在土地利用与土壤关系表笛卡儿积的末尾。中间关系形成后，WHERE 语句中的选择和 SELECT 语句中的投影就可以顺利完成。

由上面的例子，可给出空间查询的一般形式。由于 GeoSQL 的 SELECT 和 WHERE 语句与其他的扩展 SQL 并没有区别，所以，这里只给出其 FROM 语句的 BNF 描述形式：

〈FROM 子句〉∷＝〈FROM〉〈关系表〉［，〈子查询〉］
〈关系表〉∷＝〈表名〉［｛，〈表名〉…｝］
〈子查询〉∷＝SELECT〈子 SELECT 语句〉FROM〈空间关系表〉
〈子 SELECT 语句〉∷＝＊，〈派生属性〉

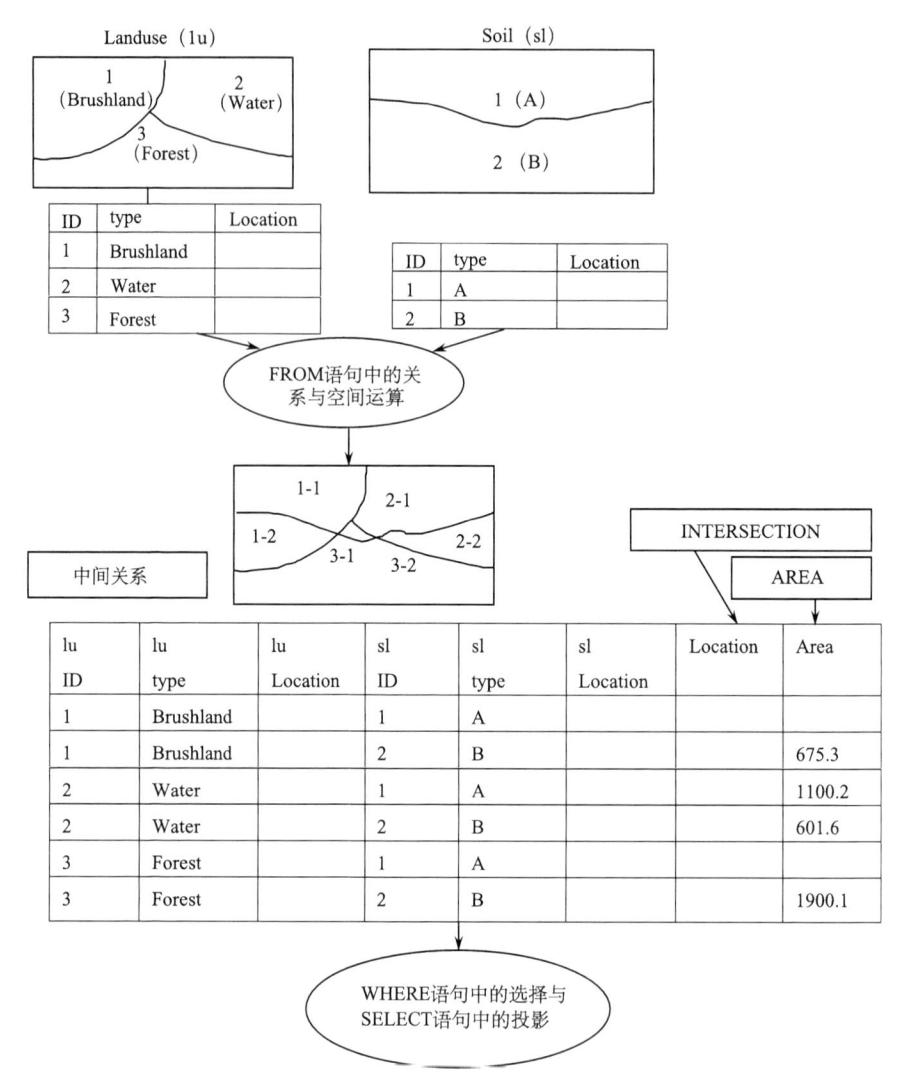

图 8.10 查询（*）中 FROM 语句所产生的中间关系

〈派生属性〉∷=〈空间操作算子〉AS〈属性名〉{，〈派生属性〉}
〈空间操作算子〉∷=〈一元空间操作算子〉|〈二元空间操作算子〉
〈二元空间操作算子〉∷=〈几何算子〉|〈拓扑关系算子〉|〈创建算子〉

其中，派生属性可以使用于 SELECT、WHERE 或 HAVING 语句中。

下面给出两个例子来说明如何由空间查询语言来表达空间分析问题。

实例 1 该例子的目的是为建一试验室选址。选址的标准为：① 土地利用类型为矮灌木地；② 土壤类型为"A"；③ 地址须位于现存下水道 300m 范围内；④ 地址须位于现存溪流 20m 以外；⑤ 地址的面积须大于 2000m²。

使用空间查询，该查询表示如下：

SELECT labLocation FROM（SELECT *，INTERSECTION（lu.Location，sl.Location）AS lsLocation，BUFFER（sw.Location，300）AS buflLocation，INTER-

SECTION（lsLocation，buflLocation）AS lsbLocation，BUFFER（sm.Location，20）AS buf2Location，DIFFERENCE（lsbLocation，buf2Location）AS labLocation，AREA（labLocation）AS areaval

FROM landuse AS lu，soil AS sl，sewer AS sw，stream AS sm）WHERE lu.type='brushland' and sl.type='A' ad areaval>2000

此查询使用了 INTERSECTION、BUFFER、DIFFERENCE 和 AREA 操作。通过中间变量的连接，这些操作陆续完成，并选出符合条件的地址。

实例 2 此实例是作土地适宜性评价，即要求出所有地块的适宜程度。

假设有三级适宜程度："高（Ⅲ）"、"中（Ⅱ）"、"低（Ⅰ）"。评价的步骤如下。

(1) 叠加土地利用（landuse）与土壤图

(2) 对叠加后的地块进行评价：① 如果土地利用是"Brushland"，土壤类型是"A"，那么适宜性是"Ⅲ"；② 如果土地利用是"Water"，土壤类型是"A"，那么适宜性是"Ⅰ"；③ 其他搭配，适宜性是"Ⅱ"。

(3) 合并具有相同适宜性等级、相邻且面积大于 100 m² 的地块

该查询表示如下：

SELECT FUSION（lLocation）
　　FROM（SELECT *，INTERSECTION（lu.Location，sl.Location）AS lLocation，AREA（lLocation）AS areaval
　　classfyval=（CASE lu.type ‖ sl.type
　　WHEN 'BrushlandA' THEN 'Ⅲ'
　　WHEN 'BrushlandB' THEN 'Ⅱ'
　　WHEN 'WaterA' THEN 'Ⅰ'
　　　　WHEN 'WaterB' THEN 'Ⅱ'
　　　　WHEN 'ForestA' THEN 'Ⅱ'
　　　　WHEN 'ForestB' THEN 'Ⅱ'
　　　　END）
　　FROM landuse AS lu，soil AS sl）
WHERE lLocation〈 〉NULL and areaval>100 GROUP BY classfyval

在此查询中，合并的过程由 SELECT 语句和 GROUP-BY 语句共同完成。使用图 8.11（a）中的数据，评价结果如图 8.11（b）所示。图中的小多边形没有适宜性等级是因为其面积小于 100m²。

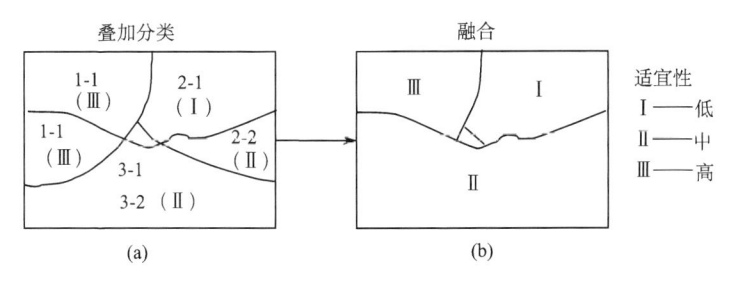

图 8.11 例 2 的结果

通过对标准 SQL 的扩展来实现空间数据的查询主要优点是：保留 SQL 风格，便于熟悉 SQL 的用户掌握，通用性较好，易于与关系数据库连接。

但 Egenhofer 于 1992 年在分析了扩展 SQL 作为空间数据查询语言的特点和局限后认为，对 SQL 扩展并不是空间数据查询的适当方案，其主要原因是：

（1）SQL 结构很难描述复杂的空间关系查询；

（2）简单的表格形式不能作为空间数据的表现形式。

对于空间数据查询语言，最关键的是对空间概念的描述。理想的情况是空间数据查询语言能完全表示人所理解的空间概念，但目前的空间数据查询语言所能理解和表达的空间概念还很有限。在这方面还需要作进一步的研究。

3. 可视化空间查询

可视化空间查询是指将查询语言的元素，特别是空间关系，用直观的图形或符号表示。因为对于某些空间概念用二维图形表示比用一维文字语言描述更清晰、更本质和更易理解。

可视化空间查询主要使用图形、图像、图标、符号来表达概念，具有简单、直观、易于使用的特点。可视化空间查询的主要优点是：自然、直观、易操作，用不同的图符可以组成比较复杂的查询。但也存在一些缺点，如当空间约束条件复杂时，很难用图符描述；用二维图符表示图形之间的关系时，可能会出现歧义；难以表示"非"关系；不易进行范围（圆、矩形、多边形等）约束；无法进行屏幕定位查询等。

可视化空间查询是为方便用户输入查询条件而设计的，在空间数据库中仍然要翻译成形式化的 SQL 语言。目前可视化空间查询所设计的图符以及所表示的操作缺乏规范性，不能表达所有的空间查询，但其简单、直观的特点值得其他空间查询方法借鉴。

4. 超文本查询

超文本查询把图形、图像、字符等皆当作文本，并设置一些"热点"（HotSpot），"热点"可以是文本、键等。用鼠标点击"热点"后，可以弹出说明信息、播放声音、完成某项工作等。但超文本查询只能预先设置好，用户不能实时构建自己要求的各种查询。

5. 自然语言空间查询

在空间数据查询中引入自然语言可以使查询更轻松自如。在 GIS 中很多地理方面的概念是模糊的，例如，地理区域的划分实际上并没有像境界一样明确的界线。而空间数据查询语言中使用的概念往往都是精确的。

为了在空间查询中使用自然语言，必须将自然语言中的模糊概念量化为确定的数据值或数据范围。例如，查询高气温的城市时，引入自然语言时可表示为：

```
SELECT    name
FROM      Cities
WHERE     temperature is high
```

如果通过统计分析和计算，以及用模糊数学的方法处理，认为当城市气温大于或等于 33.75℃时是高气温。则对上述用自然语言描述的查询操作转换为：

    SELECT   name
    FROM   Cities
    WHERE   temperature >= 33.75

在对自然语言中的模糊概念量化时，必须考虑当时的语义环境。例如，对于不同的地区，城市为"高气温"时的温度是不同的；气温的"高（high）"和人身材的"高（high）"也是不同的等。因此，引入自然语言的空间数据查询只能适用于某个专业领域的地理信息系统，而不能作为地理信息系统中的通用数据库查询语言。

6. 查询结果显示

GIS 空间数据查询不仅能给出查询到的数据，还应以最有效的方式将空间数据显示给用户。例如，对于查询到的地理现象的属性数据，能以表格、统计图表的形式显示，或根据用户的要求来确定。

空间数据的最佳表示方式是地图，因而，空间数据查询的结果最好以专题地图的形式表示出来。但目前把查询的结果制作成专题地图还需要一个比较复杂的过程。为了方便查询结果的显示，在基于扩展 SQL 的查询语言中增加了图形表示语言，作为对查询结果显示的表示。具有 6 种显示环境的参数可选定。

（1）显示方式（the display mode）：有 5 种显示方式用于多次查询结果的运算，即刷新、覆盖、清除、相交和强调。

（2）图形表示（the graphical presentation）：用于选定符号、图案、色彩等。

（3）绘图比例尺（the scale of the drawing）：确定地图显示的比例尺（内容和符号不随比例尺变化）。

（4）显示窗口（the window to be shown）：确定屏幕上显示窗口的尺寸。

（5）相关的空间要素（the spatial context）：显示相关的空间数据，使查询结果更容易理解。

（6）查询内容的检查（the examination of the content）：检查多次查询后的结果。

通过选择这些环境参数可以把查询结果以用户选择的不同的形式显示出来，但离把查询结果以丰富多彩的专题地图显示出来的目标还相差很远。

8.4.4 空间数据编辑功能

空间数据库管理系统提供图形编辑界面，实现对数据库的基本操作，包括查询、插入、删除和修改。图形编辑是适合空间数据特点的数据编辑方式，不仅要编辑地图要素的几何位置，而且要编辑要素的描述信息以及要素之间的空间关系。

通过可视化的空间数据（图形）和属性数据（属性表）选择地理空间实体，空间数据选择方式有：不同要素层中单空间实体选择、同一要素层中多个空间实体选择（包括单选、圆形选择、矩形选择和多边形选择）；通过给定的条件进行选择和查询（SQL 查询），选择和查询结果形成一个新的要素层，它是被选择要素层的一个映射，并非实在要素层，提供给某些分析功能使用，也可以存成一个实在要素层。

1. 加入线段

设置当前层为可编辑，选择工具菜单中增加线段项，使用鼠标左键在图上依次点下，形成坐标点串，左键双击时边在鼠标点下处结束，右键点下时则强制形成一个闭合的边。

2. 删除线段

设置当前层可编辑，选中要删除的边，选择工具菜单中删除线段按钮，或按下键盘上的"DEL"键。

3. 加入点

设置当前层可编辑，选择工具菜单中增加点按钮，在需要加入点的地方鼠标左键点下。

4. 删除点

设置当前层可编辑，选中要删除的点，选择工具菜单中删除点按钮，或按下键盘上的"DEL"键。

5. 边的内点操作——加入内点

设置当前层可编辑，选中要修改的边，选择工具菜单中加入内点按钮，在选中边上要加入内点的地方点下鼠标左键。

6. 边的内点操作——删除内点

设置当前层可编辑，选中要修改的边，选择工具菜单中删除内点按钮，在选中边上要删除内点的地方点下鼠标左键。

7. 边的内点操作——移动内点

设置当前层可编辑，选中要修改的边，选择工具菜单中移动内点按钮，在选中边上要移动内点的地方点下鼠标左键并拖动到合适的位置。

8. 接链

设置当前层可编辑，选中一条边，按下"SHIFT"键选择另一条边，选择工具菜单中接链按钮，用鼠标依次在两个边待联的端点点击。

9. 断链

设置当前层可编辑，选中一条边，选择工具菜单中断链按钮，用鼠标左键在此边需要断开处点下。

10. 拓扑编辑

主要包含以下内容：

1）结点拓扑编辑

设置当前层可编辑，选中一个结点，修改相关弧段。

2）弧段拓扑编辑

设置当前层可编辑，选中一个弧段，修改相关结点和左右多边形。

3）面拓扑编辑

设置当前层可编辑，选中一个面，修改相关弧段（ID号为负表示反方向）。

8.4.5 空间数据可视化

在地理数据可视化（符号化或非符号化）条件下，以人机交互方式对地理数据（包括空间数据、属性数据和注记）进行编辑和处理，建立复合要素和要素之间的空间关系，对输入和装载的数据进行错误检查和处理，确定各种类型空间实体的符号属性。

空间数据按不同要求进行检索和处理，其结果按规范规定的数据交换标准格式输出或按用户要求进行符号化处理输出到绘图机等图形输出设备上见图8.12。依据用户要求，可进行电子地图全符号化精度显示。系统应能提供工具型的对点符、线符、面符进行设计的软件工具。

地图符号库中存储的主要是地图符号的颜色码和图形信息，每个符号组成一个信息块。在国家基本比例尺地图符号库中，符号信息块表示的图形、颜色、符号含义以及适用的比例尺等，应尽量符合国家规定的地图图示。在专题地图制图或其他需要新设计地图符号的情况

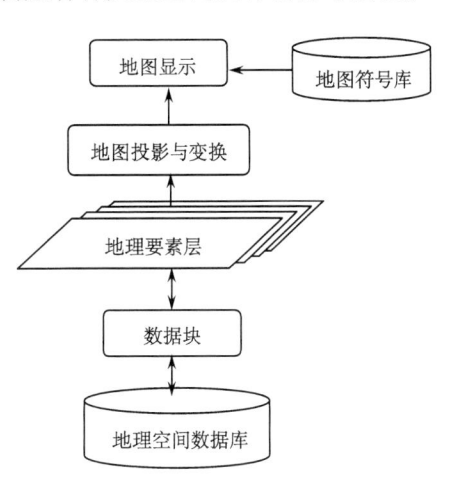

图 8.12 地图输出生成流程图

下，在设计符号时也应遵循：图案化、精确性、逻辑性、对比性、统一性、色彩象征性、制图与印刷可能性等一般原则。符号信息块的构成有两种方法：

（1）直接信息法。信息块中存储符号图形的矢量数据（图形特征点坐标）或栅格数据（足够分解力的点阵数据），直接表示符号图形的每个局部。这种信息块占用存储空间大，但有可能使绘图程序统一算法。

（2）间接信息法。信息块中只存储符号图形的几何参数（如图形的长、宽、间隔、半径、夹角等），其余数据都由计算机相应绘图程序的算法解算出来。这种方法程序量大，图形差异大的符号都需编各自绘图程序，但信息块要求的外存空间都较小。

矢量符号库是按矢量数据格式来组织符号信息的。

（1）点状符号信息块。点状符号是指定位于某一点的个体符号，如普通地图上的控制点、独立地物、非比例居民地符号，专题地图上的定点符号等。

（2）线状符号信息块。地图上各类线状符号往往是由某一图案（线状符号的基本单

元，亦称重复元）沿线状要素的中轴线串接而成。图案坐标系的 x 轴与线状要素中轴线重合，在转弯处亦随着弯曲变形。绘图时由程序完成图案的定位，弯曲处理和串接等工作。图案坐标系的原点在图案的首端。图案示例如图 8.13 所示。

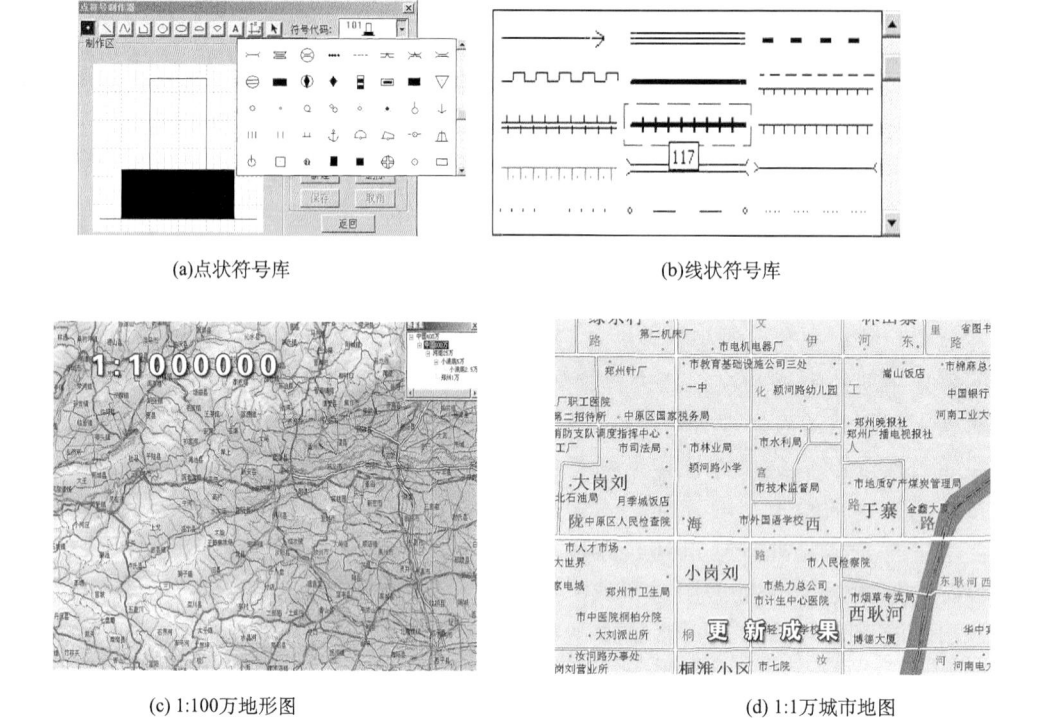

(a)点状符号库

(b)线状符号库

(c) 1:100万地形图

(d) 1:1万城市地图

图 8.13　空间数据可视化

（3）面状符号信息块。面状符号由填充符号在面域内按一定方式配置组合而成。多数情况下，填充符号在面域内是按一定方向、一定间隔（行距）逐行配置的。晕线是面状符号形式之一。其他各种面状符号亦可像计算晕线端点那样事先算出各行与轮廓边的交点，然后在每对交点间配置相应的填充符号。

（4）栅格符号。栅格符号库中的点状符号信息块和线状符号信息块可由矢量符号信息块转换得到，也可对符号的标准样式直接扫描获得。在栅格符号库中，点状、线状两种信息块中栅格坐标系的确定要便于符号定位。栅格符号库中面状信息块的组成不同于矢量库。地图上规则分布的面状符号，在平面上总可以划分成等大的图案块，每个图案块的图形相同。故面状符号是由这样的图案块（即重复元）在区域内拼接而成，在轮廓边处要裁去超出轮廓的部分。

第9章 地理空间数据库系统设计

我们把地理空间数据库系统从开始规划、设计、实现、维护到最后被新的系统取代而停止使用的整个期间，称之为地理空间数据库系统的生存期。这个生存期一般可划分为需求分析、概念设计、逻辑设计、物理设计、实现、运行和维护等7个阶段。其中需求分析、概念设计、逻辑设计、物理设计，实现为空间数据库系统设计阶段。本章主要介绍数据库设计的内容、基本方法、设计过程以及数据库设计评价方法。

9.1 空间数据库设计的内容与要求

由于空间数据库技术的出现和发展，促使计算机应用更加广泛的渗透到城市规划、土地管理、科学研究、工程技术和国防军事等各个领域。在这些需要空间数据库技术的领域中，当前存在的问题是如何更有效地应用空间数据库技术，而空间数据库应用系统的中心问题就是地理空间数据库设计。

9.1.1 空间数据库的设计内容

地理空间数据库设计的主要内容是根据具体地理空间数据库应用目的和工程要求，在一个特定的应用环境中，确定能被一定的空间数据库管理系统接受的最优数据模型、处理模式、存储结构和存取方法，实现对应用系统有效的管理，满足用户信息要求和处理要求。其核心是不同应用目的概念地理空间数据模型到地理空间数据管理系统的地理空间数据模型之间的转换。简而言之，空间数据库设计是把现实世界中一定范围内存在的应用数据抽象成一个数据库的具体结构的过程。

地理空间数据库管理系统是根据现实世界的抽象模型加以实现。在实际应用系统中，空间数据的现实形式范围很广，为了能有效地设计和实现，在不同情况下我们需要不同的数据库建模和设计方法。

数据库设计的主要内容为：

1. 静态设计

也叫结构特性设计，根据给定应用环境，设计数据库的数据模型或数据库模式，它包括概念结构设计和逻辑结构设计。

2. 动态特性设计

确定数据库用户的行为和动作，即数据库的行为特性设计，包括设计数据库查询、事务处理和报表处理等。

3. 物理设计

根据动态特性，即应处理要求，在选定的空间数据库管理系统环境下，把静态特性设计中得到的数据库模式加以物理实现，即设计数据库的存储模式和存取方法。

9.1.2 空间数据库的设计要求

在讨论数据库的结构与设计方法之前，先介绍一下数据库设计的原则要求，以便在设计时心中有数，能根据用户要求、当前的经济技术条件和已有的软、硬件实践经验，来选择有效的、与之适应的设计方法与技术。

1. 数据独立性

设计数据库时，首先要求保证数据独立性，做到系统数据存储结构与数据逻辑结构的变化，尽量不影响应用程序和用户原有的应用。

2. 减少数据冗余，提高共享程度

同一系统包含大量重复数据，不但浪费大量存储空间，还潜在有不一致的危险，即同一记录在不同文件中可能不一样（如修改某个文件中某个数据而没有在另外的文件中作相应的修改）。因此，设计数据库时要消灭有害的数据冗余，提高数据的共享程度。但是，有时为了缩短访问时间或简化寻址方法，也人为地使用数据冗余技术；为了保证数据库的快速恢复，也需要不断地建立数据库的副本。所以，在设计数据库时，只能要求消除有害冗余，而不能要求去掉一切冗余数据。

3. 用户与系统的接口简单

系统应具有很强的数据管理能力，能满足用户容易掌握、使用方便的要求。例如，使用高级的非过程化的询问语言或简单的终端操作命令，为用户提供简单的逻辑数据结构；能适应批处理应用程序要求数据流量大、终端用户需要"响应时间"满足人机对话的要求、实时系统要求快速响应等的操作环境；具有处理非预期询问的功能等。

4. 确保数据库系统的可靠、安全与完整

一个数据库系统的可靠性体现在它的软、硬件故障率小，运行可靠，出了故障时可以快速地恢复到可用状态；数据的安全性是指系统对数据的保护能力，即防止数据有意或无意地泄露，控制数据的授权访问，故在设计系统时必须增加各种安全措施，这已成为当前计算机系统专家们专门研究的课题；完整性是保证数据库公共包含正确数据的问题，不正确的数据可能由有意或无意的错误操作产生，也可能由某些不符合实际情况的错误推导产生。总之，设计数据库时要求系统尽可能做到维护数据的完整性，目前的系统通常设置各种完整约束条件来解决这一问题。

5. 应具有重新组织数据的能力

数据库系统通常把用户频繁访问的数据放在快速访问设备上（如磁鼓或磁盘），而把很少访问的数据保存在慢速访问设备中（如磁带），但数据访问的频繁程度并不是一成不变的；另外，数据库经过一段时间运行后，由于频繁的插入、删除操作，使原有的物理文件变得很乱，时空性能很差。为了适应数据访问频率的变化，提高系统性能，改善数据组织的零乱和时空性能差，都要及时有效地改变文件的结构或物理布局，即改变数据的存储结构或移动它们在数据库中的存储位置，这种改变称为数据的重新组织。现今设计的数据库系统总是周期地由系统自动来完成这个任务。

6. 应充分注意系统的可修改与可扩充性

整个系统在结构和组织技术上应该是容易修改和扩充的。因为一个数据库通常不是一次而是逐步建立起来的。企业的操作数据常在不断地增加和扩充；另外，数据库的用户和应用也会不断地变化。所以在设计数据库时要考虑与未来应用接口的问题，不至于因为以后情况的变化而使整个数据库设计推倒重来或使已经建成的数据库系统不能正常工作。并且在修改和扩充系统后，不应影响有用户的使用方式，如不必修改和重写原有的应用程序。

7. 应能充分描述数据间的内在联系

人们建立数据库，是想用数据反映客观事物及其间的联系。于是数据库系统必须有能力描述反映客观事物及其联系的复杂的数据逻辑结构，而不应使用那些不能充分反映事物内在联系的简单的数据结构。如道路与连接居民地之间是一种多对多的联系，不适合用树形结构表示；但地理空间、数据区、数据层、实体要素之间的联系用树形结构来表示是可以的。

9.2 地理空间数据库系统设计方法

地理空间数据库设计是个复杂的过程，在这个过程中需要将现实世界中的事物最终转化为由机器世界所存储和管理，所以要求数据库设计师必须对实际应用对象和数据库技术这两方面都有充分的了解。很长时期以来，数据库设计人员由于找不到好的设计方法和工具而只能凭经验和直觉来设计数据库，所以数据库设计往往被认为是一门技艺而并不是一门科学。

随着实际应用对象的日益复杂，数据库设计工程已成为一项软件工程，通过对软件工程的研究，数据库设计工作者将数据库设计分解为概念设计、逻辑设计、物理设计和系统维护等几个阶段，并逐渐对各个阶段提出了一些设计的理论和方法。但是由于数据库设计横跨了现实世界和机器世界，所以一直没有找到一种综合的方法能将数据库设计各个阶段的设计方法和工具集成为一个整体的设计方法，特别是由于现实世界的丰富语义特征，更加增加了这项工作的复杂性。

然而，近几年在数据库设计方面已经开发了许多新的技术，从而逐步形成了数据库设计方法,即从用户数据结构的形式化分析开始,经过一系列结构化的设计步骤,最终由用户需求演变到数据库的物理设计。

在数据库设计的不同阶段使用不同的方法。在数据分析阶段,设计人员主要考虑如何定义组织中的数据,从而确定组织模型。这个模型必须包括所有重要的数据联系,同时,模型中必须使用用户和计算机专业人员都理解的术语。如果成功地完成了数据定义,则这个组织模型就会成为系统说明,该系统说明经用户确认后,成为下一个阶段技术设计的依据。在技术设计阶段,将在计算机上实现系统说明。在数据库设计中已经开发了多种设计技术,数据库设计人员可以从中选择一些技术,然后将这些技术组合起来构成设计方法。设计技术很多,其排列组合可以组成多种设计方法;在一定条件下,一些设计方法可优于另一些设计方法。本书不准备推出一种理想的设计方法,而是准备介绍各种设计技术。数据库设计者根据自身的环境和问题自己去择选最合适的设计技术,去形成自己的设计方法。

9.2.1 信息建模

信息建模是为了识别应用中的主要实体,并用空间实体数据库模式模型将他们模型化。使用需求分析和初始数据库设计中收集的信息,完整地、正确地定义这些主要实体提供的重要信息。这些定义实体的限定根据使用的数据模型以某种方式组合。下面讨论数据库设计模型中所包含的各种定义。

1. 数据实体

在一般空间数据库模型中的基本项目是空间实体。实体被看作一个原子的现实世界项目。如一条道路。道路是一个实体,因为它不能被进一步分割而代表同一事物。但这不是指实体不能被进一步描述。如前所述,一条道路还具有其他描述该实体的特性。被称作道路的实体含有的信息足以唯一地定义道路。在现实世界中出现了多种类型的道路,但在空间数据库中,我们只用一种形式为一般类型的客观实体命名。因此,描述所有道路的实体被命名为 ROAD,而不是 roads。数据实体表示客观事物的模型,它以计算机可读的形式定义以便存储和引用。一个数据实体总是唯一在应用环境的数据库模型中定义。在计算机中,实体的物理实现与实体的组织部分的定义有关,还和使用的媒体、语言和计算有关。

2. 数据属性

一个实体由其他描述信息组成。此描述信息唯一地定义了实体的组成。一个实体的组成元素被称为属性或数据项。一个属性是一个信息的原子单元,它描述了命名实体的有关内容,例如,实体 ROAD 的属性有名称、编号、宽度、路面质量。这些属性提供了关于 ROAD 实体的其他信息。这些信息提供了以机器可读的形式唯一定义道路实体的方法。在大多数数据库建模语言中,各个属性被唯一命名并用小写字母表示,例如,ROAD 实体可表示为

ROAD(name, number, width, road surface)

这种表示被称为实体的逻辑描述，因为它不包括实体及其属性的机器格式。

数据属性用计算机可以使用的模型表示了实体的组成成分。实体及其属性的物理表示通常用命名文件和文件的物理记录结构等概念加以定义。命名实体可能等同于命名文件，同时实体的属性可能等同于文件的记录。每个记录都有相同的物理描述并且占据等量的物理存储空间。记录的元素（数据字段）直接对应命名实体的属性。

不同实体的属性名可能相同。但同一个实体的不同属性不能同名。不同实体的同名属性通过把实体名和属性名相结合加以区别，例如，ROAD 实体和 RIVER 实体可以有同名属性（如 width）。引用其中一个属性时，我们可联合使用 ROAD 的 width 和 RIVER 的 width。

3. 数据关联

以上定义只抓住了客观的静态含义。现实世界中，实体相互之间有联系。例如，一条河流从某条道路下穿过，一条道路穿越城市。实体的数据项之间存在关联。如果数据库要相当接近其所模仿的客观实体，我们的数据库模式模型必须抓住这种信息关联。例如，如果我们有两个实体，一个实体 ROAD 有 road_identifier 标识符，另一个实体 RIVER 有 river_identifier 标识符，则 BRIDGE 中的 roadno_identifie 与 ROAD 中的 road_identifier 相匹配，类似的，riverno_identifie 与 RIVER 中的 river_identifier 相匹配。通过查看 BRIDGE 并将 roadno_identifie 和 road_identifier 匹配和 riverno_identifie 和 river_identifier 匹配，一个 ROAD 就会发现它关联那一个 RIVER。通过此种形式的数据建模技术，我们可实现数据库中这些实体间的关联。

数据关联定义了两个或多个实体间存在的联系（relationship）。定义此种情况时，联系和关联通常可互换使用。大多数数据库模型中，两个或多个实体间的联系可使用一个中间连接（linkage）或多个连接。这些连接可通过逻辑指针结构，或通过活动函数（active function），用联系限定词表形成。表示实体间联系的最常用方法是使用一个被称为联系实体的实体。在点、线和多边形模型中，POLYGON 实体有 BOUNDARY LINE 实体。为表示此联系，我们构造一个称为 NODE 的实体。NODE 实体有 BOUNDARY LINE 和 POLYGON 的属性。另外，联系实体可能包含只用于联系的有关属性，例如，NODE 实体可能有一些限制属性或条件属性，这些属性必须在引用联系时被检查。使用联系有助于数据库构造如何使用数据及其相互联系。

使用实体、属性和联系等基本数据模型结构，我们可用计算机可表示和处理的形式定义现实世界的信息。这些结构的联合使用，可将信息集中组织起来。信息到实体、属性和联系的这种映射形成了数据模型。数据模型提供信息处理和管理应用的公共视图或映射。

4. 实体列表

数据库模型使用实体、属性、联系米表示被模型化的地理空间。数据模型具有以下形式中的一种或两种：实体列表或数据映射。实体列表是数据实体或其属性按某种易读形式进行编排的产物。典型形式是用大写字母列举实体，并在括号中用小写字母列举其属性，例如，地理空间中的 ROAD 实体表示如下

ROAD (name, number, width, road surface)

实体列表建立数据库设计和使用中所用的逻辑名。但是，仅用列表不能完全抓住数据库实现和组织所需的相关信息。所以，还应捕捉每个实体的使用意图，尤其是数据联系的定义及其使用意图。为此，可能有必要使用其他一些方法。一种可选的方法是使用结构设计技术中的思想。特别是使用行为图或行为描述将有助于捕获此信息。

5. 数据模式图

见 5.1.2 实体模型图。

6. 逻辑数据模型关键字结构

要唯一地判定某个实体的实例，需要用某种形式的寻址或识别机制来唯一识别所需实体。在已开发使用的各种数据库模型中，我们使用了关键字或唯一标识符的概念。关键字是实体或对象的一个属性，它使得数据库系统能唯一地引用数据项。根据数据库系统的使用需求，有多种关键字类型。

主要的关键字类型是（primary）关键字。我们使用主关键字唯一地寻址并在实体集合中访问某个实体的一个实例。例如，在银行出纳员实体中，如果雇员名字在实体内是唯一的，主关键字就可以是雇员名字，或者是雇员编号。这里的基本要求是所选属性值对于实体集内所有实体都唯一。如果符合以上定义的属性不止一个，那么在集合中能唯一定义实体的所有可能的属性称为候选关键字。候选关键字是所有符合主关键字要求的那些关键字。但是，系统希望只有一个属性代表关键字。被选中的候选关键字就标记为主关键字。在数据模型图中，主关键字名下通常有下划标记。

主关键字可由多个属性组成。我们要求关键字是唯一的。由多个属性线成的关键字为复合关键字。例如，在银行出纳数据库中，可为 EMPLOYEE 实体构造复合关键字，我们可用雇员编号与身份证号。这就使得关键字值是唯一的，尽管唯一表示出纳员并不需要两个属性。复合关键字在实体相互关联的环境中更为有用。例如，如果我们有一个订单号和产品编号，他们组合起来可唯一定义订货数量，则这两个属性可组成此实体的关键字。

另一个用于数据库设计和建模的关键字形式是外部关键字的概念。外部关键字表示为一个实体集中的主关键字的子集，它被用作从一个实体集指向另一个实体集的指针。例如，在银行模型中，我们的客户要使用账户的账号信息，客户有一个外部关键字指向 ACCOUNTS 实体。外部关键字允许他们访问账户信息，而不用为每个客户复制全部账户信息。CUSTOMER 实体中的账号属性被称为 CUSTOMER 实体的外部关键字。然后通过查找与客户的外部关键字匹配的账户实体，获取有关账户的详细信息。

7. 逻辑数据模型的约束定义

数据库系统的设计要表现现实世界中企业信息的一个子集。数据库系统需要对被模型化的数据的可能取值加以限制，使数据项值维持在现实世界数据项的可能状态范围内。为提供这些限制，数据库系统使用约束的概念。数据库约束有多种形式：它们可限制数据库结构的形状，如关系模型；它们可限制模型的功能，如网络模型中的面向记录操作；或者它们可能限制数据项的内容。在以下小节中，我们强调一些定义在数据库系统内容上的一些可能约束。

1）结构约束

数据库内的信息结构包含了它所表示的实体的大量信息。例如，如果实体的结构是扁平的，如关系系统，它就最适用于简单数据表示，如学生数据库或前面提到的出纳员数据库。反之，如果数据结构较复杂，如地形矢量数据或复合视频数据，其表示形式可采用对象模型中的对象，这样可以优化存储信息的管理和操纵。

定义结构约束是为了将信息放入更适合于应用的结构中。数据可被限制存放在固定的环形数据结构中，以便自动取出旧数据；或根据放入数据的请求，按后入先出的方式将数据放入堆栈结构中。从此讨论中可提取出重要的建模概念，即需要逻辑地定义应用信息的结构需求，以便选择相应的数据模型进行存储和操纵管理。还可定义其他结构约束，限制实体集合的大小或限制某个对象类的实例数。

随着数据库系统被更广泛地用于信息处理应用，这些类型的约束与数据库系统的关系更为密切。特别是多媒体系统和实时系统，它们除了要定义简单实体和属性，还需要定义其他数据结构。

2）类型约束

信息约束的一种通常形式是类型约束。此类型的约束对应用加以限制，使一个实体的属性只有一种信息表示。例如，我们可能希望限制属性名是定长的字符串，或者地址属性是字符类型的 4 个子串。类型约束允许属性具有信息表示的范围限制。典型的类型约束包括字符、整数、实数、布尔型和字符串。然后这些简单约束可用于构造和进一步约束更复杂的抽象数据类型。例如，我们可用字符串类型表示人名的首名，用一个字符作为中间名，再用一个字符串作为末尾名。一种更复杂的数据类型可以是 person 类型的对象，在其子类型或成员类型上呈现受限的特征。

3）范围约束

另一种类型的数据库约束涉及某个数据项的可能取值。这种数据库约束用于限制某个数据库可能取值的范围。数据项的取值范围可能覆盖某个可能表示集，或含有一些特定的可能值序列，例如，在银行出纳员数据库中，我们可能希望限制雇员标识符取值从 0~1000。此类型的约束限制数据库中出纳员标识的取值最低为零，最高为 1000。此范围外的任何值都是错的，会使访问无效。

范围约束可以更进一步定义，可以表示数据库建模信息的语义含义。例如，称为 DATE 的日期项中日期信息的含义。日期包括一个属性，它的取值被限制在 1~31 之间，并且根据月信息可被限制不超过 28 天。月属性必需的取值是在 1~12 间的某个值。年属性可以有不同的取值约束。我们可能希望年的表示从今年开始，或从某个指定值开始如 1900 年，也许我们希望用公元表示年。此例中有两种类型的约束：第一种类型是次序（ordering）约束，它使数据按某种次序出现；第二种类型的约束是复合约束。复合约束涉及多个属性，这些属性有一些相互关联的约束。此例中我们限制日期用年、月、日表示。另外，通过次约束其取值来对这些属性加以约束。

4）联系约束

联系约束表示实体间值的联系。通常这种约束用实体间必须满足的约束来命名多个实体。例如，老板实体可能对薪金有约束，即老板的薪金不能超过其任一下属职员薪金的 5 倍。如果 BOSS 实体与 SUBORDINATE 实体是分开的，则它表示两个实体的实体间（interentity）或域间（interdomain）约束。

我们可使用不同实体的数据项的多种逻辑联系进一步构造联系约束。从此联系产生的主要建模概念是约束可延及若干实体。现实世界各种对象之间存在联系，对象的可能状态会受到这些联系的约束。类似地，数据库系统也必须能表示这些对象间的约束，以便数据库可准确表示相应的现实世界系统。

5）时态约束

现实世界中，一些信息通常在某个时间帧内使用有效。在这种环境中，数据一旦被创建后，只在特定时期内是有效的。例如，我们研究一下空中管制系统中飞机的雷达跟踪数据。当从雷达发现飞机的踪迹时，其速度、方向和位置的显示值只在一个特定时段内有效，此时它们可被空中管制系统的软件使用。在发现下一个轨迹前，原轨迹是有效的。如果时间不对，读取的位置、速度和方向值都无效，因为这些值不能真实反映被模仿的系统，它们也不能准确反映该实体捕获的实际信息。数据项的时态约束被用于说明信息有效性的时间帧。约束可以是某个时间段，某个事件的时间帧，某个特定时刻的时间帧，或某个被引用的时间帧。主要概念就是数据具有某些约束，这些约束将时间用作判断数据项是否有效的手段。

6）位置约束

位置约束与数据库中信息的位置有关。高级的数据库应用（如实时或多媒体数据库系统）需要此种约束。这些类型的数据库系统要求根据事务执行的时限或与其他事务的同步做出特定响应。为提供这些类型的服务，要求数据库系统进一步控制数据库中数据的存储和存取方式。例如，在实时数据库中可找到此类约束，它可能要求预知如何响应数据库管理的特定数据。实时数据库可能希望将特定的使用率高（high-interest）的数据项存储在主存中，从而使其存取时延最小。类似地，在多媒体数据库中，为保证指定事务可共享信息和同步动作，要求特定信息必须存放在内存的特定位置，以便能及时地共享信息。

9.2.2 语义建模

1. 语义抽象

语义模型的目的是提供与用户描述组织的方法相吻合的抽象手段，为此，语义模型必须能够：

（1）支持分析人员在数据分析过程中进行一些人为的处理；
（2）使用与数据分析相贴切的概念；
（3）提供一个模型结构。

由于要求不同的人所进行的模型化主观处理的过程应当是一致的，则各种语义模型使用的抽象手段也应当相同。当然，如果我们能完全了解并确定人们在构造模型时的思考过程，那么完全可以使用一种统一的抽象手段。遗憾的是情况并非如此，不同的语义模型提供了多种模型化过程的原则及抽象手段。尽管如此，在各种语义模型之间还是存在若干相似之处，这足以提出模型化的某些共同基础，并开发出模型化的若干一般原则。

早期，通用的模型化一般原则的开发工作是以集合论概念为基础的。1968年D. L. Childs 在这方面的工作是这种模型化方法最早例子之一，这项工作可看作关系模型工作的先驱。关系模型本身以集合论概念为基础，关系模型的贡献是将关系中的集合概念与计算机领域中一些实际事物，如表、文件、记录等联系起来。另一些早期模型是使用图形抽象手段的数学模型。

近期的语义模型倾向实际开发工作，从而不需要太多的数学概念，这样做是要让设计人员通过面向用户的结构来说明各方面需求，而不涉及更多的数学符号。这些语义模型提供给用户描绘用户组织的若干抽象手段，那么在对组织模型化时，什么抽象手段最合适呢？

早期基于集合概念的方法指出，组织的模型化过程是构造一批实体集合及实体关联集合的过程。通常，具有类似特性的实体组成若干集合，同种实体集合的实体之间的关联也形成若干集合。这种实体和关联可以用元组的集合来表示。G. M. Nijssen 在1964年进一步说明了这一过程，提出了信息分析的一般化抽象手段。他认为分析过程包括这些重要步骤：

（1）命名组织中所觉察到的实体；
（2）选择那些模型中必须包括的有关实体；
（3）将这些实体划分成集合。

语义模型为实体集合及关键集合的定义、命名和分类提出各种抽象手段，大多数模型允许设计人员定义不同的实体集合型（object set type）和关联集合型（associations type）。这些型可看作为模型化的抽象过程的具体表现，型与程序设计语言中变量类型相类似。例如，类似于实（real）型和整（integer）型，语义模型提出实体（entity）集合型和联系（relationship）集合型等。

这种类比可扩展到组织模型的定义和总体上，必须从3个层次上考虑语义模型化：
（1）语义模型层次。这个层次定义了各类抽象及实体集合分类的规则。
（2）组织层次。这个层次根据语义模型规则定义组织。
（3）客体层次。这个层次根据语义模型规则建立组织层次上的客体。

和程序设计语言类似，语义模型层次可以看作编程语言；组织模型可由若干个所允许类型说明，即一个组织模型可看作类似于编程语言的说明部分，组织模型可由若干个所允许类型的状态（或变量）说明所组成。例如，正如程序中可以定义任意一个整型变量或实型变量一样，组织模型可定义多个给定实体集合型或关联集合型的变量。当然，所有这些说明必须符合于抽象规则。在程序语言中也有类似的规则，例如，某些语言限定了对特定类型的操作方式，像加法中整型变量只能和整型变量相加。同样，在组织模型中，某给定的关联型中只能出现某特定实体型。

第三个层次涉及的是变量的值。正如在程序中要给整型变量或实型变量赋值一样。

组织中实体集变量和关联集变量也要赋值。但这个层次上程序语言和语义模型有一个重要区别,实体型或关联的值是实体的集合或关联的集合,而不像大多数程序设计语言那样是单个的整数或实数。

命名的方法和分类的方法是定义语义模型的基础。语义模型为用户提供了对组织中的实体进行分类的抽象手段。抽象手段有许多种,包括说明不同类别实体的能力,说明实体类之间作用的能力,说明了类实体关联的能力,说明实体集合的相关性及其他范畴。语义模型也包括实体集合和关联集合中实体必须满足的规则。

由于存在各种不同类别的实体和关联,以及存在构造这些类别的不同方法,所以可以定义各种各样的语义模型。其中最为著名的是:

(1) 实体-联系(E-R)模型。该模型包含了实体和联系的语义概念。

(2) 作用模型。作用模型是近期提出的,该模型以作用这个语义概念作为基本要素。

(3) 基于归纳和聚合抽象的其他语义模型。这些模型并非相互排斥的,这些模型可能使用了一些相同的抽象手段,不过对这些抽象手段可能使用了不同的名字以及使用了不同的模型结构。通过这些模型可以描述同一个用户组织,不过描述的方法可能不同。下面3章我们将比较各种语义模型,说明这些语义模型在构造同一个组织的模型时所用的不同方法。

2. 语义模型的表示

本书将语义结构表示为(semantic net)(图9.1)。语义是由两部分所组成的一个图,描述语义实体的点(或结点)的集合;表示这些实体关联的连接的集合。

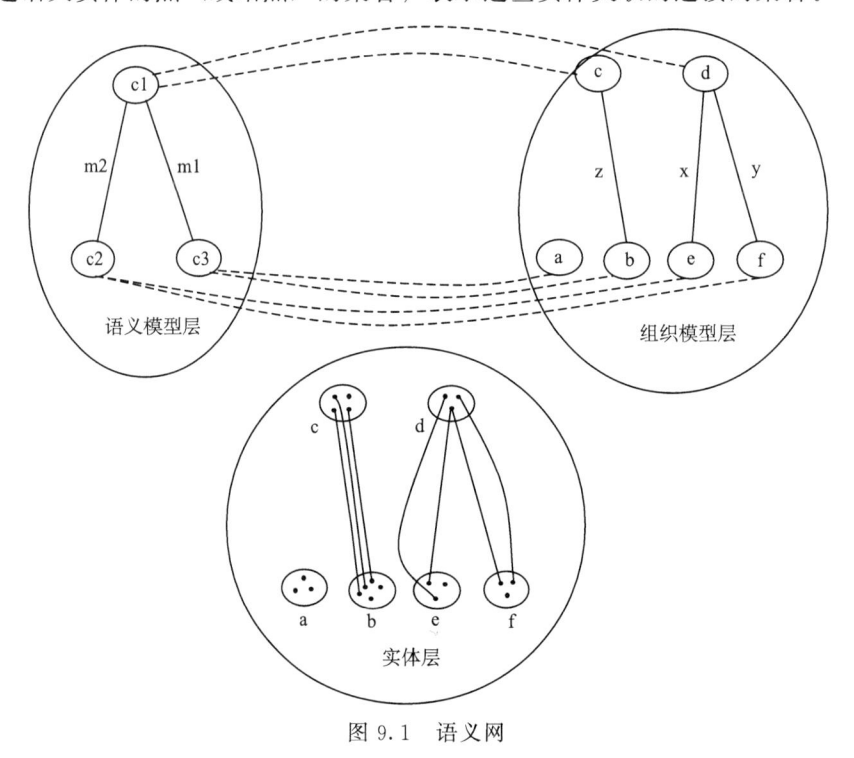

图9.1 语义网

可以用语义网描述各个层次上的语义结构。如果表示的是语义模型层次的结构，则点表示的是语义抽象，连接表示的是这些抽象间所允许的关联；如果语义网表示的是对组织模型的模型化，则点表示实体集，连接表示实体集间的关联，这些关联必须和语义模型层次上的关联相一致；如果语义网表示的是对实体层次的模型化，则点表示组织中实际的实体，实体可以以一种与语义模型中的关联相一致的关联而连在一起。很明显，层次间存在从属关系。组织模型由语义模型产生，而组织实体的分类与组织模型相对应。

在图 9.1 中，第一层次是语义模型层，包括 3 个实体集型 c1、c2、c3。在实体集型 c1 和 c2 的实体之间及实体集型 c1 和 c3 的实体之间允许发生关联；在实体集型 c1 和 c3 的实体之间的关联允许是 m1 型，在实体集型 c1 和 c2 的实体之间的关联允许是 m2 型。

第二层次是组织模型层。这一层次由 6 个实体集 a、b、c、d、e、f 组成，实体集 c 和 d 是 c1 型，e 和 f 是 c2 型，a 和 b 是 c3 型；在实体集 b 和 c 间有类型 m1 的关联，这个关联命名为 z，在 e 和 d 之间及在 f 和 d 之间有两个类型 m2 的关联，关联名分别为 x、y。

第三层是组织中的实际实体的模型化。每个实体集有若干实体，这些实体以语义网中的小点表示，实体间的关联以关联实体间的连接线表示。

9.2.3 实体及联系建模

实体（entity）这种抽象已得到广泛的接受和使用。所谓实体是组织中客观存在的起独立作用的实体的一种抽象。所以，在语义模型的构造中广泛使用这种抽象是毫不奇怪的。以实体为基础的两类语义模型是实体-联系模型和实体模型，我们将会看到，这两种模型的区别在于对实体间相互作用进行模型化的方法不同。

1. 实体-联系模型

实体-联系模型（entity-relationship model，E-R 模型）是 P. P. Cheh 1976 年提出的，在数据库设计中 E-R 模型已得到广泛的采用。E-R 模型是人们认识客观世界的一种方法、工具。E-R 模型具有客观性和主观性两重含义。E-R 模型是在客观事物或系统的基础上形成的，在某种程度上反映了客观现实，反映了用户的需求，因此 E-R 模型具有客观性。但 E-R 模型又不等同于客观事物的本身，它往往反映事物的某一方面，至于选取哪个方面或哪些属性，如何表达则决定于观察者本身的目的与状态，从这个意义上说，E-R 模型又具有主观性。

E-R 模型为分析人员提供了 3 个主要语义概念：实体、联系和属性。在数据分析中，设计人员使用 E-R 模型的这 3 个概念描述一个组织。

1）实体（entity）

可以区别的客观存在的事物，称为实体。
实体集：同一类实体构成的集合，称为实体集。
实体类型：实体集中实体的定义，称为实体类型。

实体标识符：能唯一标识实体的属性或属性集，称为实体标识符。有时也称为关键码（key），或简称为键。

2）联系（relationship）

一个或多个实体之间的关联关系，称为联系。
联系集：同一类联系构成的集合，称为联系集。
联系类型：联系集中联系的定义，称为联系类型。

3）属性（attributes）

实体的某一特性，称为属性。
基本属性：不可再分割的属性，称为基本属性。
复合属性：可再分解成其他属性的属性，称为复合属性。
单值属性：同一实体的属性只能取一个值，称为单值属性。
多值属性：同一实体的属性可能取多个值，称为多值属性。
导出属性：通过具有相互依赖的属性推导而产生的属性，称为导出属性。
每个属性都关联于一个值集（value set），属性的值取自这个值集。

E-R模型的设计过程，基本上是两大步：第一步，设计实体类型（此时不要涉及"联系"）；第二步，设计联系类型（考虑实体间的联系）。

具体设计时，有时"实体"与"联系"两者之间的界线是模糊的。数据库设计者的任务就是要把现实世界中的数据以及数据间的联系抽象出来，用"实体"与"联系"来表示。

另外，设计者应注意，E-R模型应该充分反映用户需求，E-R模型要得到用户的认可才能确定下来。

2. 实体集和联系集

实体组合为实体集，联系组合为联系集。具有相同属性的实体属于同一实体集；同样，具有相同属性的联系属于同一联系集。

3. E-R模型的图形表示

实体和联系可以用实体-联系图（E-R图）来表示。在这种图中，每个实体集用一个矩形框表示，每个联系集用一个菱形框（联系集）通过连线连接到矩形框（与联系的实体的实体集）。如图9.2所示。

图9.2所示实体集和联系集的E-R图中，矩形框分别表示实体集道路、河流和居民地，其间的联系表示为一个菱形框。紧挨着实体杠和联系框列出相应的实体属性和联系属性。

4. 多值属性

至此，一直假定每个属性只能取得一个值，然而一个属性也可能取多个值。例如，人员具有专长（SKILL）属性，如果一个人掌握多项专长，则该属性就取多个值。这种

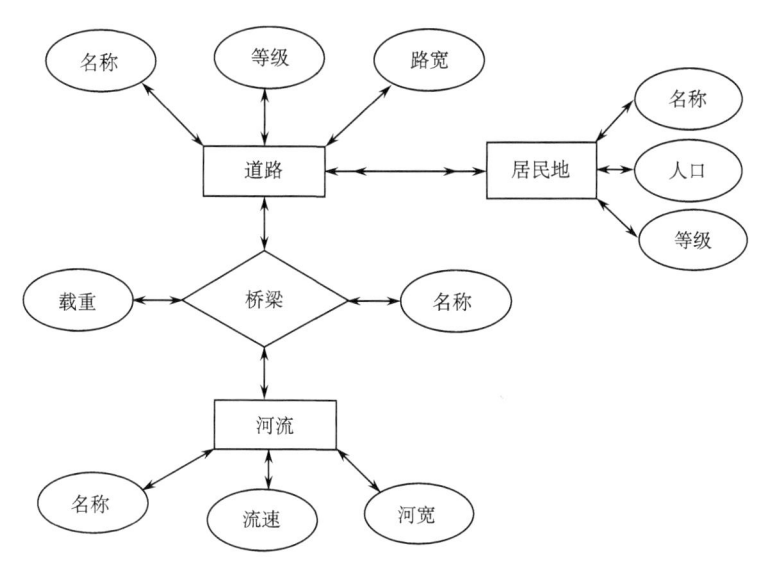

图 9.2 实体集和联系集的 E-R 图

情况的语义可由两种方法来表达。第一种方法是每个人在模型中都具有多个 SKILL 属性，例如，PERSON-ID 为 X2003 的人掌握三项专长，即有 3 个 SKILL 属性，这些属性值为：PHYSICS（物理学）、PROGRAMMING（程序设计）和 COOKING（烹调）；第二种方法是每个人只有一个 SKILL 属性，但该属性可取多个值，例如，PERSON-ID 为 X2003 的人只有一个 SKILL 属性，其取值为 PHYSICS、PROGRAMMING 和 COOKING。

5. 非函数联系

在 E-R 模型和函数依赖之间关于非函数联系问题作一个比较。研究每个数据元素都是实体集中实体的标识符，这些标识符之间没有函数依赖。

6. 标识符

我们有必要唯一地标识某特定的实体集中的每个实体。

9.3 空间数据库设计过程

数据库设计是建立数据库及其应用系统的核心和基础，它要求对于指定的应用环境，构造出较优的数据库模式，建立起数据库应用系统，并使系统能有效地存储数据，满足用户的各种应用需求。一般按照规范化的设计方法，常将数据库设计分为若干阶段（图 9.3）。

1. 系统规划阶段

主要是确定系统的名称、范围；确定系统开发的目标功能和性能；确定系统所需的

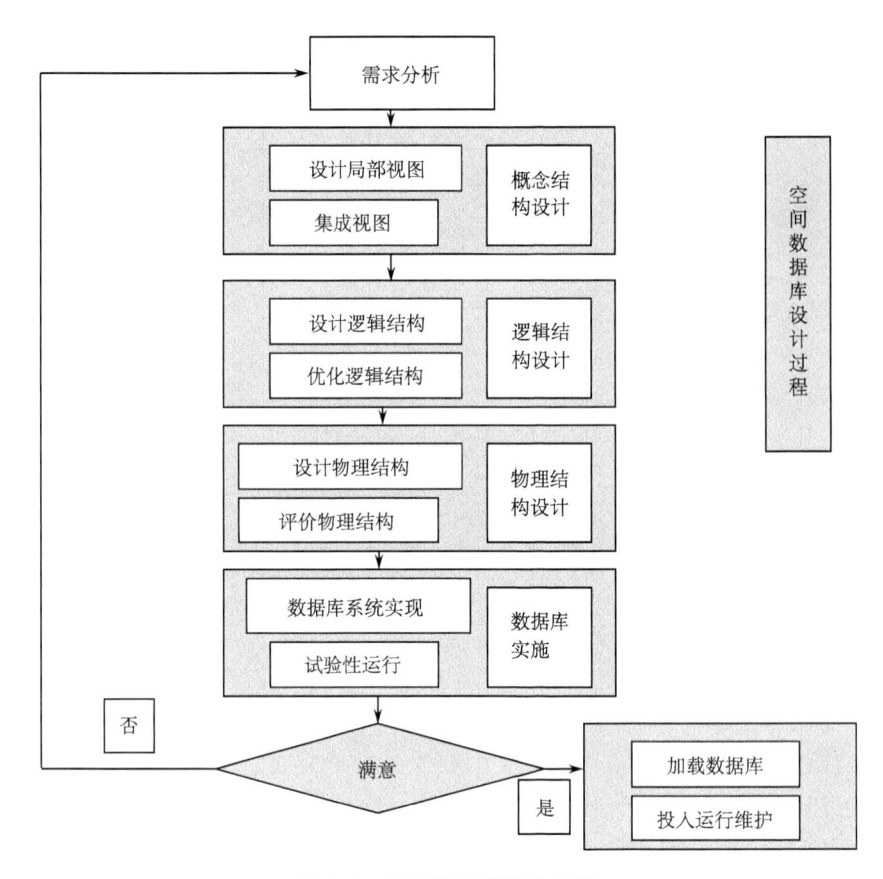

图 9.3 空间数据库设计过程

资源；估计系统开发的成本；确定系统实施计划及进度；分析估算系统可能达到的效益；确定系统设计的原则和技术路线等。对分布式数据库系统，还应分析用户环境及网络条件，以选择和建立系统的网络结构。

2. 需求分析阶段

要在用户调查的基础上，通过分析，逐步明确用户对系统的需求，包括数据需求和围绕这些数据的业务处理需求。通过对组织、部门、企业等进行详细调查，在了解现行系统的概况、确定新系统功能的过程中，收集支持系统目标的基础数据及其处理方法。

3. 概念设计阶段

要产生反映企业各组织信息需求的数据库概念结构，即概念模型。概念模型必须具备丰富的语义表达能力、易于交流和理解、易于变动、易于向各种数据模型转换、易于从概念模型导出与 DBMS 有关的逻辑模型等特点。

4. 逻辑设计阶段

除了要把 E-R 图的实体和联系类型，转换成选定的 DBMS 支持的数据类型，还要设计子模式并对模式进行评价，最后为了使模式适应信息的不同表示，需要优化模式。

5. 物理设计阶段

主要任务是对数据库中数据在物理设备上的存放结构和存取方法进行设计。数据库物理结构依赖于给定的计算机系统，而且与具体选用的 DBMS 密切相关。物理设计常常包括某些操作约束，如响应时间与存储要求等。

6. 系统实施阶段

主要分为建立实际的数据库结构，装入试验数据对应用程序进行测试，装入实际数据建立实际数据库 3 个步骤。

这不是瀑布模型，每一步都可以有反馈。以上各步不仅有反馈、有反复，还有并行处理。另外，在数据库的设计过程中还包括一些其他设计，如数据库的安全性、完整性、一致性和可恢复性等方面的设计，不过，这些设计总是以牺牲效率为代价的，设计人员的任务就是要在效率和尽可能多的功能之间进行合理的权衡。

9.3.1 需 求 分 析

大家知道，用户建立空间数据库的目的是提高空间地理处理和管理的质量与效率的，所以，了解用户业务的真实情况是设计一个系统的首要任务，它也是需求分析的第一项工作。业务调查往往贯穿整个设计开发过程。

用户的业务往往是很繁杂的。在客观上，开发者总会感到这些业务纷乱无章，无从下手；在主观上，开发者经常会自觉不自觉地认为那些业务是用户自己的事，与自己不相干，没必要了解太多、太透。经验告诉我们，在项目设计和建设过程中，与用户交流的充分与否将直接关系到项目开发的成败，闭门造车是极其危险的。这方面的教训实在是太多。地理空间数据库系统的需求分析从 4 个方面提供了逐渐深入了解用户业务的手段，使开发者可以轻而易举地了解并掌握用户的业务，迅速进行开发工作。

（1）用户的组织结构；

（2）业务流程；

（3）业务数据；

（4）业务数据间的关系。

业务调查这是了解用户业务的第一步。在这个调查中与用户共同确定描述组织机构的系统/功能分解树及描述业务流程的事件流程图。需求收集和分析，结果得到数据字典描述的数据需求（和数据流图描述的处理需求）。

用户的业务组织结构是我们认识了解其业务的最佳向导，可以用系统/功能分解树来表示它，在软件系统分析与设计工作中的重要作用。调查组织机构情况、调查各部门的业务活动情况、协助用户明确对新系统的各种要求、确定新系统的边界。

常用的调查方法有：跟班作业、开调查会、请专人介绍、询问、设计调查表请用户填写、查阅记录。

用事件流程图描述业务流程，其方式是沿系统/功能分解树自上而下，从整体到部分。一般来讲，对用户业务流程的调查应该从划分业务流程种类开始。这种划分虽然可以凭经验进行，但还是可以给出划分依据：一个业务流程由一组联系紧密的业务活动组成。通过业务流程，来全面搜集业务信息（数据），彻底解决了建立信息系统时信息搜集不全的严重问题。因为经验丰富的用户完全能够交代清楚所进行业务的各种细节：业务过程和在进行业务活动时所交换的业务信息，所以通过这个方式，我们可以无一遗漏地捕捉到用户进行业务活动时产生的各种业务数据，这些数据往往体现为报表、票据等。

根据事件流程图，用事件汇总图自动归纳业务部门间的业务活动。事件汇总图和事件流程图一一对应，它按层次来表达业务部门之间的业务分工，集中反映了各个部门的业务活动，十分便于从宏观上把握和认识企业的业务划分与工作职责。

根据上述事件流程图中事件所携带的数据，用数据汇总图自动归纳业务部门之间的信息交互。数据汇总图和事件流程图一一对应，按层次来表达企业内部的信息界面，说明信息的由来和去处，十分便于从整体上把握和认识企业进行业务活动时所交互的信息。

在事件流程图中捕捉到的业务数据，用"构件"（component）来描述，可以从两方面深入认识：业务数据的具体内容和业务数据间的联系，现在我们只讨论前者。在构件中，属性表示业务数据的具体内容，如"产品"的属性有"产品编码"、"产品名称"等。"构件"一词十分形象，在建筑业应用的最多，面向对象方法为软件工程引入了这个形象化概念。它等同于面向对象中的"类"、"对象"，它也是人们常说的信息实体的扩展：增加了有关实体的操作和功能的描述，如"汽车"这个构件除了有"载重"、"功率"等属性外，还有"行驶"、"刹车"等功能。

如果业务数据种类较多，为了保证调研的效率，在业务调查阶段可以采取这样的折中方式：不描述业务数据的具体内容，或只描述关键部分，同时保留原始材料（数据），忽略部分应当在总体设计时补充。

在前面的"业务调查"阶段中或者在软件立项时，上述内容或多或少已经有了一个粗略框架，"业务/需求调查表"是一个很具体的形式，只是在"需求定义"完成后，所有一切才清晰完备，可操作性极强。如果用户本身对软件的需求比较明确，那么，业务调查与需求分析就完全可以结合在一起进行。

很明显，业务调查是按上述"粗略框架"来进行的。从现实的角度来看，在合同期限内，开发商往往没有必要也没有可能对不搞计算机应用的部门了解过多，除非这些部门与计算机应用联系的特别紧密，或者合同规定要全面彻底地进行业务调查。

在业务调查的基础上，我们可以用系统/功能分解树定义软件的基本结构：系统/功能分解树的每个节点由业务部门和支持它的计算机软件组成。这种简单的表达方式，把用户业务和软件功能直接结合，使软件分析设计活动（业务调查、需求定义、总体设计、详细设计）紧密地联系在一起。为了完整准确地定义需求，在进行业务调查时，系统/功能分解树应当分解到这样的程度：凡是需要计算机软件的部门，应当分解到每个业务岗位的工作职责，如要表现出成本会计进行的日常工作：核算生产成本、核算销售成本。一般来讲，业务调查很难一次彻底完成，往往贯穿整个开发过程。

数据流程图表达了数据和处理过程的关系。系统中的数据则借助数据字典（data

dictionary，DD）来描述。

数据字典是各类数据描述的集合，它是关于数据库中数据的描述，即元数据，而不是数据本身。数据字典通常包括数据项、数据结构、数据流、数据存储和处理过程5个部分（至少应该包含每个字段的数据类型和在每个表内的主外键）。

数据项描述＝｛数据项名，数据项含义说明，别名，数据类型，长度，
取值范围，取值含义，与其他数据项的逻辑关系｝

数据结构描述＝｛数据结构名，含义说明，组成：｛数据项或数据结构｝｝

数据流描述＝｛数据流名，说明，数据流来源，数据流去向，
组成：｛数据结构｝，平均流量，高峰期流量｝

数据存储描述＝｛数据存储名，说明，编号，流入的数据流，流出的数据流，
组成：｛数据结构｝，数据量，存取方式｝

处理过程描述＝｛处理过程名，说明，输入：｛数据流｝，输出：｛数据流｝，
处理：｛简要说明｝｝

应当指出，在需求定义阶段，不是所有系统/功能分解树的每个节点都必须有计算机软件支持，如"工艺处"，出现这样的节点是为了保证系统结构的完整性，但一般不对其具体业务活动展开调查。

用事件流程图描述未来软件的总体行为，它是真实业务的仿真。人们应用计算机的最大愿望是把人从复杂繁琐的工作中解放出来，所以，直接支持日常业务活动的软件是最受用户欢迎的。

9.3.2 概念数据模型

数据模型是数据库系统中关于数据和联系的逻辑组织形式的表示，以抽象的形式描述系统的运行与信息流程。每一个实体的数据库都由一个相应的数据模型来定义。数据模型最终成为一组被命名的逻辑数据单位以及它们之间的逻辑关系所组成的全体。每一种数据模型以不同的数据抽象与表示来反映客观事物，有其不同的处理数据联系的方式。

空间数据库，是以描述空间位置和点、线、面、特征的拓扑结构的位置数据及描述这些特征的性能的属性数据为对象的数据库。其中，位置数据为空间数据，用以反映空间物体的空间位置和状态及空间物体的空间关系；属性数据为非空间数据，用于表示物体的本质特征，以区别地理实体，对地理实体进行物体语义定义。数据模型是数据库管理的基本概念，数据模型是数据库系统用于提供信息表示和操作手段的形式框架，是用于构造数据模式的概念集，同时还包括在概念集上进行的操作集。顾及空间特征的数据模型称空间数据模型。空间数据模型是空间数据库的核心和基础，是空间数据建模的工具。空间数据模型分为3个层次：空间概念数据模型、空间逻辑数据模型和空间物理数据模型。

概念模型是概念设计所得的结果。所谓概念设计，是通过用户信息需求的综合归纳，形成一个不依赖于数据库管理系统的信息结构的设计。它是从用户的角度对现实世界的一种信息描述，因而它不依赖于任何DBMS软件和硬件环境，用于概念模型是一

种信息结构，所以它由现实世界的基本元素以及这些元素之间的联系信息所组成。

概念数据模型是地理实体和现象的抽象概念集，是逻辑数据模型的基础，也是地理数据的语义解释。从计算机的角度看，概念数据模型是抽象的最高层，是对现实世界的数据内容与结构的描述，它与计算机无关。构造概念数据模型应该遵循的基本原则是：语义表达能力强；作为用户与 GIS 软件之间交流的形式化语言，应易于用户理解；独立于具体物理实现；最好与逻辑数据模型有同一的表达形式，不需要任何转换，或容易向逻辑数据模型转换。

语义数据模型、E-R 模型以及面向对象数据模型都是概念数据模型的例子。

1. 地理数据概念模型

空间地理数据的概念模型是用户理解的地理现象的结构，它基本上表现为：空间地理要素类型的确定，各类地理实体属性范畴的确定以及各类地理实体间基本关系的建立等。

大多是根据对地理空间某些侧面的认识或对地理信息的离散化（数据化）方法建立空间数据概念数据模型。例如，基于域的图斑模型、等值线模型和选样模型（包括 TIN 模型、DEM 模型）；基于对象的区域模型、网络模型；基于几何表示的矢量模型、栅格模型；三维空间模型以及时空模型。目前对此还没有统一的认识和理解，也没有完善、标准的数据模型。一个空间数据库可能包括多种数据模型。

空间地理数据的概念模型特点：① 具有较强的语义表达能力，能够方便、直接地表达应用中的各种语义知识；② 应该简单、清晰、易于用户理解，是用户与数据库设计人员之间进行交流的语言。

概念模型设计的一种常用方法为 IDEF1X 方法，它就是把实体-联系方法应用到语义数据模型中的一种语义模型化技术，用于建立系统信息模型。

创建空间地理数据的概念模型的步骤如下所示。

1）初始化

这个阶段的任务是从目的描述和范围描述开始，确定建模目标，开发建模计划，组织建模队伍，收集源材料，制定约束和规范。收集源材料是这阶段的重点。通过调查和观察结果，业务流程，原有系统的输入输出，各种报表，收集原始数据，形成了基本数据资料表。

2）定义实体

实体集成员都有一个共同的特征和属性集，可以从收集的源材料——基本数据资料表中直接或间接标识出大部分实体。根据源材料名字表中表示物的术语以及具有"代码"结尾的术语，如客户代码、代理商代码、产品代码等将其名词部分代表的实体标识出来，从而初步找出潜在的实体，形成初步实体表。

3）定义联系

E-R 模型中只允许二元联系，n 元联系必须定义为 n 个二元联系。根据实际的业务需求和规则，使用实体联系矩阵来标识实体间的二元关系，然后根据实际情况确定出连接关系的势、关系名和说明，确定关系类型，是标识关系、非标识关系（强制的或可选的）还是非确定关系、分类关系。如果子实体的每个实例都需要通过和父实体的关系来标识，则为标识关系，否则为非标识关系。非标识关系中，如果每个子实体的实例都与而且只与一个父实体关联，则为强制的，否则为非强制的。如果父实体与子实体代表的是同一现实对象，那么它们为分类关系。

4）定义码

通过引入交叉实体除去上一阶段产生的非确定关系，然后从非交叉实体和独立实体开始标识候选码属性，以便唯一识别每个实体的实例，再从候选码中确定主码。为了确定主码和关系的有效性，通过非空规则和非多值规则来保证，即一个实体实例的一个属性不能是空值，也不能在同一个时刻有一个以上的值。找出误认的确定关系，将实体进一步分解，最后构造出 E-R 模型。

5）定义属性

从源数据表中抽取说明性的名词开发出属性表，确定属性的所有者。定义非主码属性，检查属性的非空及非多值规则。此外，还要检查完全依赖函数规则和非传递依赖规则，保证一个非主码属性必须依赖于主码、整个主码、仅仅是主码。以此得到了至少符合关系理论第三范式的改进的全属性视图。

6）定义其他对象和规则

定义属性的数据类型、长度、精度、非空、缺省值、约束规则等。定义触发器、存储过程、视图、角色、同义词、序列等对象信息。

2. 地理要素概念模型

要素（the feature）是有具体位置的地理实体，例如，一条道路或一座房屋，或者说是地理空间实体独有的现象，如巴黎的艾菲尔铁塔。

每个要素都属于一定的要素类别（feature class）即一组同类别的要素实例，每一要素最终只能属于一种要素类别，混合要素不允许。同时，每一要素又必须属于某个要素类别，无类别的要素不允许。

1）要素类（the feature catalogue）

要素类仅定义要素类别，而不涉及单个要素实体。因此，要素类使用术语"feature"与"feature class"在语义上相同。一个要素必须仅属于一个要素类别和一个要素主题。一要素类别和一要素主题只能有一个名字和代码。某些要素可以由一个或更多的其他要素构成，称作复杂要素（complex feature）。例如，一条"道路"可以包含多个道路元素。

2）属性类（the attribute catalogue）

属性类定义了一个属性类型和相应的参照名称与代码的集合。定义了特定属性类型可以依附的要素类别。

3）关系类（the relationship catalogue）

语义上的关系（semantic relationship）是两个或更多要素之间有意义的联系，这些要素可以是同一类。具有公共结构的（例如，相联系的要素 A 和 B，其中 A 中的实体属于同一类，B 中的实体也属于同一类）和共同意义的语义关系被归为一种关系类型。一个特定的关系类型是被一个关系名或一个关系代码唯一的指代。

关系在大多数情况上是双元的，也就是说包含两个要素。但是也有三个或多个要素包含在一个关系中，例如，道路、桥梁和河流。

4）要素表示模式（the feature representation scheme，FRS）

在广泛的应用范围内要素类、属性类和关系类可以被认为是有效的。但在要素表达模式中，我们将进入更严格的应用群，每种应用需要相同表示。例如，在这个要素表示模式中，定义道路元素是线要素。在其他的 FRS（要素表示模式）中，可能把道路要素作为面域要素。要素表示模式的最主要的作用是明确一个要素类别必须或可以属于哪个或哪些要素种类。共有 4 个种类：线、点、区域和复杂要素。所有实例都必须属于一个而且是相同种类；一些实例可以属于一个种类，另一些实例是另一个种类；在后者的情况中，FRS 描述了一个特定的实例何时属于一个种类，何时属于另一个种类。一个单一要素是用结点（node）、一个或多个边（edge）、还是一个或多个面来表示，决定了它属于什么类。

通常情况下，我们进行地理研究和规划时都是在一定的地理区域范围内，我们把该地理区域抽象成为一个工作区，每个工作区包含若干地理要素层，每个地理要素层又包含若干地理空间实体对象。因此，工作区、地理要素层和地理空间实体构成了地理空间实体对象一种层次模型。

9.3.3 逻辑数据模型

逻辑数据模型指描述数据库数据内容与结构，是 GIS 对地理数据表示的逻辑结构，是数据抽象的中间层，由概念数据模型转换而来。关系数据模型、网络数据模型和层次数据模型是常见的逻辑数据模型。空间逻辑数据模型是用户通过 GIS 看到的现实世界地理空间，也是数据的系统表示。因此，它既要考虑用户容易理解，又要考虑便于物理实现、易于转换成物理数据模型。

根据概念模型所列举的内容，建立逻辑模型，旨在用逻辑数据结构来表达概念模型中所提出的各种信息结构问题。通过对目前流行的 GIS 软件体系结构的分析和研究，目前 GIS 流行的逻辑数据模型归纳起来大体上有 3 种逻辑数据模型，即混合数据模型、集成数据模型和地理关系数据模型。

1. 混合数据模型（Hybrid Data Model 或 Georelation Data Model）

它利用一组文件形式来存储地理数据中的空间数据及其拓扑关系数据，利用通用关系数据库 RDBMS 的表来存储属性数据，通过一个唯一的标识符来建立它们之间的关联。混合数据模型的 GIS 软件在商业上获得了巨大成功，它们提供了强大的空间分析能力、高效的显示性能和合理的属性访问机制。这方面的软件有 ESRI 公司的 Arc/Info、MapInfo 公司的 MapInfo、Intergraph 公司的 IGDS，以及 Bentley 公司的 MicroStation 等，它们基本上都支持工业标准关系数据库（如 Oracle Ingres Informix Sybase 和 SQL Server）。由于空间数据和属性数据的分开存储，在表现地理空间数据方面缺乏完整的存储机制。

2. 集成数据模型（Integreted Data Model）

它是一种纯关系型数据模型，空间数据和属性数据都用关系数据库的表来存储，使用标准关系连接机制建立空间数据与属性数据的关联。集成数据模型具有关系数据库查询、检索和数据完整性机制等优点，利用大二进制数据字段（BLOBs）来存储可变长的空间数据。但在数据类型方面有一定的局限性，用户不能自定义数据字段，缺乏空间 SQL。这方面的软件有 IBM 公司的 GFIS、Systemhouse 公司的 VISION、Unisys 公司的 System/9 和 ESRI 公司的 Spatial Database Engine（SDE）等。

3. 地理关系数据模型（GeoRelation Data Model，GRDM）

20 世纪 90 年代初，人们利用面向对象的技术来建立 GIS 软件，从而提出面向对象数据模型。它是对地理对象的属性数据（状态）和对这些属性数据进行操作的方法（行为）进行统一建模，并永久存储。面向对象数据模型可以建立子对象层次结构，符合地理要素层次分类，具有便于应用开发和数据建模等优点。目前，面向对象 GIS 有两种趋势：一是建造纯面向对象数据存储；二是在关系数据库的基础之上建立存储对象的机制。这种数据结构能认为是独立于任何其他的专门记录结构。

为了描述数据结构，使用数据描述语言。这种语言可以用一系列基本类型数据来构成许多的复杂类型。例如

PROJECTION TYPE =
[
Projection Identifier UNSIGNED LONG
Projection Type PROJECTION TYPE CODE
Projection Parameters PROJECTION PARAMETERS
]

大写字母表示的名称是数据类型的正确名称（例子中的"PROJECT TYPE"），这个名字用来定义这种特定的数据结构，以便在更复杂的数据结构定义中能当参考。这个名字不可用于任何别的数据类型，因此，建议一种特定数据类型（即有严格的特殊规定，包括约束）只带一个名称。

每个数据类型用"["开始，"]"结束。方括号中每一行描述了一个特定的数据类

型成员。右边即指出了特定成员的数据类型。在上例中，第一个成员的数据类型是"UNSIGNED LONG"。其后是分区号，该数据类型在该分区描述。该例表明：数据类型"UNSIGNED LONG"具有投影标识符的任务。因此投影标识符被称为任务名。任务名总出现在行左且第一个字母大写，其余小写。任务名与全局数据和介质记录规定中用的名称一致。任务名和数据类型名的经常出现是有所指的（除了区别使用大写字母的），这表明数据类型由任务而专门构成。如果数据类型用于多个任务，其名称将有所不同。列出的单个成员的顺序是有意义的，当同一元素按另一顺序排列时，就隐含了被定义的数据类型有区别。

将 E-R 图转换为关系模型实际上就是要将实体、实体的属性和实体之间的联系转化为关系模式，这种转换一般遵循如下原则：

（1）一个实体型转换为一个关系模式。实体的属性就是关系的属性。实体的码就是关系的码。

（2）一个 $m:n$ 联系转换为一个关系模式。与该联系相连的各实体的码以及联系本身的属性均转换为关系的属性。而关系的码为各实体码的组合。

（3）一个 $1:n$ 联系可以转换为一个独立的关系模式，也可以与 n 端对应的关系模式合并。如果转换为一个独立的关系模式，则与该联系相连的各实体的码以及联系本身的属性均转换为关系的属性，而关系的码为 n 端实体的码。

（4）一个 $1:1$ 联系可以转换为一个独立的关系模式，也可以与任意一端对应的关系模式合并。

（5）三个或三个以上实体间的一个多元联系转换为一个关系模式。与该多元联系相连的各实体的码以及联系本身的属性均转换为关系的属性。而关系的码为各实体码的组合。

（6）同一实体集的实体间的联系，即自联系，也可按上述 $1:1$、$1:n$ 和 $m:n$ 三种情况分别处理。

（7）具有相同码的关系模式可合并。

为了进一步提高数据库应用系统的性能，通常以规范化理论为指导，还应该适当地修改、调整数据模型的结构，这就是数据模型的优化。确定数据依赖。消除冗余的联系。确定各关系模式分别属于第几范式。确定是否要对它们进行合并或分解。一般来说将关系分解为 3NF 的标准，即：

（1）表内的每一个值都只能被表达一次；

（2）表内的每一行都应该被唯一的标识（有唯一键）；

（3）表内不应该存储依赖于其他键的非键信息。

9.3.4 物理数据模型

物理数据模型是逻辑数据模型在计算机内部具体的存储形式和操作机制，是描述数据库内容在任何存储介质上存放，是数据抽象的最底层。例如，数据的物理记录格式是变长还是定长，数据是压缩还是非压缩，索引结构是 B+树还是 Hash 结构等。它与GIS 设计、通用数据库选择、操作系统以及计算机硬件密切相关。物理数据结构通常都向用户隐蔽，用户不必了解其内容。由于数据存储的介质不同，数据的物理存储结构有很大的差异。地理空间数据库是在操作系统管理下的一批有关联的文件，因此，这里所述的存储结构与存取方法均属于逻辑管理范畴，真正的物理管理由操作系统承担。

逻辑记录（logical record）相互从属且能看作一个逻辑单元的一组连续数据字段。逻辑记录没有固定的长度，它可以包含一个或多个介质记录。逻辑记录的开始由记录类型码和连续标志来控制。

物理记录（media record）相互从属的一组数据段的名字。每条介质记录用一个记录类型代码开始，用回车、换行或这两个控制字符的联用来结束。

连续记录（continuation record）是一种用来表示某特定的逻辑记录（其长度超过80个字符）一部分的介质；连续记录在用于记录类型代码的字段中有两个零字符。

可变长和定长的字段（fields of variable length, fixed length）是多数数据字段有预定的长度，只有文本字段的长度不确定。一个定长字段不可打断。当一个特定字段放在介质记录中不合适时，就应把它移到下一个介质记录（这是之后定义的连续记录）。

重复字段（repeating fields）是在一个特定的记录中可以有一个以上连续实例的字段。一条记录中重复字段出现的次数不定。每个重复字段用一个字段计数器开头以说明在这条逻辑记录中计数器后的字段重复次数。

重复字段组（repeating field groups）是两个或两个以上可以与属于该组的其他字段一起重复的字段序列。重复字段组前也有字段计数器，它是属于全组的。它规定重复字段组在本记录中重复的次数。

1. 记录顺序

每一卷必须以卷头标记录开始，每个卷尾以卷尾记录结束。紧跟卷头标记录的是数据集头标记录，它是一组名为数据集记录（因为它们包含了用于整个数据集的通用信息）的第一条记录。该记录组在数据集中只出现一次。如果一个数据集分布在多个卷内，这些记录只在第一卷出现。数据集头标记录的出现表明一个数据集开始；数据集结束用下一个数据集头标记录或具有卷尾标志＝0（册中的末卷）的卷尾记录。除了数据集头标记录以外，没有必要规定数据集记录的顺序。但我们建议把它们按标准顺序安排。数据集记录后紧接的是节头标记录，它的出现意味着第一节开始；当遇到另一个带有不同节标识符的节头标记录或出现带卷尾标记＝0的卷尾记录时该节自然结束。如果某节逻辑继续于下一卷，相应的节头标记录必须在那卷重复。节头标记录后跟层头标记录，该记录表示一个新层开始；当遇到另一个层头标记录时，该层结束。当遇到下列情况之一时，节的最后一层结束：转换记录、语义关系记录、节头标记录、卷尾记录或数据集头标记录。层头标记录后是俗称"数据记录"。该组中记录的顺序无关紧要，但强烈要求用标准的并且符合逻辑的方式来排列它们，先是全部坐标记录，接着是全部结点记录，然后是全部边记录等。节中属于最后层的数据记录紧跟零或更多可能伴随一个或多个注解记录出现的语义关系记录。这些记录不属于一特定层是因为它们可以包含一些涉及不同层要素的信息。星号表示在一组"RC"意思的"记录"内一条记录可以有多次连续出现的实例。

283

2. 数据记录间的连接

概念数据模型的实体之间的关系已经在数据记录之间以指针的形式得到应用,因此,每种记录类型都拥有一个存放记录出现的唯一标志的字段。另外,每种记录类型有一个或多个用于存放指向另一条记录的参考指针。

显示记录如何互相联系:通过跟踪箭头,能看出哪条记录联系上另一条记录。

指针字段和它们在记录中的作用。一个空心点标示一个放置标识符的字段,一个实心黑点表示该字段是用来指定另一字段。

3. 记录物理描述(media record specifications)

为逻辑数据模型选取一个最适合应用环境的物理结构(包括存储结构和存取方法)。根据 DBMS 特点和处理的需要,进行物理存储安排,设计索引,形成数据库内模式。

9.4 地理空间数据库设计技巧

一个好的数据库产品不等于就有一个好的应用系统,如果不能设计一个合理的数据库模型,不仅会增加客户端和服务器段程序的编程和维护的难度,而且将会影响系统实际运行的性能。一般来讲,在一个 MIS 系统分析、设计、测试和试运行阶段,因为数据量较小,设计人员和测试人员往往只注意到功能的实现,而很难注意到性能的薄弱之处,等到系统投入实际运行一段时间后,才发现系统的性能在降低。

1. 设计数据库之前(需求分析阶段)

(1)理解客户需求。询问用户如何看待未来需求变化。让客户解释其需求,而且随着开发的继续,还要经常询问客户保证其需求仍然在开发的目的之中。

(2)了解企业业务可以在以后的开发阶段节约大量的时间。

(3)重视输入输出。在定义数据库表和字段需求(输入)时,首先应检查现有的或者已经设计出的报表、查询和视图(输出)以决定为了支持这些输出哪些是必要的表和字段。

(4)创建数据字典和 E-R 图表。E-R 图表和数据字典可以让任何了解数据库的人都明确如何从数据库中获得数据。E-R 图对表明表之间关系很有用,而数据字典则说明了每个字段的用途以及任何可能存在的别名。对 SQL 表达式的文档化来说这是完全必要的。

(5)定义标准的对象命名规范。数据库各种对象的命名必须规范。

2. 表和字段的设计(数据库逻辑设计)

1)标准化和规范化

数据的标准化有助于消除数据库中的数据冗余。标准化有好几种形式,但 Third Normal Form(3NF)通常被认为在性能、扩展性和数据完整性方面达到了最好平衡。

简单来说，遵守 3NF 标准的数据库的表设计原则是："One Fact in One Place"，即某个表只包括其本身基本的属性，当不是它们本身所具有的属性时需进行分解。表之间的关系通过外键相连接。它具有以下特点：有一组表专门存放通过键连接起来的关联数据。

2）数据驱动

采用数据驱动而非硬编码的方式，许多策略变更和维护都会方便得多，大大增强系统的灵活性和扩展性。

举例，假如用户界面要访问外部数据源（文件、XML 文档、其他数据库等），不妨把相应的连接和路径信息存储在用户界面支持表里。还有，如果用户界面执行工作流之类的任务（发送邮件、打印信笺、修改记录状态等），那么产生工作流的数据也可以存放在数据库里。角色权限管理也可以通过数据驱动来完成。事实上，如果过程是数据驱动的，你就可以把相当大的责任推给用户，由用户来维护自己的工作流过程。

3）考虑各种变化

在设计数据库的时候考虑到哪些数据字段将来可能会发生变更。

4）选择数字类型和文本类型尽量充足

而 ID 类型的文本字段，比如，用户 ID 或实际范围号都应该设置得比一般想像更大。假设地理实体 ID 为 10 位数长。那你应该把数据库表字段的长度设为 12 或者 13 个字符长。但这额外占据的空间却无需将来重构整个数据库就可以实现数据库规模的增长了。

5）增加删除标记字段

在表中包含一个"删除标记"字段，这样就可以把行标记为删除。在关系数据库里不要单独删除某一行；最好采用清除数据程序而且要仔细维护索引整体性。

3. 索引（数据库逻辑设计）

索引是从数据库中获取数据的最高效方式之一。95％的数据库性能问题都可以采用索引技术得到解决。

（1）逻辑主键使用唯一的成组索引，对系统键（作为存储过程）采用唯一的非成组索引。考虑数据库的空间有多大，表如何进行访问，还有这些访问是否主要用作读写。

（2）大多数数据库都索引自动创建的主键字段，但是可别忘了索引外键，它们也是经常使用的键，比如，运行查询显示主表和所有关联表的某条记录就用得上。

（3）不要索引大型字段（有很多字符），这样做会让索引占用太多的存储空间。

（4）不要索引常用的小型表。不要为小型数据表设置任何键，假如它们经常有插入和删除操作就更别这样做了。对这些插入和删除操作的索引维护可能比扫描表空间消耗更多的时间。

4．数据完整性设计（数据库逻辑设计）

1）完整性实现机制

DBMS 对参照完整性可以有两种方法实现：外键实现机制（约束规则）和触发器实现机制，用户定义完整性：NOT NULL、CHECK 和触发器。

2）用约束而非商务规则强制数据完整性

采用数据库系统实现数据的完整性。这不但包括通过标准化实现的完整性而且还包括数据的功能性。在写数据的时候还可以增加触发器来保证数据的正确性。不要依赖于商务层保证数据完整性；它不能保证表之间（外键）的完整性所以不能强加于其他完整性规则之上。

3）强制指示完整性

在有害数据进入数据库之前将其剔除。激活数据库系统的指示完整性特性。这样可以保持数据的清洁而能迫使开发人员投入更多的时间处理错误条件。

4）使用查找控制数据完整性

控制数据完整性的最佳方式就是限制用户的选择。只要有可能都应该提供给用户一个清晰的价值列表供其选择。这样将减少键入代码的错误和误解同时提供数据的一致性。某些公共数据特别适合查找：国家代码、状态代码等。

5）采用视图

为了在数据库和应用程序代码之间提供另一层抽象，可以为应用程序建立专门的视图而不必非要应用程序直接访问数据表。这样做还等于在处理数据库变更时给你提供了更多的自由。

5．其他设计技巧

1）避免使用触发器

触发器的功能通常可以用其他方式实现。在调试程序时触发器可能成为干扰。假如你确实需要采用触发器，你最好集中对它文档化。

2）使用常用英语（或者其他任何语言）而不要使用编码

在创建下拉菜单、列表、报表时最好按照英语名排序。假如需要编码，可以在编码旁附上用户知道的英语。

3）保存常用信息

让一个表专门存放一般数据库信息非常有用。在这个表里存放数据库当前版本、最近检查/修复（对 Access）、关联设计文档的名称、客户等信息。这样可以实现一种简单机制跟踪数据库,当客户抱怨他们的数据库没有达到希望的要求而与你联系时,这样做对非客户机/服务器环境特别有用。

4) 包含版本机制

在数据库中引入版本控制机制来确定使用中的数据库的版本。时间一长,用户的需求总是会改变的。最终可能会要求修改数据库结构。把版本信息直接存放到数据库中更为方便。

5) 编制文档

对所有的快捷方式、命名规范、限制和函数都要编制文档。采用给表、列、触发器等加注释的数据库工具。对开发、支持和跟踪修改非常有用。对数据库文档化,或者在数据库自身的内部或者单独建立文档。这样,当过了一年多时间后再回过头来做第 2 个版本,犯错的机会将大大减少。

6) 测试、测试、反复测试

建立或者修订数据库之后,必须用用户新输入的数据测试数据字段。最重要的是,让用户进行测试并且同用户一道保证选择的数据类型满足商业要求。测试需要在把新数据库投入实际服务之前完成。

7) 检查设计

在开发期间检查数据库设计的常用技术是通过其所支持的应用程序原型检查数据库。换句话说,针对每一种最终表达数据的原型应用,保证你检查了数据模型并且查看如何取出数据。

第10章 基础地理空间数据库建立

地理空间数据库从应用性质上分，可分为基础地理空间数据库和专题数据库。基础地理空间数据库包括基础地形要素矢量数据（DLG）、数字高程模型（DEM）、数字正射影像（DOM）、数字栅格地图（DRG）以及相应的元数据库（MD）。专题数据可能是土地利用数据、地籍数据、规划管理数据、道路交通数据等。本章节不可能对具体的数据库建库方法进行描述，仅介绍基础地理空间数据库建立过程和方法。

10.1 基础地理空间数据库建设流程

10.1.1 建设方法选取

空间数据来源不同，生产方法根据数据源的条件和建库区域不同而灵活选用。空间数据库建设的流程也不相同。基本原则如下：

（1）对于无图区域，采用基于解析测图仪的数字测图或全数字测图测制数字地形；

（2）对于地貌变化不大而地物变化很大的老地形图，应采用基于解析测图仪的数字测图、全数字测图或基于正射影像的地物要素采集重新测制数字地形图地物要素层；

（3）对于地貌变化小而地物变化也不大的地形图，应采用地形图扫描矢量化或地形图更新的方法；

（4）已有新的大比例地形图时应采用缩编方法。

根据资料现状和可能获得的数据源，生产实施过程中作业方法的选择见表10.1。

表10.1 作业方法

作业方法	基本资料	补充资料
地形图扫描采集	地形图、薄膜黑图	1. 最新行政区划及境界变更资料； 2. 现势地名资料； 3. 最新交通图册； 4. 动态GPS测量成果； 5. 外业测量与调绘成果； 6. 其他相关的现势性资料 （资料现势性一般要求3～5年内）
解析测图仪测图	航摄像片、控制成果、调绘成果	
全数字摄影测图	航摄像片或数字影像、控制成果、调绘成果	
解析测图仪更新	航摄像片、控制成果、外业调绘成果、矢量数字地形图	
标准地形图更新	航摄像片（含卫片）或数字影像、控制成果、调绘数据、判绘数据、矢量数字地形图	
非常规地形图更新	航摄像片、卫片或数字影像，控制成果、调绘、判绘数据	
地物要素层采集	航摄像片（含卫片）或数字影像、控制成果、调绘数据、判绘数据、数字高程模型或矢量数字地形图等高线要素层	

10.1.2 地形图数字化方法

原始资料采用分版地形图,若无分版地形图,可用纸质地形图来代替。通过扫描仪的CCD线阵传感器对图形进行扫描分割,生成二维阵列像元,经图像处理,图幅定向、几何校正、分块形成一幅由计算机处理的数字栅格图。通过人工或自动跟踪矢量化、空间关系建立、属性输入等获取矢量空间数据。制作流程图如图10.1所示。

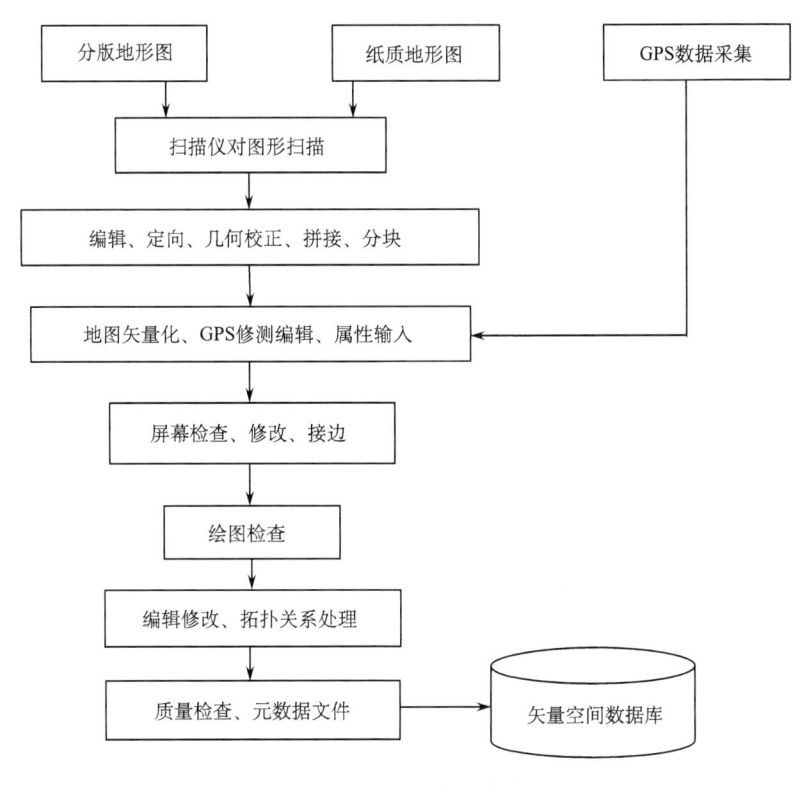

图 10.1 地形图数字化流程

10.1.3 遥感影像数字化方法

原始资料采用航空像片、遥感卫星图像。通过影像扫描数字化、经图像处理、图幅定向、几何校正、数字微分纠正和无缝镶嵌,计算机处理成的数字正射影像图。通过人工或自动跟踪矢量化、空间关系建立、属性输入等获取矢量空间数据。制作流程图如图10.2所示。

10.1.4 数字高程模型库建立过程

数字高程模型就是在一个地区或一幅地形图的范围内,规则格网点的平面坐标 (x,y) 及其高程 (Z) 的数据集。它既是基础空间数据库的一部分,也是单张数字航

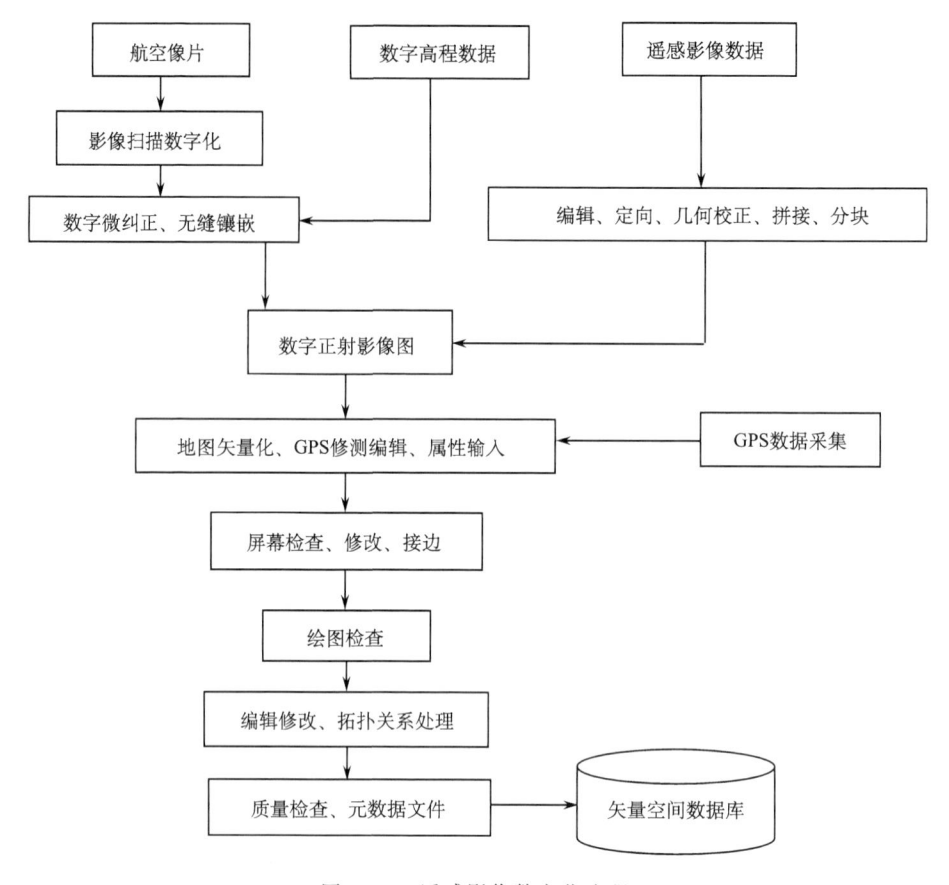

```
航空像片          数字高程数据        遥感影像数据
  ↓                                    ↓
影像扫描数字化                    编辑、定向、几何校正、拼接、分块
  ↓          ↓                         ↓
数字微纠正、无缝镶嵌  →  数字正射影像图  ←
                         ↓
              地图矢量化、GPS修测编辑、属性输入  ←  GPS数据采集
                         ↓
                 屏幕检查、修改、接边
                         ↓
                      绘图检查
                         ↓
                编辑修改、拓扑关系处理
                         ↓
                质量检查、元数据文件  →  矢量空间数据库
```

图 10.2 遥感影像数字化流程

空像片进行影像解析投影变换的基础高程数据。其数据源主要来源外业实地测量、地形图，解析测图仪测图和数字摄影测图。

1. 野外实地测量

利用自动记录的测距经纬仪（常称为电子速测经纬仪或全站经纬仪）在野外实测，直接观测地面点的平面位置和高程。这种速测仪一般都有微处理器，它可以自动记录与显示有关数据，或能进行多种测站上的计算工作。其记录的数据可以通过串行通信，输入其他计算机进行处理。但是由于野外测量方式本身野外作业和所需人力资源较多等因素的局限，一般适用于小区域高精度测量。

2. 现有地形图数字化

利用数字化对现存的各种比例尺地形图上的高程信息（如等高线、特征点、地形线等）进行自动或半自动地数据获取，利用手扶跟踪式数字化仪和扫描数字化仪对已有地图上的高程信息（如等高线、特征点、地形线等）进行自动或半自动地数据获取。

3. 解析航空摄影测量

在解析测图仪上，一般采用一次性采样，沿 x 方向或 y 方向断面扫描方式进行。

4. 数字摄影测量

数字摄影测量是数字高程数据采集最有效的手段，它具有效率高、劳动强度低的优点。利用附有的自动记录装置（接口）的立体测图仪或立体坐标仪、解析测图仪及数字摄影测量系统，进行人工、半自动或全自动的量测来获取数据。

5. 激光扫描测距仪

与传统的航天摄影测量相反，激光扫描测距是一个直接方法，地形点三维坐标是通过设在飞机上激光测距仪直接量测地面到飞机的距离、GPS 实时量测飞机在空中的空间位置以及飞机的飞行参数同步计算出所有的数据值。激光扫描测距最突出的优点是在森林区域也能够投入使用，因为激光可以通过地形表面的植被。例如，德国斯图加特大学研制的 Laser-Scan 系统，在十分困难的地形区域利用激光扫描测距的方法获取的数据所建立的格网数字地面模型也能达到中误差小于 0.5m 的精度。激光测距仪在飞行的横方向扫描可以获取断面的数字高程模型。制作流程图如图 10.3 所示。

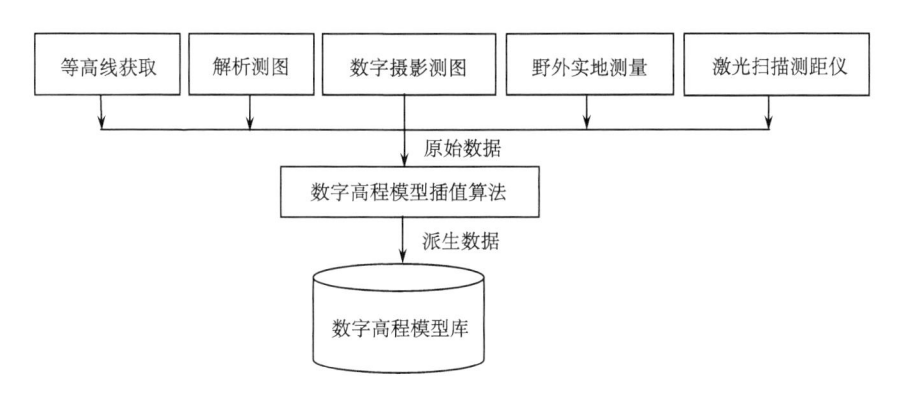

图 10.3 数字高程模型建库流程

10.2 资料收集与处理

10.2.1 资料收集与分析

资料是获取数字地形图数据的基础，对资料的分析和选择是否正确，直接影响数字地形图数据的质量。因此数字化作业前需要收集下列资料：

（1）最新出版的地形图、航片、卫片和影像资料；

（2）最新出版的中华人民共和国行政区划代码、世界各国和地区名称代码、行政区划简册、数字化区域的地名录；

（3）最新出版的交通资料和国家公布的交通信息；

（4）实测或编绘出版的最新基本比例尺地形图及有关现势资料；

(5) 国家、省、县、乡公路线路名称和编码；
(6) 中华人民共和国铁路路线名称代码；
(7) 中华人民共和国铁路车站站名代码；
(8) 全国河流名称代码；
(9) 成图区域内的测量控制点成果。

对资料进行如下分析：

(1) 地图资料要查明地图的出版机关、出版年代、比例尺、成图方法、精度、采用资料的来源、数学基础（包括坐标系、高程系、等高距）、各要素内容与现状的符合程度、采用的图式及特点说明等；

(2) 航片、卫片和影像资料要查明摄影参数；

(3) 对参考资料分析着重研究资料来源的可信度、内容的现势性和完整性，以确定这些资料的使用程度，补充或修改原图的内容；

(4) 对补充资料分析着重研究出版机关、年代和特点及转标这些内容的方法，如政区图、交通图、水利图等现势资料；

(5) 掌握成图区域的地理景观和地理特征，通过对文字、图表及样图的分析，规定一些处理原则，使作业人员掌握成图区域特点，以保证数字地形图数据模型与实地地理特点相适应及各要素层的合理表达。

10.2.2 资 料 处 理

1. 影像数据处理

当原始影像资料为像片时，要进行影像扫描数字化，获取数字影像数据。在进行影像扫描数字化时，要选用经检验合格的扫描仪，必要时要对扫描仪的扫描精度和扫描影像质量等技术指标重新进行鉴定。扫描影像像元的大小应根据像片比例尺的大小确定，由影像像元大小和摄影比例尺计算出的像元地面分辨率。扫描影像的清晰度、反差、亮度以及几何精度等都应满足人工判读和量测的要求，其影像质量不得明显低于原始像片的影像质量。扫描影像数据以 IBM PC 非压缩 tif 格式（或其他标准格式）保存。

影像定向包括内定向和后方交会。内定向的目的是确定扫描坐标系同像片坐标系的关系，同时解算像片主点的坐标。后方交会的目的是利用一定数量的地面控制点及其在像片上的相应像点坐标解算像片在曝光瞬间的空间位置和姿态参数。

在进行影像定向作业时，要求点的量测精度对应图面输出不超过 0.1mm，要有多余量测。平差后的余差，内定向控制在一个像素内，后方交会控制在三个像素内，后方交会最好直接利用内业立体加密成果。

进行后方交会作业时要求：

(1) 每张像片必须有 4 个以上控制点，与四周相邻像片都有两个以上公共点，以保证交会精度和接边精度；

(2) 量测时点位一定要准确，且各片量测时点位要一致；

(3) 定向精度。

平地、丘陵地一般不大于 15m，个别不大于 25m；山地 一般不大于 25 m，个别不大于40m。经后方交会得到的像片外方位元素是对影像进行严格三维纠正的依据。影像纠正的目的是将中心投影影像纠正成正射投影影像,供影像镶嵌工序使用。

影像纠正一般采用以DEM为基本控制的三维纠正,高程值由基于格网的DEM数据内插求得。在平坦地区缺乏DEM数据时,可采用二维纠正。正射影像图所用DEM数据必须事先进行拼接检查,所用范围必须大于影像图范围。

数字镶嵌的目的是对航线内或航线间的相邻影像进行拼接,同时对相邻影像间的色调差异和位置误差进行调整和平差。进行影像镶嵌时,片与片、航线与航线之间接边限差,不得超过两个像元。如果镶嵌接边差超限,必须查明原因重新纠正。当片与片、航线与航线接边处影像变形较大时,应尽量采用镶嵌修补,或用工具软件进行适当的调整。

当影像资料为数字正射影像时,应对正射影像数据进行检查。正射影像数据一般应是以图幅为单位的包括影像数据和相关的属性数据的数据。正射影像的色调应一致,反差适当,各种线条清晰,无明显错位现象;属性数据所包含的信息要完整,应包括正射影像像元地面分辨率及相应的坐标信息(应说明坐标系);正射影像像元地面分辨率应高于3m;相邻两幅正射影像之间应有约100个像元的重叠,以便拼接。经检查验收合格后的正射影像数据以图幅为单位存入摄影测量"影像地图数据库"中。

2. 卫星影像

卫星影像定向参考航空影像作业方法进行。此外,在卫星影像的空间后方交会中,由于要求解12个外方位元素,故必须有9个以上控制点,均匀分布在四周。

正射影像图定向是为了确定正射影像坐标与地面坐标之间的关系。定向时,要在影像4个角各选一个定向点(一般为图廓点),要求定向点误差不得大于5m(地面坐标)。

3. 数字化底图制作

1)数字化参考图的标注

需标注的地图内容按要素层用不同颜色分别标注在透明纸或地形图上,可分为居民地层、交通层、水系层、境界层。要素层内容复杂时,可以标注在多张透明纸上,要素层内容简单时,也可标注在一张透明纸或地形图上。在数字化中容易造成遗漏、错误或者有助于提高数字化作业效率的某些项,酌情标注。当转绘精度达到要求时,可直接将增补的地物及名称转绘到聚酯薄膜图,便于扫描数字化。

2)数字化底图的检校

全面了解数字化区域情况及作业时应注意的事项。检查数字化底图是否符合要求。检查数字化底图与相邻图幅的接边情况;线状要素的连续性(如道路、河流、境界的走向、命名、级别是否一致);面状要素(如水域、植被、街区、土质、沼泽等)是否闭合。根据现势资料校正行政村以上地名。

4. 地图扫描矢量化

数字化底图制作完成之后,将分版的聚酯薄膜图以300~500dpi扫描,得到数字化底图二值图像文件,并以黑版为基准纠正,将纠正后的分版图像文件存入数据库。

10.3 基础地理空间数据获取

数据采集必须首先制定基础地理信息要素分类与编码规范和空间数据库建立作业细则。

10.3.1 空间数据获取的一般原则

内图廓线、方里网应由理论值生成。当内图廓线为多边形边线时，应采集内图廓线使多边形闭合。数字化图廓点的顺序为左下角点、右下角点、右上角点、左上角点。

线状要素采集其中心线或定位线。有方向的线状要素将辅助要素放在数字化前进方向的右侧。线状要素被其他要素隔断时（如河流、公路遇桥梁等），应保持线状要素的连续，采集时不间断。

线、面状要素数字化的采点密度以线、面状要素的几何形状不失真为原则，采点密度随着曲率的增大而增加，曲线不得有明显变形和折线。线状要素中的曲线段和折线段应分开采集。曲线中的平直线段应作为直线采集，不作曲线采集，但曲线与直线连接处变化应自然。如铁路、公路的直线段。

点状要素采集符号的定位点。有方向的点状要素还应采集符号的方向点，其中第一点采集符号定位点，第二点采集符号方向点。

面状要素采集轮廓线或范围线。所有面域多边形都必须有且仅有一个面标识点。对于面状要素，如果其边线不具备其他线状要素的特征，在没有特殊说明的情况下，其边线属性码采用由面属性决定的边线编码，作为背景的面状要素赋要素层背景面编码。面状要素被线状要素分割时，原则上作为一个多边形采集（如居民地被铁路分割、河流被桥梁分割等），被双线河或其他面状地物分割时，应根据实际情况处理为一个或多个多边形。

具有多种属性的公共边，只数字化一次（如河流与境界共线、堤与水域边线共线），其他层坐标数据用拷贝生成，并各自赋相应的属性代码或图内面域强制闭合线编码。同一层中面要素的公共边不需拷贝。

凡地形图上没有边线的面状要素，其边界属性编码用图内面域强制闭合线编码（如沼泽、沙漠等）。

所有图幅都要接边，包括跨带接边。当接边差小于0.3mm（实地15m）时，可只移动一方接边。原图不接边的要进行合理处理，如果两边都有要素且接边误差小于1.5mm时，则两边各移一半强行接边，接边时要保持关系合理。如果只有一边有要素，则不接边。

在同一要素层中建立拓扑关系。要素层与要素层之间不建立拓扑关系。同一要素层中不同平面的空间实体不建立拓扑关系。需建立拓扑关系的要素包括：所有面状要素、交通层中的公路、水系层中的单线河流等。

当要素分类不详时，输入要素的大类码；分类明确时，输入要素的小类码。如陡岸分类不详时，输入陡岸编码；分类明确时，输入石质和土质陡岸编码。

10.3.2 空间数据获取方法

1. 测量控制点

各级测量控制点均应采集，并作为实体点空间实体数字化。测量控制点的名称、等级、高程、比高、理论横坐标、理论纵坐标作属性输入。测量控制点名称在图上不注出时，注记编码为"0"。测量控制点与山峰同名时，注记编码赋山峰注记编码，山峰名称不单独采集。独立地物作为控制点时，分别在相应要素层中采集控制点和独立地物。作为控制点采集时，在类型中加"独立地物"说明。

2. 工农业社会文化设施

采集的要素有石油井、盐井、天然气井、矿井、储油罐、水厂、发电厂、变电所、生物制剂厂、粮仓、政府驻地、军事机关、电信机构、雷达、电视台、电视发射塔、著名的医院和军队的大医院、依比例表示的露天矿和体育场。作为测量控制点的独立地物应采集。由一点定位垂直于南北图廓线表示的点要素按实体点空间实体数字化。真方向表示的点要素按有向点数字化。半依比例尺表示的线状要素按线空间实体数字化，辅助符号在数字化前进方向右侧，如露天矿等。依比例表示的体育场，按线空间实体数字化。要素的名称、类型、高程、比高等均作为属性输入，没有的项可缺省。

3. 居民地

采集要素有街区，依比例表示的突出房屋、高层房屋、独立房屋和破坏的房屋。街区中的突出房屋、高层房屋不区分性质，统一用街区符号表示。

选取的要素有小居住区、独立房屋和窑洞。多个独立房屋构成的居民地，选择其主要位置（逻辑中心）的房屋赋地名，其他独立房屋不赋地名，有名称的居民地应采集，分散且无名称的独立房屋和窑洞可适当舍去。人烟稀少地区的独立房屋应选取。海岛上的高脚屋按独立房屋采集。由独立房屋组成的散列式居民地独立房屋可适当取舍，但应反映居民地的分布特征。采用识别方法采集全部独立房屋，则应将已更新为街区和不存在的独立房屋删除。

不依比例尺表示的独立房屋、突出房屋、小居住区及窑洞按有向点数字化。半依比例尺表示的独立房屋按线空间实体数字化。成排的窑洞按线空间实体数字化，窑洞符号在数字化前进方向的右侧。

依比例表示的独立房屋、突出房屋、高层房屋、街区按面空间实体数字化。街区式居民地采集外围轮廓线，赋街区边线属性，街区面域赋普通街区属性编码，街区中的广场空地面积大于 $8mm^2$ 应采集，街区边线可作为其范围线，以道路或街道为边线时，以图内面域强制闭合线使面域闭合。运动场、水域等面状要素在街区中应空出。街道或道路两侧均为街区时，街区边线不采集；街道或道路一侧有街区另一侧没有街区时，街区边线应在有街区一侧自行封闭。街道在交通层中采集。

有两个以上名称的集团式街区（或者街区扩大，多个居民地变为一个集团式街区），有总名时作为一个面域采集，无总名时应根据居民地的轮廓形状、街道或地形特征，分成与地名对应的多个面域采集，中间用图内面域强制闭合线分开，分割处的街道在交通层中应采集。

4. 陆地交通

采集要素有标准轨复线铁路和单线铁路（含电气化铁路和高速铁路）、窄轨铁路、铁路车站、建筑中的铁路、国道、省道、县乡公路及其他公路、建筑中的各级公路、主要街道、地铁出入口、隧道、加油站、机场、能起降飞机的公路路段。选取的要素有次要街道、大车路、乡村路、小路、山隘、桥梁、渡口。公路属性应输入编码、名称、铺面类型、技术等级、国道编号、省道编号、路面宽度和铺面宽度等。

公路编号用大写字符半角输入，县及县以下公路可不输入名称和编号，公路名称和编码依据《国家干线公路线路名称和编码》和交通图现势资料确定。

两条以上公路汇合的重复路段。只表示高级道路的名称和编码，同级道路拷贝几何数据，分别表示各自的名称和编码。

公路交叉点和属性变换点（如水泥路面和沥青路面交界点）均为公路线空间实体的分割结点，属性变换点位置应根据图上居民地和道路附属物等合理确定，一般以居民地或道路附属物作为属性变换点。

5. 管线

管线均按线空间实体数字化。并按实际情况输入名称、类型、净空高度和埋藏深度等属性，类型包括电力线伏特数（以千伏为单位），各种管道的用途（油、煤气、水、蒸汽）等。管线与线状地物间隔小于3mm，图上断开表示时，数字化时用强制连接线使其连接。

6. 水域/陆地

采集的要素有河流、地下河段出入口、坎儿井、主要堤、防波堤、土质无滩陡岸、石质无滩陡岸、顺岸式码头、突堤式码头、栈桥式码头、浮码头、海岸线、水涯线、海域、海岛、河湖水库中的岛屿沙洲、海上平台、等深线、水深注记。土质和石质有滩陡岸在地貌层中按陡崖数字化。

选取的要素有湖泊、水库、池塘、时令湖、时令河、消失河段、运河与沟渠、干沟、沼泽地、盐田、储水池、水井、泉、瀑布、水闸、拦水坝、一般堤、堤岸、沙滩、泥滩、沙泥滩、砂砾滩、岩石滩、树木滩。

水域/陆地要素要输入编码、名称、类型、宽度、河底性质、水深、时令月份、长度、高程、比高、吨位、河流代码等属性。

河流应判定水流方向，单线河流按从上游到下游的方向数字化。河流遇桥梁、水闸、拦水坝、瀑布等直接通过，数字化时不间断。

双线河、双线运河和双线沟渠作为面空间实体数字化。为保持面状水系要素闭合，在双线河流与湖泊、水库、海洋汇水处，不同名称段双线河流分界处，需加图内面域强制闭合线，形成各自封闭的多边形。河流入海口，应将河流水涯线与海岸线分开，分别赋相应属性。

单线沟渠按线空间实体数字化，并在属性中输入主、次类型说明和沟宽。不能确定沟渠宽度时，可不输入宽度。

依比例尺表示的干沟按面空间实体采集，边线赋由面属性确定的边线属性，干沟开口处用图内元素面的强制闭合线闭合。

海洋、湖泊、池塘按面空间实体数字化。海洋边线赋海岸线属性，湖泊池塘边线赋常水位岸线属性。

海岸线一般以地形图为准，当地形图与海图的岸线位置不一致时应以较新的资料为准。

7. 海底地貌及底质

采集的要素有实际位置水深、不精确水深、未测到底水深、干出水深、等深线、不精确等深线。水深按点空间实体数字化，等深线按线空间实体数字化。

8. 礁石、沉船、障碍物

采集的要素有礁石、沉船、危险区、图上面积大于 $4mm^2$ 的水产养殖场。依比例尺表示的礁石按面空间实体数字化，不依比例尺表示的礁石按点空间实体数字化，区分干出礁、适淹礁、暗礁和水下珊瑚礁，并赋相应属性。水下珊瑚礁赋暗礁属性，并在表面物质属性项中输入"珊瑚"。依比例尺表示的礁石范围线赋面属性决定的边线编码。各类礁石应按海图输入名称，深度值，测深技术等属性。

9. 水文

采集的要素有河流、沟渠宽度标识点、河流、沟渠流向，近海海域的涨潮流、落潮流、海流、水位点、浪花。河流、沟渠宽度标识点、河流、沟渠流向，近海海域的涨潮流、落潮流，按有向点采集，并输入流速。有两个数字表示的流速（如 3.5～4.5 节）取其平均数输入，单位"节（kn）、秒等"不输入。双线河流（沟渠）上的河（沟）宽、水深、底质符号按线空间实体数字化。单线河流、沟渠上的按有向点数字化，方向点在河流流向的垂直方向上。单线沟渠上的沟宽、沟深按实体点数字化。

10. 陆地地貌及土质

采集的要素有首曲线、计曲线、间曲线、助曲线、草绘曲线、高程点。选取的要素有冲沟、土质和石质陡崖、陡石山、冲沟和陡崖比高点。

等高线分为首曲线、计曲线、间曲线、助曲线、草绘曲线和任意曲线。其属性类型缺省为普通等高线，雪山等高线的类型码中输"雪山"。等高线的类别分正向和负向，缺省为正向，负向地貌应在类别码中输入"负向"。各类等高线均应输入高程值。等高线遇单线冲沟，单线河、公路、陡崖等要素及注记压盖而间断表示时，应根据曲线走向连接。等高线走向无法判断时可间断。等高线被面状地物、地貌符号等隔断时应尽量连接。等高线遇双线河、双线冲沟间断表示时可不连接。间曲线、助曲线、草绘曲线，任意曲线、滑坡等高线等均作连续的线空间实体数字化。滑坡等高线按草绘等高线采集。

· 297 ·

各类等高线和高程点可利用已有数字高程图的数据进行格式转换。高程点只输入高程值不采集名称,高程点有山峰名称时,山峰名称在注记层中单独采集。

11. 境界与政区

采集的要素有已定国界、未定国界、省(含自治区、直辖市)界、地区(含地级市、自治州、盟)界、县(含自治县、旗、自治旗、县级市)界、特别行政区界;县(含自治县、旗、自治旗、县级市)政区、特别行政区;界碑、界桩、界标。各级境界按连续的线空间实体数字化,一般应组成封闭的多边形。对延伸到海部的境界线,拷贝海岸线数据使面域闭合,赋图内面域强制闭合线属性,延伸到图廓线的境界,以图廓强制闭合线闭合。若境界在海湾或河流入海口中部,汇合点应选择海岸线与境界线最接近之处,海岸线与境界线之间加图内面域强制闭合线,使其闭合。穿过海岸线延伸到海部的境界,作为线空间实体数字化,不必形成封闭面域。海洋中的分段国界,按图上的线段位置中心线数字化,不必形成封闭面域。

境界以单线河、道路等线状地物为界时,拷贝相应线状地物坐标数据,赋相应境界代码。

境界以河流中心线、主航道线或共有河为界时,按图形(或影像)中心线或主航道数字化,地图上沿河流两侧跳绘的境界不再数字化。并在境界类型说明中输入"中心线"、"主航道"或"共有河"。

12. 植被

选取的要素有植被:选取图上面积大于 $1cm^2$ 的套色植被。植被只输入类型属性。植被用航测方法更新边界,根据航片和地形图判定属性,新增加植被属性判读不清时,输入森林属性。地类界作为植被面域的分界线数字化时,必须赋地类界属性。植被范围线与地类界相交处均应作为结点,被其他线状地物(如河流、公路、铁路等)所取代的地类界,应从相应层拷贝其坐标到植被层,赋图内面域强制闭合线属性。植被面域不闭合的地方,应根据地类界(或其他线状地物)的延伸方向将其闭合。

13. 助航设备

灯塔、灯桩、灯船、立标、灯浮标与其建筑物上的灯标分别采集,灯标的坐标拷贝生成。图上有关灯标及其建筑物所标注的全部内容都放在相应建筑物的"性质"属性项中。航空灯塔应在类型中输入"航空"。

在同一建筑物上设置有两个以上的灯(具有多种光色和射程)时,每个灯标都要有一个空间实体,分别输入灯标的属性信息。

作为导灯、区界灯、定向灯的灯塔、灯桩,灯标中还应输入方位角,单位为度。扇形光灯(灯塔、灯桩),应单独采集射程范围弧线(半径)。并在灯标属性中输入灯标光色的光弧角度范围:"光弧角度1","光弧角度2"。灯标光弧有多种光色时,应拷贝生成多个灯标,输入相应光色的光弧角度范围。

14. 海上区域界线

锚地包括推荐锚地、锚位、无限制锚地、深水锚地、油轮锚地、爆炸物锚地、检疫锚地、水上飞机锚地和其他锚地，应按其不同属性分别采集。单个符号表示的锚地按点空间实体采集，有范围线的锚地按面空间实体采集，范围线赋由面属性确定的边线属性。有编号、名称的锚地应采集相应的编号和名称。备用锚地、避风锚地、危险品锚地、临时锚地等赋其他锚地编码，并在类型中输入"备用"、"避风"、"危险品"、"临时"等相应说明。国家代码采用两字符代码。

15. 航空要素

机场不区分等级，符号按点空间实体数字化。依比例尺的机场轮廓线按线空间实体数字化，赋机场属性。

16. 注记

各种名称注记均须采集，并形成地名注记文件，只采集地名的定位点和注记定位点；字体、字型、字大（单位 mm）、字向（角度）、颜色不采集。地名的定位点不区分点线面空间实体，均采集一个定位点。一行和分行规则排列的注记定位点取第一个字的左下角点，直线排列并分散注记的定位点取第一个字的左下角点和最后一个字的右下角点，不规则排列的定位点取各字的左下角点。更新的居民地街区扩大后，注记定位点应移动到适当位置。

有实体对应的名称注记，名称随要素采集到属性表中。无实体对应的名称注记只在注记层采集。

县乡镇居民地采集其行政名称，行政名称与驻地名不同时，驻地名作为无实体对应的名称采集。赋相应的驻地名称编码。

城镇居民地中驻有两级以上政府机关时，其行政名称按高一级采集，低级行政名称按无实体对应的名称采集，赋相应的名称编码。

10.3.3 元数据获取

每幅图有一个元数据文件。在用摄影测量方法修测地图要素的作业过程中，还生成有"图幅基本信息文件"和"质量评价文件"两个数据文件，分别描述地图产品的基本情况和质量评价指标。

图幅基本信息文件，在摄影测量数字化作业之前，由接受生产任务的生产组织者或从事第一工序的作业人员，利用"元数据文件生成系统"软件，通过人机交互方式直接生成。

质量评价文件，在摄影测量数字化作业过程中，根据分工由检查验收人员或各工序的作业人员，利用"元数据文件生成系统"软件，通过人机交互方式从"摄影测量生产管理信息系统"有关信息中读取或直接生成。

在修测完成后，摄影测量数字化作业人员应将图幅基本信息文件和质量评价文件的有关信息转入元数据文件,并通过网络传输给地图数字化作业人员,地图数字化作业人员利用"地图数据采集系统"中的元数据文件生成软件,通过人机交互方式输入元数据文件的其他数据项。

10.4 国家基础地理空间数据库介绍

1. 全国 1∶400 万数据库

1) 数据库构成

全国 1∶400 万数据库,是国家基础地理信息系统全国性空间数据库之一。主要包括 1∶400 万数字线划地图(DLG)数据库。数字线划地图(DLG)数据库:以矢量方式存储管理全国 1∶400 万地形图的境界、水系、交通、居民地、地貌等要素。见表 10.2。

表 10.2　1∶400 万主要要素层及内容

要素名	主要内容
政区	县级和县级以上行政区划界(面、线)
居民地	县级和县级以上行政中心(点)
铁路	主要铁路(线)
公路	主要公路(线)
水系	5 级和 5 级以上主要河流和湖泊(面、线)
地形	等高线(等高距为 1 000m)

(1) 数据源:中华人民共和国国家测绘局建设的国家基础地理信息系统全国 1∶100 万数据库。
(2) 生产方法:在 1∶100 万地形数据库基础上,通过数据选取和综合派生的。
(3) 存储方式:按照全国范围统一存储管理。存储格式为 Arc/Info COVERAGE 格式。
(4) 精度标准:符合 1∶100 万地形图精度。
(5) 坐标系统:采用 1954 年北京坐标系。
(6) 高程基准:采用 1956 年黄海高程系。海区采用理论深度基准面。
(7) 地图投影:采用经纬度坐标——以度为单位,采用克拉索夫斯基椭球。

2) 覆盖范围

全国 1∶400 万数据库在空间上覆盖整个国土范围。地理坐标:

西部边界坐标:72°E、东部边界坐标:135°E	北部边界坐标:54°N、南部边界坐标:3°N

3) 数据量

全国 1∶400 万数据库总数据量约为 50MB(E00 非压缩格式),分 6 类要素 6 层,各层包括一个或多个属性表,以 Arc/Info 格式分层存放。

4) 数据库质量

全国 1:400 万数据库通过国家级验收,其数据完整性、逻辑一致性、位置精度、属性精度、接边精度、现势性均符合国家测绘局制定的有关技术规定和标准的要求,质量优良可靠。

5) 适用范围

全国 1:400 万数据库是国家空间数据基础设施的重要组成部分,用于宏观查询与检索、国家级各部门专题信息空间定位的公共基础平台、编制出版小比例尺电子和模拟地图。

2. 全国 1:100 万数据库

1) 数据库构成

全国 1:100 万数据库,是国家基础地理信息系统全国性空间数据库之一。主要包括 1:100 万数字线划地图(DLG)数据库。

数字线划地图(DLG)数据库:以矢量方式存储管理 1:100 万地形图上的境界、水系、交通、居民地、地貌、植被等要素。见表 10.3。

表 10.3　1:100 万主要要素层及内容

要素名	主要内容
政区	含政区界、含海岸线、岛屿归属
居民地	5 000 000 人口以上城市、500 000 人口以下居民地
铁路	铁路、铁路桥
公路	公路、小路、公路桥
水系	河流、湖泊、水库、渠道、井、泉
文化要素	自然保护区、长城、庙、塔
地形	等高线(等高距为 1 000m)
植被	森林、草地、不依比例尺防护林
土地覆盖	沙漠、盐碱地
其他自然要素	火山、溶斗
海底地貌	等深线、水深点
其他海洋要素	航海线、礁石
地理格网	经纬线、北回归线

(1) 数据源:中华人民共和国国家测绘局编制的中国 1:100 万地形图。共 77 幅图,覆盖整个国土范围。按照经纬度划分图幅,每幅图的纬差为 4°,经差为 6°。全面反映了中国的自然地理条件和社会经济状况。

(2) 更新资料：1：100 万地形图更新资料内容包括：行政区划、高速公路、国道、省道、县乡道、铁路、乡、镇以上（包括乡、镇）行政等级居民地、铁路、大型水利工程、沿海滩涂等。更新资料截止时间为 1992 年底。

(3) 生产方法：水系、等高线采用扫描矢量化方式采集数据，居民地、境界、交通等其他要素主要采用手扶数字化方式采集数据。

(4) 存储方式：按照 1：100 万地形图分幅存储。存储格式为 Arc/Info COVERAGE 格式。

(5) 坐标系统：采用 1954 年北京坐标系。

(6) 高程基准：采用 1956 年黄海高程系。海区采用理论深度基准面。

(7) 地图投影：采用经纬度坐标——以度为单位，采用克拉索夫斯基椭球。

2）覆盖范围

全国 1：100 万数据库在空间上包含 77 幅 1：100 万地形图数据，覆盖整个国土范围。

3）数据量

全国 1：100 万数据库总数据量约为 200M，分 13 类要素 17 层，各层包括一个或多个属性表，以 Arc/Info 格式分区分层存放。

4）数据库质量

全国 1：100 万数据库通过国家级验收，其数据完整性、逻辑一致性、位置精度、属性精度、接边精度、现势性均符合国家测绘局制定的有关技术规定和标准的要求，质量优良可靠。

5）适用范围

全国 1：100 万数据库是国家空间数据基础设施的重要组成部分，为国民经济信息化提供数字化空间平台，为国家和省级各部门进行区域规划、灾害监测、防洪抢险、环境保护、宏观决策等提供信息服务。

3. 全国 1：25 万数据库

1）数据库构成

全国 1：25 万数据库，是国家基础地理信息系统全国性空间数据库之一。它由数字线划地图（DLG）数据库、数字高程模型（DEM）数据库、地名数据库三部分构成。

2）数字线划地图（DLG）数据库

以矢量方式存储管理 1：25 万地形图上的境界、水系、交通、居民地、地貌等要素。数据库管理系统采用 Arc/Info 7.1 版。

(1) 数据源：中华人民共和国国家测绘局编制的中国 1：25 万地形图。共 816 幅图，覆盖整个国土范围。按照经纬度划分图幅，每幅图的纬差为1°，经差为1.5°。

(2) 更新资料：1：25万地形图更新资料内容包括：行政区划、高速公路、国道、省道、县乡道、铁路、乡、镇以上（包括乡、镇）行政等级居民地、铁路、大型水利工程、沿海滩涂等。更新资料截止时间为1995年底，部分重要的内容更新资料截止时间为1997年底，如香港特别行政区境界线、重庆市境界线、京九铁路、南昆铁路、大型高速公路等。

(3) 生产方法：水系、等高线采用扫描矢量化方式采集数据，居民地、境界、交通等其他要素主要采用手扶数字化方式采集数据。

(4) 存储方式：按照1：25万地形图分幅存储。存储格式为Arc/Info COVERAGE格式。

(5) 坐标系统：采用1954年北京坐标系。

(6) 高程基准：采用1956年黄海高程系。

(7) 地图投影：采用经纬度坐标——以度为单位；高斯克吕格投影——以米为单位。

3) 数字高程模型（DEM）数据库

以格网点方式存储和管理1：25万地形图上地形起伏高程信息和海底深度信息。数据库管理系统采用Arc/Info 7.1版。

(1) 数据源：中华人民共和国国家测绘局编制的1：25万地形图，包括全部等高线、等深线、控制点、高程点、深度点，以及部分地形特征要素，如静止水体范围线、河流等，这些要素从全国1：25万地形数据库中提取。

(2) 等高距：等高线的等高距，全国范围内共分40m、50m、100m三种，东部平原丘陵区为50m、西部高原和山地区为100m、新疆部分地区为40m。

(3) 生产方法：利用数字化的1：25万地貌要素和部分水系要素作为原始数据、采用Arc/Info软件的TIN和GRID模块，生成格网形式的全国1：25万数字高程模型。

(4) 存储方式：按照1：25万地形图分幅存储；高程单位为米；存储格式为Arc/Info GRID，可以转换成用户所需格式。

(5) 格网尺寸：100m×100m、3s×3s，另外，根据用户需要，可以内插为其他格网尺寸。

(6) 坐标系统：采用1954年北京坐标系。

(7) 高程基准：采用1956年黄海高程系。

(8) 地图投影：100m×100m间隔的数字高程模型，采用6°分带的高斯克吕格投影，坐标单位为米；3s×3s间隔的数字高程模型，直接采用地理坐标，坐标单位为度。

(9) 高程精度：经过验收检测，高程中误差在平地和山地不等，但均在1/2～1/3等高距之间。平原地区等高距为50m，误差较小；山区等高距为100m，误差相对增大。

4) 地名数据库

以关系数据库方式存储和管理1：25万地形图上的各类地名信息。数据库管理系统采用ORACLA 7.0版。

（1）数据源：中华人民共和国国家测绘局编制的 1∶25 万地形图。包括居民地、河流、山脉、山峰、沙漠、沼泽、海洋、海口等要素的名称及有关信息，这些要素从全国 1∶25 万地形数据库中提取。

（2）存储方式：以 ORACLE 的基表方式存储，共分三大类信息：图幅信息、行政区划信息、一般地名信息。

（3）生产方式：从 1∶25 万地形数据库中提取地名及相关信息。

（4）坐标系统：地名的坐标采用经纬度坐标，以度为单位。

（5）数据结构：由基本数据和一个操纵这些数据的管理系统（ORACLE 中称为 FORM）组成。基本数据放于四个主要的基表和两个辅助的基表中。

5）覆盖范围

全国 1∶25 万数据库在空间上包含 816 幅 1∶25 万地形图数据，覆盖整个国土范围。国外部分沿国界外延 25km 采集数据。

6）数据量

全国 1∶25 万数据库总数据量达到 13.2GB，是目前我国空前规模的数字化测绘产品。其中地形数据库、数字高程模型存储高斯克吕格及经纬度坐标各一套，格式为 Arc/Info 的 Coverage 和 Grid；地名数据库存储一套，格式为 ORACLE 内部格式。详见表 10.4。

表 10.4　1∶25 万数据量

数据库名称	地理坐标系	高斯克吕格坐标
1∶25 万数字线划地图数据库	4.5GB	5.0GB
1∶25 万数字高程模型	1.5GB	2.0GB
1∶25 万地名数据库	200MB	
总计 13.2GB		

7）数据库质量

全国 1∶25 万数据库通过国家级验收，其数据完整性、逻辑一致性、位置精度、属性精度、接边精度、现势性均符合国家测绘局制定的有关技术规定和标准的要求，质量优良可靠。

8）适用范围

全国 1∶25 万数据库是国家空间数据基础设施的重要组成部分，为国民经济信息化提供数字化空间平台，为国家和省级各部门进行区域规划、灾害监测、防洪抢险、环境保护、宏观决策等提供信息服务。

4. 全国1∶5万数据库

1) 数据库构成

全国1∶5万数据库,是国家基础地理信息系统全国性空间数据库之一。它由数字线划地图(DLG)数据库、数字高程模型(DEM)数据库、数字正射影像图(DOM)数据库、数字栅格地图(DRG)数据库、数字土地覆盖图(DLC)数据库5个部分构成。其中1∶5万DRG、DEM数据库已基本建成,其他数据库正在积极建设之中。

2) 数字高程模型(DEM)数据库

以格网点方式存储和管理1∶5万地形图上地形起伏高程信息和海底深度信息。

(1) 数据源:中华人民共和国国家测绘局编制的中国1∶5万地形图。共19 000多幅图。

(2) 色彩标准:见表10.5。

表10.5　1∶5万色彩标准

颜色	R	G	B	表示内容
紫色	128	0	128	修测内容
蓝色	78	125	208	水涯线等线状水系符号
浅蓝色	194	226	255	面状水系普染
绿色	150	240	100	成林
浅绿色	200	240	170	其他林木
棕色	150	105	66	地貌和土质、等级公路
白色	255	255	255	底色
灰色	150	150	150	留用
黑色	0	0	0	其他要素

(3) 生产方法:模拟地图经扫描、几何纠正及色彩规化,形成在内容、几何精度和色彩等方面与1∶5万地形图基本保持一致的栅格数据文件。

(4) 存储方式:按照1∶5万地形图分幅存储。DRG数据体存储格式为TIFF格式(LZW压缩),元数据为文本格式(*.MAT)格式。

(5) 坐标系统:采用原1∶5万地形图大地坐标系。

(6) 高程基准:采用原1∶5万地形图高程基准。

(7) 地图投影:高斯克吕格投影,6°分带方式。

(8) 几何精度:符合原1∶5万地形图精度。扫描输入400~600dpi;按地面分辨率为4m输出。

3) 数字栅格地图(DRG)数据库

以栅格方式存储、管理1∶5万地形图上的所有要素。

4）高程模型数据库

（1）数据源：中华人民共和国国家测绘局编制的1∶5万地形图，包括全部等高线、等深线、控制点、高程点、深度点，以及部分地形特征要素，如静止水体范围线、河流等。

（2）等高距：等高线的等高距，全国范围内共分10m、20m两种，平原、丘陵区为10m，山地、高山地为200m。

（3）生产方法：利用全数字方法生产方式，部分采用数字化的1∶5万地貌要素和部分水系要素作为原始数据，采用Arc/Info软件的TIN和GRID模块，生成格网形式的全国1∶5万数字高程模型。

（4）存储方式：按照1∶5万地形图分幅存储；高程单位为米；存储格式为Arc/Info GRID，可以转换成用户所需格式。

（5）格网尺寸：25m×25m，另外，根据用户需要，可以内插为其他格网尺寸。

（6）坐标系统：采用1980年西安坐标系。

（7）高程基准：采用1985年国家高程基准。

（8）地图投影：25m×25m间隔的数字高程模型，采用6°分带的高斯克吕格投影，坐标单位为米。

（9）高程精度：格网点对于附近野外控制点的高程中误差不大于表10.6的规定。

表10.6　1∶5万不同类型地形高程精度（m）

地形类别	基本等高距	地面坡度/（°）	高差	格网点高程中误差	DEM内插点高程中误差
平地	10（5）	2以下	<80	4	4×1.2
丘陵地	10	2～6	80～300	7	7×1.2
山地	20	6～25	300～600	11	11×1.2
高山地	20	25以上	>600	19	19×1.2

采用全数字方法生产的图幅，特殊困难地区格网点的高程中误差按上表相应放宽0.5倍。

5）覆盖范围

全国1∶5万数据库在空间上包含19 000多幅1∶5万地形图数据，覆盖整个国土范围约70%～80%。按照经纬度划分图幅，每幅图的纬差为10′，经差为15′。

5. 全国1∶1万数据库

1）数据库构成

全国1∶1万数据库，是国家基础地理信息系统全国性空间数据库之一。它由数字线划地图（DLG）数据库、数字高程模型（DEM）数据库、数字正射影像图（DOM）

数据库、数字栅格地图（DRG）数据库等部分构成。其中七大江河流域（珠江流域、长江流域、淮河流域、黄河流域、海河流域、辽河流域、松花江流域）洪水重点防范区的1∶1万DEM数据库已基本建成。

2）覆盖范围

全国1∶1万数据库在空间上按照经纬度划分图幅，每幅图的纬差为$2'30''$，经差为$3'45''$。

3）数字高程模型数据库

（1）数据源：中华人民共和国国家测绘局编制的1∶1万地形图，包括全部等高线、等深线、控制点、高程点、深度点，以及部分地形特征要素，如静止水体范围线、河流等。

（2）等高距：等高线的等高距，分为1m、2.5m、5m等。

（3）生产方法：采用数字化的1∶1万地貌要素和部分水系要素作为原始数据（部分采用全数字方法生产方式），采用Arc/Info软件的TIN和GRID模块，生成格网形式的七大江河流域重点防范区1∶1万数字高程模型。

（4）存储方式：按照1∶1万地形图分幅存储；高程单位为米；存储格式为Arc/Info GRID，可以转换成用户所需格式。

（5）格网尺寸：12.5m×12.5m。另外，根据用户需要，可以内插为其他格网尺寸。

（6）坐标系统：采用地理坐标形式。

（7）高程基准：采用1985年国家高程基准。

（8）地图投影：2.5m×12.5m间隔的数字高程模型，坐标单位为米。

10.5 地理空间数据质量

10.5.1 地理空间数据质量概念

1. 地理空间数据质量

空间位置、专题特征以及时间是表达现实世界空间变化的3个基本要素。空间数据是有关空间位置、专题特征以及时间信息的符号记录。而数据质量则是空间数据在表达这3个基本要素时，所能够达到的准确性、一致性、完整性，以及它们三者之间统一性的程度。

空间数据是对现实世界中空间特征和过程的抽象表达。由于现实世界的复杂性和模糊性，以及人类认识和表达能力的局限性，这种抽象表达总是不可能完全达到真值的，而只能在一定程度上接近真值。从这种意义上讲，数据质量发生问题是不可避免的；另一方面，对空间数据的处理也会导致出现一定的质量问题，例如，在某些应用中，用户可能根据需要来对数据进行一定的删减或扩充，这对数据记录本身来说也是一种误差。

因此，空间数据质量的好坏是一个相对概念，并具有一定程度的针对性。尽管如此，我们仍可以脱离开具体的应用，从空间数据存在的客观规律性出发来对空间数据的质量进行评价和控制。

2. 与数据质量相关的几个概念

（1）误差（error）：误差反映了数据与真实值或者大家公认的真值之间的差异，它是一种常用的数据准确性的表达方式。

（2）数据的准确度（accuracy）：数据的准确度被定义为结果、计算值或估计值与真实值或者大家公认的真值的接近程度。

（3）数据的精密度（resolution）：数据的精密度指数据表示的精密程度，亦即数据表示的有效位数。它表现了测量值本身的离散程度。由于精密度的实质在于它对数据准确度的影响，同时在很多情况下，它可以通过准确度而得到体现，故常把二者结合在一起称为精确度，简称精度。

（4）不确定性（uncertainty）：不确定性是关于空间过程和特征不能被准确确定的程度，是自然界各种空间现象自身固有的属性。在内容上，它是以真值为中心的一个范围，这个范围越大，数据的不确定性也就越大。

10.5.2 空间数据质量评价

1. 空间数据质量标准

空间数据质量标准是生产、使用和评价空间数据的依据，数据质量是数据整体性能的综合体现。目前，世界上已经建立了一些数据质量标准，如美国 FGDC 的数据质量标准等。

空间数据质量标准的建立必须考虑空间过程和现象的认知、表达、处理、再现等全过程。空间数据质量标准要素及其内容如下：

1）数据情况说明

要求对地理数据的来源、数据内容及其处理过程等做出准确、全面和详尽的说明。

2）位置精度或称定位精度

为空间实体的坐标数据与实体真实位置的接近程度，常表现为空间三维坐标数据精度。它包括数学基础精度、平面精度、高程精度、接边精度、形状再现精度（形状保真度）、像元定位精度（图像分辨率）等。平面精度和高程精度又可分为相对精度和绝对精度。

3）属性精度

指空间实体的属性值与其真值相符的程度。通常取决于地理数据的类型，且常常与位置精度有关，包括要素分类与代码的正确性、要素属性值的准确性及其名称的正确性等。

4）时间精度

指数据的现势性。可以通过数据更新的时间和频度来表现。

5）逻辑一致性

指地理数据关系上的可靠性，包括数据结构、数据内容（包括空间特征、专题特征和时间特征），以及拓扑性质上的内在一致性。

6）数据完整性

指地理数据在范围、内容及结构等方面满足所有要求的完整程度，包括数据范围、空间实体类型、空间关系分类、属性特征分类等方面的完整性。

7）表达形式的合理性

主要指数据抽象、数据表达与真实地理世界的吻合性，包括空间特征、专题特征和时间特征表达的合理性等。

2. 空间数据质量的评价

空间数据质量的评价，就是用空间数据质量标准要素对数据所描述的空间、专题和时间特征进行评价。

10.5.3 空间数据质量问题的来源

从空间数据的形式化表达到空间数据的生成，从空间数据的处理变换到空间数据的应用，在这两个过程中都会有数据质量问题的发生。按照空间数据自身存在的规律性，从如下几个方面来阐述空间数据质量问题的来源。

1. 空间现象自身存在的不稳定性

空间数据质量问题首先来源于空间现象自身存在的不稳定性。空间现象自身存在的不稳定性包括空间特征和过程在空间、专题和时间内容上的不确定性。空间现象在空间上的不确定性指其在空间位置分布上的不确定性变化，如某种土壤类型边界划分的模糊性，某种土地利用类型边界变动的频繁性；空间现象在时间上的不确定性表现为其在发生时间段（区）上的游移性；空间现象在属性上的不确定性表现为属性类型划分的多样性，非数值型属性值表达的不精确等。因此，空间数据存在质量问题是不可避免的。

2. 空间现象的表达

数据采集、制图过程中采用的测量方法以及量测精度的选择等，由于它们都受到人类自身的关于空间过程和特征的认知以及表达的影响，因此，通过它们生成的数据都有可能出现误差。例如，在地图投影中，由椭球体到平面的投影转换必然产生误差；制图综合必然要综合掉一部分数据内容而使空间数据出现误差；从测量到成图转换过程中也会出现误差，如位置分类标识、地理特征的空间夸张等。受人类认知和表达水平的限制而产生的误差可以归为如下几个方面：

1) 定义

在摄影测量、遥感、制图等面向大地量测的空间学科中，需要量测的各种变量概念大多数已有一致的定义，而在一些像土壤、地质、森林、地理等的学科中，许多概念还没有取得一致性的认识，即使是同一学科领域的专家，他们对同一种具有空间特征的变量的认识也可能有很大差异。变量概念理解的不一致性必然导致数据测量误差的产生。

2) 测量

用于获取各种原始数据的各种测量含义器都有一定的设计精度，如GPS提的地理位置数据都具有用户要求的一定设计精度，因而数据误差的产生不可避免。

3) 表达方式

地理特征与过程的类型千差万别，它们在空间上和时间上的表现形式或者为连续性，或者为离散性，但是，它们最终都要以点、线、面这些图形要素的数据形式来描述。某实体以何种图形要素或图形要素的组合来表达取决于实体自身的地理特征（包括空间特征、属性特征）以及用户的特殊需求，因此，其间必然存在图形表达的合理性问题。不合理的表达必然是导致误差的产生。

4) 物理介质量的变化

多数空间数据来源于纸质地图，纸质地图上的各种线划要素会随时间的延续而产生一定的变化。当数字化或对这些纸质地图进行扫描输入时，所生成的数据也就具有了误差。

3. 空间数据处理中的误差

在空间数据处理过程中，容易产生以下几种误差情况：

1) 投影变换

地图投影是开口的三维地球椭球面或球面到二维场平面的拓扑变换，在不同投影形式下，地理特征的位置、面积和方向的表现会有差异。确定空间数据投影类型的主要依据是：数据的用途、数据的专题内容、比例尺大小、数据表达空间区域的形状和大小、所处空间的地理位置及其他特殊要求。

2) 地图数字化和扫描后的矢量化处理

数字化过程采点的位置精度、空间分辨率、属性赋值等都可能出现误差。

3) 数据格式转换

在矢量格式和栅格格式之间的数据格式转换中，数据所表达的空间特征的位置具有差异性。

4）数据抽象

在数据发生比例尺变换时，对数据进行的聚类、归并、合并等操作时产生的误差，它包括知识性误差（例如，操作符合地学规律的程度）和数据所表达的空间特征位置的变化误差。

5）建立拓扑关系

拓扑过程中伴随有数据所表达的空间特征的位置坐标的变化。

6）与主控数据层的匹配

一个数据库中，常存储同一地区的多层数据面，为保证各数据层之间空间位置的协调性，一般建立一个主控数据层以控制其他数据层的边界和控制点。在与主控数据层匹配的过程中也会存在空间位移，导致误差的出现。

7）数据叠加操作和更新

数据在进行叠加运算以及数据更新时，会产生空间位置和属性值的差异。

8）数据集成处理

指在来源不同、类型不同的各种数据集的相互操作过程中所产生的误差。数据集成是包括数据预处理、数据集之间的相互运算、数据表达等过程在内的复杂过程，其中位置误差、属性误差都会出现。

9）数据的可视化表达

数据在可视化表达过程中为适应视觉效果，需对数据的空间特征位置、注记等进行调整，由此产生数据表达上的误差。

10）数据处理过程中误差的传递和扩散

在数据处理的各个过程中，误差是累积和扩散的，前一过程的累积误差可能成为下一阶段的误差起源，从而导致新的误差的产生。

4. 空间数据使用中的误差

在空间数据使用的过程中也会导致误差的出现，主要包括如下两个方面：

1）对数据的解释过程

对于同一种空间数据来说，不同用户对它的内容的解释和理解可能不同。例如，对于土壤数据，城市开发部门、农业部门、环境部门对某一级别土壤类型的内涵的理解和解释会有很大的差异。处理这类问题的方法是随空间数据提供各种相关的文档说明，如元数据。

2) 缺少文档

缺少对某一地区不同来源的空间数据的说明，诸如缺少投影类型、数据定义等描述信息。这样往往导致数据用户对数据的随意性使用而使误差扩散开来。

10.5.4 常见空间数据源的误差分析

1. 地图质量和获取方法问题

空间数据是现有地图经过数字化或扫描处理后生成的数据。在空间数据质量问题上，不仅含有地图固有的误差，还包括图纸变形、图形数字化等误差。

（1）地图固有误差。地图固有误差是指用于数字化的地图本身所带有的误差，包括控制点误差、投影误差等。由于这些误差间的关系很难确定，所以很难对其综合误差做出准确评价。如果假定综合误差与各类误差间存在线性关系，即可用误差传播定律来计算综合误差。

（2）材料变形产生的误差。这类误差是由于图纸的大小受湿度和温度变化的影响而产生的。温度不变的情况下，若湿度由0%增至25%，则纸的尺寸可能改变1.6%；纸的膨胀率和收缩率并不相同，即使温度又恢复到原来的大小，图纸也不能恢复原有的尺寸。一张36in（1in=2.54cm）长的图纸因湿度变化而产生的误差可能高达0.576in。在印刷过程中，纸张先随温度的升高而变长变宽，又由于冷却而产生收缩，最后，图纸在长、宽方向的净增长约为1.25%和2.5%，变形误差的范围为0.24~0.48mm。基于聚酯薄膜的二底图与纸质地图相比，材料变形产生的误差相对较小。

（3）图形数字化误差。数字化方式主要有跟踪数字化和扫描数字化两种。

1）跟踪数字化

跟踪数字化一般有点方式和流方式两种工作方式，在实际生产中使用较多的是点方式。用流方式进行数字化所产生的误差要比点方式大得多。影响跟踪数字化数据质量的因素主要有：

（1）数字化要素对象。地理要素图形本身的宽度、密度和复杂程度对数字化结果的质量有着显著影响。例如，粗线比细线更易引起误差，复杂曲线比平直线更易引起误差，密集的要素比稀疏要素更易引起误差等。

（2）数字化操作人员。数字化操作人员的技术与经验不同，所引入的数字化误差也会有较大的差异。这主要表现在最佳采点点位的选择、十字丝与空间实体重叠程度的判断能力等方面；另外，数字化操作人员的疲劳程度和数字化的速度也会影响数字化的质量。

（3）数字化仪。数字化仪的分辨率和精度对数字化的质量有着决定性的影响。通常，数字化仪的实际分辨率和精度比标称的分辨率和精度都要低一些，选择数字化仪时应考虑这一因素。

（4）数字化操作。操作方式也会影响到数字化数据的质量，如曲线采点方式（流方式或点方式）和采点密度等。

2）扫描数字化

扫描数字化采用高精度扫描仪将图形、图像等扫描并形成栅格数据文件，再利用扫描矢量化软件对栅格数据文件进行处理，将它转换为矢量图形数据。矢量化过程有两种方式，即交互式和全自动。影响扫描数字化数据质量的因素包括原图质量（如清晰度）、扫描精度、扫描分辨率、配准精度、校正精度等。

2. 遥感数据的质量问题

遥感数据的质量问题，一部分来自遥感仪器的观测过程，一部分来自遥感图像处理和解译过程。遥感观测过程本身存在着精确度和限制，这一过程产生的误差主要表现为空间分辨率、几何畸变和辐射误差，这些误差将影响遥感数据的位置和属性精度。

遥感图像处理和解译过程，主要产生空间位置和属性方面的误差。这是由图像处理中的影像或图像校正和匹配以及遥感解译判读和分类引入的，其中包括混合像元的解译判读所带来的属性误差。

3. 测量数据的质量问题

测量数据主要指使用大地测量、GPS、城市测量、摄影测量和其他一些测量方法直接量测所得到的测量对象的空间位置信息。这部分数据质量问题，主要是空间数据的位置误差。

空间数据的位置通常以坐标表示，空间数据位置的坐标与其经纬度表示之间存在着某种确定的转换关系。而在以标准椭球体代表地球真实表面空间时，已经引入了一定的误差因素，由于这种误差因素无法排除，一般也不作为误差考虑。

测量方面的误差通常考虑的是系统误差、操作误差和偶然误差。

（1）系统误差的发生与一个确定的系统有关，它受环境因素（如温度、湿度和气压等）、仪器结构与性能以及操作人员技能等方面的因素综合影响而产生。系统误差不能通过重复观测加以检查或消除，只能用数字模型模拟和估计。

（2）操作误差是操作人员在使用设备、读数或记录观测值时，因粗心或操作不当而产生的。应采用各种方法检查和消除操作误差。一般地，操作误差可通过简单的几何关系或代数检查验证其一致性，或通过重复观测检查并消除操作误差。

（3）偶然误差是一种随机性的误差，由一些不可预料和不可控制的因素引入。这种误差具有一定的特征，如正负误差出现频率相同、大误差少、小误差多等。偶然误差可采用随机模型进行估计和处理。

10.5.5 空间数据质量控制

数据质量控制是个复杂的过程，要控制数据质量应从数据质量产生和扩散的所有过程和环节入手，分别用一定的方法减少误差。空间数据质量控制常见的方法有：

1. 传统的手工方法

质量控制的人工方法主要是将数字化数据与数据源进行比较,图形部分的检查包括目视方法、绘制到透明图上与原图叠加比较,属性部分的检查采用与原属性逐个对比或其他比较方法。

2. 元数据方法

数据集的元数据中包含了大量的有关数据质量的信息,通过它可以检查数据质量,同时元数据也记录了数据处理过程中质量的变化,通过跟踪元数据可以了解数据质量的状况和变化。

3. 地理相关法

用空间数据的地理特征要素自身的相关性来分析数据的质量。例如,从地表自然特征的空间分布着手分析,山区河流应位于微地形的最低点,因此,叠加河流和等高线两层数据时,若河流的位置不在等高线的外凸连线上,则说明两层数据中必有一层数据有质量问题,如不能确定哪层数据有问题时,可能通过将它们分别与其他质量可靠的数据层叠加来进一步分析。因此,可以建立一个有关地理特征要素相关关系的知识库,以备各空间数据层之间地理特征要素的相关分析之用。

数据质量控制应用体现在数据生产和处理的各个环节。下面以地图数字化生成空间数据过程为例,说明数据质量控制的方法。数字化过程的质量控制,主要包括数据预处理、数字化设备的选用、对点精度、数字化误差和数据精度检查等项内容。

1) 数据预处理工作

主要包括对原始地图、表格等的整理、誊清或清绘。对于质量不高的数据源,如散乱的文档和图面不清晰的地图,通过预处理工作不但可减少数字化误差,还可提高数字化工作的效率。对于扫描数字化的原始图形或图像,还可采用分版扫描的方法,来减少矢量化误差。

2) 数字化设备的选用

主要根据手扶数字化仪、扫描仪等设备的分辨率和精度等有关参数进行挑选,这些参数应不低于设计的数据精度要求。一般要求数字化仪的分辨率达到 0.025mm,精度达到 0.2mm;扫描仪的分辨率则不低于 0.083mm。

3) 数字化对点精度(准确性)

数字化对点精度是数字化时数据采集点与原始点重合的程度。一般要求数字化对点误差应小于 0.1mm。

4) 数字化限差

限差的最大值分别规定如下:采点密度(0.2mm)、接收误差(0.02mm)、接合距离（0.02mm）、悬挂距离（0.007mm）、细化距离（0.007mm）和纹理距离（0.01mm）。

5）接边误差控制

通常当相邻图幅对应要素间距离小于 0.3mm 时可移动其中一个要素以使两者接合；当这一距离在 0.3～0.6mm 之间时，两要素各自移动一半距离；若距离大于 0.6mm，则按一般制图原则接边，并作记录。

6）数据的精度检查

主要检查输出图与原始图之间的点位误差。一般要求，对直线地物和独立地物，这一误差应小于 0.2mm；对曲线地物和水系，这一误差应小于 0.3mm；对边界模糊的要素应小于 0.5mm。

第11章 地理空间数据仓库与互操作

随着空间信息技术的飞速发展和在各行各业应用的新需求不断提出，以面向数据处理和管理为主的空间数据库系统已不能满足需要，信息系统开始从管理转向决策处理和信息服务，空间数据仓库（spatial data warehouse）就是为满足这种新的需求而提出的空间信息集成方案。它是空间数据库技术和数据仓库技术相结合的产物，由于空间关系、空间计算和空间分析的复杂性，空间数据仓库比数据仓库复杂得多。本章主要介绍不同数据库之间的空间数据互操作，再从空间数据仓库的起源、特征、体系结构、关键技术与应用等方面来探讨空间数据仓库，最后介绍与空间数据仓库相关的元数据技术。

11.1 空间数据互操作

11.1.1 多源空间数据

随着空间信息技术在国民经济和国防建设中广泛应用，空间数据使用范围涉及多学科和多部门。在资源管理、环境治理、预防灾害、区域规划、城市管理、科研、教育和国防等领域得到重要应用，对空间数据的需求越来越多，越来越迫切。地理空间数据生产部门很难生产满足用户需求的所有数据，用户不得不根据本部门特定的应用目的进行数据生产，这导致了所生产的矢量数据的来源多种多样。由于缺少统一的标准，空间数据往往采用特定的数据模型和特定的空间数据存储格式，造成了同一地区同一比例尺的空间物体被不同的部门重复采集。这不仅造成了人力、财力的巨大浪费，还引发了空间数据的多语义性、多时空性、多尺度性、存储格式的不同以及数据模型与存储结构的差异等。

1. 多语义性

对于同一个地理信息单元，在现实世界中其几何特征是一致的，但是却对应着多种语义，如地理位置、海拔高度、气候、地貌、土壤等自然地理特征；同时也包括经济社会信息，如行政区界限、人口、产量等。不同空间数据库系统解决问题的侧重点也有所不同，因而会存在语义差异问题。

2. 多时空性和多尺度

空间数据具有很强的时空特性。一个空间数据库系统中的数据源既有同一时间不同空间的数据系列；也有同一空间不同时间序列的数据。不仅如此，根据系统需要而采用不同尺度对地理空间进行表达，不同的观察尺度具有不同的比例尺和不同的精度。

3. 获取手段多源性

获取地理空间数据的方法多种多样，包括来自现有系统、图表、遥感手段、GPS手段、统计调查、实地勘测等。这些不同手段获得的数据其存储格式及提取和处理手段都各不相同。

4. 存储格式多源性

应用部门在开发地理信息系统时通常根据本部门的特定情况采用不同的数据建模方法，选用不同厂商的 GIS 软件。不同软件采用不同的空间数据模型与数据格式，对地理数据的组织有很大的差异。这使得在不同 GIS 软件上开发的系统间的数据交换困难，采用数据转换标准也只能部分解决问题。

5. 不同的分类分级体系

空间数据不仅表达空间实体（真实体或者虚拟实体）的位置和几何形状，同时也记录空间实体对应的属性，这就决定了 GIS 数据源包含有图形数据（又称空间数据）和属性数据两部分。不同的应用部门对地理现象有不同的理解，对地理信息有不同的分类分级和数据定义，这使得领域间在共同协作中进行信息共享和交流存在障碍。

如何使这些集成数据能在不同的系统下相互可操作以及在异构分布数据中获取所需的数据信息，即实现数据集成与数据共享就变得非常关键。解决数据集成与共享一方面需要国家出台相应的数据管理政策，另一方面需要加强软件系统之间数据集成与共享的技术研究，即多格式数据共享问题。

另外，随着计算机技术的发展和应用领域的扩大，数据处理方式由文件方式逐步转化为数据库处理系统为主，而目前网络环境下的数据处理则强调从集中式数据库系统处理方式向分布式数据库系统处理方式发展。多年来，不同组织和同一组织内部存在着不同的数据库系统，建有不同的数据模型，对同类数据有不同的语义理解，使用不同的查询技术和查询语言，有不同的事务管理技术和安全策略；此外，还积累有不同结构特征的历史数据。大量异构数据集的客观散布，导致了异构分布式数据库的出现，也提出了对异构分布数据的共享问题。当前对数据库管理系统的关键功能要求是实现异构数据的集成和共享，空间数据互操作也必须为满足这个要求而研究。

总之，随着 GIS 应用领域的不断扩大和 GIS 相关技术的发展，对空间数据共享与互操作已提出了应用上的急切需求和技术上的相关支持，空间数据共享与互操作已成为当前正在研究的热点。

11.1.2 空间数据互操作的概念

1. 互操作定义

所谓互操作，就是指异构环境下两个或两个以上的实体，尽管它们实现的语言，执行的环境和基于的模型不同，但它们可以相互通信和协作，以完成某一特定任务。这些实体包括应用程序、对象、系统运行环境等。

互操作是一个信息系统的各构件的自由地混合及匹配，而不是全面成功的折中方案。一个信息系统的构件包括：软件、硬件、网络、数据、工作流程、过程程序、人机界面、用户和训练。但在数据格式、软件产品、空间概念、质量标准和世界模型等方面的不兼容性使"GIS 互操作对用户只是一个梦想，但对系统开发者却是一场噩梦"。

互操作在软件工业意味着界面的开放。内部数据结构的公开发表允许 GIS 用户从不同的开发者那里集成软件构件，允许新的软件厂商用可竞争的产品进入市场，并可与已存在的构件互换。正像可互换的部件有助于汽车工业的竞争一样。OpenGIS 规范的制定是开放互操作方面的一项重要进展。互操作也意味着系统间的自由数据交换，交换标准如空间数据转换标准（SDTS）对系统间的数据转换有重要的作用。互操作也意味着在用户交换作用上的公共性。

GIS 互操作是在异构数据库和分布计算的情况下出现的。对系统而言，系统能彼此更安全地获取和处理对方的信息；对用户而言，用户能方便地查询到所需的信息，并能方便地使用各种不同类型和格式的数据；对信息管理者来说，他们能很好地管理信息，为用户服务，并将资源充分地提供给用户。

在 GIS 领域，对互操作仍然具有不同的理解。互操作应包括哪些内容？以下是 GIS 互操作的几个定义：

在《计算机辞典》中，将互操作定义为两个或多个系统交换信息并相互使用已交换信息的能力，它是衡量软件质量的一个重要指标，指一个系统接收和处理另一系统发送信息的能力，反映该系统是否易于与另一软件系统快速接口。

1996 年 UCGIS 则认为互操作通常指自底向上将已有系统和应用集成在一起，它不是简单集成而是系统地组合，并需要多种 DBMS 和应用程序的支撑。

ISO/TC211 认为若两个实体 X 和 Y 能相互操作，则 X 和 Y 对处理请求 Ri 具有共同理解，并且如果 X 向 Y 提出处理请求 Ri，Y 能对 Ri 作出正确反应，并将结果 Si 返回给 X。

OGIS 互操作性的定义是指系统或系统的构件的可扩展性以及互相应用和协作处理的能力。

"互操作地球空间信息处理"［interoperable geoprocessing］是指数字系统的这些能力：

（1）自由地交换所有关于地球的信息，以及所有关于地球表面上的、地球表面上方的、地球表面以下的对象和现象的信息；

（2）通过网络协作运行能够操作这些信息的软件。概括为自由交换地理空间信息，以及协作运行地理空间信息处理软件。

从以上关于 GIS 互操作的描述，我们能够看出，互操作强调在相互理解的基础上，将具有不同数据结构和数据格式的数据和软件系统集成在一起，共同工作。互操作的提出是随着 GIS 应用的深入和普及，以及计算机网络技术的发展而提出的。分布式计算、面向对象技术、互联网络技术、开放式数据库技术、组件技术、XML 技术、GIS 互操作协议和标准的完善和推广为空间数据互操作奠定了基础，使我们构建空间数据互操作应用系统成为可能。

2. 不可互操作的原因

（1）相同领域采用相同的 GIS 软件。但是对地理信息的数据定义用不同句法。也就是不同的分类等级，包括不同的数据项及其编码。这种句法和外延上的异构性可以通过制定行业内的标准加以解决。例如，植被分类标准、土壤地理数据标准、地籍数据内容标准、设施内容标准、地址内容标准等。

（2）相同领域采用不同的 GIS 软件，除了上面的句法异构外，主要是不同软件采用了不同的空间数据结构，为了解决这种系统间的集成和互操作，需要制定空间数据转换标准，如 SDTS。

（3）不同领域采用相同的 GIS 软件。由于不同领域对同一区域或对象的不同侧面感兴趣，对同一对象给予不同的名称，这可以通过建立基础空间信息框架，对各领域共用的基础信息给予永久标识代码，在此基础上建立各专业领域信息。各领域间的集成是垂直片段的集成。但在集成中，存在不同领域的对某一类别语义外延的不同，例如，假设地籍部门对住宅区按照地价分类成不同的类别及其所有权。交通部门对住宅区按照用途分成不同的类及其交通连通性，城市规划部门要用这两个部门的信息，则在集成时需要语义上的转换。即语义上的互操作。

（4）不同的领域采用不同的 GIS 软件，这是最普遍的情况。需要数据转换和语义上的转换，是最难实现的一种情况。

3. 互操作的层次结构

为了实现不同 GIS 的系统间资源的交换和组合，需要在不同层次上的互操作。透过抽象和基于空间信息基础设施的考虑，对 GIS 互操作分为 5 个层次，见表 11.1。

表 11.1　互操作的 5 个层次

系统 A	互操作方法	系统 B
机构层	政策、文化、价值	机构层
语义层	语义翻译器、元数据、地理信息形式化系统	语义层
应用服务层	分布式对象、主体、共同对象请求代理体系结构，OpenGIS	应用服务层
资源转换层	虚拟数据库、数据库、开放地理空间数据模型，空间数据转换标准、数据仓库、框架	资源转换层
资源发现层	元数据、数字资料馆、目录、数据交换所	资源发现层

首先，要寻找互操作的对象，解决所需要的可互操作的目标在哪里。在资源发现层，定义这些目标以及如何发现它们。美国联邦地理数据委员会（FGDC）在国家空间数据基础设施（NSDI）计划中实施的元数据和空间数据交换网来解决这个问题。元数据提供空间信息资源的描述，包括其内容、质量、位置、建设的用途等。空间数据交换网络提供各个地理空间数据服务器节点的列表，作为空间数据提供者和用户之间的网

关，提供发现空间数据的方法。OGC在OpenGIS的规范中的Catalog服务中提供了类似的地理空间数据的发现和访问服务。

其次，不同来源的空间信息在数据结构和模式上是不同的，在资源转换层互操作要解决数据的异构性，FGDC所采用的空间数据转换标准（STDS），OpenGIS的开放地理空间数据模型（OGM）规范等作出了很大的贡献。数据库的研究领域内已作了大量的工作，主要为面向对象的数据库，数据库的集成和多数据库系统。

不同的信息界有不同的专业分析模型。应用服务层的互操作提供不同的部门和信息界之间交互地理空间信息处理和分析功能，将采用分布计算技术和面向对象技术。已有的基础包括共同对象请求代理体系结构（CORBA）分布式对象标准和OpenGIS分布计算服务规范。OpenGIS的服务规范是一个重要的进步。

许多社会经济问题需要不同学科的知识。语义层上的互操作提供不同信息界的语义交换，通过各个信息界的行业信息标准及相互对应规则。以及基于对共同的基础地理信息及理论的认识。实现语义互操作是可能的。

机构层上的互操作是指不同的部门机构之间进行互操作的政策。它们有不同的价值和文化。对客观世界有不同的观察侧面，有其自身的利益和隐私。需要机构间的协调和一致、并对语义层的互操作有影响。

互操作的各个层次的实施要比网络协议层次的实施复杂很多。如何有效地把互操作的各个层次有机的联系起来。保证较低层次的互操作与较高层次的互操作能协调一致，共同作用和相互促进。空间信息基础设施是必要的，它为互操作GIS的各层次实施提供了一个基础。

11.1.3 空间数据互操作相关标准

GIS互操作的核心是用统一的标准协议通信，来解决对象跨平台的连接和交互问题，从而实现在不同分布式计算平台、不同数据模型、不同数据结构、不同空间数据表示、不同数据定义语言和数据操作语言之间的自由的数据交换与协同处理。

GIS互操作标准化可以归结为在技术、数据、应用与企业等不同层次，其中地理数据模型互操作、编码互操作以及协议互操作对实现GIS互操作至关重要。数据模型互操作主要解决数据语义与数据格式的互操作，包括元模型、数据字典、类图、词典以及地理信息本体等；可扩展置标语言（XML）、地理置标语言（GML）等编码互操作标准；协议互操作标准包括通信协议，如简单对象访问协议（SOAP），数据交换服务接口，如文件转换服务接口等。

国际标准化组织地理信息技术委员会（ISO/TC211）、开放地理信息系统协会（Open GIS Consortium Inc.，OGC）、万维网联盟（W3C）和Web服务互操作组织（Web Services Interoperability Organization，WS-I）等正在研究与制定系列化的基础标准与应用标准、规范，特别是OGC在开放地理数据互操作规范Open Geodata Interoperability Specification（Open GIS）方面取得了重要成果。

1. DIGEST 数字图形信息交换标准

DIGEST——数字图形信息交换标准（Digital Geographic Information Exchange Standard）是 Digital Geographic Information Working Group（DGIWG）制定的。DGIWG 由 NATO 北大西洋公约组织的一些成员国组成。DIGEST 可以处理栅格、矩阵和矢量数据的转换（包括拓扑结构）。DIGEST 把数据传输分为 5 个层次：

(1) 卷层次；
(2) 数据集层次；
(3) 特征层次；
(4) 拓扑/空间记录层次；
(5) 属性层次。

2. SDTS 空间数据转换标准

SDTS 空间数据转换标准（Spatial Data Transfer Standard），美国地质测量协会（USGS）制定，SDTS 是一种空间数据在不同计算机系统上转换的标准。它主要是为了促进空间数据（包括地理和制图数据等）的交换和共享，功能强大。

SDTS 在 1992 年 7 月被美国确认为联邦信息处理标准（Federal Information Processing Standard）。在 1994 年 6 月进行了第一次修改，往标准中加入了拓扑矢量规范（topological vector profile）。FIPS 173 已作为美国联邦机构和美国各州和地方政府、研究和技术组织以及私人部门等的空间数据转换机制。后来，又增加了二维栅格数据规范，运输网络规范，其他仍在发展中。

3. OpenGIS 及其规范

OpenGIS，即开放式 GIS，就是在计算机和网络环境下，根据行业标准和接口（Interface）所建立起来的 GIS。一般说来，接口是一组语义相关的成员函数，并且同函数的实体分离。在 OpenGIS 系统中，不同厂商的 GIS 软件及异构分布数据库之间可以通过接口互相交互数据，并将它们结合在一个集成式的操作环境中。因此，在 OpenGIS 环境中，可以实现不同空间数据之间、数据处理功能之间的相互操作及不同系统或部门之间的信息共享。真正的 OpenGIS，能在不同软件厂商之间及异构分布数据库之间，通过实时动态机制实现数据存储结构不同的 GIS 之间的连接。OpenGIS 不是 GIS 技术，它的核心是规范。只有在共同的规范和接口下，才能实现信息共享及相互操作。OpenGIS 规范是由美国 OGC（OpenGIS 协会，OpenGIS Consortium）提出的开放式地理数据互操作规范（open geodata interoperation specification，OGIS），实质上是要在传统 GIS 软件以及高宽带的异构地学处理环境中架起一座桥梁，其主要目标是使用户能够开发出基于分布式技术的、标准化的公共接口，并实现交互式的数据处理和数据分析的软件系统，使之在 Internet 上得到广泛的应用。OGIS 的主要特点是，它是一种统一的规范，使用户和开发者能进行互操作；它使得应用系统开发者可以在单一的环境和单一的工作流中，使用分布于网上的任何地理数据和地理处理。与传统的地理信息处理技术相比，基于该规范的 GIS 软件将具有很好的可扩展性、可升级性、可移植性、开放性、互操作性和易用性。OGIS 类似于 API，但和 API 又有区别。API 通常需要在一个特定的操作系统和程序语言环境下才能使用，而 OGIS 中的规范是在更高层次上的抽象，它独立于具体的分布式平台、操作系统和程序语言，使软件开发者建立的地学应用软件能在当今任何分布式计算平台上进行互操作。OpenGIS 规范包括抽象（abstract）规范、实现（implementation）规范以及具体领域（specific domain）的互操作性问题，其中抽象规范是 OpenGIS 的基础，也是 OpenGIS 的主体；实现规范定义了抽象规范在不同分布计算平台上的实现，目前 OGC 已经定义了针对 CORBA，OLE/COM 和 SQL 的简单要素访问的实现规范；针对领域的互操作性研究通过提取领域的互操作性用例（usecase），检验抽象规范能否满足该领域的需求，它是抽象规范的扩展。本文参照的规范正是 OGC 发布的《针对 OLE/COM 的开放 GIS 简单要素规范》（OpenGIS Simple Features Specification for OLE/COM）中的《空间参照系组件——接口和组件对象》（Spatial Reference System Components—Interfaces and Classes）。

4. SAIF 空间档案和交换格式

SAIF 空间档案和交换格式（spatial archive and interchange format）由 the Government of British of Canada 提出。它既是一种地理数据模型化的语言，也是一个存储和分发数据的中间格式。作为一种共享地理空间数据的手段，SAIF 的设计满足互操作性，尤其是数据交换。SAIF 把地理数据仅仅当作是另一种数据处理；SAIF 遵循一个多继承、面向对象的范例。

SAIF 提供一种机制来转换数据，使用一种文件格式"SAIF/ZIP"。数据通过 SAIF/ZIP 可以从许多大量商业 GIS 和数据库产品中转出或转入。这种对立格式也可以被视为转换处理过程的 hub，在这里多种格式的数据能通过 SAIF 转成其他格式。

传统的转换器经常被设计成与特定的数据集操作。使用 SAIF 方法，只要一个转换器就可以处理大范围种类的数据，而且能被用户直接控制。

Safe Software 公司还提供了一个 SAIF 工具包。该工具包可以被加入到应用而不需版税或许可证。SAIF 和 SAIF 工具包的培训和咨询也可以得到。同时，一种解释性的面向对象语言 TCL 也在建立之中。

5. OGDI 开放地理空间数据接口

OGDI 开放地理空间数据接口（open geospatial datastore interface）是一种新的地理空间数据的标准化读取和转换的技术。它的目标是显式的提供读取多种地理空间数据格式。

OGDI 是一种应用程序接口（API），在 GIS 软件包（应用）与不同的地理数据产品之间提供标准化的地理空间数据读取方式。OGDI 使用 Client/Server 结构来有利于地理数据产品在 Internet 上的分发和操作，使用面向驱动（driver）的方式来读取多种地理数据产品和格式。它可以将不同格式转换成一个统一的数据模型；调整坐标系和制图投影；恢复任何属性数据；读取不同地理数据产品和格式；在 Internet 上分发地理数据产品。

OGDI 对每种数据集使用一个 driver，允许用户发出请求，通过图形用户界面从数据集中接受信息。数据类型可以被一个指向它的"地址"来识别。该地址告诉应用需要何种数据集,去哪里找。地址建立在网络的概念基础上,包括 3 个部分组成:前缀、数据集类型和地址。

OGDI 提供强大的灵活性。GIS 开发者可以使用该 API 来使他们的应用面向更多的地理数据格式和产品,数据提供者也能容易地建立起他们自己格式的驱动程序,从而使 OGDI API 应用程序能直接读取他们的数据集。

11.1.4 空间数据互操作的实现方法

空间数据互操作方法有三种方法:一是数据格式转换方法,二是基于直接访问模式的互操作方法,三是基于公共接口访问模式的互操作方法。

1. 数据格式转换方法

格式转换模式就是把其他格式的数据经过专门的数据转换程序进行转换,变成本系统的数据格式,这是当前 GIS 软件系统共享数据的主要办法。数据转换的核心是数据格式的转换。基于数据通用交换标准的数据交换,尽管在格式转换过程中增加了语义控制,但其核心仍是数据格式转换,一般地,数据格式转换采用以下三种方式。

1) 直接转换——相关表

在两个系统之间通过关联表,直接将输入数据转换成输出数据。这种方法是针对记录逐个地进行转换,没有存储功能,因此不能保证转换过程中语义的正确性。

2) 直接转换——转换器

另一个转换方法是通过转换器实现,转换器是一个内部数据模型,转换器通过对输入数据的类型及值按照转换规则进行转换,得到指定的数据模型及值,与使用关联表相比,它具有更详细的语义转换功能,也具有一定的存储功能。

3) 基于空间数据转换标准的转换

无论采用关联表还是采用转换器进行直接转换,它仅仅是两系统之间达成的协议,即两个系统之间都必须有一个转换模型,而且为了使另一个系统和该系统能够进行直接转换,必须公开各自的数据结构及数据格式。为此,可采用一种空间数据的转换标准来实现地理信息系统数据的转换,转换标准是一个大家都遵守、并且很全面的一系列规则。转换标准可以将不同系统中的数据转换成统一的标准格式,以共其他系统调用。为了实现转换,数据的转换标准必须能够表示现实世界空间实体的一系列属性和关系,同时它必须提供转换机制,以保证对这些属性和关系的描述结构不会改变,并能被接收者正确地调用,同时它还应具有以下功能特点:具有处理矢量、栅格、网格、属性数据及其他辅助数据的能力;实现的方法必须独立于系统,且可以扩展,以便在需要时能包括新的空间信息。许多 GIS 软件为了实现与其他软件交换数据,制订了明码的交换格式,如 Arc/Info 的 E00 格式、ArcView 的 Shape 格式、MapInfo 的 Mif 格式等。通过交换格式可以实现不同软件之间的数据转换。数据转换模式的弊病是显而易见的，由于缺乏对空间对象统一的描述方法，从而使得不同数据格式描述空间对象时采用的数据模型不同，因而转换后不能完全准确地表达原数据的信息，经常性地造成一些信息丢失。

SDTS（spatial data transformation standard）包括几何坐标、投影、拓扑关系、属性数据、数据字典，也包括栅格格式和矢量格式等不同的空间数据格式的转换标准。许多软件利用 SDTS 提供了标准的空间数据交换格式。目前，ESRI 在 Arc/Info 中提供了 SDTSIMPORT 以及 SDTSEXPORT 模块，Intergraph 公司在 MGE 产品系列中也支持 SDTS 矢量格式。SDTS 在一定程度上解决了不同数据格式之间缺乏统一的空间对象描述基础的问题。但 SDTS 目前还很不完善，还不能完全概括空间对象的不同描述方法，还不能统一为各个层次以及从不同应用领域为空间数据转换提供统一的标准，也还没有为数据的集中和分布式处理提供解决方案，所有的数据仍需要经过格式转换才能进到系统中，不能自动同步更新。

2. 基于直接访问模式的互操作方法

直接访问是指在一个 GIS 软件中实现对其他软件数据格式的直接访问，用户可以使用单个 GIS 软件存取多种数据格式。直接数据访问不仅避免了繁琐的数据转换，而且在一个 GIS 软件中访问某种软件的数据格式不再要求用户拥有该数据格式的宿主软件，更不需要该软件运行。直接数据访问提供了一种更为经济实用的多源数据共享模式。

直接访问同样要建立在对要访问的数据格式的充分了解的基础上，如果要被访问的数据的格式不公开，就非破译该格式不可，还要保证破译完全正确，才能真正与该格式的宿主软件实现数据共享。如果宿主软件的数据格式发生变化，各数据集成软件不得不重新研究该宿主软件的数据格式，提供升级版本，而宿主软件的数据格式发生变化时往往不对外声明，这会导致其他数据集成软件对于这种 GIS 软件数据格式的数据处理必定存在滞后性。

如果要达到每个 GIS 软件都要与其他 GIS 中的空间数据库进行互操作的目的，需要为每个 GIS 软件开发读写不同 GIS 空间数据库的接口函数，这一工作量是很大的。如果能够得到读写其他 GIS 空间数据库的 API 函数，则可以直接用 API 函数读取 GIS 数据库中的数据，减少开发工作量。直接数据访问互操作模式，如图 11.1 所示。

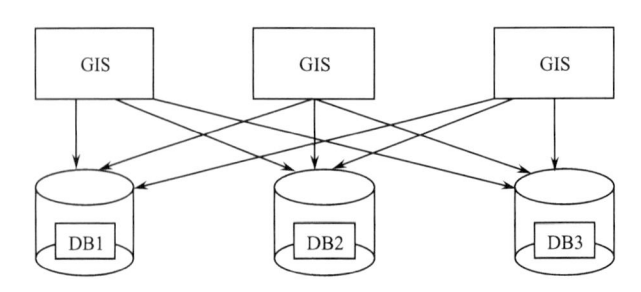

图 11.1　基于数据库直接访问的互操作方法

此外，许多软件开发商正在着手研究解决数据共享的新模式。有些厂商认为，由于一般的 GIS 数据具有一些的空间数据的通性，因此可以定义一个包含各种属性的元数据文件，在此基础上，采用面向对象的思路，利用 C++语言对继承、封装、多态性和抽象基类的支持，定义一个包含纯虚函数、不可实例化的抽象基类，这个基类应具备 GIS 空间数据读写的基本接口。各 GIS 软件提供一个从这个抽象基类派生的类来实例化抽象基类，在这个派生类中完成其定义的数据格式文件中数据的读写工作。在新的模式中，不管 GIS 空间数据是以文件方式存储还是以数据库方式存储，都将空间数据以数据库的方式管理；在定义好面向抽象 GIS 数据格式的抽象基类和统一接口的基础上，由各 GIS 软件厂商完成存取自己格式数据的子类的动态连接库（类似于 ODBC 中各数据库系统的驱动程序）。实现厂商一次编程，其他开发者拿来就用，省去大量的重复劳动，加快开发进程。

3. 基于公共接口访问模式的互操作方法

伴随着客户机/服务器体系结构在地理信息系统领域的广泛应用以及网络技术的发展，数据交换方法已不能满足技术发展和应用的需求，而数据（GIS）的互操作则成为数据共享的新途径。

数据互操作模式是 OpenGIS Consortium（OGC）制定的规范。OGC 是为了发展开放式地理数据系统、研究地学空间信息标准化以及处理方法的一个非盈利性组织。GIS 互操作是指在异构数据库和分布计算的情况下，GIS 用户在相互理解的基础上，能透明地获取所需的信息。OGC 为数据互操作制定了统一的规范，从而使得一个系统同时支持不同的空间数据格式成为可能。根据 OGC 颁布的规范，可以把提供数据源的软件称为数据服务器（data servers），把使用数据的软件称为数据客户（data clients），数据客户使用某种数据的过程就是发出数据请求，由数据服务器提供服务的过程，其最终目的是使数据客户能够读取任意数据服务器提供的空间数据。OGC 规范基于 OMG 的 CORBA、Microsoft 的 OLE/COM 以及 SQL 等，为实现不同平台间服务器和客户端之间数据请求和服务提供了统一的协议。OGC 规范正得到 OMG 和 ISO 的承认，从而逐渐成为一种国际标准，将被越来越多的 GIS 软件以及研究者所接受和采纳。目前，还没有商业化 GIS 软件完全支持这一规范。

数据互操作为多源数据集成提供了崭新的思路和规范，它将 GIS 带入了开放的时代，从而为空间数据集中式管理、分布式存储与共享提供了操作的依据。OGC 标准将计算机软件领域的非空间数据处理标准成功地应用到空间数据上，但是它更多地采用了 OpenGIS 协议的空间数据服务软件和空间数据客户软件，对于那些已经存在的大量非 OpenGIS 标准的空间数据格式的处理办法还缺乏标准的规范。从目前来看，非 OpenGIS 标准的空间数据格式仍然占据已有数据的主体，而且非 OpenGIS 标准的 GIS 软件仍在产生大量非 OpenGIS 标准的空间数据，如何继续使用这些 GIS 软件和共享这些空间数据成为 OpenGIS 标准不可解决的问题。

数据互操作规范为多源数据集成带来了新的模式，但这一模式在应用中存在一定局限性：首先，为真正实现各种格式数据之间的互操作，需要每种格式的宿主软件都按照着统一的规范实现数据访问接口，在一定时期内还不现实；其次，一个软件访问其他软件的数据格式时是通过数据服务器实现的,这个数据服务器实际上就是被访问数据格式的宿主软件,也就是说,用户必须同时拥有这两个 GIS 软件,并且同时运行,才能完成数据互操作过程。最后,即使以后新建的 GIS 软件都支持 OpenGIS,现有的 GIS 软件生产出来的空间数据也要转化到 OpenGIS 标准。

通过国际标准化组织(如 ISO/TC211)或技术联盟(如 OGC)制定空间数据互操作的接口规范,GIS 软件商开发遵循这一接口规范的空间数据的读写函数,可以实现异构空间数据库的互操作。对于分布式环境下异构空间数据库的互操作而言,空间数据互操作规范可以分为两个层次。

如果采用 CORBA 或 Java Bean 的中间件技术,基于公共 API 函数可以在因特网上实现互操作,而且容易实现三层体系结构。它的实现方法与前面类似,但增加了一个中间件,如图 11.2 所示。

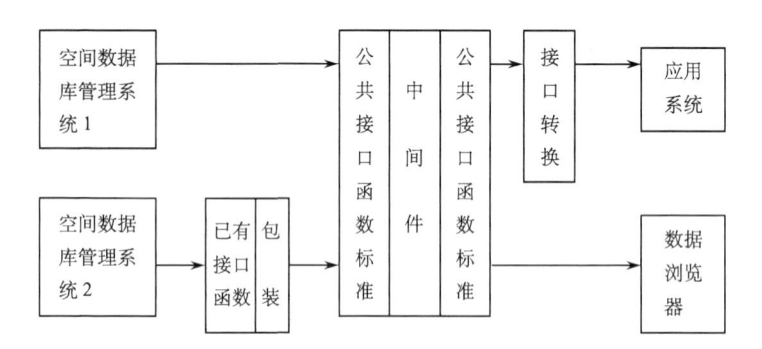

图 11.2 基于 CORBA 或 J2EE 体系结构的空间数据互操作的接口关系

第一个层次是基于 COM 或 CORBA 的 API 函数或 SQL 的接口规范。通过制定统一的接口函数形式及参数,不同的 GIS 软件之间可以直接读取对方的数据。它有两种实现可能,一种是 GIS 软件的数据操纵接口直接采用标准化的接口函数,另一种是某个 GIS 软件已经定义了自己的数据操纵函数接口,为了实现互操作的目的,在自己内部数据操纵函数的基础上,包装一个标准化的接口函数,亦可实现异构数据库互操作的目的。基于 API 函数的接口是二进制的接口,效率高,但安全性差,并且实现困难。基于 API 函数的空间数据互操作规范接口关系,如图 11.3 所示。

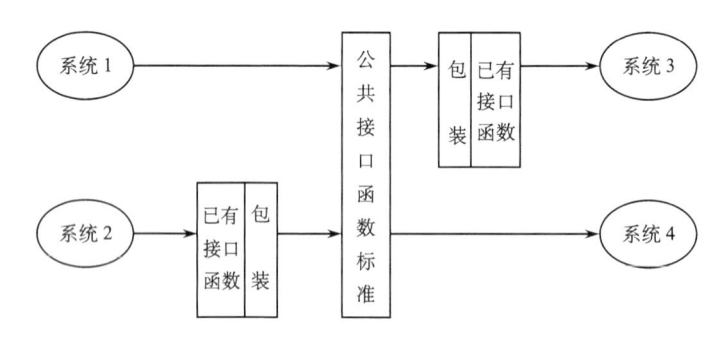

图 11.3 基于公共 API 函数空间数据互操作的接口关系

第二个层次是基于 http（Web）XML 的空间数据互操作实现规范。它是基于 Web 服务的技术规范，它读写数据的方法也是采用分布式组件，但它用 XML 进行服务组件的部署、注册，并用 XML 启动、调用，客户端与服务器端的信息通信也是采用遵循 XML 规范的数据流。数据流的模型遵循空间数据共享模型和空间对象的定义规范，即可用 XML 语言描述空间对象的定义及具体表达形式，不同 GIS 软件进行空间数据共享与操作时，将系统内部的空间数据转换为公共接口描述规范的数据流（数据流的格式为 ASCII 码），另一系统读取这一数据流进入主系统并进行显示。基于 XML 的互操作规范的实现方法可能有两种形式，一种是将一个数据集全部转换为 XML 语言描述的数据格式，其他系统可以根据定义的规范读取这一数据集导入内部系统。这种方式类似于用空间数据转换标准进行数据集的转换。另一种形式是实时读写转换，由 XML 语言或采用 SOAP 协议引导和启动空间数据读写与查询的组件，从空间数据库管理系统中实时读取空间对象，并将数据转换为用 XML 语言定义的公共接口描述规范的数据流，其他系统可以获取对象数据并进行实时查询，可以达到实时在线数据共享与互操作的目的。基于 XML 互操作规范接口的数据流是文本的 ASCII 码，容易理解和实现跨硬件和软件平台的互操作。它可以用于空间信息分发服务和空间信息移动服务等许多方面。目前基于 http（Web）XML 的空间数据互操作是一个很热门的研究方向，涉及的概念很多，主要包括 Web 服务的相关技术。OGC 和 ISO/TC211 共同推出了基于 Web 服务（XML）的空间数据互操作实现规范 Web Map Service、Web Feature Service、Web Coverage Service 以及用于空间数据传输与转换的地理信息标记语言 GML。基于 XML 的空间数据互操作实现方式规范，如图 11.4 所示。

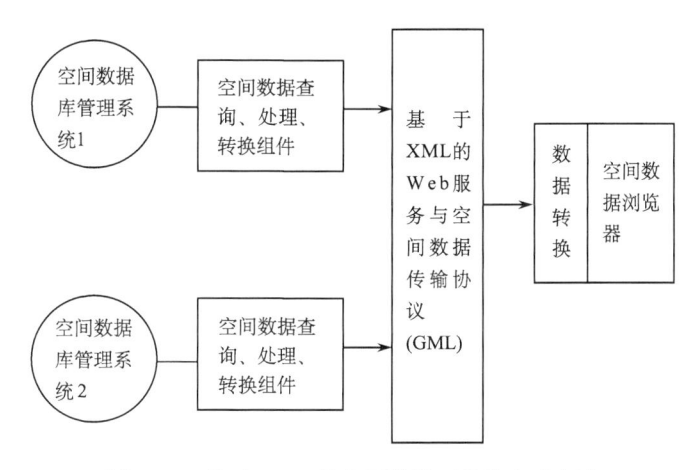

图 11.4 基于 XML 的空间数据互操作实现方法

以上两种空间数据互操作模式，基于 API 函数的互操作效率是较高的，基于 XML 的互操作适应性是最广的，但效率可能是较低的。基于 API 函数的互操作系统往往用于部门级的局域网中，而基于 XML 的互操作系统一般用于跨部门跨行业地区的互联网中。

11.1.5 组件技术实现 GIS 互操作

组件是指被封装的一个或多个程序的动态捆绑包,具有明确的功能、具有独立性,同时提供遵循某种协议的标准接口:一个组件可以独立地被调用,也可以被别的系统或组件所组合。组件的标准接口是实现组件重用和互操作的保证,用不同语言开发的组件可以在不同的操作平台、不同进程间"透明"地完成互操作。这使得开发者能更方便地实现分布式的应用系统,方便快捷地将可复用的组件组装成应用程序,组件技术把构架从系统逻辑中清晰地隔离出来,可以用来分析复杂的系统,组织大规模的开发,而且使系统的造价更低。组件技术对于提高软件开发效率、减轻维护负担、保证质量和版本的健壮、更新有非常重要的意义,组件技术已成为当今软件工业发展的主流。

在分布计算环境中实现 GIS 互操作,关键在于把现有的 GIS 功能分解为互操作的可管理的软件组件,每个组件完成不同的功能。根据应用可将其划分为数据采集与编辑组件、图像处理组件、三维组件、数据转换组件、地图符号编辑/线性编辑组件、空间查询分析组件等。各个 GIS 组件之间,以及 GIS 组件与其他非 GIS 组件之间主要通过属性、方法和事件交互。如图 11.5 所示。

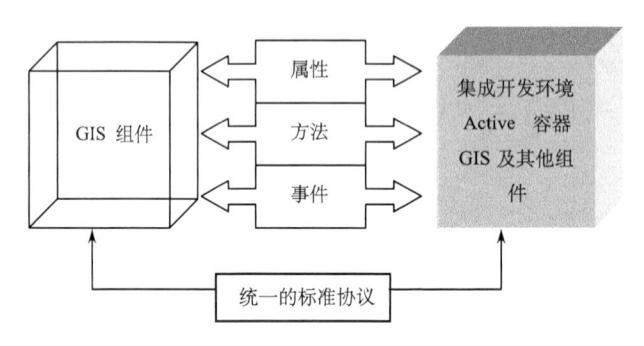

图 11.5 GIS 组件与集成环境及其他组件之间的交互

属性(properties):指描述组件性质(attributes)的数据;方法(methods):指对象的动作(actions);事件(events):指对象的响应(responses)。属性、方法和事件是组件的通用标准接口,由于其是封装在一定的标准接口,因而具有很强的通用性。图中,统一的标准协议是组件对象连接和交互过程中必须遵守的,具体体现在组件的标准接口上。这种技术是建立在分布式的对象组件模型基础之上的,在不同的操作系统平台有不同的实现方式(如 OMG 的 CORBA,Microsoft 的 DCOM)。OGC 规程基于的组件连接标准是目前占主导地位的 OMG 的公共对象请求代理构架(CORBA),Microsoft 的分布式组件对象模型(DCOM),以及结构化查询语言(SQL)等用来规范组件的连接和通信。OGC 开发的 GIS 技术规范,遵守其他的工业标准,体现了其不只是为了各个 GIS 之间的数据共享,更重视使地理信息能为非 GIS 领域所访问。

组件技术不但顺应了软件发展趋势,可以通过可视化的软件开发工具方便地将 GIS 组件和其他组件集成起来,实现无缝连接和即插即用,共同协作,形成最终的 GIS 应用。对于非 GIS 专业人员而言,可以容易地通过对 GIS 组件的利用,将 GIS 功能嵌入应用程序中，大大提高了开发的效率及 GIS 应用。GIS 的互操作组件特别有利于 GIS 专业人员的是，他们不必要再开发支持专用的开发软件或数据库，而是将更多的精力集中于 GIS 的"G"〔地学应用〕，从而使 GIS 产品达到更高的层次。

11.1.6 基于 XML 的空间数据互操作实现技术

开放地理信息系统联盟（OGC）和国际标准化组织 ISO/TC211 多年来为地理空间数据的互操作制作了一系列接口规范，包括简单要素的 SQL 实现规范，COM/OLE 实现规范，CORBA 实现规范。但是这些规范的推广应用都不太理想。虽然有许多 GIS 软件商都参加了规范的讨论和制定，但是实现的并不多。其主要原因可能有以下 3 个方面的问题：一是接口规范不太成熟，应用起来有些困难；二是这种提供公共接口的方法需要每个厂商包装一个接口程序，这个程序通常要提供给其他 GIS 软件商，使它嵌入到另一个 GIS 软件中，这样不仅影响了某些 GIS 软件商的利益，而且接口之间出现问题，难免分清责任；其三，这种基于二进制接口的组件存在部署复杂，不能穿过防火墙，不适合分布式异构网络的缺点，难以实现基于 Internet 上的互操作。

当前基于 Web 的 XML 技术正在成为构建跨平台异构应用系统的主流技术。XML 技术以其松散、灵活、易于跨软件和硬件平台等优点，已成为 Web 服务的技术基础，也已经成为地理信息领域构建跨部门、跨行业、跨地区异构性地理信息系统以及开展地理信息 Web 服务的主要技术基础。最近两年 OGC 和 ISO/TC211 紧密合作，加紧工作，迅速推出了基于 XML 的地理信息服务规范，包括 Web 地图服务规范（Web map service，WMS），Web 要素服务规范（Web feature service，WFS）和 Web 覆盖服务规范（Web coverage service，WCS）3 个主要规范，并在逐渐推出目录服务规范、注册服务规范等一系列规范。3 个地理数据服务规范的基本原理如下。

（1）Web 地图服务：Web 地图服务（WMS）利用具有地理空间位置信息的数据制作地图。其中将地图定义为地理数据可视的表现。这个规范定义了 3 个操作：GetCapabilities 返回服务级元数据，它是对服务信息内容和要求参数的一种描述；GetMap 返回一个地图影像，其地理空间参考和大小参数是明确定义了的；GetFeacherInfo 返回显示在地图上的某些特殊要素的信息。

（2）Web 要素服务：Web 地图服务返回的是图层级的地图影像，Web 要素服务返回的是要素级的 GML 编码，并提供对要素的增加、修改、删除等事物操作，是对 Web 地图服务的进一步深入。OGC Web 要素服务允许客户端从多个 Web 要素服务中取得地理标记语言（GML）编码的地理空间数据，这个规范定义了 5 个操作：GetCapabilities 返回 Web 要素服务性能文档（用 XML 描述）；DescribeFeatureType 返回描述可以提供服务的任何要素结构的 XML 文档；GetFeature 为一个获取要素实例的请求提供服务；Transaction 为事物请求提供服务；LockFeacher 处理在一个事物期间对一个或多个要素类型实例上锁的请求。

（3）Web 覆盖服务：Web 覆盖服务（WCS）面向空间影像数据，它将包含地理位置值的地理空间数据作为"覆盖（Coverage）"在网上相互交换。网络覆盖服务由 3 种操作组成：GetCapabilities、GetCoverage 和 DescribeCoverageType。GetCapabilities 操作返回描述服务和数据集的 XML 文档。网络覆盖服务中的 GetCoverage 操作是在 GetCapabilities 确定什么样的查询可以执行、什么样的数据能够获取之后执行的。它使用通用的覆盖格式返回地理位置的值或属性。DescribeCoverageType 操作允许客户端请求由具体的 WCS 服务器提供的任一覆盖层的完全描述。以上 3 个规范可以作为 Web 服务的空间数据服务规范，又可以作为空间数据的互操作实现规范。只要某一个 GIS 软件支持这个接口，部署在本地服务器上，其他 GIS 软件就可以通过这个接口得到所需要的数据。

随着 GIS 应用的深入和普及，以及计算机网络技术的发展，地理信息系统正在从平台 GIS 向跨平台互操作 GIS 发展，组件技术、XML 技术已经为跨平台 GIS 奠定了技术基础。GIS 互操作协议和标准的完善与推广应用，已使我们构建跨部门、跨行业、跨地区的跨平台 GIS 应用系统成为可能。特别是基于 XML 的 WMS、WFS、WCS 等协议的推出，已经成为跨平台 GIS 应用系统的主流技术。目前许多 GIS 厂家都纷纷支持这些协议，GeoStar 已经支持了 WMS、WFS。国内其他 GIS 软件商正在协调，加紧支持 WMS、WFS、WCS 等协议。在不久的将来，我们将很容易构建跨平台互操作 GIS，实现在线数据共享与互操作。除此之外，OGC 和 ISO/TC211 及国内相关研究单位正在抓紧研究制定基于 Web 服务技术的软件功能共享与互操作技术。我们的目标是保护现有空间信息资源，实现空间信息的有效共享与互操作。

11.2 空间数据仓库

11.2.1 空间数据仓库的起源

数据库中存储的多源、多维、多时态与大规模数据，包括遥感、图形、声音、视频和文本数据以及不同的数据格式，为数据综合利用和数据共享带来不便。为了在系统中更好的组织与利用多源数据，将在地理上分布、管理上自治、模式上异构的数据源有机地集成在一起，使空间数据用户能够透明地获取任何空间数据，以及处理空间数据的功能和方法，成为当前迫切要解决的问题。

分布在不同地点、不同部门的分布式数据库与信息系统，由高速计算机有线（光缆）与无线（通信卫星）相连接，并组成 WebGIS、Object Web GIS 和 ComGIS 实现同构系统的远程互操作和互运算；通过 OpenGIS 的标准与规范，实现异构系统间的远程互操作和互运算。把信息加以整理归纳和重组，并及时提供给相应的管理决策人员，是数据仓库的根本任务。

世界上第一个将数据仓库理论与技术引进 GIS 领域，并逐渐形成空间数据仓库理论与技术的贡献者应该是美国的 Edwards 教授和美国的 ESRI（Environmental Systems Research Institute）公司。Edwards 教授 1996 年在澳大利亚 Brisbane 举办的 Oracle 亚太地区用户大会上，发表了一篇题为"什么是空间数据仓库（what is spatial data warehouse）"的论文。同年美国的 ESRI 公司发表了关于空间数据仓库的第一篇白皮书，题为"数据仓库中的数字制图（mapping for the data warehouse）"。这两篇论文的发表引起了 GIS 从业者的极大兴趣，从此开创了空间数据仓库研究的新局面。

最早在 1996 年发表了关于空间数据仓库的第一篇白皮书（mapping for the data warehouse），1997 年发表了第二篇白皮书（spatial data warehouse），紧接着在 1998 年又发表了关于第三篇白皮书（spatial data warehousing for hospital organizations）。从 1996 年 ESRI 公司举办的第十六届全球性用户大会开始，历经 1997 年的第十七届、1998 年的第十八届、1999 年的第十九届、2000 年的第二十届，每年在该大会上都有不少有关空间数据仓库理论、技术及应用方面的论文发表，领导了美国甚至于世界上研究空间数据仓库理论与技术的新潮流。1997 年在 SSD 会议上，加拿大 Simon Fraser 大学计算科学学院数据库系统研究实验室的 Jiawei Han 教授首次发表了名为"空间数据仓库与空间数据挖掘"的学术论文，开创了加拿大研究空间数据仓库与空间数据挖掘的新领域。虽然，目前还没有专门成立有关研究空间数据仓库的学术团体，但与之有关的这方面学术讨论会逐年增多。如 ESRI 公司的全球性用户大会、SSD 国际会议、数字地球国际会议、GIS 国际会议等。

空间数据仓库理论、技术及产品已在许多领域取得较为明显的经济效益，尤其在美国，空间数据仓库理论与技术已在许多领域取得实质性应用。美国正在启动一个空间信息处理项目（earth overview system，EOS），该项目的主要组成部分之一就是基于空间数据仓库的空间数据联机分析和空间数据挖掘的研究。美国纽约的长岛铁路系统是全美国最大的计算机控制的铁路系统，它建立了一个全企业范围内的空间数据仓库，用于为每个部门提供详细而精确的铁路基础设施信息。美国缅因州交通部建立了一个空间数据仓库，它将数据仓库和 GIS 技术完美地结合在一起，用于全部门信息的快速查询、分析和报告。当然，美国还有许多部门正在建立自己的空间数据仓库，在此就不一一列举。另外，还有加拿大、苏格兰、澳大利亚等国家正在使用空间数据仓库技术。

将空间数据仓库理论与技术引入到我国大概是 20 世纪 90 年代末期，北京大学遥感与地理信息系统研究所在空间数据仓库学术方面做了不少工作。由于空间数据仓库理论与技术刚刚引入我国，因此空间数据仓库在各领域的应用实例还很少见。

11.2.2 空间数据仓库的基本特征

数据仓库是面向主题的、集成的、具有时间序列特征的数据集合，以支持管理中的决策制定过程。空间数据仓库则是在数据仓库的基础上，引入空间维数据，增加对空间数据的存储、管理和分析能力，根据主题从不同的 GIS 应用系统中截取从瞬态到区段直到全体地球系统的不同规模时空尺度上的信息，从而为当今的地学研究以及有关环境资源政策的制定提供最好的信息服务。

空间数据仓库为了决策支持的需要，主要具有以下几方面功能特征：

1. 空间数据仓库是面向主题的

与传统空间数据库面向应用进行数据组织的特点相对应，空间数据仓库中的数据是面向主题进行数据组织的。它在较高层次上将企业信息系统中的数据进行综合、归类，并加以抽象地分析利用。传统的 GIS 数据库系统是面向应用的，只能回答很专门、很片面的问题，它的数据只是为处理某一具体应用而组织在一起的，数据结构只对单一的工作流程是最优的，对于高层次的决策分析未必是适合的。空间数据仓库为了给决策支持提供服务，信息的组织应以业务工作的主题内容为主线。主题是一个在较高层次将数据归类的标准，每一个主题基本对应一个宏观的分析领域。例如，土地管理部门的空间数据仓库所组织的主题有可能为土地覆盖的变化趋势、土地利用变化趋势等；而按照应用来组织则可能是地籍管理、土地适宜性评价等。很显然，按照应用来组织的系统不能够为土地管理部门制定决策提供直接、全面的服务，而空间数据仓库的数据因其面向主题，具有"知识性、综合性"，所以能够为决策者们提供及时、准确的信息服务。

2. 空间数据仓库是集成的

空间数据仓库的数据是从原有的空间数据库数据中抽取来的。因此在数据进入空间数据仓库之前，必然要经过统一与综合，这一步是空间数据仓库建设中最关键、最复杂的一步，所要完成的工作包括消除源数据中的不一致性和进行数据综合计算。空间数据仓库的建立并不意味着要取代传统的 GIS 数据库系统。空间数据仓库是为制定决策提供支持服务的，它的数据应该是尽可能全面、及时、准确、传统的 GIS 应用系统是其重要的数据源。为此空间数据仓库以各种面向应用的 GIS 系统为基础，通过元数据刻画的抽取和聚集规则将它们集成起来，从中得到各种有用的数据。提取的数据在空间数据仓库中采用一致的命名规则，一致的编码结构，消除原始数据的矛盾之处，数据结构从面向应用转为面向主题。

3. 数据是持久的

空间数据仓库中的数据主要供决策分析之用，所涉及的数据操作主要是数据查询，一般情况下并不进行修改操作。空间数据仓库的数据反映的是一段相当长的时间内的数据内容，是不同时间的空间数据库快照的集合和基于这些快照进行统计、综合和重组导出的数据，而不是联机处理的数据。空间数据库中进行联机处理的数据经过集成输入到空间数据仓库中，一旦空间数据仓库存放的数据已经超过空间数据仓库的数据存储期限，这些数据将从空间数据仓库中删去。

4. 数据的变换与增值

空间数据仓库的数据来自于不同的面向应用的 GIS 系统的日常操作数据，由于数据冗余及其标准和格式存在着差异等一系列原因，不能把这些数据原封不动地搬入空间数据仓库，而应该对这些数据进行增值与变换，提高数据的可用性，即根据主题的分析需要，对数据进行必要地抽取、清理和变换。最常见的操作有语义映射、获取瞬像数据、实施集运算、坐标的统一、比例尺的变换、数据结构与格式的转换、提取样本值等。

5. 时间序列的历史数据

自然界是随着时间而演变的，事实上任何信息都具有相应的时间标志。为了满足趋势分析的需要，每一个数据必须具有时间的概念。空间数据仓库的数据是随时间的变化不断变化的，它会不断增加新的数据内容，不断删去旧的数据内容，不断对数据按时间段进行综合。

6. 空间序列的方位数据

自然界是一个立体的空间，任何事物都有自己的空间位置，彼此之间有着相互的空间关系，因此任何信息都应具有相应的空间标志。一般的数据仓库是没有空间维数据的，不能做空间分析，不能反映自然界的空间变化趋势。

综上所述，笔者认为空间数据仓库：就是实现对分散的、各自独立的现有多种地理空间数据库系统进行统一集成和管理，形成用户获取测绘数字产品的统一模式、界面和标准，然后按照相应的主题查询数据仓库得到多种测绘数字产品，再根据用户需求通过各种专业模型关联多种专题信息，从多维角度进行分析，满足用户空间辅助决策分析信息的需求。

11.2.3 空间数据仓库体系结构

空间数据仓库系统是在传统的空间数据库系统之上，利用数据仓库技术、元数据技术、数据库技术、GIS技术、应用服务器技术、网络技术等，对海量的测绘数字产品数据进行集成、管理、查询、关联、分析、分发以及应用。空间数据仓库体系结构图，如图11.6所示。

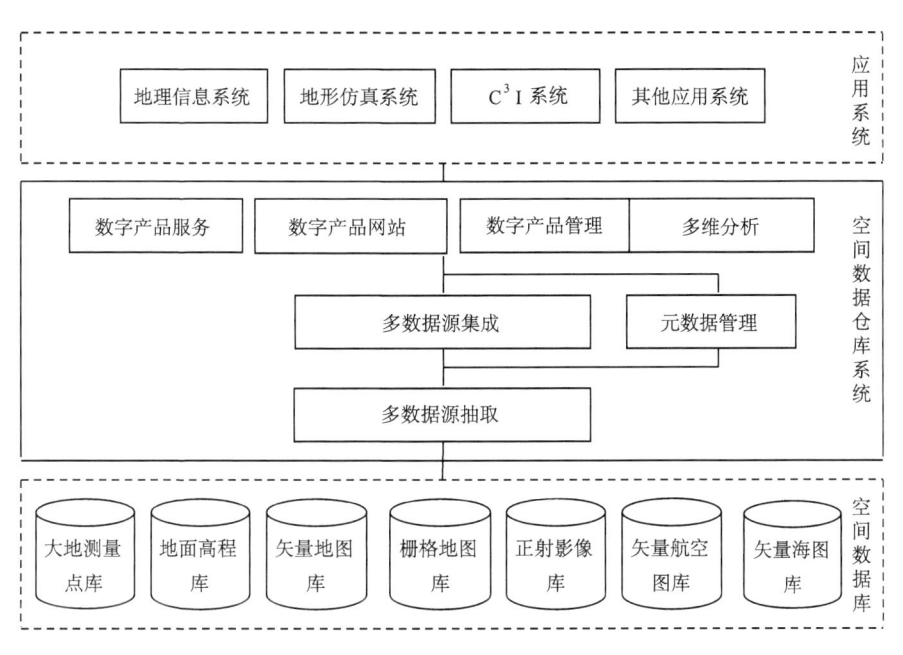

图11.6 空间数据仓库的体系结构图

空间数据库系统处于空间数据仓库系统的最底层（上图底层虚线部分），这些空间数据库分别由不同的单位在不同的时间研制出的软件系统或采用商品化软件系统（如MapInfo、Arc/Info、GeoMedia、MapGIS、Geostar等）进行管理，它们各自独立，形成了各式各样的异质异构的空间数据库系统，它为空间数据仓库提供数据源。应用系统处于空间数据仓库系统的最上层（上图顶层虚线部分），它通过一个标准的接口从空间数据仓库中提取测绘数字产品为多种应用系统服务。这些应用系统包括军事地理信息系统、地形仿真系统、C³I系统以及其他应用系统。空间数据仓库处于空间数据库系统和应用系统的中间，它从空间数据库系统抽取数据，经过空间数据仓库的集成、融合，提交给应用系统使用。因此空间数据仓库实际上就是一个多源数据的共享和处理机制，在该机制中，用户通过空间数据仓库这个统一的界面访问多个空间数据库，最终获取的单个或集成的空间数字产品。

1. 系统外部结构

空间多源数据集成服务系统的外部结构如图11.7所示。通过文件接口和应用编程接口与应用系统集成。文件接口是指系统将生成的地理空间数据产品输出成数据文件供应用系统使用，应用编程接口是指系统提供一整套的API供应用系统使用。

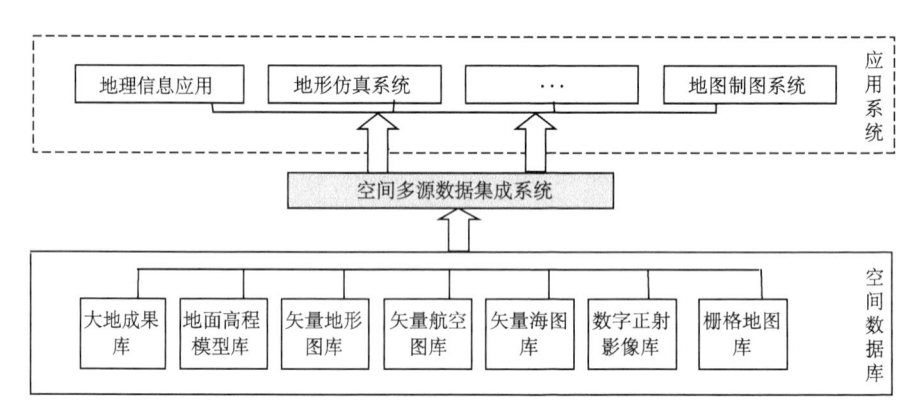

图 11.7 系统外部结构图

大地成果库、地面高程模型库、矢量地形图库、矢量航空图库、矢量海图库、数字正射影像库和栅格地图库由空间多源数据集成服务系统中的数据管理子系统管理，属系统内部功能。

2. 系统内部结构

空间多源数据集成系统可分实现空间数据库的集成和地理空间数据产品服务，实现基于地理空间数据产品的管理、地理空间数据访问和处理，并提供地理空间数据访问和处理的应用编程接口。如图11.8所示。

其中，矢量地图数据库负责存储矢量地形图、矢量航空图、矢量海图数据。

11.2.4 空间数据仓库功能组成

空间数据仓库由10个子系统组成，如图11.9所示。

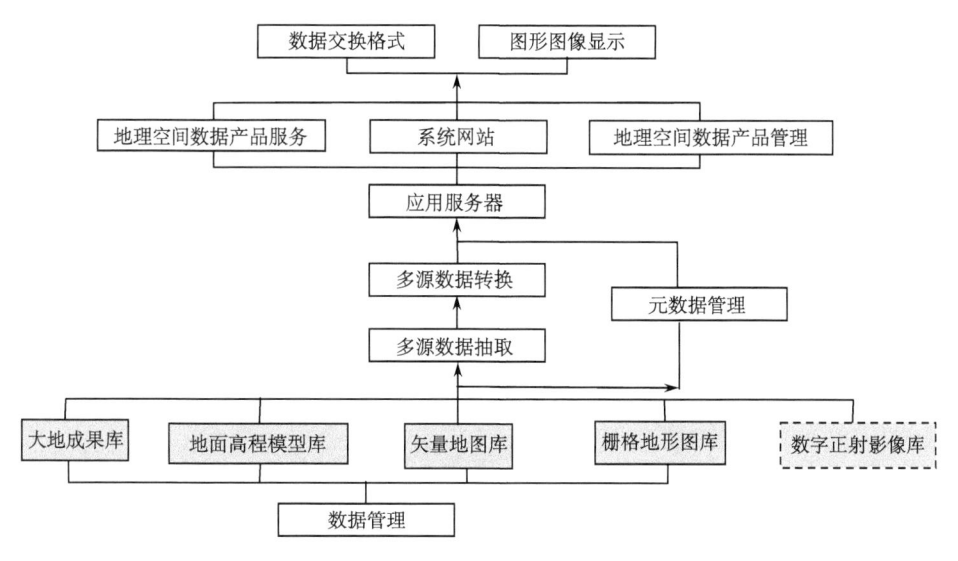

图 11.8 系统内部结构图

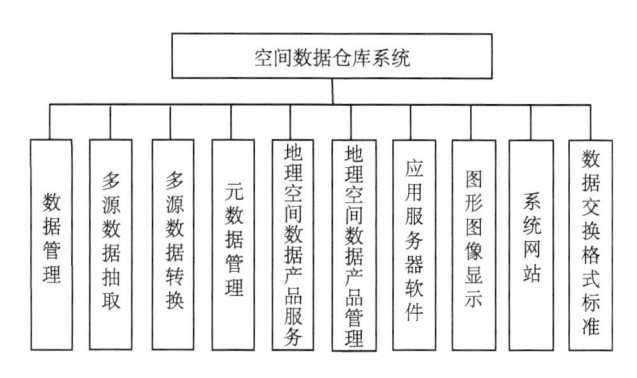

图 11.9 系统组成图

1. 数据管理子系统

主要包括矢量地图库管理系统、地面高程模型库管理系统、栅格地形图库管理系统和大地成果库管理系统。其中矢量地图库管理系统能管理不同比例尺的矢量地形图、矢量海图、矢量航空图。如图 11.9 所示。

2. 多源数据抽取子系统

空间多源数据集成系统构架于空间数据库之上，多源数据抽取子系统的主要功能就是从原有空间数据库中抽取出满足一定条件的地理空间数据。

3. 多源数据转换子系统

因为抽取出的地理空间数据数学基础不同，因此多源数据转换子系统的主要功能就是研制多源数据的转换机制，将抽取出的地理空间数据，按坐标系、高程基准和数据投影进行转换处理，形成统一的地理空间数据。

统一的地理空间数据指大地成果数据、栅格地形图数据、矢量地图数据、地面高程模型数据必须在坐标系、高程基准和数据投影方面保持一致。多源数据转换子系统功能框图，如图 11.10 所示。

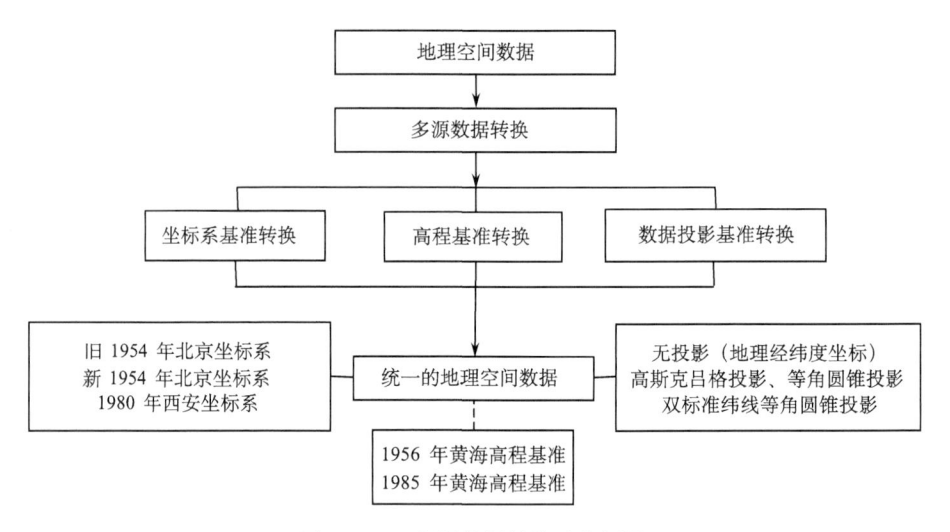

图 11.10 多源数据转换功能框图

4. 元数据管理子系统

元数据库是系统的枢纽，系统利用元数据确定实际的地理空间数据位于哪个空间数据库中。因此，元数据库首先必须保证被集成的各个空间数据库中的元数据的含义统一，其次，除了包含被集成的各个空间数据库中所有的元数据信息，还需要增加一些数据定位信息，从而保证数据在空间数据库中的快速定位。

具体来说，元数据是描述各个空间数据库数据以及集成之后地理空间数字产品的数据，它包括各个比例尺、投影、坐标系、数据精度、物理存储位置等信息。目前来讲，单个空间数据库和地理空间数字产品已有自己单独的元数据内容，唯一能够在不同数据管理软件间交换元数据的途径是统一元数据标准。元数据标准能够使数据生产者和用户一起着手处理有关元数据交换、共享和管理的问题。空间多源数据集成系统元数据内容的框架分为 12 类信息，如图 11.11 所示。

元数据内容由两大部分组成，一部分是标准化部分（前 8 项），它是用户必须遵循的标准，另一部分是信息化部分（后 4 项），它用于通过提供示例等方法来帮助指导用户，以便更好地理解。

以元数据内容框架为基础，采用元数据管理仓储库（repository）技术，将上述系统的元数据标准进行分类和规划，确定各项元数据项的类型和长度并建立相应的元数据库，解决元数据存储模型的问题。从空间数据库中抽取出各个数据库的元数据内容，并按统一的元数据模型存储在元数据库中。在统一的元数据模型基础上，提供一套统一的元数据访问接口。所有种类的空间数据库中的元数据以及地理空间数据产品的元数据都可通过这个接口进行存取。元数据管理子系统提供对元数据的管理功能，包括数据的输

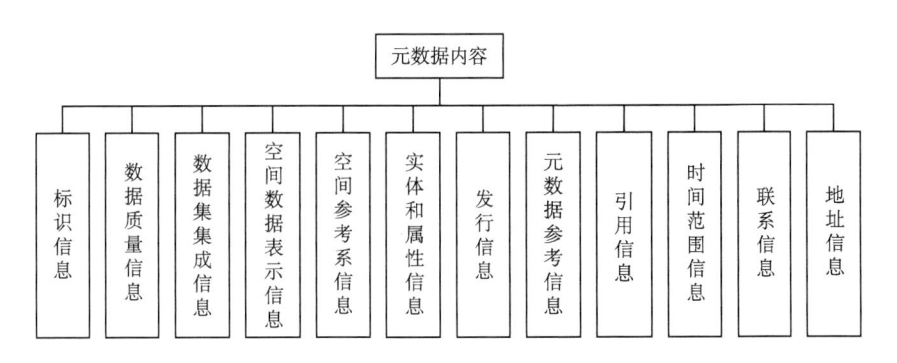

图 11.11　元数据标准框

入、输出、编辑等。

5. 地理空间数据产品子系统

在空间多源数据集成系统中,地理空间数据产品子系统是用户主要面对的界面,通过该子系统的处理可为用户提供单一的、集成的、派生的、加工的地理空间数据产品,为应用系统服务,其提供的服务内容如图 11.12 所示。

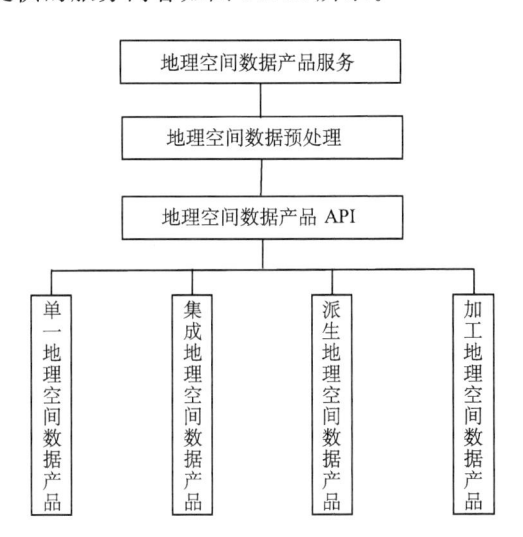

图 11.12　地理空间数据产品服务内容框图

6. 地理空间数据预处理

地理空间数据预处理包括地理空间数据的裁剪、拼接、图形编辑、拓扑重组等功能。

1）裁剪

以地理经纬度构成的矩形窗口内,对地理空间数据进行精确裁剪。

2）拼接

将裁剪后相邻的多幅图同一层数据或多层数据合并在一起，形成某一地理区域的地理空间数据。

3）图形编辑

提供对地理空间实体的增加、删除、修改等功能。

4）拓扑重组

经过上述裁剪和拼接后形成的地理空间数据，没有整体的拓扑关系。为了满足应用系统的需求，必须进行拓扑重组，最终得到具有拓扑关系的地理区域范围的地理空间数据。

7. 单一的地理空间数据产品

单一的地理空间数据产品是由有空间数据库中单个种类、分幅存储的地理空间数据所生成的数据产品，其包含的地理空间数据产品种类如图11.13所示。

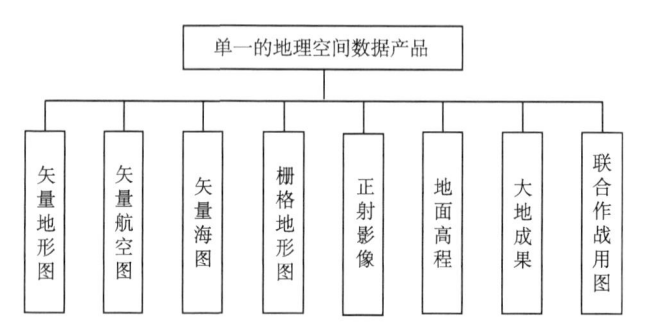

图11.13 单一地理空间数据产品种类

8. 集成的地理空间数据产品

多个种类的地理空间数据叠加在一起，进行计算处理后生成的数据产品为集成的地理空间数据产品，其包含的集成地理空间数据产品种类如图11.14所示。

1）影像地形图

将相同比例尺的矢量地形图数据与正射影像数据叠加，进行集成处理后生成的地理空间数据产品为影像地形图。

2）矢栅混合地形图

将相同比例尺的矢量地形图数据与栅格地形图数据叠加，进行集成处理后生成的地理空间数据产品为矢栅混合地形图。

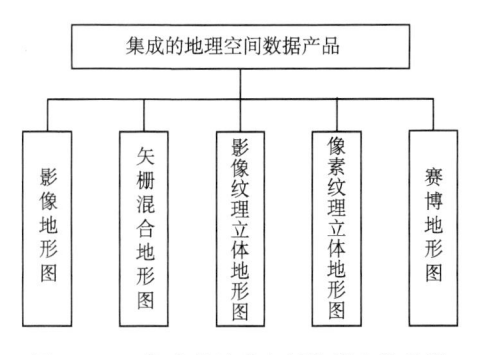

图 11.14 集成的地理空间数据产品种类

3）影像纹理立体地形图

将相同比例尺的正射影像数据与地面高程数据叠加，进行集成处理后生成的地理空间数据产品为影像纹理地形图。

4）像素纹理立体地形图

将相同比例尺的栅格地形图数据与地面高程数据叠加，进行集成处理后形成的地理空间数据产品为像素纹理立体地形图。

5）赛博（Cyber）地形图

将相同比例尺的矢量地形图数据与正射影像数据、地面高程数据叠加，进行集成处理后生成的地理空间数据产品为赛博地形图。

9. 派生的地理空间数据产品

多个种类的地理空间数据叠加在一起，然后对其进行专题计算处理后得到的产品为派生的地理空间数据产品，其包含的派生数据产品种类如图 11.15 所示。

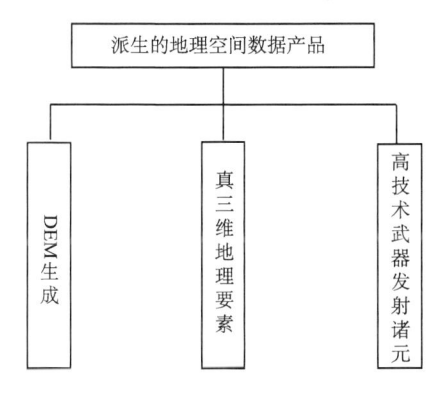

图 11.15 派生的地理空间数据产品种类

1）DEM 生成

由于系统中只有 1∶5 万的数字地面高程库（DEM），因此系统必须根据 1∶2.5

万、1∶25 万、1∶50 万、1∶100 万、1∶400 万矢量地形图库，以及 1∶100 万、1∶200 万矢量航空图数据库和各种比例尺矢量海图数据库的等高线与等深线自动计算出相应比例尺的 DEM。

2) 真三维地理要素

在矢量地形图、矢量航空图和矢量海图上，除了等高线要素外，其他地理要素只有 x、y 坐标而没有高程坐标 z，而在一些应用系统中，用户往往需要地理要素的 x、y、z 坐标。为了生成地理要素的 z 坐标，采用矢量地形图＋DEM、矢量航空图＋DEM、矢量海图＋DEM 的方法，内插得到地图中所有地理要素的 z 坐标。

3) 高技术武器发射诸元

高技术武器的发射受地表重力异常值、高程异常值、垂线偏差的影响较大。重力异常点分布不均匀且与海拔高程值有线性和非线性相关，因此可将重力异常点与 DEM 叠加派生出重力异常 DEM，由此可得出重力异常的等值线地图。由于高程异常值、垂线偏差值可通过公式由重力异常值计算得到，进一步可派生出高程异常值、垂线偏差值的等值线地图。再将某些地区的重力异常值、高程异常值、垂线偏差值与矢量地形图叠加就可生成发射诸元图。

10. 加工的地理空间数据产品

根据用户不同需求，对上述单一、集成、派生的地理空间数据产品再进行特殊的专业化加工、处理后形成的数据产品为加工的地理空间数据产品，其提供的加工地理空间数据产品内容框图如图 11.16 所示。

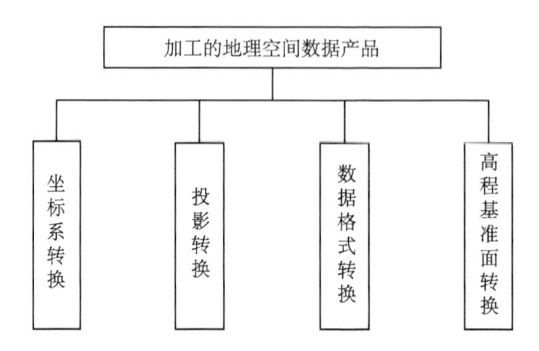

图 11.16 加工的地理空间数据产品框图

1) 投影转换

支持应用系统常用的几种投影转换，其中包括高斯克吕格投影、等角圆锥投影、双标准纬线等角圆锥投影、墨卡托投影。

2) 坐标系转换

支持应用系统常用的几种坐标系转换，其中包括旧 1954 年北京坐标系、新 1954 年北京坐标系、1980年西安坐标系、2000年坐标系，系统可在这几种坐标系之间进行转换。

3）数据格式转换

可将空间多源数据集成服务系统生成的标准格式的地理空间数据，转换到其他数据格式上。矢量地图数据可转换到 MapInfo 的 MIF/MID 格式、Arc/Info 的 E00/ShapeFile 格式、AutoCAD 的 DXF 等格式存在的矢量地图数据文件上，正射影像、栅格地图数据可转换到 TIF、GIF 等格式存在的图像数据文件上。

4）高程基准面转换

我国使用的高程基准面为1956年黄海高程系或1985年国家高程基准，针对不同的应用，系统可在这两个高程基准面之间进行转换。

11. 地理空间数据产品访问和处理

提供生成上述单一、集成、派生、加工的地理空间数据产品的 API，供用户二次开发时调用。

1）地理空间数据产品管理子系统

根据用户的需求将上述已生成好的单一、集成、派生、加工的地理空间数据产品用数据库的方式进行管理。并提供地理空间数据裁剪、拼接、图形编辑、拓扑重组的功能。

2）应用服务器软件子系统

应用服务器软件是一个中间件，它接受地理空间数据的查询请求，从元数据库中查询出相关数据的位置信息，并将数据查询请求转发到相应的空间数据库，最后将查询得到的结果返回给请求方。应用服务器软件提供元数据、略图的调度机制与共享机制，提供连接池功能，提高多用户环境下数据并发访问的效率，并提供地理空间数据调度机制。

3）图形图像显示子系统

地理空间数据产品重要的表现形式之一是图形图像，必须提供地理空间数据产品的二维和三维图形图像显示的功能，如平面图形图像、正射立体图形图像、鸟瞰立体图形图像显示，供用户对提取出的地理空间数据产品有一个可视化的监测。并且提供二维、三维图形图像开窗放大、缩小、漫游功能，以及联合作战用图符号库。

4）系统网站子系统

空间多源数据集成服务系统中，用户通过310网可享受多种多样的网上服务。因此，系统网站的功能包括：
（1）系统网站维护。提供更新系统网站内容的手段，提供维护系统网站的机制。

（2）网站概况。网站的建立，将向用户全面介绍系统的功能概况、系统资源和系统中可能提供的地理空间数据的概况。

（3）网上浏览和查询。建立一个基于信息产品数据库中二维或三维的地理空间数据产品图像显示浏览器，有利于用户对地理空间数据产品的查询和选择。

（4）网上订单。建立一个地理空间数据产品网上订单机制，一旦用户需要某种地理空间数据产品，用户可通过网上向网站基地传送申请数据产品订单。

（5）网上审批。在接到用户的订单申请后，由相关管理部门确定是否给该用户分发该产品。

（6）网上分发准备。一旦通过网上审批，能够调用网络文电系统提供的可靠传输接口，为地理空间数据产品的网上分发做好技术准备。

5）数据交换格式标准

由本系统生成的地理空间数据产品，是对多种空间数据的集成，因此，一个产品中可能包括矢量、栅格、DEM 和正射影像等多种数据。本系统将建立地理空间数据产品的数据模型，描述所有这些种类的数据以及不同种类数据在组成一个地理空间数据产品时相互之间的集成关系。在此基础上制定出地理空间数据产品交换格式标准，作为本系统对外交换的标准数据格式。

11.2.5 空间数据仓库硬件及网络结构

为保证用户集成服务地理空间数据时具有较高的速度，使系统在大批量用户使用时同样保持很高的响应速度，空间数据仓库宜采用应用服务器技术和多层体系结构，其逻辑结构如图 11.17 所示。

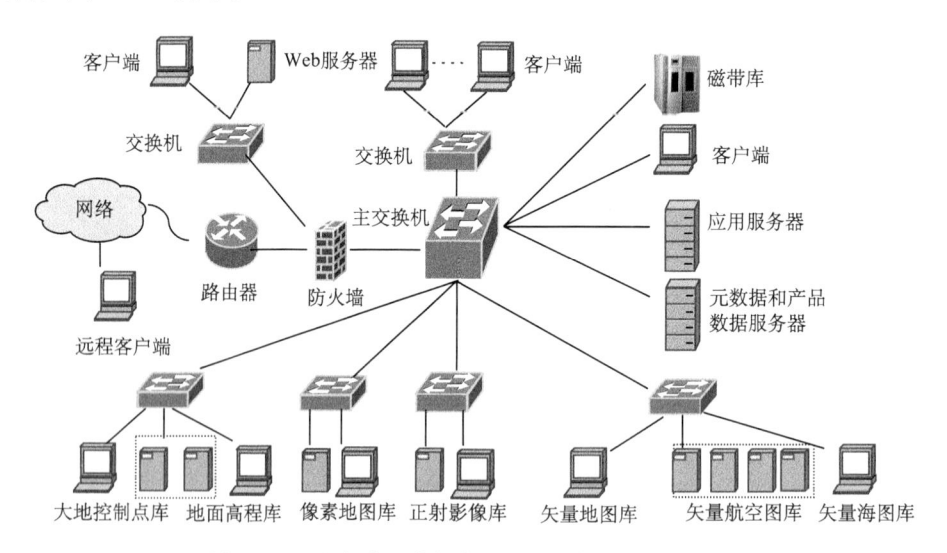

图 11.17 空间多源数据集成系统硬件及网络环境图

系统网站主要向用户展示本系统中有哪些数据，并提供略图浏览，这些主要通过元数据管理子系统提供的元数据库服务提供，当用户的数据申请得到批准后，可对数据进行打包和压缩，然后利用计算机网络提供的安全传输机制进行数据分发。

系统用户在确认网络用户的数据请求得到批准后发出请求或者用户也可直接发出请求，请求被传送到应用服务器子系统，然后进行多源数据抽取、多源数据转换和地理空间数据产品服务，将生成的地理空间数据产品以数据交换格式提交给应用系统。用户也可发出请求，请求被传送到地理空间数据产品管理子系统，直接从地理空间数据产品库中提取出地理空间数据产品提交给应用系统。

11.3 空间数据的元数据

信息社会的发展，导致社会各行各业对详实、准确的各种数据的需求量迅速增加以及数据的大量出现。用户对不同类型数据的需求，要求数据库的内容、格式、说明等符合一定的规范和标准，以利于数据的交换、更新、检索、数据库集成以及数据的二次开发利用等，而这一切都离不开元数据（metadata）。对空间数据的有效生产和利用，要求空间数据的规范化和标准化。应用于地学领域的数据库不但要提供空间和属性数据，还应该包括大量的引导信息以及由纯数据得到的推理、分析和总结等，这些都是由空间数据的元数据系统实现的。

11.3.1 元数据概念与分类

1. 元数据概念

"meta"是一希腊语词根，意思是"改变"，"metadata"一词的原意是关于数据变化的描述，即关于数据的数据。到目前为止，科学界仍没有关于元数据的确切公认的定义。但从各专家的定义中可以发现如下共同点。

（1）元数据的目的：元数据的根本目的是促进数据集的高效利用，另一个目的是为计算机辅助工软件工程（CASE）服务。

（2）元数据的内容：包括对数据集的描述；对数据集中各数据项、数据来源、数据所有者及数据序代（数据生产历史）等的说明；对数据质量的描述，如数据精度、数据的逻辑一致性、数据完整性、分辨率、源数据的比例尺等；对数据处理信息的说明，如量纲的转换等；对数据转换方法的描述；对数据库的更新、集成方法等的说明。

（3）元数据的性质：元数据是关于数据的描述性数据信息，它应尽可能多地反映数据集自身的特征规律，以便于用户对数据集的准确、高效与充分的开发与利用。不同领域的数据库，其元数据的内容会有很大的差异。

元数据的作用通过元数据可以检索、访问数据库，可以有效利用计算机的系统资源，可以对数据进行加工处理和二次开发等。

2. 元数据的类型

进行元数据分类研究的目的在于充分了解和更好地使用元数据。分类的原则不同，元数据的分类体系列化和内容将会有很大的差异。下面列出了各种不同的分类体系。

1) 根据元数据的内容分类

造成元数据内容差异的主要原因有两个：其一，不同性质、不同领域的数据所需要的元数据内容有差异；其二，为不同应用目的而建设的数据库，其元数据内容会有很大的差异。根据这两个原因，可将元数据化分为三种类型。

(1) 科研型元数据。其主要目标是帮助用户获取各种来源的数据及其相关信息，它不仅包括诸如数据源名称、作者、主体内容等传统的、图书管理式的元数据，还包括数据拓扑关系等。这类元数据的任务是帮助科研工作者高效获取所需数据。

(2) 评估型元数据。主要服务于数据利用的评价，内容包括数据最初收集情况、收集数据所用的仪器、数据获取的方法和依据、数据处理过程和算法、数据质量控制、采样方法、数据精度、数据的可信度、数据潜在应用领域等。

(3) 模型元数据。用于描述数据模型的元数据与描述数据的元数据在结构上大致相同，其内容包括：模型名称、模型类型、建模过程、模型参数、边界条件、作者、引用模型描述、建模使用软件、模型输出等。

2) 根据元数据描述对象分类

根据元数据描述对象分类，可将元数据划分为三种类型。

(1) 数据层元数据。指描述数据集中每个数据的元数据，内容包括：日期邮戳（指最近更新日期）、位置戳（指示实体的物理地址）、量纲、注释（如关于某项的说明见附录）、误差标识（可通过计算机消除）、缩略标识、存在问题材标识（如数据缺失原因）、数据处理过程等。

(2) 属性元数据。是关于属性数据的元数据，内容包括为表达数据及其含义所建的数据字典、数据处理规则（协议），如采样说明、数据传输线路及代数编码等。

(3) 实体元数据。是描述整个数据集的元数据，内容包括：数据集区域采样原则、数据库的有效期、数据时间跨度等。

3) 根据元数据在系统中的作用分类

根据元数据在系统中所起的作用，可以将元数据分为两种：

(1) 系统级别（system-level）元数据。指用于实现文件系统特征或管理文件系统中数据的信息，例如访问数据的时间、数据的大小、在存储级别中的当前位置、如何存储数据块以保证服务控制质量等。

(2) 应用层（application-level）元数据。指有助工于用户查找，评估、访问和管理数据等与数据用户有关的信息，如文本文件内容的摘要信息、图形快照、描述与其他数据文件相关关系的信息。它往往用于高层次的数据管理，用户通过它可以快速获取合适的数据。

4) 根据元数据的作用分类

根据元数据的作用可以把元数据分为两种类型。

(1) 说明元数据是专为用户使用数据服务的元数据，它一般用自然语言表达，如源程序数据覆盖的空间范围、源数据图的投影方式及比例尺的大小、数据集说明文件等，这类元数据多为描述性信息，侧重于数据库的说明。

（2）控制元数据是用于计算机操作流程控制的元数据，这类元数据由一定的关键词和特定的句法来实现。其内容包括：数据存储和检索文件、检索中与空间实体匹配方法、空间实体的检索和显示、分析查询及查询结果排列显示、根据用户要求修改数据库中原有的内部顺序、数据转换方法、空间数据转换方法、空间数据和属性数据的集成、根据索引项把数据绘制成图、数据模型的建设和利用等。这类元数据主要是与数据库操作有关的方法描述。

11.3.2 空间数据元数据的概念和标准

以往的地理空间元数据只是针对某个空间数据库或某个地理空间数据产品而设计的，其内容和范围仅仅局限于单个的空间数据库或非集成的地理空间数据产品，如描述矢量地图数据库的地理空间元数据。这已远远不能满足空间数据仓库对集成空间数据库和集成地理空间数据产品的需求。因此，基于空间数据仓库的元数据概念和体系不同于地理空间元数据。首先，它能对多个空间数据库即大地成果数据库、地面高程模型数据库、矢量地图数据库、栅格地图数据库、正射影像数据库的元数据进行描述；其次，它能对空间数据仓库系统生成的集成地理空间数据产品的元数据进行描述。

1. 空间数据元数据的概念

空间数据元数据主要由地理空间元数据集和地理空间数据产品元数据集组成（图 11.18）。而地理空间元数据集由大地成果数据库、地面高程模型数据库、矢量地图数据库、栅格地图数据库和正射影像数据库的地理空间元数据构成，地理空间数据产品元数据集主要由描述单一的数字产品、融合的数字产品、派生的数字产品、加工的数字产品和关联的数字产品的地理空间元数据构成。

虽然有些地理空间数据产品是融合的产品即影像地形图、矢栅混合地形图、影像纹理立体地形图、像素纹理立体地形图和赛博地形图，但它们分别由大地成果数据、地面高程模型数据、矢量地图数据、栅格地图数据和正射影像数据叠加融合组成。因此，无论是地理空间元数据集和地理空间数据产品元数据集，空间数据仓库元数据最终被分解为五大类，即分别描述大地成果数据、地面高程模型数据、矢量地图数据、栅格地图数据和正射影像数据的元数据。由此可见，只需描述清楚基于地理空间元数据集和地理空间数据产品元数据集的大地成果数据、地面高程模型数据、矢量地图数据、栅格地图数据和正射影像数据元数据即可。

2. 空间数据元数据分类

空间数据元数据由大地成果数据、地面高程模型数据、矢量地图数据、栅格地图数据和正射影像数据元数据内容组成。但无论是哪种产品数据，描述这些产品数据的元数据都由 11 类信息组成，它们分别是空间数据标识信息、空间数据区域范围信息、空间数据邻接信息、空间数据表示信息、空间数据数学基础信息、空间数据集内容信息、空

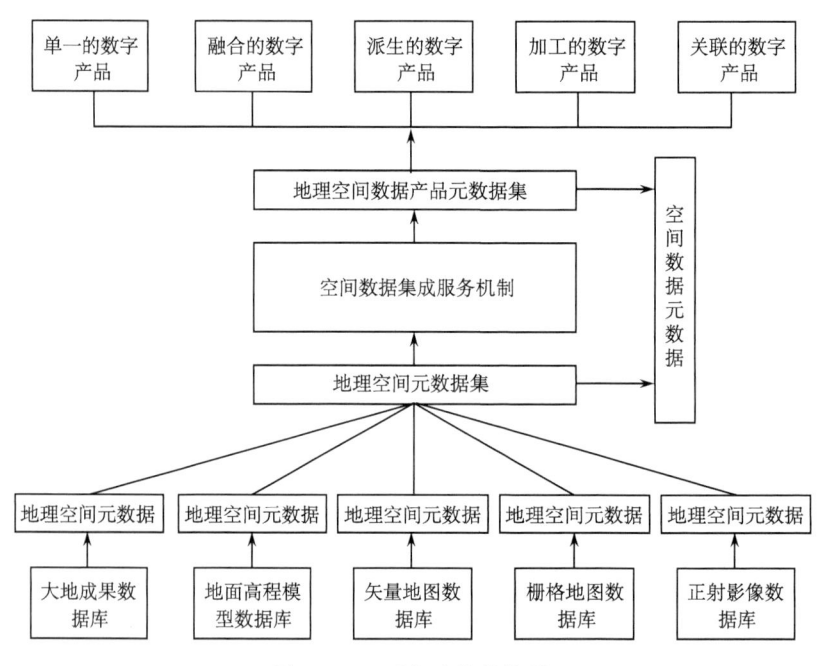

图 11.18 系统功能结构图

间数据质量信息、空间数据分发信息、空间数据安全信息、空间数据联系信息和空间数据时间信息（图 11.19）。

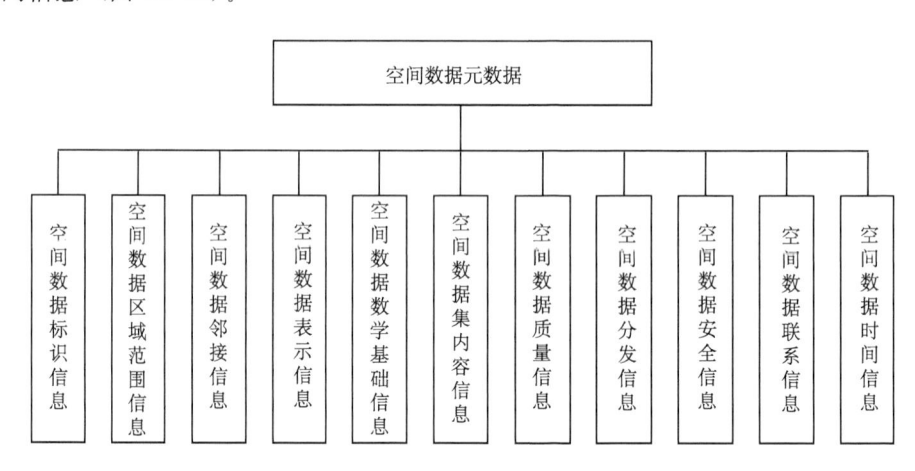

图 11.19 元数据标准框图

1) 空间数据标识信息

空间数据标识信息是关于空间数据集的基本信息，是空间数据仓库中任何地理空间数据集必须包含的部分。通过标识信息，用户可以对空间数据集有一个总体的把握和了解。其包含的内容应该为：空间数据集性质、中文名称、英文名称、字符集、代号、比例尺或分辨率、总数据量、总数据层数、坐标种类、坐标单位、坐标缩放系数、数据拓扑关系、数据格式等。

2) 空间数据区域范围信息

空间数据区域范围信息是关于空间数据集所属区域范围的信息，是空间数据仓库中任何地理空间数据集必须包含的部分。通过区域范围信息，用户可以对空间数据集的区域大小有一个总体的把握和了解。其包含的内容应该为：空间数据集地理经纬度区域范围、直角坐标区域范围、区域覆盖的图幅号。

3) 空间数据邻接信息

空间数据邻接信息是关于空间数据集的图外信息，是空间数据仓库中任何地理空间数据集必须包含的部分。通过邻接信息，用户可以对空间数据集图外的相邻信息有一个总体的把握和了解。其包含的内容应该为：空间数据集属性接边状况、坐标接边状况、相邻图幅图号、相邻图幅名称。

4) 空间数据表示信息

空间数据表示信息反映了空间数据集中表示空间信息的方式，它是决定数据转换以及数据能否在用户计算机平台上使用的必要信息。用户了解空间数据表示信息后，便可以在获取该数据集后对它进行各种处理或分析了，因此这也是了解空间数据集适用与否的重要依据。其包含的内容应该为：空间数据集矢量表示信息、栅格或正射影像表示信息、DEM表示信息、大地成果表示信息。

5) 空间数据数学基础信息

空间数据数学基础信息是关于空间数据集数学基础的描述信息，它反映了现实世界空间数据集数学基础框架模型化的过程和相关的描述参数。通过空间数据数学基础信息，该数据集的数学基础空间框架模型化过程基本可以确定，使信息的空间意义明确，并使其具备了一定的空间可度量性，这是空间数据集空间定量分析决策的基础。其包含的内容应该为：空间数据集坐标系基准、高程系基准、地图投影、等高距、偏角。

6) 空间数据集内容描述信息

空间数据集内容描述信息是关于空间数据集内容的详细描述信息，数据集生产者可以通过该部分内容详细地描述空间数据集中各实体的名称、标识码以及含义等内容（可以根据具体情况选择详细或概括的描述方式），用户可以由此知道该空间数据集地理要素属性码的名称、含义等信息。其包含的内容应该为：数据集概括描述、地理要素层名称、地理要素层详细描述。

7) 空间数据质量信息

空间数据质量信息是对空间数据集质量进行总体评价的信息。数据集生产者可以通过这部分内容对数据集质量评价的方法和数据集加工生产过程的质量进行详细地描述。而这一部分也是用户对空间数据集在数据质量和精度方面确定是否适合自己使用要求的主要依据。其包含的内容应该为：空间数据集逻辑一致性报告、完整性报告、属性精度报告、坐标精度报告、主要数据源质量信息、质量检查单位、质量检查时间、质量总评价。

8）空间数据分发信息

空间数据分发信息是关于空间数据集发行的信息，通过分发信息，用户可以了解到空间数据集在何处、怎样获取、获取介质以及获取费用等信息。其包含的内容应该为：空间数据集的分发版本号、分发方式、收费方式、分发介质和分发格式。

9）空间数据安全信息

空间数据安全信息是关于空间数据集的安全信息，用户可以了解到如何通过安全信息顺利地获取空间数据集。其包含的内容应该为：空间数据集的访问限制、使用限制、安全类别、安全操作说明。

10）空间数据联系信息

空间数据联系信息是同与空间数据集有关的个人和组织联系时所需的信息，其包含的内容应该为：空间数据集的生成单位、质量检查单位、更新单位、出版单位、出版地方、版权所有者和分发单位，以及这些单位的名称、所属国家、所属省（市、自治区）、邮政编码、通信地址、联系电话、传真、电子邮件地址、网络地址。

11）空间数据时间信息

空间数据时间信息是同与空间数据集有关的时间信息，其包含的内容应该为：空间数据集的生成日期、质量检查时间、更新日期、出版日期和分发日期。

3. 空间数据元数据的标准

空间数据是一种结构比较复杂的数据类型。它既涉及对于空间特征的描述，也涉及对于属性特征以及它们之间关系的描述，所以空间数据元数据标准的建立是项复杂的工作；并且由于种种原因，某些数据组织或数据用户开发出来的空间数据元数据标准很难为地学界所广泛接受。但空间数据元数据标准的建立是空间数据标准化的前提和保证，只有建立起规范的空间数据元数据才能有效利用空间数据。目前，空间数据元数据已形成了一些区域性或部门性的标准。

美国联邦空间数据委员会（FGDC）的空间数据元数据内容标准的影响较大，该标准用于确定地学空间数据集的元数据内容。该标准于 1992 年 7 月开始起草，于 1994 年 7 月 8 日，FGDC 正式确认该标准。该标准将地学领域中应用的空间数据元数据分为 7 个部分，它们是：数据标识信息、数据质量信息、空间数据生产者描述、数据空间参考消息、地理实体及属性信息、数据传播及共享信息和元数据参考信息。

11.3.3 空间数据元数据的获取与管理

空间数据的地理特征（包括空间特征和属性特征）要求对数据的各种操作，从数据获取、数据处理、数据存储、数据分析、数据更新等方面应有一套面向地理对象的方法，相应的空间数据元数据的内容及相关的操作也就具有了不同于其他种类数据元数据的特点。

1. 空间数据元数据的获取

空间数据元数据的获取是个较复杂的过程，相对于基础数据（primary data）的形成时间，它的获取可分为 3 个阶段：数据收集前、数据收集中和数据收集后。对于模型元数据，这 3 个阶段分别是模型形成前、模型形成中和模型形成后。第一阶段的元数据是根据要建设的数据库内容而设计的元数据库，内容包括：①普通元数据，如数据类型、数据覆盖范围、使用仪器描述、数据变量表达、数据收集方法等；②专指性元数据，即针对要收集的特定数据（如中国 1950～1980 年 30 年间的逐旬降水数据）的元数据，内容包括数据采样方法、数据覆盖的区域范围、数据表达的内容、数据时间、数据时间间隔、空间上数据的高度（或深度）、使用的仪器、数据潜在利用等。第二阶段的元数据随数据的形成同步产生，例如，在测量海洋要素数据时，测点的水平和垂直位置、深度、温度、盐度、流速、海流流向、表面风速、仪器设置等是同时得到的。第三阶段的元数据是在上述数据收集到以后，根据需要产生的，它们包括：数据处理过程描述、数据的利用情况、数据质量评估、浏览文件的表成、拓扑关系、影像数据的指示体及指标、数据集大小、数据存放路径等。

空间数据元数据的获取方法主要有五种：键盘输入、关联表、测量法、计算法和推理法。键盘输入一般工作量大且易出错，如有可能应尽量避免，但对某些元数据而言（如数据变量表达的内容）只能由键盘输入。关联表方法是通过公共项（字段）从已存在的元数据或数据中获取有关的元数据，例如，通过，区域的名称从数据库中得到区域的空间位置坐标等，测量方法容易使用且出错较少，如用全球定位系统（GPS）测量数据空间点的位置等。计算方法指由其他元数据或数据计算得到的元数据，例如，水平位置可由仪器设置及时间计算得到，区域的面积可由多边形拓扑关系计算出来，该方法一般用于获取数量较大的元数据。推理方法指根据数据的特征获取元数据。

在元数据获取的不同阶段，使用的方法也有差异。在第一阶段主要是键入方法和关联表方法；第二阶段主要采样测量方法；第三阶段主要方法是计算和参考方法。

2. 空间数据元数据的管理

空间数据元数据管理的理论和方法涉及数据库元数据两方面。由于元数据的内容、形式的差异，元数据的管理与数据涉及的领域有关，它是通过建立在不同数据领域基础上的元数据信息系统实现的。

元数据管理可通过元数据库（metadatabase）实现。在该系统中，物理层存放数据与元数据，该层由一些软件通过一定的逻辑关系与逻辑层关联起来。在概念层中用描述语言及模型定义了许多概念，如实体名称、别名、允许属性值的类型、缺省值、允许输出及输入的内容、临时实体温的作用、元数据的变化、操作模型等。通过这些概念及其限制特征，经过与逻辑层关联可获取、更新物理层的元数据及数据。

11.3.4 空间数据元数据的应用

1. 为什么在地理信息系统中使用元数据

在地理信息系统中使用元数据的原因如下：

1）完整性（completeness）

面向对象的地理信息系统和空间数据库的目标之一，是把事物的有关数据都表示为类的形式，而这些类也包括类自身，即复杂的"类的类"结构。这就要求有支持类与类之间相互印证和操作的机制，而元数据可以帮助这个机制的实现。

2）可扩展性（extensibility）

有意地延伸一种计算机语言或者数据库特征的语义是很有用途的，如把跟踪或引擎信息的生成结果添加到操作请求中，通过动态改变元数据信息可以实现这种功能。

3）特殊化（specialization）

继承机制是靠动态连接操作请求和操作体来实现的，语言及数据库以结构化和语义信息的关联文件（context）方式把操作请求传递给操作体，而这些信息可以通过元数据表达。

4）安全性（safety）

分类完好的语言和数据库都支持动态类型检测，类的信息表示为元数据，这样在系统运行时，可以被类检测者访问。

5）查错功能（debugging）

在查错时使用元数据信息，有助于检测可运行应用系统的解释和修改状态。

6）浏览功能（browsing）

为数据的控制类开发浏览器时，为显示数据，要求能解译数据的结构，而这些信息是以元数据来表达的。

7）程序生成（program generation）

如果允许访问元数据，则可以利用关于结构的信息自动生成程序。如数据库查询的优化处理和远程过程调用残体（stub）生成。

2. 空间数据元数据的应用

1) 帮助用户获取数据

通过元数据，用户可对空间数据库进行浏览、检索和研究等。一个完整的地学数据库除应提供空间数据和属性数据外，还应提供丰富的引导信息，以及由纯数据得到的分析、综述和索引等。通过这些信息用户可以明白诸如"这些数据是什么数据？"，"这个数据库对我有用吗？""这是我需要的数据吗？""怎样得到这些数据？"等一系列问题。

2) 空间数据质量控制

不论是统计数据还是空间数据都存在数据精度问题，影响空间数据精度的原因主要有两个方面：一是源数据的精度；一是数据加工处理工程中精度质量的控制情况。空间数据质量控制内容包括：

(1) 有准确定义的数据字典，以说明数据的组成，各部分的名称，表征的内容等；

(2) 保证数据逻辑科学地集成，如植被数据库中不同亚类的区域组合成大类区，这要求数据按一定逻辑关系有效的组合；

(3) 有足够的说明数据来源、数据的加工处理工程、数据释译的信息。

这些要求可通过元数据来实现，这类元数据的获取往往由地学和计算机领域的工作者来完成数据逻辑关系在数据中的表达要由地学工作者来设计，空间数据库的编码要求一定的地学基础，数据质量的控制和提高要有数据输入、数据查错、数据处理专业背影知识的工作人员，而数据再生产要由计算机基础较好的人员来实现。所有这方面的元数据，按一定的组织结构集成到数据库中构成数据库的元数据信息系统来实现上述功能。

3) 在数据集成中的应用

数据集层次的元数据记录了数据格式、空间坐标体系、数据的表达形式、数据类型等信息；系统层次和应用层次的元数据则记录了数据使用软硬件环境、数据使用规范、数据标准等信息。这些信息在数据集成的一系列处理中，如数据空间匹配、属性一致化处理、数据在各平台之间的转换使用等是必需的。这些信息能够使系统有效地控制系统中的数据流。

4) 数据存储和功能实现

元数据系统用于数据库的管理，可以避免数据的重复存储，通过元数据建立的逻辑数据索引可以高效查询检索分布式数据库中任何物理存储的数据。减少数据用户查询数据库及获取数据的时间，从而降低数据库的费用。数据库的建设和管理费用是数据库整体性能的反映，通过元数据可以实现数据库的设计和系统资源的利用方面的合理分配，数据库许多功能（如数据库检索、数据转换、数据分析等）的实现是靠系统资源的开发来实现的，因而这类元数据的开发和利用将大大增加数据库的功能并降低数据库的建设费用。

主要参考文献

鲍英华.1998.GIS 基础地理信息数据获取方法几个相关问题的探讨.东北测绘,(2)
陈军.2002.动态空间数据模型.北京：测绘出版社
陈述彭,鲁学军等.1999.地理信息系统导论.北京：科学出版社
陈泽民.2005.GIS 数据库与地图数据库关系辨析.现代测绘,(1)
崔铁军,王家耀.2001.空间数据特点及其数据模型设计.见：中国地图学年鉴（1995～1999）.北京：星球地图出版社
崔铁军.2000.地图数据的空间关系与数据模型.解放军测绘学院学报,17（3）
崔铁军.2002.基于组件式地理数据库引擎的设计与实现,海洋测绘论文集
丁俊华.1998.软件互操作研究进展.计算机研究与发展
冯华.2000.Visual C ＋＋数据库开发技巧与实例.北京：机械工业出版社
冯亮,关祥宏.2004.基于 Oracle Spatial 的多源地图数据管理.铁道勘察,（6）
冯玉琳等.1998.对象技术导论.北京：科学出版社
龚建雅.1999.当代 GIS 的若干理论与技术.武汉：武汉测绘科技大学出版社
龚建雅.2004.地理信息系统基础.北京：科学出版社
郭仁忠.1999.空间分析.武汉：武汉测绘科技大学出版社
何雄.2006.Oracle Spatial 与 OCI 高级编程.北京：中国铁道出版社
黄波,林珲.1999.GeoSQL：一种可视化空间扩展 SQL 查询语言.武汉测绘科技大学学报,24（3）
黄裕霞等.2000.GIS 互操作及其体系结构.地理研究,19（1）：86～92
蒋捷,韩刚,陈军.2003.导航地理数据库.北京：科学出版社
李德仁,龚建雅.1993.地理信息系统导论.北京：测绘出版社
李京伟,龚建雅.2001.1∶5 万数据库建库设计中若干问题的探讨.地理信息世界,（4）
王家耀.1998.数字制图技术与数字地图生产.西安：西安地图出版社
王家耀.2000.空间信息系统原理.北京：科学出版社
王青山.2001.地理数据模型分析与展望.见：中国地图学年鉴（1995～1999）.北京：星球地图出版社
邬伦,刘瑜.2001.地理信息系统原理、方法和应用.北京：科学出版社
毋河海,龚建雅.1997.地理信息系统空间数据结构与处理技术.北京：测绘出版社
毋河海.1990.地图数据库系统.北京：测绘出版社
吴芳华.2002.1∶5 万框架图数据生产质量控制.见：军事地图制图与地理信息工程发展与展望.北京：解放军出版社.423～429
吴立新,史文中.2003.地理信息系统原理与算法.北京：科学出版社
严蔚敏.1987.数据结构.北京：清华大学出版社
杨春成.2002.基于对象关系数据模型的空间数据设计.见：军事地图制图与地理信息工程发展与展望.北京：解放军出版社.364～370
姚杰.2002.空间数据库管理系统的发展与空间数据库引擎技术.见：军事地图制图与地理信息工程发展与展望.北京：解放军出版社.374～381
易善桢.2000.空间信息的共享与互操作.测绘通报,（8）
张宏科.1996.信息高速公路.北京：人民邮电出版社
张明波,申排伟等.2004.空间数据引擎关键技术与应用分析.地球信息科学,6（4）：80～83
赵需生,杨崇俊.2000.空间数据仓库的技术与实践.遥感学报,4（2）：157～160
郑若忠,王洪武.1983.数据库原理与方法.长沙：湖南科学技术出版社

邹逸江. 2002. 空间数据仓库研究论述. 见：军事地图制图与地理信息工程发展与展望. 北京：解放军出版社. 370~374

Bill R. 1996. Grundlagen der Geo－Informations－systeme. WICHMANN. Band 2

Blaha M，Premerlani W. 2001. 面向对象的建模与设计在数据库中的应用. 宋今，赵丰年译. 北京：北京理工大学出版社

Longley P，Goodchild M et al. 2004. 地理信息系统（上卷）——原理与技术. 唐中实，黄俊峰等译. 北京：电子工业出版社

Ramakrishnan R，Gehrke J. 2002. 数据库管理系统. 周立柱，蒋旭东等译. 北京：清华大学出版社

Shashi S，Sanjay C. 2004. 空间数据库. 谢昆青，马修军，杨冬青等译. 北京：机械工业出版社

Silberschatz A，Korth H，Sudarsham S. 2003. 数据库系统概念. 杨冬青，唐世渭等译. 北京：机械工业出版社